Die Tieftemperaturphysik an der Humboldt-Universität zu Berlin

Rudolf Herrmann

Die Tieftemperaturphysik an der Humboldt-Universität zu Berlin

Vom Nernst-Effekt zum Quanten-Hall-Effekt hin zu den Topologischen Isolatoren

2. Auflage

Rudolf Herrmann
Berlin, Deutschland

ISBN 978-3-662-69992-8   ISBN 978-3-662-69993-5   (eBook)
https://doi.org/10.1007/978-3-662-69993-5

Die Deutsche Nationalbibliothek verzeichnet diese Publikation in der Deutschen Nationalbibliografie; detaillierte bibliografische Daten sind im Internet über https://portal.dnb.de abrufbar.

© Der/die Herausgeber bzw. der/die Autor(en), exklusiv lizenziert an Springer-Verlag GmbH, DE, ein Teil von Springer Nature 2019, 2025

Das Werk einschließlich aller seiner Teile ist urheberrechtlich geschützt. Jede Verwertung, die nicht ausdrücklich vom Urheberrechtsgesetz zugelassen ist, bedarf der vorherigen Zustimmung des Verlags. Das gilt insbesondere für Vervielfältigungen, Bearbeitungen, Übersetzungen, Mikroverfilmungen und die Einspeicherung und Verarbeitung in elektronischen Systemen.
Die Wiedergabe von allgemein beschreibenden Bezeichnungen, Marken, Unternehmensnamen etc. in diesem Werk bedeutet nicht, dass diese frei durch jede Person benutzt werden dürfen. Die Berechtigung zur Benutzung unterliegt, auch ohne gesonderten Hinweis hierzu, den Regeln des Markenrechts. Die Rechte des/der jeweiligen Zeicheninhaber*in sind zu beachten.
Der Verlag, die Autor*innen und die Herausgeber*innen gehen davon aus, dass die Angaben und Informationen in diesem Werk zum Zeitpunkt der Veröffentlichung vollständig und korrekt sind. Weder der Verlag noch die Autor*innen oder die Herausgeber*innen übernehmen, ausdrücklich oder implizit, Gewähr für den Inhalt des Werkes, etwaige Fehler oder Äußerungen. Der Verlag bleibt im Hinblick auf geografische Zuordnungen und Gebietsbezeichnungen in veröffentlichten Karten und Institutionsadressen neutral.

Planung/Lektorat: Gabriele Ruckelshausen
Springer Spektrum ist ein Imprint der eingetragenen Gesellschaft Springer-Verlag GmbH, DE und ist ein Teil von Springer Nature.
Die Anschrift der Gesellschaft ist: Heidelberger Platz 3, 14197 Berlin, Germany

Wenn Sie dieses Produkt entsorgen, geben Sie das Papier bitte zum Recycling.

Kein Mensch kann lange zusehen wie ich einen Stein fallen lasse und dazu sage: er fällt nicht. Dazu ist kein Mensch imstande. Die Verführung, die von einem Beweis ausgeht, ist zu groß. Ihr erliegen die meisten, auf die Dauer alle. Das Denken gehört zu den größten Vergnügungen der menschlichen Rasse.

Berthold Brecht, Leben des Galilei

Galileo Galilei (1564–1642) war der erste Physiker. Er begründete durch sorgfältige Messungen die Physik als Experimentalwissenschaft, führte die Mathematik als Sprache der Physik ein und formulierte seine Entdeckungen als Naturgesetze in dieser Sprache, die durch die Entwicklung der Infinitesimalrechnung durch Leibniz und Newton verfeinert wurde. Seit dieser Zeit werden die fundamentalen Fragen der Physiker an die Natur durch die Klärung der grundlegenden Zusammenhänge mit Messungen und durch die Entwicklung von Theorien, die wahr sind, wenn Messungen sie bestätigen, beantwortet.

Zum Andenken an meine liebe Frau Karin Herrmann, eine Physikerin, die eigentlich Literatur studieren wollte, die in der Halbleiterphysik und bei der Analyse der Treibhausgase mit ihren Halbleiterlasern erfolgreich war, dabei aber ihrer Liebe zur Literatur immer treu geblieben ist.

Geleitwort

Als mir mein ehemaliger Hochschullehrer und Autor dieses Buches von der Idee berichtete, ein Buch über die Forschungen auf dem Gebiet der Tieftemperaturphysik an der Berliner Universität und den Berliner Forschungseinrichtungen im 20. Jahrhundert zu schreiben, war ich zunächst ein wenig skeptisch. Mir war nicht so recht klar, welche Leserschaft eine derartige Publikation ansprechen könnte. Nachdem ich jedoch das fertige Manuskript des Buches in die Hand bekommen hatte, das den Schwerpunkt auf die Arbeiten an der ehemaligen Sektion Physik der Humboldt-Universität legt, habe ich es mit großem Vergnügen gelesen. Das vorliegende Buch unterscheidet sich doch deutlich von anderen Publikationen zu diesem Themenfeld. Rudolf Herrmann blickt auf eine langjährige Lehr- und Forschungstätigkeit an der Sektion Physik der Humboldt-Universität zu Berlin zurück, in der er an seinem Lehrstuhl das Arbeitsgebiet der Tieftemperatur-Festkörperphysik vertreten hat.

Die modernen Entwicklungen der Tieftemperaturphysik erläutert er zumeist anhand eigener Arbeiten.

Zunächst wird jedoch ein kompakter Überblick über die Forschung auf dem Gebiet tiefer Temperaturen in den Berliner akademischen Einrichtungen bis zum Ende des Zweiten Weltkriegs gegeben, um dann auf die Entdeckungen und technischen Entwicklungen in den letzten Jahrzehnten, wie z. B. den Quanten-Hall-Effekt, die Hochtemperatursupraleitung und Supraleitungssensorik, einzugehen. Insbesondere wird auch die enge Wechselwirkung der Universität mit der Physikalisch-Technischen Reichsanstalt (PTR) und der später daraus hervorgegangenen Physikalisch-Technischen Bundesanstalt (PTB) dargestellt, in denen die Tieftemperaturphysik auf eine lange Tradition zurückblicken kann. Auch sind nach der deutschen Wiedervereinigung mehrere Wissenschaftler und Studenten der Humboldt-Universität und auch des ehemaligen Amts für Standardisierung, Messwesen und Warenprüfung der DDR (ASMW) an die PTB gegangen, um dort auf dem Gebiet der Tieftemperaturphysik zu forschen und auch leitende Aufgaben zu übernehmen. So hatte ich selbst bis zu meiner Pensionierung die Möglichkeit, gemeinsam mit meinen Mitarbeiterinnen und Mitarbeitern zahlreiche Forschungsprojekte auf dem Gebiet der Tieftemperatursensorik an der PTB durchzuführen und den Fachbereich Kryosensorik der PTB zu leiten.

Dieses Buch ist weder eine reine wissenschaftshistorische noch eine rein lehrbuchartige Darstellung der physikalischen Forschungen auf dem Gebiet der Physik tiefer Temperaturen. Es wird meist sehr detailliert auf die abgehandelten Effekte und Experimente eingegangen, wobei ein solides physikalisches Grundwissen vorausgesetzt wird. Anders als in einschlägigen Fachbüchern werden aber die Entdeckungen und technischen Entwicklungen der jüngsten Zeit aus einem Blickwinkel beschrieben, der durch die persönlichen Erfahrungen, Arbeiten und Erlebnisse des Autors geprägt ist. Dem Leser wird erlebbar gemacht, wie in der DDR unter den Randbedingungen eines nur eingeschränkten Zugangs zu modernen Forschungsapparaturen und internationalem Wissenschaftsaustausch durchaus mit Erfolg auf den aktuellen Gebieten gearbeitet wurde. Die Darstellung der Arbeitsweise der Experimentalphysiker an der Sektion Physik der Humboldt-Universität, die oft auf Improvisation beim Eigenbau von Apparaturen basierte, ist sicher exemplarisch für die universitären Einrichtungen der DDR in dieser Zeit und nicht auf die Tieftemperaturphysik beschränkt. Es ist aus meiner Sicht ein wesentlicher Verdienst der Generation der damaligen Hochschullehrer, der Rudolf Herrmann angehört, dass es gelungen ist, unter diesen Bedingungen moderne Experimentalphysik zu betreiben und den Studenten somit eine solide Ausbildung zu ermöglichen. Seinem Studienmatrikel des Jahrgangs 1954 hat der Autor einen eigenen Abschnitt im Buch gewidmet. Die Mehrzahl der Hochschullehrer in dieser Zeit hat mehrere Jahre in renommierten Instituten der ehemaligen Sowjetunion studiert und gearbeitet, wie auch Rudolf Herrmann und sein Kollege und Freund Werner Ebeling, der in Kap. 5 des Buches auf die Arbeiten zur Thermodynamik eingeht.

So hat Rudolf Herrmann in seiner Studienzeit enge persönliche Kontakte zu Tieftemperaturphysikern des Kapitza-Instituts aufbauen können. Diese Kontakte und die dort gesammelten Erfahrungen haben in der Folge natürlich auch den Forschungsthemen, aber auch den Instrumentierungen der Tieftemperaturlabore an der Humboldt-Universität ihr Gepräge gegeben. Voraussetzung für die an Herrmanns Lehrstuhl Tieftemperatur-Festkörperphysik in Angriff genommene Forschung zur Elektronenstruktur von Metallen, Halbmetallen und schmallückigen Halbleitern war neben entsprechender Instrumentierung natürlich die Verfügbarkeit geeigneter Proben dieser Materialien. Hier konnte mit vergleichbar einfach zu realisierenden Apparaturen zur Kristallzüchtung eine umfangreiche Materialbasis von qualitativ hochwertigen Einkristallen, vor allem aus Wismut und Wismut-Antimon-Legierungen, geschaffen werden, die international beachtete Forschungsergebnisse ermöglichten. Der Autor geht auf diese Arbeiten umfassend ein. Spätestens jedoch mit der international in den Fokus rückenden Untersuchung der Quanteneffekte in zweidimensionalen Elektronengasen (2DEG) in der Mitte der 1970er-Jahre wurde es am Lehrstuhl schwierig, sich diesen neuen Themen zu widmen. Diese Forschungen wurden im Westen ja durch die industrielle Entwicklung von mikrostrukturierten Halbleiterbauelementen mit 2DEG, insbesondere Silizium-MOSFETs, getrieben, und entsprechende Proben waren den Forschungsgruppen dort zugänglich. In der Halbleiterindustrie der DDR gab es natürlich auch industrielle Entwicklungsarbeiten in dieser Richtung, die sehr stark am Bedarf der Elektronikindustrie ausgerichtet waren. Für die Fertigung von Proben für grundlagenphysikalische Experimente an einer Universität gab es aus Kapazitätsgründen kaum Akzeptanz, und der Aufbau einer eigenen Herstellung an der Universität war nicht realistisch. Was also tun, wenn man bei diesem aktuellen Thema mit von der Partie sein wollte? Der Ausweg war die Nutzung der sich an Korngrenzen in massiven Halbleiterkristallen ausbildenden 2DEG. Erfahrungen mit der Züchtung von Kristallen hatte man ja. Damit gelang es, praktisch in einem etwas exotischen Nischenbereich an dieser aktuellen Problematik mitzuarbeiten und auch international beachtet zu publizieren. Da vom Autor die Quanteneffekte in den 2DEG, einschließlich Quanten-Hall-Effekt, vor allem mit Blick auf diese Korngrenzen in Bikristallen diskutiert werden, findet sicher auch mancher mit den Quanteneffekten in Metall-Isolator-Halbleiter- und Halbleiterheterostrukturen vertraute Leser interessante und eventuell neue Aspekte.

Ein weiteres wichtiges Ereignis der Tieftemperatur-Festkörperphysik war die Entdeckung der Hochtemperatursupraleitung Ende der 1980er-Jahre durch Bednorz und Müller. Herrmann beschreibt, wie auch in der DDR die Forscher von der Euphorie um diese neue Materialklasse ergriffen wurden und sich natürlich auch Physiker und Chemiker der Humboldt-Universität dem nicht entziehen konnten. Der Zeitpunkt dieser Entdeckung fiel in die Zeit des politischen Umbruchs in der DDR, der für viele Hochschullehrer mit erheblichen persönlichen Einschnitten in der wissenschaftlichen Karriere verbunden war. Der Autor beschreibt, wie er diese Entwicklung erlebt und sich persönlich neu orientiert hat. Für jüngere Wissenschaftler der ehemaligen Sektion Physik war es zumeist dank der soliden Ausbildung an der Universität wesentlich leichter, in anderen Einrichtungen im In- und Ausland Arbeitsmöglichkeiten zu finden oder gar eigene Firmen aufzubauen. Nach einer Zeit im Ausland hat sich Rudolf Herrmann nach seiner Rückkehr modernen Kleinkühlern für die Kühlung von Kryosensoren in einer Firma im Wissenschaftszentrum in Berlin-Adlershof zugewandt. Er beschreibt diese Entwicklungen und geht dabei auf die verschiedenen Kühltechniken ein, wie sie heute in der Tieftemperaturphysik Anwendung finden.

Insgesamt bietet dieses Buch dem Leser eine zusammenfassende Darstellung der Entwicklungen der Physik und Technik tiefer Temperaturen von den Anfängen bis zur Gegenwart aus der Feder eines ehemaligen DDR-Wissenschaftlers, der vor allem die Zeit der letzten 60 Jahre interessant und aus sehr persönlicher Sicht beschreibt.

Lieber Rudi, ich erinnere mich gerne an die vielen Stunden im Labor an Deinem Lehrstuhl und wünsche Deinem Buch viel Erfolg!

Berlin
den 25. Juni 2019

Thomas Schurig

Vorwort zur 2. Auflage

In der vorliegenden 2. Auflage wird der Blick vom Nernst-Effekt, den Walther Nernst und Albert von Ettingshausen 1886 am Wismut und anderen Metallen und Legierungen gefunden haben (Abschn. 2.1.1), über den Quanten-Hall-Effekt hin zu den topologischen Isolatoren gerichtet. Dabei stehen die von uns intensiv untersuchten Festkörper Tellur, Wismut und die Wismut-Antimon-Legierungen im Vordergrund.

Walther Nernst, dessen Bemühungen, den absoluten Nullpunkt zu erreichen, um die Quantentheorie der Phononen Einsteins experimentell nachzuweisen, wie in Kap. 2 ausführlich dargestellt, hat schon mit seiner Dissertation „Über die elektromotorischen Kräfte, welche durch den Magnetismus in von einem Wärmestrom durchflossenen Metallplatten geweckt werden" mit Wismut und Wismut-Antimon erste Schritte für die Erforschung der elektronischen Eigenschaften von Festkörpern gemacht [1]. Und diese Materialien stehen heute mit im Mittelpunkt der Forschungsarbeiten zur Topologie der Elektronenstruktur von Festkörpern.

In der Einleitung seiner Dissertation schreibt Nernst: 1888 gelang es ihm gemeinsam mit von Ettingshausen, an Wismut-Zinn-Legierungen den thermomagnetischen Effekt nachzuweisen. Diese Entdeckung wurde in der Arbeit „Über das thermische und das galvanische Verhalten einiger Wismut-Zinn-Legierungen im magnetischen Feld" in den *Annalen der Physik* (269, 3, 474–492) veröffentlicht (Abb. 2.2). Von Ettingshausen und Nernst gingen vom Hall-Effekt aus, den Edwin Hall neun Jahre vorher entdeckt hatte, und schickten anstelle eines elektrischen Stromes einen Wärmestrom durch eine Metallplatte, wobei sie herausfanden, dass sich wie beim Hall-Effekt in einem von außen angelegtem Magnetfeld senkrecht zum Wärmestrom und dem Magnetfeld eine Spannung ausbildet.

Wismut und die Wismut-Antimon-Legierungen waren auch Gegenstand der ersten Untersuchungen der Zyklotronresonanz an Metallen, des Radiofrequenz-Größeneffekts und der Entdeckung des ersten dreidimensionalen topologischen Isolators, einer Legierung aus Wismut mit 9 % Antimon. Von uns wurde der Nernst-Effekt am zweidimensionalen Elektronengas in Korngrenzen untersucht und wird in Abschn. 8.4 dargestellt (Abb. 8.11) [2].

Bei den Untersuchungen der topologischen Isolatoren wurde analog zum klassischen Nernst-Effekt der Thermische Hall-Effekt, ein quantenmechanischer Effekt, auch Righi-Leduc-Effekt genannt, gefunden. Bei diesem Effekt entsteht, wie beim Nernst-Effekt, wenn ein Wärmestrom durch einen Leiter in einem Magnetfeld senkrecht zum Strom fließt, eine transversale Temperaturdifferenz. Bei dem Spin-Nernst-Effekt, einem weiteren quantenmechanischen Effekt, fließt anstelle eines Ladungsstromes ein Spinstrom, wobei das äußere Magnetfeld durch die Spin-Bahn-Kopplung ersetzt wird und die beiden gegenüberstehenden Querschnittsflächen entgegengesetzt spinpolarisiert sind [3].

In der 2. Auflage werden, ausgehend von den grundlegenden Messmethoden, der Zyklotronresonanz, dem Radiofrequenz-Größeneffekt, den magnetischen Oberflächenzuständen und dem Quanten-Hall-Effekt, die in Kap. 7 dargestellten Resultate aus der Sicht der topologischen Isolatoren betrachtet. Einleitend wird in dem neuen vierten Teil „Hin zu den topologischen Isolatoren" in Kap. 10 auf die Physik der toplogischen Isolatoren eingegangen, die als eine völlig neue Materialklasse bei der Schaffung einer Theorie für den Quanten-Hall-Effekt entdeckt wurden. Diese kurze Übersicht hat, wie auch schon die vorangegangene Beschreibung der physikalischen Zusammenhänge, eher populärwissenschaftlichen Charakter und stellt keinen Anspruch auf physikalische Tiefe dar. Sie soll jedoch einen Einblick in die umwälzenden Veränderungen geben, die die Entdeckung der topologischen Eigenschaften der Festkörper gebracht hat. Und sie ist die Grundlage dafür, um die Ergebnisse, die in den 1960er- und 1970er-Jahren an der Humboldt-Universität an Einkristallen von Wismut und Wismut-Antimon-Legierungen und dem Halbleiter Tellur erzielt wurden, in Kap. 11 auf die Wirkung der Topologie der elektronischen Bandstruktur dieser Festkörper zu untersuchen.

Bei der Analyse dieser Tieftemperaturexperimente aus der Sicht der Topologie hat sich gezeigt, dass die verschwindend kleine effektive Masse im Tellur und das Verschwinden der effektiven Masse in den Wismut-Antimon-Legierungen, genauso wie die von uns beobachtete Existenz eines inneren magnetischen Feldes im Wismut, durch die Topologie der Bandstruktur dieser Festkörper erklärt werden können.

Rudolf Herrmann

Literatur

1. Nernst, W., Über die elektromotorischen Kräfte, welche durch den Magnetismus in von einem Wärmestrom durchfluteten Metallplatten geweckt werden, Annalen der Physik 267, 8, 760–789 (1887)
2. Herrmann, R., Preppernau, U, Glinski, M., Thermopower Measurements on the Two-Dimensional Electron Gas of a Grai Boundary in an InSb Bicrystal, phys. stat. sol. (b) 133, K57 (1986)
3. Sungjoon Park, Naoto Nagaosa, and Bohm-Jung Yang, Thermal Hall Effect, Spin Nernst Effect, and Spin Density Induced by a Thermal Gradient in Collinear Ferrimagnets from Magnon-Phonon Interaction, Nano Lett. 2020, 20, 4, 2741–2746

Vorwort der 1. Auflage

Die Idee, die Forschungsarbeiten zur Physik tiefer Temperaturen an Berliner Universität im 20. Jahrhundert aufzuschreiben, entstand auf der Festveranstaltung des Berliner Instituts der Physikalisch-Technischen Bundesanstalt zum 100. Jubiläum der Wasserstoffverflüssigung von Walther Meißner am 13. November 2013. Bei einer Diskussion ehemaliger Wissenschaftler des III. Physikalischen Instituts und späteren Bereichs Tieftemperatur-Festkörperphysik der Humboldt-Universität während der Konferenz stellte Dr. Winfried Kraak fest, dass ein Vortrag über die Tieftemperaturforschung an der Universität unter den Linden die Konferenz bereichert hätte.[1] Es entstand der Gedanke, die Forschungen der Berliner Universität zu diesem Thema im 20. Jahrhundert und ihre Wechselwirkung mit der Tieftemperaturphysik der Physikalisch-Technischen Reichsanstalt beziehungsweise der Physikalisch-Technischen Bundesanstalt zusammenhängend darzustellen.

Nach 28 Jahren Forschungs- und Lehrtätigkeit an der Humboldt-Universität und langjährigen Forschungsarbeiten bei Pjotr L. Kapitza am Institut für Physikalische Probleme, die der Tätigkeit in Berlin vorausgegangen waren, und Gastprofessuren an der Universität 7 „Pierre et Marie Curie" in Paris und an der Ritsumeikan-Universität in Kyoto ist mir klar geworden, dass unsere Berliner Universität an der Entwicklung der Wissenschaftsgebiete Thermodynamik und Tieftemperaturphysik einen beträchtlichen Anteil hat.

Die Tieftemperaturphysik wurde in Berlin von Walther Nernst und Walther Meißner begründet. Nach dem Zweiten Weltkrieg wurde die Physik tiefer Temperaturen an der Universität am III. Physikalischen Institut wieder aufgenommen. Die Thermodynamik von Planck und Nernst fand mit der Berufung von Werner Ebeling Ende der 1970er-Jahre an die Humboldt-Universität seine Fortsetzung. Mit der irreversiblen Thermodynamik konnte die Schule von Ebeling an die Atmosphäre und das theoretische Wirken von Walther Nernst anknüpfen [4].

Die Tieftemperaturphysik wurde bis zum Ende des vorigen Jahrhunderts an der Humboldt-Universität gepflegt. Heute wird sie in Berlin vom Institut der

---

[1] Von Dr. Wolfgang Buck, dem damaligen Leiter des Berliner Instituts der PTB, wurden auf dieser Konferenz die Tieftemperaturarbeiten des Berliner Instituts der PTB, der Technischen Universität Berlin und der Freien Universität vorgetragen.

Physikalisch-Technischen Bundesanstalt, von der Technischen Universität und der Freien Universität repräsentiert.

Meine Begeisterung für das Verhalten der Materie nahe am absoluten Nullpunkt war der Grund, die Forschungsarbeiten zur Physik tiefer Temperaturen der Berliner Universität im 20. Jahrhundert aufzuschreiben und zu übernehmen.

Die tiefste Temperatur im Universum ist die Temperatur der kosmischen Mikrowellen-Hintergrundstrahlung mit 2,7 K ($-270,45$ °C). Sie ist das Ergebnis der Abkühlung der Strahlung, die beim Urknall vor 13,8 Mrd. Jahren entstanden ist. Das sind 2,7 K über dem absoluten Nullpunkt, der einen Zustand ohne Wärme darstellt. Die kosmische Hintergrundstrahlung wurde 1964 von Robert Wilson und Arno Penzias entdeckt [5]. Sie erfüllt den ganzen Weltraum und bildet heute einen Schwerpunkt der astrophysikalischen Forschung.

Der menschliche Intellekt hat Geräte geschaffen, mit denen Temperaturen unter der niedrigsten Temperatur im Universum erzeugt werden, die Körper bis auf Temperaturen des Mikrokelvinbereichs (µK) abkühlen. So erreichte Frank Pobell an der Universität Bayreuth 1997 mit der Entmagnetisierung von PtFe als Kernsubstanz 1,5 µK [6]. Quantengase aus einfachen Atomen können noch stärker bis zu 10 nK (0,000 000 01 K) abgekühlt werden [7]. Die Zahl der Teilchen eines kondensierten Quantengases ist mit einigen Hunderttausend bis einigen Millionen Atomen jedoch so gering, dass sie keinen anderen Körper abkühlen können.

Die Bemühungen um Kühlung gehört zur Kulturgeschichte der Menschheit. Sie beginnen in nördlichen Ländern mit der Abkühlung von Nahrungsmitteln durch Eis und Schnee und in südlichen Ländern durch die Verdunstung von Wasser.

Nahrungsmittelkonservierung und Raumklimatisierung waren die Triebkräfte der Entwicklung von Kühlverfahren. Erste wissenschaftlich begründete Abkühlungsverfahren entstanden im 17. Jahrhundert zusammen mit der Entwicklung der Temperaturmesstechnik.

Ein ernsthafter technischer Durchbruch gelang mit der Erkenntnis, dass sich tiefere Temperaturen durch Verflüssigung von Gasen erreichen lassen.

Ende des 19. Jahrhunderts waren es die Physiker Karol Stanislaw Olszewski und Zygmunt Florenty Wróblewski, die 1883 in Krakau erst die Atmosphäre und dann auch ihre Komponenten Sauerstoff und Stickstoff verflüssigten. Sauerstoff wurde bei einer Temperatur von -183 °C flüssig, Stickstoff bei $-195,8$ °C. Die Verflüssigung von Wasserstoff gelang James Dewar von der Imperial Institution in London 1895 bei $-252,8$ °C. Das letzte dann noch übrig gebliebene Gas, Helium, verflüssigte 1908 der begnadete holländische Experimentator Heike Kamerlingh Onnes an der Universität in Leiden. Schon bei der Wasserstoffverflüssigung war er Konkurrent der Polen Olszewski und Wróblewski und des Engländers Dewar. Beim Helium gelang ihm der Durchbruch.

Mit der Verflüssigung von Helium erreichte er 4,21 K. Durch Verdampfung des flüssigen Heliums wurde die Temperatur von 1 K erreicht, 1 K über dem absoluten Nullpunkt. 1911 bemerkte Kamerlingh Onnes bei der Abkühlung von Quecksilber mit flüssigem Helium, dass der elektrische Widerstand des Quecksilbers sprunghaft bei 4,1 K verschwindet. Das war die Entdeckung der Supraleitung, des ersten makroskopischen Quantenzustands.

Vorwort der 1. Auflage

Im wissenschaftlichen Wettlauf zum absoluten Nullpunkt war es Walther Nernst an der Berliner Friedrich-Wilhelms-Universität in Berlin, der 1905 entdeckte, dass der absolute Nullpunkt nicht erreichbar ist. Nernst fand diese Gesetzmäßigkeit, die er als „seinen Wärmesatz" bezeichnete, als geniale Schlussfolgerung aus Untersuchungen chemischer Gleichgewichte, die eher bei hohen Temperaturen ablaufen. Der Wärmesatz besagt auch, dass die spezifische Wärme bei Annäherung an den absoluten Nullpunkt gegen null geht. Dieses Naturgesetz wurde von Max Planck als dritter Hauptsatz der Thermodynamik exakt gefasst, der besagt, dass die Entropie, das Maß der Unordnung in der Mikrowelt, am absoluten Nullpunkt null ist.

Um den Wärmesatz experimentell zu bestätigen, musste Nernst die spezifische Wärme bei tiefen Temperaturen messen. Er besuchte 1909 Kamerlingh Onnes in Leiden, um die Erzeugung tiefer Temperaturen kennen zu lernen. Die technisch sehr aufwendigen Anlagen, die Nernst in Leiden vorfand, und die vielen Mitarbeiter, mit denen Kamerlingh Onnes Helium verflüssigte, konnte Nernst an der Berliner Universität nicht realisieren.

Er konstruierte deshalb eine kleine, einfachere Verflüssigungsanlage für Wasserstoff, mit der er hoffte, „seinen Wärmesatz" experimentell zu bestätigen. Den Bau der Anlage realisierte er mit dem Mechaniker Alfred Höhnow und seinen Studenten. Ihnen gelang es 1911 mit dieser Anlage, flüssigen Wasserstoff zu gewinnen. Das war der Beginn der Tieftemperaturforschung an der Berliner Universität.

Mit einem Kalorimeter direkt in der Verflüssigungsanlage gelang die Bestätigung des Wärmesatzes. Die dafür notwendigen Messungen der Temperaturabhängigkeit der spezifischen Wärme bei tiefen Temperaturen wurden von Nernst, gemeinsam mit seinen Schülern Fred Lindemann, Franz Simon und Walter Mendelsohn durchgeführt. Für die Entdeckung dieses fundamentalen Naturgesetzes erhielt Walther Nernst 1921 den Nobelpreis für Chemie für das Jahr 1920.

Aber noch in seiner Studienzeit in Graz fand Walther Nernst bei der Analyse des Hall-Effekts gemeinsam mit Albert von Ettingshausen Effekte, die, wie der Hall-Effekt, von einer damals unbekannten Kraft des Magnetfeldes erzeugt werden. Diese elektrodynamische Kraft wurde erst einige Jahre später von dem niederländischen Mathematiker Hendrik Antoon Lorentz formuliert und erhielt den Namen Lorentz-Kraft. Sie krümmt die Bahnen bewegter Ladungsträger im Magnetfeld. Es ist eine Kraft, die heute im Großen die Funktion der Synchrotronbeschleuniger und im Kleinen die Quantelung von Ladungsträgern bestimmt. Diese Kraft liegt den meisten in diesem Buch beschriebenen Phänomenen zugrunde.

Die Geschichte von der erfolgreichen Entwicklung der Tieftemperaturforschung von Nernst und seinen Schülern an der Friedrich-Wilhelms-Universität, die Flucht der Schüler vor der Naziherrschaft und der Neuanfang der Tieftemperaturforschung an der Berliner Universität nach dem Zweiten Weltkrieg in Nernst'scher Tradition werden aus der Sicht der Studenten, die nach dem Krieg an der Universität studierten und später als Physiker an ihr arbeiteten, dargestellt. Diese Sicht bildet jedoch nur den Hintergrund für die Geschichte der Tieftemperaturphysik der Berliner Universität im 20. Jahrhundert, unterbrochen durch die beiden Weltkriege und den damit verbundenen politischen Umbrüchen.

Die Möglichkeit, bei tiefen Temperaturen, ohne thermische Störungen, die empfindlichen Phänomene der Mikrowelt zu untersuchen, brachten die ersten experimentellen Bestätigungen der Quantenphysik.

Für die Entwicklung der menschlichen Gesellschaft brachte die Herstellung tiefer Temperaturen eine effektive Lebensmittelkonservierung und die Klimatisierung von Gebäuden. Viele Menschen konnten dadurch auf engem Raum in großen Städten zusammenleben. Und mit der Klimatisierung von Gebäuden wurde es möglich, Hochhäuser zu bauen. Ohne die technische Anwendung tiefer Temperaturen zur Kühlung und Klimatisierung wäre der Bau großer Metropolen nicht möglich geworden.

Die Bedeutung der Berliner Universität für die Entwicklung der modernen Tieftemperaturphysik in der ersten Hälfte des 20. Jahrhunderts und die Probleme der Tieftemperaturphysik in der zweiten Hälfte an der Humboldt-Universität sind die Themen dieses Buches. In beiden Perioden spielt die Politik eine dominierende Rolle – in der ersten Hälfte des Jahrhunderts die Förderung der Naturwissenschaften im Kaiserreich, dann der Niedergang durch die Weltkriege und den Faschismus, in der zweiten Hälfte des Jahrhunderts die prosperierende Entwicklung im Westen Deutschlands und die beschränkten Möglichkeiten im Osten, bedingt durch das ökonomische Missverhältnis der sich in Deutschland in dieser Zeit gegenüberstehenden Gesellschaftssysteme – und wirkte sich auch auf die naturwissenschaftlichen Forschungsarbeiten aus.

Das Buch besteht aus vier Teilen. Der erste Teil, „Der Weg zum absoluten Nullpunkt", befasst sich mit den Themen „Die Verflüssigung der Gase" (Kap. 1), „Die Tieftemperaturphysik der Berliner Universität und der Physikalisch-Technischen Reichsanstalt bis zum Zweiten Weltkrieg" (Kap. 2) und „Oxford und Cambridge" (Kap. 3). In Kap. 1 wird die Geschichte der Tieftemperaturphysik von den Anfängen der Kälteerzeugung über die Bemühungen, den absoluten Nullpunkt der Temperatur zu erreichen, bis zu Methoden, diesem Nullpunkt nahezukommen, dargestellt. Kap. 2 befasst sich mit den Forschungen an der Universität, die zur Bestätigung der sich herausbildenden Quantenphysik beitrugen.

Als zu Beginn des Jahrhunderts der Holländer Heike Kamerlingh Onnes, der Engländer James Dewar und der Pole Karol Stanislaw Olszewski versuchten, Helium zu verflüssigen, um den absoluten Nullpunkt zu erreichen, war Walther Nernst auf der Suche nach tiefen Temperaturen, um seinen Wärmesatz experimentell zu beweisen.

Das experimentelle Herangehen von Nernst und seinen Schülern an dieses grundlegende Problem der Physik und die Leistungen von Walther Meißner bei der Erzeugung tiefer Temperaturen sowie die Entdeckung des Meißner-Ochsenfeld-Effekts stehen im Mittelpunkt des zweiten Themas. Die fundamentalen Beiträge der Friedrich-Wilhelms-Universität und der Physikalisch-Technischen Reichsanstalt zur Tieftemperaturphysik und ihr Einfluss auf die Entwicklung der Quantenphysik bis zum Beginn der Naziherrschaft werden dargelegt.

Kap. 3 befasst sich mit dem Wirken von Franz Simon und Pjotr Leonidowitsch Kapitza, durch die die Tieftemperaturphysik der Berliner Universität in der zweiten Hälfte des Jahrhunderts mitgeprägt wurde. Der eine, Kapitza, begann seine Laufbahn bei Rutherford in Cambridge, wo er mit Unterstützung von Rutherford mit dem Monde-Laboratorium ein Tieftemperaturzentrum aufbaute. Dieses Tieftemperaturzentrum rekonstruierte er nach seiner Festsetzung in Moskau durch Stalin als Institut für Physikalische Probleme, dort an der Moskwa.

Der andere, Simon, begann seine Laufbahn in Berlin bei Nernst, wurde 1933 als Jude von Hitler vertrieben, konnte seine bewundernswerte Laufbahn in Oxford mit der Schaffung eines Tieftemperaturzentrums fortsetzen.

Der zweite Teil, „Der Tradition der Berliner Universität verpflichtet", befasst sich mit den Themen „Der Neuanfang der Physik in Berlin nach dem Zweiten Weltkrieg" (Kap. 4), „Anknüpfung an historische Wurzeln bei Max Planck und Walther Nernst" (Kap. 5) und „Die Tieftemperaturphysik nach 1945" (Kap. 6). In Kap. 4 und 5 wird auf die Bemühungen eingegangen, nach dem Krieg die physikalische Forschung wieder aufzubauen und in eine neue Hochschulstruktur einzuordnen. Kap. 6 befasst sich mit dem Neuanfang der Tieftemperaturphysik. Aufgrund der gesellschaftlichen Entwicklung im Osten Deutschlands sind die Arbeiten in dieser Zeit nicht mit den Höhepunkten der Berliner Tieftemperaturphysik in der ersten Hälfte des Jahrhunderts vergleichbar. Aufgrund der nicht sehr guten materiellen Ausrüstungen und der geringen internationalen Kontakte war die Begeisterung der Studenten und Wissenschaftler teilweise größer als die Möglichkeiten eines internationalen Vergleichs ihrer Ergebnisse.

So begann 1946 die Tieftemperaturphysik am II. Physikalischen Institut der Berliner Universität mit einer Rückbesinnung auf die Arbeiten von Simon durch Franz Xaver Eder, einem Schüler von Meißner. Simon hatte 1924 nach der Berufung von Nernst zum Präsidenten der Physikalisch-Technischen Reichsanstalt die Tieftemperaturforschung an der Universität fortgesetzt. Um wieder tiefe Temperaturen zur Verfügung zu haben, begann Eder Verflüssiger zu bauen, wobei er an die von Simon entwickelte Methode anknüpfte.

Ein Anliegen des Buches ist auch zu zeigen, dass es trotz der genannten beschränkten Bedingungen gelang, vergleichbare Forschungsergebnisse zu den Arbeiten der Universitäten im westlichen Teil von Berlin zu erzielen. Entsprechend werden im dritten Teil, „Elektronenstrukturen von Festkörpern bei tiefen Temperaturen", unter den Themen „Metalle und Halbleiter bei tiefen Temperaturen" (Kap. 7) und „Der Quanten-Hall-Effekt" (Kap. 8) Ergebnisse dargestellt.

In Kap. 7 wird auf die magnetischen Oberflächenzustände, die Energiestrukturen von Festkörpern, energetische Phasenübergänge und das Festkörperplasma eingegangen.

Die magnetischen Oberflächenzustände wurden 1961 von Michail S. Chaikin am Wismut am Kapitza-Institut in Moskau entdeckt.[2] Durch die Beteiligung von Physikern von der Humboldt-Universität an diesen Arbeiten konnte dieses

---

[2] M. S. Chaikin, JETP 41 (1961) 1773. Chaikin erhielt 1987 die Ehrendoktorwürde der Humboldt-Universität.

Phänomen in Berlin weiter untersucht werden. Dabei wurde Supraleitung an der Oberfläche des Halbleiters Tellur gefunden [8] – ein Effekt, der heute als Phänomen topologischer Isolatoren betrachtet wird.

Auch bei der Untersuchung des Wismut-Antimon-Legierungssystems konnte schon 1977 gezeigt werden, dass unter bestimmten Bedingungen die effektiven Massen in diesem Legierungssystem gegen null gehen – eine Erscheinung, die die topologischen Isolatoren charakterisiert. 2007 wurde dieses Verhalten aus heutiger Sicht von D. Hsieh et al. [8] realisiert. In ihrer Arbeit wird gesagt, dass es derartige Anzeichen vor ihrer Arbeit nicht gegeben hat, obwohl unsere Ergebnisse schon in den 1970er-Jahren in der Zeitschrift *Physica Status Solidi* veröffentlicht wurden (s. unten).

Im vierten Teil 4, „Neue Kühlmethoden – Technische Lösungen und neue Physik", wird mit den Themen „Tiefe Temperaturen ohne tiefsiedende Flüssigkeiten" (Kap. 10), „Röntgen- und Terahertz-Detektoren" (Kap. 11) und „Kalte Augen, kalte Bosonen" (Kap. 12) auf die Entwicklung der Pulsrohrkühler und der Laserkühlung, mit der die Kondensationen von Bosonen realisiert wurden, eingegangen. Wenn auf der Tagung „Tieftemperatur – quo vadis?" der Physikalisch-Technischen Bundesanstalt, am 5. und 6. Juni 2007 in Berlin, Frank Pobell vom Helmholtz-Zentrum Dresden, der – wie eingangs schon erwähnt – mit 1,5 µK die tiefste je erreichte Kühltemperatur erzeugt hat, feststellte, dass die Tieftemperaturphysik als physikalische Forschung abgeschlossen sei, so zeigen die Entwicklungen, über die am Ende des vierten Teils berichtet wird, dass die Tieftemperaturphysik neue Wege eingeschlagen hat.

Rudolf Herrmann

Literatur

1. Bibliographie Werner Ebeling, Zusammengestellt anlässlich seines 70. Geburtstags http://www.wissenschaftsforschung.de/JB08_Bib-Ebeling.pdf; Rainer Feistel, Werner Ebeling: Evolution of Complex Systems: Self-Organization, Entropy, and Development. Kluwer Academic Publishers, Dordrecht 1989, ISBN 90-277-2666-3, S. 248; Ebeling, W.: „Strukturbildung bei irreversiblen Prozessen" BSB B.G. Teubner Verlagsgesellschaft 1976; Dieter Hoffmann: Ebeling, Werner. In: Wer war wer in der DDR? 5. Ausgabe, Band 1, Links, Ch.: Berlin 2010, ISBN 978-3-86153-561-4.
2. Penzias, A.: "The Origin of Elements, Nobel Lecture" Wilson, R. W.: "The Cosmic Microwave Background Radiation", Nobel Lecture 8.12.1978
Penzias, A. A, Wilson, R. W.: „Urknall" Astrophysical Journal Letters 142 419–421 (1965)
3. Pobell, F.: "Matter and Methods at Low Temperatures" (Springer 1996), Scinexx.de 24.09.2015
4. Cornell, E. A., Wieman, C. E.: "Nobel Lectures in Physics 2001" Rev. Mod. Phys., 74(3), 875–893 (2002)
Wolfgang Ketterle: When atoms behave as waves: Bose-Einstein condensation and the atom laser, Rev. Mod. Phys. 74 1131 (2002)
5. Hsieh, D., Qian, D., Wray, L., Xia, Y., Hor, Y. S., Cava, R. J., Hasan, M. Z.: NATURE **452**, 970–974 (2008)

Danksagung

Mein Dank gilt all denen, die zur Idee für diese Niederschrift und zu ihrer Realisierung beigetragen haben. Ich bedanke mich bei Alica Krapf und Hans-Ullrich Müller, die die Anregung von Winfried Kraak von Anfang an unterstützten, und bei Werner Ebeling, der den ersten Entwurf gelesen und mit vielen Hinweisen, auch auf die historischen Zusammenhänge, den Fortgang der Arbeit gefördert hat und mit seinem persönlichen Beitrag wesentliche Gedanken einbringen konnte. Für fachliche Diskussionen bedanke ich mich bei Thomas Schurig, der mich auch bei der Beschaffung von Literatur zu Walther Meißner unterstützte, und bei Valerian Edelman, der die russischen Quellen erschlossen hat und mir insbesondere bei den Bildgenehmigungen durch das Kapitza-Institut für Physikalische Probleme zur Seite stand. Ich danke Ingrid Bärmann für ihre gründliche Durchsicht des Manuskripts. Mein Dank gilt Dieter Hoffmann für die Durchsicht des Manuskripts und für seine Hinweise als Historiker, sowie Erhard Gey, Georg Kuka und Peter Rudolph für ihr ständiges Interesse.

Besonderer Dank gilt Olaf Herrmann, der das Manuskript der 1. Auflage formatiert und alle Abbildungen nach den Vorgaben des Verlags berechnet hat, wozu er einen Großteil neu zeichnen musste, um die notwendige Qualität der Zeichnungen zu erreichen. Dem Springer Verlag und insbesondere Bettina Saglio und Margit Maly danke ich für die gute Zusammenarbeit sowie Aneus Ansari für die aufwendigen Korrekturen.

Für die Durchsicht der 2. Auflage bedanke ich mich bei Thomas Schurig, Hansjörg Scherer, Uwe Preppernau und Ingrid Bärmann. Von Thomas Schurig kamen wesentliche Hinweise zum besseren Verständnis grundlegender Zusammenhänge. Hansjörg Scherer hat sich achtsam die Ansätze, die für die Analyse unserer Ergebnisse aus der Sicht der Topologie dargestellt wurden, angesehen. Mein Dank gilt Gabriele Ruckelshausen, Jeevitha Juttu und Bettina Saglio vom Springer Verlag für die gute Zusammenarbeit, Gabriele Ruckelshausen für die Textabstimmungen und inhaltlichen Diskussionen, Bettina Saglio besonders für ihre Hilfe bei der Beschaffung von Genehmigungen für den Nachdruck von Abbildungen topologischer Strukturen anderer Autoren. Jeevitha Juttu danke ich für die Unterstützung bei der Einordnung der neuen Kapitel und die Überarbeitung der Kapitel der 1. Auflage sowie für ihre Mühe bei der Realisierung der 2. Auflage.

Inhaltsverzeichnis

Teil I Der Weg zum absoluten Nullpunkt

1 Die Erforschung der Kälte 3
   1.1   Kälte, nicht nur ein Gefühl. 3
   1.2   Die Idee vom absoluten Nullpunkt der Temperatur 6
   1.3   Die Gasverflüssigung 8
       1.3.1   Cailletet und Pictet 8
       1.3.2   Olszewski und Wróblewski 8
       1.3.3   Dewar, van Linde und Hampson 9
       1.3.4   Heike Kamerlingh Onnes 13
   Literatur 19

2 Die Tieftemperaturphysik der Berliner Universität und der Physikalisch-Technischen Reichsanstalt bis zum Zweiten Weltkrieg 21
   2.1   Walther Nernst und sein Wärmesatz 21
       2.1.1   Thermomagnetische Erscheinungen 21
       2.1.2   Der dritte Hauptsatz der Thermodynamik 26
       2.1.3   Nernst als Wissenschaftspolitiker 29
       2.1.4   Die spezifische Wärmekapazität 32
       2.1.5   Tiefe Temperaturen 33
       2.1.6   Wärmekapazitätsmessungen 33
       2.1.7   Restwiderstandsmessungen 36
   2.2   Walther Meißner an der Physikalisch-Technischen Reichsanstalt 38
       2.2.1   Der Wasserstoffverflüssiger 39
       2.2.2   Weltweit der dritte Heliumverflüssiger 40
       2.2.3   Max von Laue als Ideengeber 44
   2.3   Der Meißner-Ochsenfeld-Effekt 44
   Literatur 50

3 Oxford und Cambridge 53
   3.1   Sir Francis Simon (1893–1956) 53
       3.1.1   Der Simon-Verflüssiger 55
       3.1.2   Festes Helium 56

		3.1.3	Die magnetische Kühlung	57
	3.2	Pjotr Leonidowitsch Kapitza		62
		3.2.1	Bei Rutherford	62
		3.2.2	Hohe Magnetfelder	63
		3.2.3	Der Heliumverflüssiger	64
		3.2.4	Kapitza wird von Stalin in Moskau festgehalten	67
		3.2.5	Suprafluides Helium	67
		3.2.6	Sauerstoffindustrie und Verbannung	72
	3.3	Suprafluidität und das Bose-Einstein-Kondensat		73
	3.4	Die Kapitza-Schule		75
		3.4.1	Die Seminare	75
		3.4.2	Die Wissenschaftler	76
	Literatur			78

Teil II Der Tradition der Berliner Universität verpflichtet

4 Der Neuanfang der Physik in Berlin nach dem Zweiten Weltkrieg 83
  4.1 Physikstudium am Beispiel Matrikel 1954 83
  4.2 Die Physikalischen Institute der Humboldt-Universität 85
  Literatur 89

5 Anknüpfung an historische Wurzeln bei Max Planck und Walther Nernst 91
  5.1 50 Jahre Relativitätstheorie und der 100. Geburtstag von Max Planck 91
  5.2 Die Schule der Thermodynamik von Planck und Nernst – und ihre Weiterführung 95
  Literatur 98

6 Die Tieftemperaturphysik nach 1945 101
  6.1 Das III. Physikalische Institut der Berliner Universität 101
  6.2 Die Tieftemperaturphysik nach dem Weggang von Eder 103
  6.3 Nachwuchs für die Tieftemperaturphysik 104
    6.3.1 Auslandsstudium 104
    6.3.2 Heisenbergs Ferromagnetismus 106
    6.3.3 Magnetische Oberflächenzustände 108
  6.4 Das III. Physikalische Institut der Berliner Universität wird zum Bereich Tieftemperatur-Festkörperphysik 110
  Literatur 114

Teil III Elektronenstrukturen von Festkörpern bei tiefen Temperaturen

7 Metalle und Halbleiter bei tiefen Temperaturen 119
  7.1 Die Landau-Quantelung 119

7.2	Die Fermi-Flächen von Wolfram, Molybdän und Niobium......	123
7.3	Zyklotronresonanz und magnetische Oberflächenzustände des Halbleiters Tellur..................................	130
7.4	Wismut und Wismut-Antimon-Legierungen	133
7.4.1	Der Radiofrequenz-Größeneffekt im Wismut	134
7.4.2	Die Phasen der Wismut-Antimon-Legierungen........	135
7.4.3	Die halbmetallischen Wismut-Antimon-Legierungen mit geringem Antimonanteil.............	138
7.4.4	Die halbleitenden Wismut-Antimon-Legierungen vom n-Typ	141
7.4.5	Die halbleitenden Wismut-Antimon-Legierungen vom p-Typ	142
7.4.6	Halbmetallische Wismut-Antimon-Legierungen mit hoher Antimonkonzentration	143
7.5	Das Festkörperplasma	144
7.5.1	Das Magnetoplasma............................	147
7.5.2	Plasmawellen..................................	150
7.6	Nernst-Effekt an Wismut und Wismut-Antimon-Legierungen ...	153
Literatur..		154

8 Der Quanten-Hall-Effekt 157
  8.1   Die Quantelung des Hall-Widerstands..................... 157
  8.2   Das zweidimensionale Elektronengas 161
     8.2.1   Die Ausbildung der Plateaus des Quanten-Hall-Effekts............................ 163
     8.2.2   Die Feinstrukturkonstante 165
  8.3   Der Quanten-Hall-Effekt an Korngrenzen................... 166
     8.3.1   Züchtung von Bikristallen für den Quanten-Hall-Effekt............................ 167
     8.3.2   Die elektronische Struktur der Korngrenzen 168
     8.3.3   Der integrale Quanten-Hall-Effekt in Korngrenzen..... 169
     8.3.4   Instabilitäten des Quanten-Hall-Effekts.............. 172
     8.3.5   Quanten-Hall-Effekt in Korngrenzen von Quecksilber-Cadmium-Tellurid................... 173
  8.4   Nernst-Effekt an Korngrenzen........................... 175
  Literatur.. 176

9 Supraleitung 179
  9.1   Grundlegende Eigenschaften der Supraleitung 179
  9.2   Supraleiter erster und zweiter Art 184
  9.3   Die Flussquantelung................................... 187
     9.3.1   Tunneleffekte 190
     9.3.2   Cooper-Paar-Tunneln........................... 191
     9.3.3   Supraleitende Quanteninterferometer 193

9.4 Die Hochtemperatursupraleiter 196
    9.4.1 Ungewöhnlich hohe Sprungtemperaturen
         in Keramiken 196
    9.4.2 Schlüsselexperimente zum Nachweis der
         Supraleitung in den Keramiken 199
9.5 Whisker aus Hochtemperatursupraleitern 200
9.6 Fortsetzung der Tieftemperaturphysik in Berlin-Adlershof...... 201
Literatur... 202

Teil IV Hin zu den topologischen Isolatoren

10 Die Topologie der Energiebandstruktur von Festkörpern 207
10.1 Die Ausgangssituation – Zyklotronresonanz und die
     magnetischen Oberflächenzustände...................... 208
    10.1.1 Die Zyklotronresonanz........................... 209
    10.1.2 Das quantenmechanische Bild der
          Zyklotronresonanz.............................. 211
    10.1.3 Die magnetischen Oberflächenzustände
          in Metallen..................................... 212
10.2 Der Quanten-Hall-Effekt 213
10.3 Grundlagen der Topologie der Bandstruktur 218
    10.3.1 Die Bandinversion 218
    10.3.2 Die Zeitumkehrsymmetrie........................ 219
    10.3.3 Die Spin-Bahn-Kopplung 219
10.4 Die topologischen Isolatoren............................. 222
    10.4.1 Die Topologie.................................. 222
    10.4.2 Der Quanten-Spin-Hall-Effekt..................... 227
    10.4.3 Spinströme.................................... 229
    10.4.4 Die Dirac-Halbmetalle........................... 231
    10.4.5 Die Weyl-Halbmetalle 233
10.5 Die winkelaufgelöste Photoelektronenspektroskopie
     (ARPES) 234
10.6 Die neuen Materialklassen............................... 236
    10.6.1 Die zweidimensionalen topologischen Isolatoren 237
    10.6.2 Die dreidimensionalen topologischen Isolatoren....... 239
         10.6.2.1 Wismut und das System
                Wismut-Antimon........................ 239
         10.6.2.2 Die topologischen Isolatoren Bi_2Se_3
                und Bi_2Te_3 241
Literatur... 243

**11 Die Tieftemperaturexperimente an der Humboldt-Universität
zu Berlin aus der Sicht der Topologie** 247
11.1 Einkristalle und epitaktische einkristalline Schichten 248
11.2 Die Oberflächenzustände von Tellur 249
11.3 Dirac-Fermion in den Wismut-Antimon-Legierungen 251

11.4	Der Radiofrequenz-Größeneffekt	254
11.5	Oberflächen und Volumenzustände von Wismut	256
11.6	Ein permanentes Magnetfeld im Wismut	258
11.7	Die topologischen Eigenschaften der Einkristalle	260
Literatur		261

Teil V   Neue Kühlmethoden – Technische Lösungen und neue Physik

12   Tiefe Temperaturen ohne tiefsiedende Flüssigkeiten 265
   12.1   Stirling-Kühler 266
      12.1.1   Der Stirling-Prozess 266
      12.1.2   Pulsrohrkühler 267
   12.2   Temperaturen unter 1 K 270
      12.2.1   Sorptionskühlung 270
      12.2.2 ^{3}He/^{4}He-Lösungskühler für Millikelvintemperaturen ... 272
   12.3   Ablösung der Heliumkühlung durch Gaskältemaschinen 275
   Literatur 276

13   Röntgen- und Terahertzdetektoren 277
   13.1   Supraleitende Kantenbolometer 277
   13.2   Magnetische Kalorimeter 279
   13.3   Supraleitende Terahertzdetektoren 280
   Literatur 282

14   Kalte Augen, kalte Bosonen 283
   14.1   Die kalten Augen der Radioteleskope 283
   14.2   Ein erster Blick ins Universum 285
   14.3   Das Bose-Einstein-Kondensat in einer magnetooptischen Falle 288
   14.4   Die Zukunft der Physik tiefer Temperaturen 293
   Literatur 294

15   Schlussbemerkungen 295
   15.1   Anliegen dieses Buches 295
   15.2   Was wurde aus dem Matrikel 1954 der Humboldt-Universität in der Wendezeit? 297
   15.3   Zum Lehrkörper der Sektion Physik 298

Anhang 1: Dekane und Sektionsdirektoren, Institute und Bereiche der Physik der Berliner Universität 301

Die Bereiche der Sektion Physik 305

Anhang 2: Kristallzüchtung im Weltraum – das Projekt Berolina 307

Literatur 315

Stichwortverzeichnis 317

Teil I
Der Weg zum absoluten Nullpunkt

Die Erforschung der Kälte 1

Bevor auf die Tieftemperatur der Berliner Universität eingegangen wird, soll kurz der Weg in die Kälte nachgezeichnet werden, den die Wissenschaftler gehen mussten, um dem absoluten Nullpunkt der Temperatur nahezukommen. Der erste ernsthafte Zugang zur künstlichen Kälte gelang mit der Verflüssigung von Gasen. Die Wissenschaftler, die sich diesem fundamentalen Problem der Beeinflussung der Natur zuwandten, gelangten trotz hartnäckigen Widerspruchs vieler Kollegen zu der Erkenntnis, dass allein scharfsinnige Überlegungen zur Klärung der Zusammenhänge in der Natur nicht ausreichen. Sie müssen durch Experimente bestätigt werden. Und mit diesem Bewusstsein begann der Wettlauf zum absoluten Nullpunkt der Temperatur, der mit einer Temperatur knapp unter 1 K von Heike Kamerlingh Onnes gewonnen wurde. Dazu kam eine äußerst ungewöhnliche Naturerscheinung: das Verschwinden des elektrischen Widerstands bei tiefen Temperaturen. Das war ein makroskopischer Quanteneffekt, eine glänzende Bestätigung der für die sich zu dieser Zeit gerade erst entwickelnden Quantentheorie. Die Welt der tiefen Temperaturen überraschte gleich noch mit einem weiteren Phänomen: Das flüssige Helium wollte bei Annäherung an den absoluten Nullpunkt einfach nicht fest werden

1.1 Kälte, nicht nur ein Gefühl

Die Triebkräfte der Entwicklung von Kühlverfahren waren, wie im Vorwort bereits erwähnt, das Bemühen, Nahrungsmittel über längere Zeit frisch zu halten und Räume zu klimatisieren. So gab es schon im 17. Jahrhundert Versuche, das Klima mit Kälte zu beeinflussen. 1620 versuchte der Alchemist Cornelius Drebbel für König Jakob I. von England und Schottland an einem heißen Sommertag die Luft in der Great Hall der Westminster Abbey so stark abzukühlen, dass ein Gefühl von winterlicher Kälte aufkommen sollte [1]. Dieses Experiment geht wahrscheinlich

Abb. 1.1 Das Galilei-Thermoskop (**a**) nutzt die Ausdehneng der Luft bei Erwärmung im Volumen oberhalb des Steigrohres. Mit dem Galilei-Thermometer (**b**) wird die Temperatur durch die Abhängigkeit der Dichte von Wasser von der Temperatur mit Messkörpern unterschiedlicher Dichte bestimmt

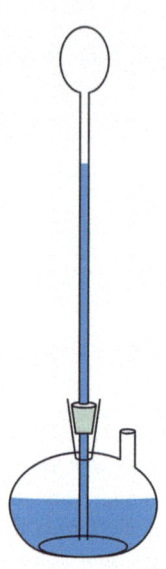
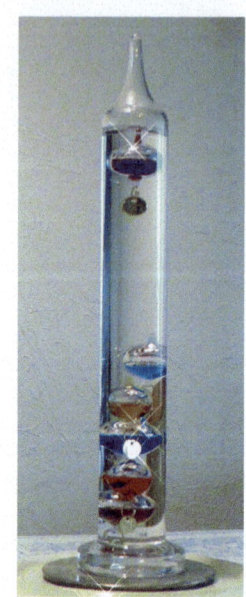

auf Giambattista della Porta, einen neapolitanischen Arzt, zurück, der schon 1550 angab, dass man mit Eis und Salpeter (NH_4NO_3) eine tiefere Kälte als mit Wasser und Salpeter erzeugen könne. Die Erzeugung von Kälte ging mit den Bemühungen einher, Temperatur quantitativ zu erfassen.

Zur Entwicklung erster Geräte zur Temperaturmessung kam es in der Renaissance. Galileo Galilei (1564–1642) entwickelte 1593 ein Thermoskop, mit dem Temperaturänderungen beobachtet werden konnten (Abb. 1.1a). In diesem Thermoskop nutzte er die Ausdehnung der Luft bei Erwärmung. In einem dünnen, teilweise mit Wasser gefülltem Rohr, an dessen oberem Ende sich ein kleines Volumen befindet, wird – durch die Ausdehnung der Luft mit Erhöhung der Temperatur in dem kleinen Volumen – die Wassersäule verschoben.

Als sich 1654 beim Vakuum-Kugelversuch von Otto von Guericke (1602–1686) in Magdeburg sowie bei Experimenten von Robert Boyle (1627–1692) in England und von Evangelista Torricelli (1608–1647) in Italien herausstellte, dass der Luftdruck von der Wetterlage und der Höhe über der Erdoberfläche abhängig ist, nutzte Galilei in einem neuen Gerät, seinem Thermometer, die Temperaturabhängigkeit der Dichte von Wasser zur Temperaturmessung. Körper mit unterschiedlichen Dichten verteilten sich in einer Wassersäule so, dass die leichteren auf dem Wasser schwammen und die schwereren nach unten sanken. Nur der Körper mit der Dichte, die der Wassertemperatur entsprach, schwebte in der Wassersäule (Abb. 1.1b).

Beide Geräte waren nicht sehr genau. Das änderte sich 1654 mit den Arbeiten von Ferdinando II. de' Medici (1610–1670) im Palazzo Pitti in Florenz. Er entwickelte ein Glasthermometer, in dem die Temperaturabhängigkeit der Dichte von

1.1 Kälte, nicht nur ein Gefühl

Alkohol ausgenutzt wurde. Der Alkohol befand sich in einer Kapillare, die mit einer Skala versehen wurde. Als Fixpunkte wurde der Schmelzpunkt des Wassers, aber auch der Schmelzpunkt vieler anderer Stoffe des täglichen Lebens vorgeschlagen, darunter auch die Körpertemperatur des Menschen.

Daniel Gabriel Fahrenheit (1686–1736), ein geschickter Gerätebauer und Thermometerentwickler, verhalf 1724 dem Quecksilberthermometer zum Durchbruch. Das erste moderne Thermometer wurde von ihm mit einer kalibrierten Skala versehen. Der Schmelzpunkt von Eis bekam den Wert 32 °F (Grad Fahrenheit), der Siedepunkt von Wasser den Wert 212 °F. Diese Temperaturskala wird noch heute in den USA angewandt. Die in Europa benutzte Celsius-Skala wurde 1742 von dem Schweden Anders Celsius (1701–1744) zwischen dem Gefrierpunkt und dem Siedepunkt von Wasser in eine Skala von 100 Teilen aufgeteilt. Dabei erhielt der Gefrierpunkt den Wert 100 und der Siedepunkt den Wert 0.

Einer der Ersten, der Kälte künstlich herstellte, war der Arzt William Cullen (1710–1790) in Glasgow. 1748 nutzte er die schon im Altertum bekannte Methode der Verdunstung, um Kühlung zu erreichen. Bei der Verdünnung der Luft über einem Gefäß mit salpetrigem Säureäthylester, das sich in einem Gefäß mit Wasser befand, bildete sich Eis. Aus der Sicht der Molekularstruktur der Gase werden durch Verringerung des Gasdrucks über einem flüssigen Gas die schnelleren Moleküle aus der Flüssigkeit entfernt, wodurch die kinetische Energie der Flüssigkeit verringert wird und sie sich abkühlt.

Als 1798 Martinius van Marum (1750–1836) zur Überprüfung des Boyle-Mariotte'schen Gesetzes Ammoniak (NH_3) komprimierte, verkleinerte sich das Volumen bei einem Druck über 5 bar nicht mehr. Das Gas wurde flüssig. Die Flüssigkeit war kälter als das eingesetzte Gas [2].

Michael Faraday (1791–1867) entdeckte 1823, dass bei der Entspannung von komprimiertem Ammoniak Kälte erzeugt werden kann. Ammoniak wird bei $-33{,}34$ °C flüssig. 1834 verflüssigte Adrien-Jean-Pierre Thilorier (1790–1844) in Paris durch Entspannung Kohlendioxid. Bei Verdampfung wird der Flüssigkeit weitere Energie entzogen, wodurch sich eine feste Phase, das Trockeneis, bildet. Mit einer Mischung von Trockeneis und Äther erreichte Thilorier eine Temperatur von -110 °C [3].

Zu Beginn des 18. Jahrhunderts vergrößerten sich die amerikanischen Städte schnell, und es wurde immer schwieriger, die Lebensmittelversorgung der Bevölkerung zu sichern. Das führte zu einem starken Anwachsen des Handels mit Natureis, besonders in Nordamerika. Faraday und auch Thilorier erkannten, dass die von ihnen entwickelten Kühlmethoden den Natureishandel ersetzen und die Lebensmittelkonservierung vereinfachen können.

Das wichtigste Motiv, künstlich Kälte zu erzeugen, war die Notwendigkeit, die Bevölkerung von Großstädten mit frischen Lebensmitteln durch die Kühlung von Fleisch und Getränken, insbesondere von Bier, zu versorgen. 1859 ging in Marseille eine Eismaschine des Franzosen Ferdinand Carré (1824–1900) in Betrieb, die mit dem von Faraday gefundenen Ammoniak-Kühlverfahren arbeitete. Für den Lebensmitteltransport entstanden Kühlanlagen, mit denen in Eisenbahnwaggons und in Überseeschiffen Lebensmittel auch aus und in entlegene Gebiete transportiert werden konnten.

Einer den ersten Wissenschaftler, die sich experimentell mit der Kälte auseinandersetzten, war im 17. Jahrhundert der Engländer Robert Boyle (1627–1691). Er erklärte sowohl die Kondensation von Wasserdampf der Luft auf kalten Gegenständen als auch die Ausdehnung von Wasser beim Übergang zum Eis.

Boyle vertrat, wie auch schon Galileo Galilei und später Sir Francis Bacon (1561–1626), die Meinung, dass Zusammenhänge in der Natur durch Experimente geklärt werden müssen – eine Position, die zu dieser Zeit auf hartnäckigen Widerstand traf. Ungeachtet dessen, bestimmte die Haltung Galileis, Bacons und Boyles zum Experiment das weitere Herangehen der Großen der Tieftemperaturphysik, wie James Dewar (1842–1923), Heike Kamerlingh Onnes (1853–1926) und Pjotr Leonidowitsch Kapitza (1894–1974).

Auch waren Boyle und Bacon der Meinung, dass Kälte ein Mangel an Bewegung sein müsse – eine Meinung, die erst durch Albert Einstein mit der Erklärung der Brown'schen Bewegung exakt bewiesen wurde.[1]

1.2 Die Idee vom absoluten Nullpunkt der Temperatur

Die Idee vom absoluten Nullpunkt ist so alt wie die Leibniz-Sozietät der Wissenschaften zu Berlin e. V., die im Jahr 1700 auf Anregung von Gottfried Wilhelm Leibniz (1646–1716) vom brandenburgischen Kurfürsten Friedrich III. (1657–1713) gegründet wurde. In den 1690er-Jahren untersuchte Guillaume Amontons[2] den Einfluss der Temperatur auf die Ausdehnung von Luft, indem er mit einer Anordnung, die einem heutigen Gasthermometer entspricht, die Abnahme des Luftdrucks bei der Verringerung der Temperatur im Bereich unter 100 °C bestimmte und herausfand, dass der Druck linear mit der Temperatur abnimmt. Mit der Erfahrung, dass der Druck nicht negativ werden kann, vermutete er, dass es eine Temperatur geben muss, unter die Luft oder jede andere Substanz nicht abgekühlt werden kann. Diese Temperatur berechnete er zu −240 °C. 100 Jahre später formulierte Joseph Louis Gay-Lussac (1778–1850) diese Abhängigkeit als Gesetz, nachdem er nachgewiesen hatte, dass der Druck eines Gases am Schmelzpunkt von Wasser um 1/273 pro Grad Celsius abnimmt [4]. 1848 wurde durch William Thomson, dem späteren Lord Kelvin (1824–1907), mit der Boyle-Mariotte'schen Zustandsgleichung idealer Gase, $pV = N\,k_B T$, die Temperatur von −273,15 °C als absoluter Nullpunkt festgelegt (Abb. 1.2).

Für Amontons war der absolute Nullpunkt ein Zustand vollkommener Ruhe, in der alle Bewegung aufgehört hat. Das entspricht der klassischen Physik, für

---

[1] Die unregelmäßige Bewegung der Moleküle in Gasen und Flüssigkeiten wurde 1827 von Robert Brown entdeckt. Die Intensität dieser Bewegung ist temperaturabhängig. Die Erklärung der Brown'schen Bewegung lieferte Einstein 1905.
[2] Guillaume Amontons (1663–1705), französischer Physiker und Stadthalter von Lille.

1.2 Die Idee vom absoluten Nullpunkt der Temperatur

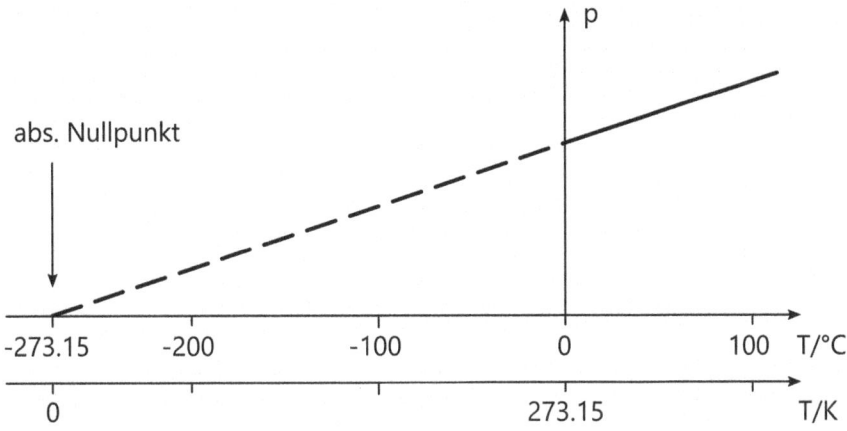

Abb. 1.2 Abnahme des Luftdrucks p bei Verringerung der Temperatur von 100–0 °C bzw. über der Kelvin-Skala von 373,15–273,15 K. Die Verlängerung der Geraden unter 0 °C führt zum absoluten Nullpunkt von –273,15 °C

die am absoluten Nullpunkt keine thermische Bewegung vorhanden ist. Bei der Erniedrigung der Temperatur T auf 0 K geht auch die thermische Energie nach $E = k_B T$ gegen null.[3]

Am Ende des 18. Jahrhunderts formulierte Antoine Laurent Lavoisier (1743–1794) den Gedanken von tiefen Temperaturen mit dem Satz: „Würde die Erde in sehr kalten Zonen, etwa die des Jupiters oder Saturns, gebracht werden, dann würde sich das Wasser unserer Flüsse und Meere in feste Gebirge verwandeln. Die Luft (oder wenigstens einige ihrer Bestandteile) würden aufhören, ein unsichtbares Gas zu sein und flüssig werden" [2]. Diese Vision motivierte die Physiker durch Verflüssigung weiterer Gase, immer tiefere Temperaturen zu erreichen.

Nachdem es Faraday gelungen war, Chlorgas bei $T_s = -34{,}6$ °C zu verflüssigen, fand er heraus, dass die meisten Gase durch Kompression und anschließende Entspannung flüssig werden. Das gelingt jedoch nur, solange die Ausgangstemperatur des komprimierten Gases bei der Entspannung unter einer kritischen Temperatur liegt. Für Gase, die sich bei Zimmertemperatur abkühlen lassen, liegt diese kritische Temperatur T_K über der Zimmertemperatur.

---

[3] Auf dem Weg zum absoluten Nullpunkt wird die Temperatur heute anschaulich auch durch die Geschwindigkeit der Teilchen ausgedrückt [5].
Für die mittlere Geschwindigkeit von Teilchen gilt $\bar{v} = \sqrt{\frac{8 k_B T}{\pi m}} \bar{v}$, d. h. $v \sim T^{1/2}$. Die Charakterisierung der Temperatur durch die Teilchengeschwindigkeit erfolgt bei sehr tiefen Temperaturen, die mit Atomen, die der Bose-Einstein-Kondensation unterliegen, erreicht werden (Teil V). Ein verdampfendes Alkaliatom hat dann bei Zimmertemperatur T = 293 K größenordnungsmäßig eine Geschwindigkeit von 300 m/s. Die Atome des Rubidiums haben bei Zimmertemperatur eine Geschwindigkeit von $v = 15{,}47\, T^{1/2} = 264$ m/s, bei 4 K –10 m/s, bei 1 mK –50 cm/s, bei 1 μK –1 cm/s und bei 1 nK –5 μm/s ($k_B = 1{,}38 \times 10^{-23}$ J/K, Boltzmann-Konstante).

1.3 Die Gasverflüssigung

1.3.1 Cailletet und Pictet

So war die Vision von Lavoisier, die Atmosphäre zu verflüssigen, gegen Ende des 19. Jahrhunderts zu einer ernsthaften Herausforderung geworden.

Der Franzose Louis Paul Cailletet (1832–1913) kühlte auf 300 bar komprimierten Sauerstoff vor der Entspannung mit flüssigem Schwefeldioxid auf $-75,4$ °C ab und konnte durch eine plötzliche Druckverminderung die Bildung von kleinen Tröpfchen aus Sauerstoff beobachten. Dieses Ergebnis wurde am 7. Dezember 1877 als Entdeckung von Cailletet vom Sekretär der Pariser Akademie registriert [6]. Das Gleiche gelang Cailletet noch im Dezember 1877 kurz vor Weihnachten mit Stickstoff, der stark komprimiert und mit flüssigem Äthylen bis auf -105 °C abgekühlt wurde. Cailletet beobachtete bei der Druckminderung Tröpfchen und ein lebhaftes Wallen der halb flüssigen, halb gasförmigen Masse.

Die Vorkühlung der komprimierten Gase war notwendig, um die kritischen Temperaturen von Sauerstoff (-118 °C) und Stickstoff (-147 °C) zu unterschreiten, denn oberhalb dieser Temperatur kühlt sich das Gas bei Entspannung nicht ab, sondern erwärmt sich. Mit diesen Experimenten konnte Cailletet zeigen, dass die Vision Lavoisiers von der Verflüssigung der Atmosphäre realisierbar ist.

Zur gleichen Zeit beobachtete Raoul-Pierre Pictet (1846–1929) in Genf den Beginn der Kondensation von Luft mit einer völlig anderen Methode, der sogenannten Kaskadenmethode, bei der Gase, mit abnehmender Siedetemperatur, nacheinander verflüssigt werden. Pictets Telegramm über diesen Erfolg erreichte die Pariser Akademie am 22. Dezember 1877 [7]. Die Ergebnisse beider Wissenschaftler wurden am 24. Dezember 1877 am Weihnachtsabend in der Akademiesitzung bekannt gegeben.

1.3.2 Olszewski und Wróblewski

Sechs Jahre später, 1883, gelang es den polnischen Physikern Karol Stanislaw Olszewski und Zygmunt Florenty von Wróblewski in Krakau durch Dampfdruckerniedrigung, Äthylen auf -152 °C abzukühlen (Abb. 1.3).

Da diese Temperatur unter der kritischen Temperatur der Luft von -140 °C liegt, konnten sie erstmals flüssige Luft als klare wasserähnliche Flüssigkeit gewinnen [8]. Danach verflüssigten sie auf diese Weise auch die Gase Sauerstoff und Stickstoff getrennt. Dabei beträgt die mittlere Geschwindigkeit der Stickstoffmoleküle bei 77,3 K mit 242 m/s nur noch die Hälfte ihrer Geschwindigkeit bei Zimmertemperatur.

Es waren zwar nur geringe Mengen dieser tiefsiedenden Flüssigkeiten, aber genug, um die Forschungen mit flüssigem Stickstoff bis $T_s = 77,3$ K ($-195,8$ °C) und flüssigem Sauerstoff bis auf $T_s = 90,1$ K (-183 °C), einen bis dahin unzugänglichen Temperaturbereich, auszudehnen.

1.3 Die Gasverflüssigung

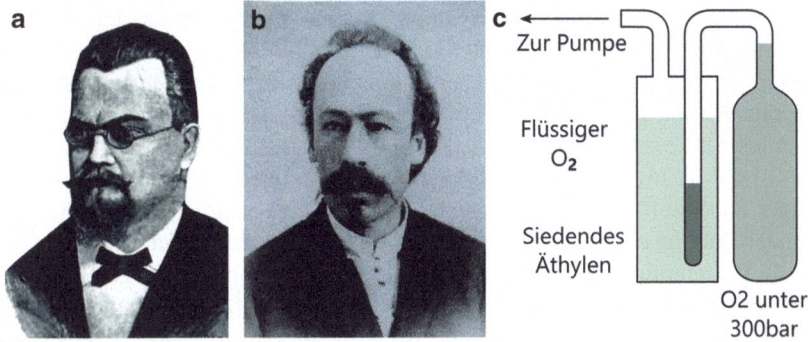

Abb. 1.3 Die beiden polnischen Physiker Zygmunt Florenty von Wróblewski (1845–1888) (**a**) und Karol Stanislaw Olszewski (1846–1915) (**b**), die als Erste Luft als Flüssigkeit gewonnen haben. **c** Schematische Darstellung des Verfahrens ihrer Luftverflüssigung durch Vorkühlung der Luft mit abgepumptem Äthylen auf −52 °C. Wenn der Sauerstoff im 300-bar-Druckbälter entspannt wird, verflüssigt er sich im siedenden Äthylen

Cailletet und Pictet hatten gezeigt, dass sich die Atmosphäre verflüssigen lässt, Olszewski und Wróblewski haben diese Verflüssigung realisiert.

1.3.3 Dewar, van Linde und Hampson

Seit den 1890er-Jahren versuchte Sir James Dewar (1842–1923) (Abb. 1.4) in der Royal Institution in London, Wasserstoff zu verflüssigen [9]. Dewar (1842–1923) war ein schottischer Physikochemiker. Er studierte an der Universität Edinburgh

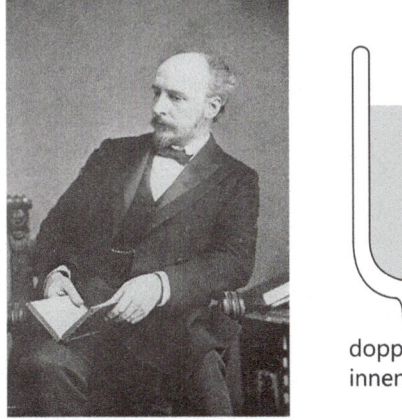

Abb. 1.4 Sir James Dewar (1842–1923) und sein doppelwandiges, evakuiertes und verspiegeltes Glasgefäß für Sauerstoff und alle anderen tiefsiedenden Flüssigkeiten

bei Lyon Playfairs und in Gent bei August Kekulé. Dewar untersuchte unter anderem die physikalischen Konstanten des Wasserstoffs sowie die physiologische Wirkung des Lichts. Seit den 1870er-Jahren beschäftigte er sich mit der Tieftemperaturphysik. Konkurrenten bei der Wasserstoffverflüssigung waren die beiden Polen Olszewski und Wróblewski sowie der Holländer Heike Kamerlingh Onnes (1853–1926). Ausgangsmaterialien waren flüssige Luft, ihre Komponenten, flüssiger Sauerstoff und flüssiger Stickstoff sowie eine ganze Reihe anderer tiefsiedender Flüssigkeiten. Dabei gelang Dewar eine geniale Entdeckung: Um eine schnelle Verdampfung der bei tiefen Temperaturen siedenden Flüssigkeiten gegen die Erwärmung durch die Umgebungstemperatur zu schützen, entwickelte er eine Reihe von Thermosphoren (von altgr.: $\theta\varepsilon\rho\mu\acute{o}\varsigma$ *thermós* = „warm", „heiß" und $\varphi o\rho\acute{o}\varsigma$ *phorós* = „tragend"). Zu Beginn war es ein Behälter mit flüssigem Äthylen, der durch Verdampfen weiter abgekühlt wurde. Als Nächstes entwickelte er einen entsprechenden Behälter mit einem Trockenmittel, bis ihm 1893 die Lösung mit einem doppelwandigen, später auch noch innen verspiegelten, evakuierten Glasgefäß gelang (Abb. 1.4). Diese bald Dewar-Gefäße genannten Behälter werden in der Form, wie sie Dewar entwickelt hat, auch heute noch benutzt.

Im Jahr 1898 gelang ihm schließlich der Durchbruch: die Verflüssigung von Wasserstoff. Damit hatte Dewar den Wettlauf gewonnen. Für die Verflüssigung nutzte er das Linde-Hampson-Verfahren, das in Abb. 1.5 dargestellt ist. Mit dem

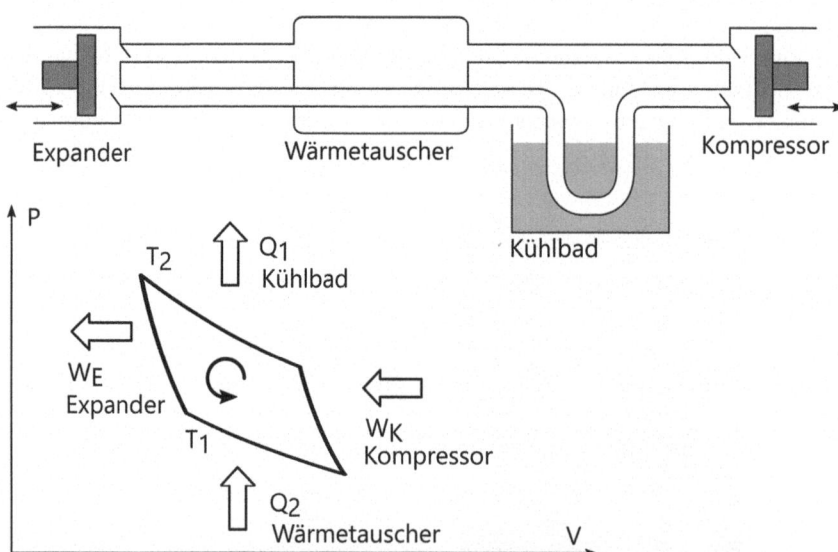

Abb. 1.5 Linde-Hampson-Verfahren. Die obere Skizze zeigt das Prinzip der Gaskühlung. Darunter ist der entsprechende linksläufige Carnot-Prozess der kontinuierlichen Gaskühlung dargestellt. Dieser Kreisprozess ist bei den meisten Verfahren der Erzeugung tiefer Temperaturen gleich. An der unteren Isotherme bei T_1 wird die Umgebung gekühlt und Wärme vom Arbeitsgas aufgenommen. An der oberen Isotherme bei T_2 wird diese Wärme an das Kühlbad abgegeben

1.3 Die Gasverflüssigung

flüssigen Wasserstoff kam er dem absoluten Nullpunkt bis auf 20,3 K nahe. Durch Dampfdruckerniedrigung erreichte er mit festem Wasserstoff die Temperatur von −259,3 °C, nur 14 K über dem absoluten Nullpunkt (was einer mittleren Geschwindigkeit der Wasserstoffmoleküle von 145 m/s entspricht).

Dewar war ein großartiger Experimentator und demonstrierte mit Geschick seine Experimente publikumswirksam im Hörsaal der Royal Institution in London. So experimentierte er auch mit einem seiner neu entwickelten Gefäße, in dem sich völlig ruhige siedende Luft befand. Er brach den Abpumpstutzen, durch den das Gefäß evakuiert worden war, ab, wodurch die Vakuumisolation verloren ging, und zeigte dem erstaunten Publikum, wie die Flüssigkeit schlagartig, brodelnd auskochte. Dewar sah in der Wasserstoffverflüssigung den letzten Schritt auf dem Weg zum absoluten Nullpunkt. Zwar war zu dieser Zeit das tiefersiedende Helium schon bekannt, aber nur aus dem Spektrum der Sonne.

Da die Luftverflüssigung und die Gewinnung von Sauerstoff von großem technischem Interesse waren, insbesondere für die Stahlherstellung, wurde intensiv an der Entwicklung von entsprechenden Verflüssigungsverfahren gearbeitet. Im Sommer 1895 meldeten fast gleichzeitig William Hampson[4,5] am 23. Mai in England und Carl von Linde am 5. Juni in Deutschland sehr ähnliche Patente an. Hampsons Patent wurde unter dem Titel „Improvements relating to the progressive refrigerating of gases" angemeldet und als „British patent 10,165" patentiert.

Von Linde meldete sein Patent unter dem Namen „Verfahren zur Verflüssigung atmosphärischer Luft oder anderer Gase" an, das unter „Deutsches Reichspatent 88.824" veröffentlicht wurde.

Mit Hampsons Patent wurde von der Brin's Oxygen Company ein Verflüssiger gebaut. So konnte er Sir William Ramsay mit flüssiger Luft versorgen, wodurch es Ramsay gelang, die Edelgase Neon, Krypton und Xenon zu entdecken.

---

[4] William Hampson wurde am 14. März 1854 in Bebington geboren. Er starb am 1. Januar 1926 in London. Hampson studierte an der Universität Manchester und dem Trinity Collage der Oxford University Jura. Seine naturwissenschaftlichen Kenntnisse hat er sich selbst angeeignet.

[5] Carl Paul Gottfried von Linde (11.06.1842–16.11.1934) studierte von 1861 bis 1864 am Polytechnikum in Zürich bei den Physikern Rudolf Julius Emanuel Clausius, Gustav Anton Zeuner und dem Technikwissenschaftler Franz Reuleaux. Wegen seiner Teilnahme an Studentenunruhen konnte er das Studium nicht abschließen. Er arbeitete erst in der Lokomotivfabrik Borsig in Berlin, danach in einer Lokomotivfabrik in München. 1868 wurde er mit einem Empfehlungsschreiben seines Maschinenbauprofessors Zeuner wegen des Fehlens eines Diploms als außerordentlicher Professor für Maschinenlehre an die Polytechnische Schule in München berufen. Diese Professur wurde später in eine ordentliche Professur umgewandelt.

Von Linde befasste sich schon als junger Wissenschaftler mit der Theorie von Kältemaschinen, und es gelang ihm 1871, den Wirkungsgrad einer Eis- und Kühlmaschine wesentlich zu verbessern. Seine erste Kältemaschine entwickelte er mit Methyläther als Kühlmittel. Später nutzte er Ammoniak. 1879 gründete von Linde in Wiesbaden erfolgreich Lindes Eismaschinen AG. 1895 entwickelte er eine Luftverflüssigungsanlage, mit der Luft in größeren Mengen verflüssigt werden konnte. Sechs Jahre später gelang es ihm, reinen Sauerstoff aus der flüssigen Luft zu gewinnen, wodurch größere Mengen flüssigen Sauerstoffs hergestellt werden konnten.

Das Prinzip dieses Linde-Hampson-Verfahrens ist in Abb. 1.5 oben dargestellt. Das Gas wird bei Zimmertemperatur mit einem Kompressor auf hohen Druck komprimiert. Der Kompressor leistet Arbeit, wobei sich das Gas erwärmt. Im nächsten Schritt wird die Kompressionswärme an ein Kühlbad und in einem Gegenströmer bzw. Wärmetauscher isotherm abgegeben, wobei sich das Gasvolumen weiter verringert.

Danach gelangt es in die Kühlstufe, einen Expander oder ein Joule-Thomson-Ventil, wo es sich entspannt. Dabei leistet es die Arbeit W_E und kühlt sich adiabatisch ab. Danach dehnt es sich unter Wärmeaufnahme im Wärmetauscher isotherm aus. Das entspannte Gas wird wieder komprimiert und durchläuft aufs Neue den Kreislauf, wie in Abb. 1.5 unten mit dem linksläufigen Carnot-Prozess dargestellt ist. Linksläufig bedeutet, dass der Carnot-Prozess, wie mit dem Kreis in der Mitte des Diagramms angezeigt, gegen den Uhrzeigersinn durchlaufen wird.

Auf der rechten Seite des Carnot-Prozesses (Abb. 1.5 unten) wird das Arbeitsgas mit der Arbeit W_K adiabatisch komprimiert, wobei es sich auf die Temperatur T_2 erwärmt. Diese Wärme Q_1 wird entlang der Isotherme T_2 an ein Kühlbad abgegeben. Durch den Expander bzw. ein Joule-Thomson-Ventil wird es adiabatisch entspannt, wobei es die Arbeit W_E leistet und sich auf T_1 abkühlt. Im nächsten Schritt nimmt es isotherm Wärme auf und kühlt neu einströmendes Gas im Wärmetauscher ab.

Das ist das Grundprinzip fast aller Kühlverfahren, auch der magnetischen Kühlung, bei der die magnetischen Momente der Atome, die Spins, die Kühlung realisieren.

Der Joule-Thomson-Effekt führt jedoch nur zur Abkühlung, wenn die Gastemperatur T kleiner als die Inversionstemperatur T_{in} ist. Diese Temperatur ist sechsmal größer als die oben besprochene kritische Temperatur, d. h. $T_{in} = 6 \times T_{krit}$.

Der Wärmetauscher als Gegenströmer wurde schon 1857 von Werner von Siemens (1816–1892) zum Patent angemeldet, das jedoch von den Wissenschaftlern, die auf dem Weg zu immer tieferen Temperaturen waren, lange Zeit nicht beachtet wurde.

Mit diesem Verfahren entwickelte Carl von Linde eine Industrieanlage zur Herstellung von flüssiger Luft und von flüssigem Sauerstoff. Bei einem Kompressionsdruck von 200 bar erreichte er schon 1895 eine Verflüssigungsleistung von 3 l flüssiger Luft pro Stunde (Abb. 1.6).

Sechs Jahre später gelang es von Linde, reinen Sauerstoff aus der flüssigen Luft zu gewinnen, wodurch größere Mengen von flüssigem Sauerstoff hergestellt werden konnten, die für die Verbrennung von Kohlenstoff und Verunreinigungen im Roheisen, dem Frischen und Blasen in der Stahlindustrie, wichtig sind.

In Deutschland erhielt der Glasbläser Reinhold Burger von Carl von Linde den Auftrag, einen Behälter zur Aufbewahrung von tiefsiedenden Flüssigkeiten zu entwickeln. Burger nutzte seine Erfahrungen mit Thermosphoren und gründete eine Fabrik zur Herstellung von Thermosflaschen in Berlin-Pankow. Am 1. Oktober 1903 meldete er das Patent DE170057 für ein „Gefäß mit doppelten, einen luftleeren Hohlraum einschließenden Wandungen" an, das am 25. April 1906 veröffentlicht wurde.

1.3 Die Gasverflüssigung

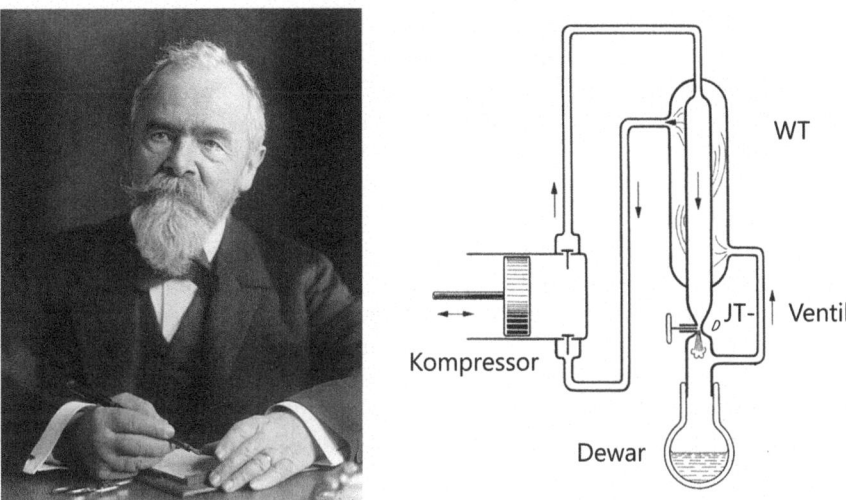

Abb. 1.6 Carl Paul Gottfried von Linde (1842–1934) und die Linde-Luftverflüssigungsanlage. Diese Anlage besteht aus einem Kompressor für 200 bar, einem Gegenströmer als Wärmetauscher (WT), dem für die Abkühlung entscheidenden Joule-Thomson-Ventil (JT) und einem Dewar-Gefäß. (Nach Meschede und Gerthsen [10])

Der Enkelsohn von Reinhold Burger, der noch in den 1970er-Jahren Dewar-Gefäße in Pankow herstellte, erzählte oft den Studenten, wenn er sich an der Humboldt-Universität flüssige Luft holte, dass die im Patent speziell angegebene Kugelform der Thermosflasche keine glückliche Lösung war und oft Probleme bereitete. Trotzdem waren diese Gefäße noch lange Zeit in vielen Forschungseinrichtungen in Berlin in Gebrauch.

Im Ort Glashütte bei Baruth in der Mark Brandenburg bei Berlin, in dem der Erfinder Reinhold Burger geboren wurde, sind neben einer Glasbläserei Laboreinrichtungen der Firma Burger in einem sehenswerten Museum ausgestellt. Das Museum gibt auch einen Eindruck davon, wie naturwissenschaftliche Laboratorien in den 1950er- und 1960er-Jahren ausgesehen haben.

1.3.4 Heike Kamerlingh Onnes

Nach der erfolgreichen Wasserstoffverflüssigung wollte Dewar auch das letzte, noch verbliebene Gas, Helium, verflüssigen. Seine Konkurrenten waren wieder die Polen Olszewski und von Wróblewski und außerdem der Niederländer Kamerlingh Onnes[6].

---

[6] Heike Kamerlingh Onnes stand im engen Kontakt mit Dewar. Sie tauschten ihre Ergebnisse ständig miteinander aus. Kamerlingh Onnes wurde am 21. September 1853 in Groningen geboren und starb am 21. Februar 1926 in Leiden. Er studierte an der Reichsuniversität Groningen

Wie schon erwähnt, wurde Helium 1882 im Spektrum der Sonne entdeckt, aber erst 1895 auf der Erde von dem britischen Chemiker William Ramsay (1852–1916), auch an der Royal Institution, aus dem Uranmineral Cleveit gewonnen.

Für die Verflüssigung von Helium entwickelte Kamerlingh Onnes einen Kaskadenverflüssiger. Wie die schematische Darstellung in Abb. 1.7 zeigt, wird nach einer Kaskade von flüssigem Methylchlorid, flüssigem Äthylen und flüssiger Luft, die das innere Verflüssigungsdewar vorkühlen, Heliumgas unter Druck mit der Pumpe P_1 in einer Wendel durch flüssige Luft und flüssigen Wasserstoff gedrückt und bis auf die Wasserstofftemperatur abgekühlt. Dann erfolgt in der nächsten Stufe die Abkühlung des Heliums bei Entspannung in einem Joule-Thomson-Ventil (JT). Dieses Ventil kühlt das nachströmende Heliumgas kontinuierlich weiter ab, bis die Verflüssigungstemperatur erreicht ist. Zur Versorgung der Vorkühlung mit flüssigem Wasserstoff wird der verdampfende Wasserstoff in einem separaten Kreislauf, der von der Pumpe P_2 angetrieben wird, kontinuierlich verflüssigt.

Schon für die Wasserstoffverflüssigung hatte Kamerlingh Onnes zwischen 1892 und 1894 die Kaskade der drei aufeinanderfolgenden Verflüssigungsstufen mit flüssigem Methylchlorid, Äthylen und Sauerstoff entwickelt, der er für die Heliumverflüssigung noch eine vierte Kaskade mit flüssigem Wasserstoff hinzugefügt hatte. Sein Luftverflüssiger erzeugte in einer Stunde 14 l flüssige Luft und blieb auch noch viele Jahre nach seinem Tod in Betrieb.

Am 10. Juli 1908 gelang es Kamerlingh Onnes in Leiden, mit diesem Kaskadenverfahren Helium zu verflüssigen. Er erreichte eine Siedetemperatur von −68,94 °C, 4,21 K über dem absoluten Nullpunkt [11]. Die sofort durchgeführte Dampfdruckerniedrigung erbrachte eine Temperatur von −272,3 °C (0,85 K), die einer Teilchengeschwindigkeit von 67 m/s entspricht und damit eine Temperatur um fast 2 K unter der 1933 von Regener mit 2,7 K vorausgesagten Temperatur der Hintergrundstrahlung des Universums [12]. Diese Hintergrundstrahlung ist ein Relikt des Urknalls.

Abb. 1.7 zeigt eine Prinzipskizze des Heliumverflüssigers von Heike Kamerlingh Onnes.

In Abb. 1.8 ist das Laboratorium von Kamerlingh Onnes mit der Verflüssigungsanlage zu sehen. Links stehen die Kompressoren und rechts unter den weißen Schutzhüllen die Verflüssigungsstufen, so wie die Anlage teilweise noch heute besteht.

Gerrit Jan Flim (Abb. 1.9) kam schon mit 15 Jahren in das Labor von Kamerlingh Onnes. Er war als Gerätebauer der technische Leiter des Labors und das

---

und an der Universität Heidelberg bei Gustav Robert Kirchhoff und Robert Wilhelm Bunsen. 1879 promovierte er mit dem Thema „Neue Beweise für die Drehung der Erde" zum Doktor phil. der Physik. Und am 11. November 1882 wurde er zum Professor der experimentellen Physik an die Universität Leiden berufen. 1903 bis 1904 war er Rektor seiner Universität. 1916 wurde er auswärtiges Mitglied der Royal Society.

1.3 Die Gasverflüssigung

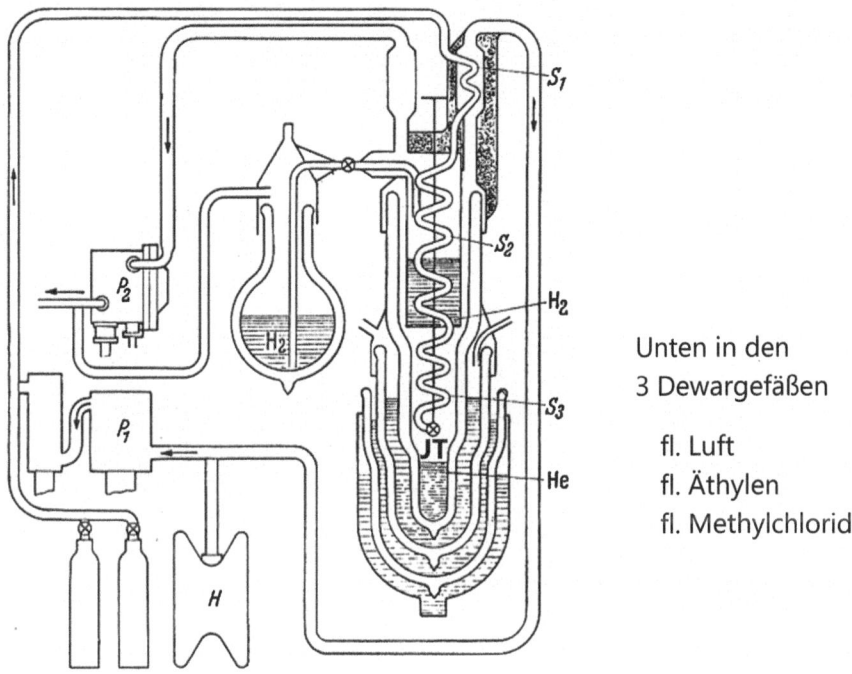

Unten in den
3 Dewargefäßen

fl. Luft
fl. Äthylen
fl. Methylchlorid

Abb. 1.7 Skizze des Kaskadenverflüssigers. Der flüssige Wasserstoff ($T_s = -252{,}85$ °C, 20,3 K) befindet sich als letzte Kaskade zur Vorkühlung des Heliums im innersten Dewar (bei H_2) über dem Joule-Thomson-Ventil (JT), in dem das Heliumgas verflüssigt wird [13]. In den Dewar-Gefäßen befinden sich von unten gesehen flüssiges Methylchlorid ($T_s = -24$ °C), flüssiges Äthylen ($T_s = -103$ °C), flüssige Luft ($T_s = -193$ °C). (Mit freundlicher Genehmigung des Rijksmuseum Boerhaave)

Rückgrat der Verflüssigerentwicklung. Er war auch für die sorgfältige Dokumentation der Verflüssigungsanlagen verantwortlich.

Bei Restwiderstandsmessungen an Metallen entdeckte Kamerlingh Onnes 1911 in einer Weiterentwicklung seines Verflüssigers die Supraleitung. Am 8. April 1911 beobachtete er, dass der elektrische Widerstand von Quecksilber bei 4,183 K plötzlich verschwand. Die Messung mit dem Verschwinden des Widerstands ist in Abb. 1.10 dargestellt. Bei 4,23 K wird der Widerstand sprunghaft kleiner und erreicht bei 4,183 K einen Wert von 10^{-5} Ω.

Da Quecksilber bei Zimmertemperatur, bei der die Apparatur aufgebaut werden musste, flüssig ist, wurde ein Quecksilberfaden in feinen Glasröhrchen, die in einem Kreis von Teilwindungen angeordnet wurden, hergestellt.

Dadurch konnten sowohl der gesamte Widerstand als auch der Widerstand von Teilstücken untersucht werden. Die Messapparatur und die Konstruktion des Widerstandsfadens zeigt Abb. 1.11.

Abb. 1.8 Die gesamte Verflüssigungsanlage von Kamerlingh Onnes. Im Vordergrund links sind zwei Kompressorstufen (P_1 und P_2) für Helium und Wasserstoff, rechts die Verflüssigerkaskaden; auf dem Schemel in der Mitte befindet sich das Auffanggefäß für das flüssige Helium [13]. (Mit freundlicher Genehmigung des Rijksmuseum Boerhaave)

Abb. 1.9 Heike Kamerlingh Onnes mit seinem Mitarbeiter Gerrit Flim vor dem Heliumverflüssiger. (Mit freundlicher Genehmigung des Rijksmuseums Boerhaave)

1.3 Die Gasverflüssigung

Abb. 1.10 Sprunghafte Abnahme des elektrischen Widerstands eines Quecksilberfadens von 0,16 Ω bei 4,23 K auf 10^{-5} Ω bei 4,185 K. Kopie des Originals der Messkurve von Kamerlingh Onnes [14]. (Mit freundlicher Genehmigung des Rijksmuseums Boerhaave)

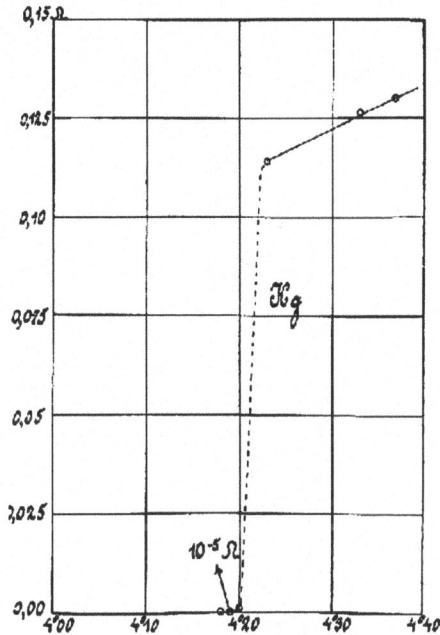

Flüssiges Helium wird über einen Siphon durch Abpumpen des Heliumgases in den Messraum gepumpt. Mit dem Druck über dem flüssigen Helium wird die Temperatur zwischen 4,2 und 1 K geregelt [15].

Das flüssige Helium hielt gleich noch weitere Überraschungen bereit. Kamerlingh Onnes beobachtete, dass Helium auch bei der tiefsten Temperatur, die er erreichen konnte, nicht fest wurde. Es bleibt bis an den absoluten Nullpunkt, wenn alle Stoffe fest werden, flüssig. Dieses verblüffende Phänomen rief große Aufmerksamkeit hervor, und es wurde nicht nur in Leiden weiter analysiert, sondern auch in anderen Laboratorien.

So stellte sich Franz Simon (Kap. 3) im Physikalisch-Chemischen Institut der Berliner Universität die Frage, unter welchen Bedingungen Helium fest wird. Und er konnte beobachten, dass Helium bei tiefen Temperaturen bei einem Druck von 25 bar in den festen Zustand übergeht.

Ein weiteres Experiment, das die große Kunst des Experimentierens und die Weitsichtigkeit von Kamerlingh Onnes zeigt, war am 17. Januar 1914 die Messung der Supraleitung in einem äußeren Magnetfeld. In diesem Experiment wurde die Supraleitung von Blei mit der kritischen Temperatur von 4,25 K in einem Magnetfeld von nur 600 Gauß (0,06 T) zerstört. Das war für ihn eine große Enttäuschung, da er schon von supraleitenden Spulen mit Magnetfeldern von 10 T geträumt hatte.

Aber heute ist dieser Traum Realität. Im Helmholtz-Zentrum Berlin wurde im Mai 2014 ein Hybridmagnet mit einem Feld von 26 T in Betrieb genommen. Dieser Magnet besteht aus einer normalleitenden Spule und einer supraleitenden

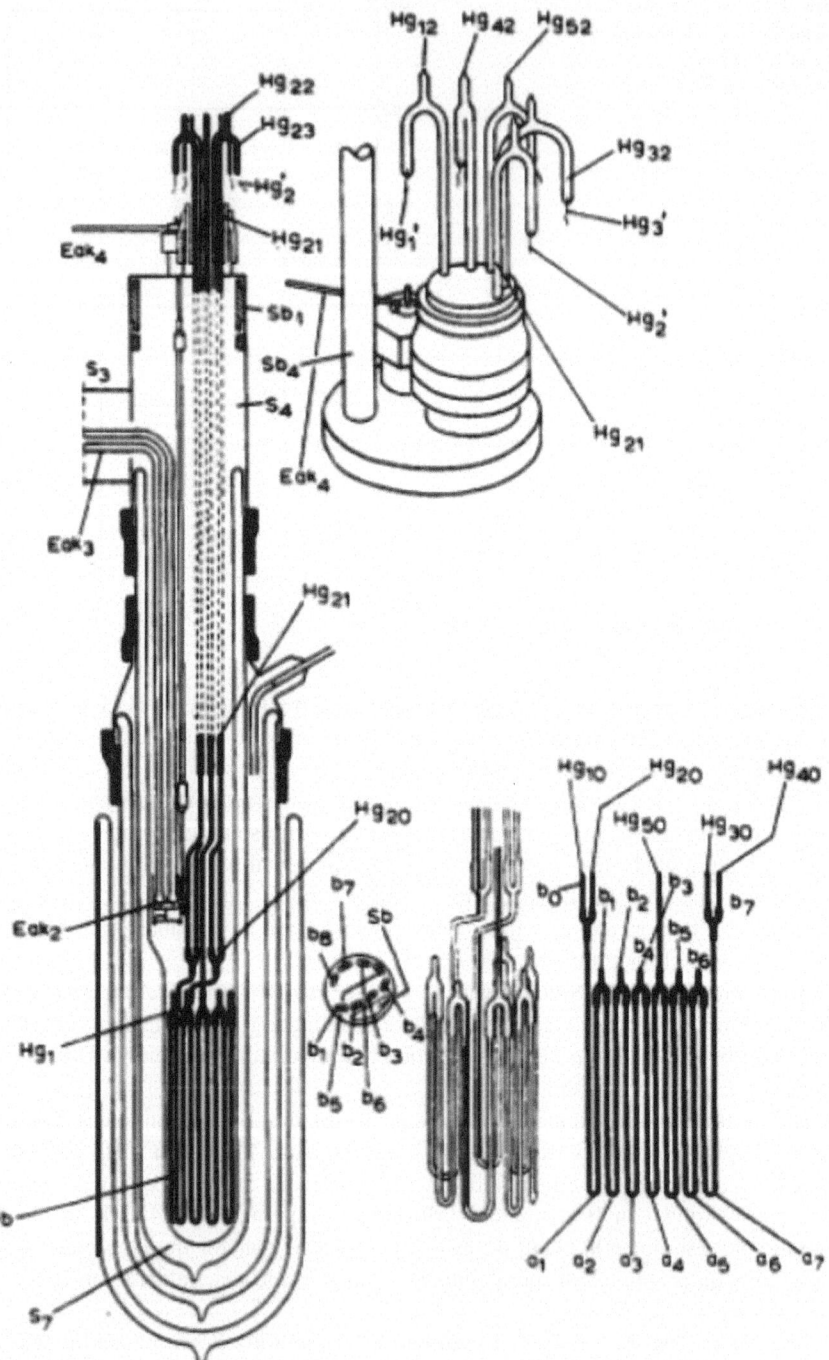

Abb. 1.11 Rechts befindet sich der Kryostat mit dem Quecksilberfaden in Glaskapillaren, die in Sektionen aufgeteilt sind, daneben die kreisförmige Anordnung der einzelnen Sektionen (b_1 bis b_7). Hg_{20} bis Hg_{50} sind die Messkontakte; oben links mit Hg und einer Nummer sind die Messausgänge gekennzeichnet. (Mit freundlicher Genehmigung des Rijksmuseum Boerhaave)

Spule, die in Reihe geschaltet sind und mit 20.000 A betrieben werden. Die supraleitende Spule aus einer Niobium-Zinn-Legierung (Nb_3Sn) hat einen Innendurchmesser von 60 cm und erzeugt ein Magnetfeld von etwa 13 T. In der Öffnung des supraleitenden Magneten von 60 cm Durchmesser befindet sich die normalleitende Magnetspule, die mit 4 MW ein Feld von ca. 14 T erzeugt. Die Felder der Spulen ergeben zusammen 26 T. Im Inneren der aus Kupfer bestehenden normalleitenden Bitter-Spule befindet sich ein Arbeitsraum mit einem Durchmesser von 50 mm, in dem das hohe Magnetfeld bei Zimmertemperatur genutzt werden kann.

Bevor es die Möglichkeit gab, mit supraleitenden Magnetspulen hohe magnetische Felder zu erzeugen, wurden hohe Felder allein mit Bitter-Spulen erzeugt. Francis Bitter (1902–1967), Professor am Massachusetts Institute of Technology (MIT), beschrieb 1939 diesen Elektromagneten. Er besteht aus einem Plattenstapel von runden Kupfer- und Isolierplatten, die abwechselnd mit entsprechender Überlappung aufeinandergepresst werden. In der Achse hat der Stapel eine Öffnung mit einem Durchmesser von einigen Zentimetern. Das ist der Raum, in dem das Magnetfeld genutzt wird. Über die ganze Fläche der Platten sind zur Kühlung viele kleine Bohrungen eingebracht, durch die Wasser gedrückt wird. Mit 250 2 mm dicken, gegeneinander isolierten Kupferplatten wird mit einem Strom von 20 kA bei 500 V ein Magnetfeld von 16 T erzeugt.

1913 erhielt Kamerlingh Onnes den Nobelpreis für Physik „for his investigations on the properties of matter at low temperatures which led, inter alia, to the production of liquid helium".

Als Kamerlingh Onnes 1926 starb, hatte er getreu seinem Motto „Durch Messen zum Wissen" mit der Verflüssigung des Edelgases Helium den Bereich der tiefen Temperaturen experimentell erschlossen.

Mit der Entdeckung der Supraleitung veränderte Kamerlingh Onnes die Physik der tiefen Temperaturen grundsätzlich. Das Wissenschaftsgebiet, das bis dahin eine Erforschung der Gasverflüssigung auf dem Weg zum absoluten Nullpunkt war, wurde zu einem völlig neuen Gebiet der Physik, nämlich der Tieftemperaturphysik, die eine wichtige Tür zur Erforschung der Quantenwelt öffnete und mit völlig neuen Effekten Eingang in die Elektrotechnik und Elektronik bis in die Standardisierung physikalischer Messgrößen wie der elektrischen Spannung und dem elektrischen Widerstand fand. Verbunden damit drang die Erforschung der Struktur der Materie, unter dem Einfluss von Magnetfeldern, mit völlig neuer Qualität tief in die Quantenwelt vor.

Literatur

1. Shachtman, T.: Minusgrade – Auf der Suche nach dem absoluten Nullpunkt. Eine Chronik der Kälte, Rowohlt Taschenbuch Verlag (2001)
2. Mendelssohn, K.: Die Suche nach dem absoluten Nullpunkt; Kindlers Universitäts Bibliothek, 27 (1966)
3. Thilorier, A.: L'Institut, journal universel des sciences et des sociétés savantes en France et à l'étranger, 2 (58) 197–198 (1834)
4. Gay-Lussac, J. L.: (L'An X – 1802), Annales de chimie XLIII: 137

5. Leibfried, D., Pfau, T., Monroe, C.: Shadows and Mirrors: Reconstructing Quantum States of Atom Motion; Physics Today 51, 4, 22 (1998)
6. Cailletet, L.: Comt Rend 85 1213 (1877)
7. Pictet, R. P.: Telegramm an die Akademie der Wissenschaften in Paris vom 22.12.(1877) aus [2], S. 8
8. Olszewski, K. Wróblewski, Z.: Ann. Physik u. Chem. 3 F20, 58–74
9. Dewar, J.: Proc. Roy. Soc. (London) 14 129 (1898a); J. Chem. Soc. 73 528 (1898b); Ann. Chim. Phys. 18 145 (1899)
10. Meschede und Gerthsen, Physik 2006. Springer, S. 271
11. Kamerlingh Onnes, H.: On the Lowest Temperature Yet Obtained, Comm. Phys. Lab. Univ. Leiden; No. 159 (1922)
12. Regener, E.: Der Energiestrom der Ultrastrahlung, Zeitschrift für Physik. 80, 9–10, 666–669 (1933)
13. van Delft, D.: Kamerlingh Onnes and the Road to Liquid Helium IEEE/CSC & ESAS EUROPEAN SUPERCONDUCTIVITY NEWS FORUM (ESNF), No. 1, (Museum Boerhaave, Leiden University 2011)
14. Kamerlingh Onnes, H.: Further experiments with liquid helium. C. On the change of electric resistance of pure metals at very low temperatures, etc. IV. The resistance of pure mercury at helium temperatures; Comm. Phys. Lab. Univ. Leiden; No. 120b (1911)
15. van Delft, D. Kes, P.: The discovery of Superconductivity; Physics Today, 63, 9, 38 (2010)

Die Tieftemperaturphysik der Berliner Universität und der Physikalisch-Technischen Reichsanstalt bis zum Zweiten Weltkrieg

2

Bei seinen Untersuchungen chemischer Gleichgewichte entdeckte Walther Nernst, dass die Schlüsseldaten für chemische Berechnungen schwer aus Messungen bestimmbar sind. Die Auswertung vieler Messungen chemischer und elektrischer Reaktionen in der flüssigen Phase bei tieferen Temperaturen zeigte eine gewisse Übereinstimmung von freier und innerer Energie. Das brachte Nernst auf die Idee, dass die Differenz beider Funktionen bei $T \to 0\,K$ verschwinden muss. Diese Idee und der ungeheure Aufwand von Walther Meißner, um mit tiefen Temperaturen den Geheimnissen der Supraleitung auf die Spur zu kommen, bestimmen den Inhalt dieses Kapitels.

Dazu kommt die Entdeckung der thermoelektrischen Effekte, die wie der Hall-Effekt auf dem Einfluss eines Magnetfeldes auf die Bewegung von Ladungsträgern in Festkörpern beruhen. Diese Wirkung des Magnetfeldes auf die Bewegung von Ladungsträgern sollte die Arbeiten bei tiefen Temperaturen an der Berliner Universität in der zweiten Hälfte des 20. Jahrhunderts prägen.

2.1 Walther Nernst und sein Wärmesatz

2.1.1 Thermomagnetische Erscheinungen

Die Tieftemperaturphysik an der Berliner Universität begann am Anfang des 20. Jahrhunderts, als der Ordinarius für Physikalische Chemie an der Berliner Friedrich-Wilhelms-Universität, Walther Nernst, nach einem Weg suchte, den von ihm bei der Untersuchung chemischer Gleichgewichte gefundenen Wärmesatz experimentell nachzuweisen.

Walther Hermann Nernst wurde am 25. Juni 1864 in Briesen (Westpreußen) geboren. 1883 begann er, in Zürich Physik und Chemie zu studieren. 1884 wechselte er nach Berlin zu Helmholtz. Danach besuchte er in Graz Vorlesungen bei

Ludwig Boltzmann. Als Student bekam er von Boltzmann den Auftrag, zusammen mit Albert von Ettingshausen den Hall-Effekt an Metallen zu analysieren. In den Experimenten wurden auch die thermischen Eigenschaften der Metalle mit einbezogen. Dabei fanden sie (1886) heraus, dass in einem Magnetfeld, senkrecht zu einem elektrischen Strom und zum Magnetfeld im Wismut, Antimon und in anderen Metallen (wie Nickel, Zinn, Kohle) ein Temperaturgradient entsteht. Bei der Untersuchung eines Wärmestromes senkrecht zum Magnetfeld fanden sie ein Jahr später eine elektrische Spannung senkrecht zu beiden. Der erste Effekt wird Ettingshausen-Effekt und der zweite Nernst-Effekt genannt. Abb. 2.1 zeigt Ludwig Boltzmann mit seinen Mitarbeitern in dieser Zeit.

Die Dissertation von Nernst mit dem Titel „Ueber die electromotorischen Kräfte, welche durch den Magnetismus in einer vom Wärmestrom durchflossenen Metallplatte geweckt werden" [1], die er 1889 bei Friedrich Kohlrausch in Würzburg verteidigte, zeigte, dass er erkannt hatte, dass das Magnetfeld in Metallen eine Kraft erzeugt. 1888 veröffentlichten Nernst und von Ettingshausen die Ergebnisse dieser Arbeit unter dem Titel „Ueber das thermische und das galvanische Verhalten einiger Wismut-Zinn-Legierungen im magnetischen Felde". Sie zeigten außerdem, dass die thermomagnetischen Effekte im Wismut durch das Legieren mit bis zu 6 % Zinn signifikant beeinflusst werden [2]. In Abb. 2.2 ist die Querspannung des thermomagnetischen Effekts bei einem Temperaturgradienten dargestellt.

Abb. 2.1 Stehend (von links nach rechts): Walther Nernst, Heinrich Steintz, Svante Arrhenius, Richard Hiecke; sitzend (von links nach rechts): Eduard Aulinger, Albert von Ettingshausen, Ludwig Boltzmann, Ignaz Klemenčič, Victor Hausmanninger (1886/1887)

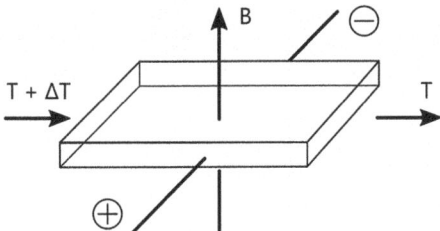

Abb. 2.2 Messanordnung des Nernst-Effekts. Ein Wärmestrom $T + \Delta T \rightarrow T$ längs einer Metallplatte erzeugt beim Anlegen eines Magnetfeldes B senkrecht zur Platte, senkrecht zum Wärmestrom und zum Magnetfeld ein elektrisches Feld E. Die Träger des Wärmestromes müssen also elektrische Ladungen sein, die das Magnetfeld beeinflussen

Diese thermomagnetischen Effekte werden wie der Hall-Effekt, der einige Jahre vorher (1879) von dem Amerikaner Edwin Hall [3] entdeckt wurde, von der gleichen Kraft verursacht. Beim Hall-Effekt tritt in einem stromdurchflossenen Leiter in einem Magnetfeld senkrecht zum Strom und zum Magnetfeld eine elektrische Spannung auf. Die Kraft, die dabei auf die Ladungsträger wirkt, ist die Lorentz-Kraft, die 1895 von dem niederländischen Mathematiker Hendrik Antoon Lorentz in Rahmen seiner Elektrodynamik eingeführt wurde. Sie lenkt die Ladungsträger senkrecht zum Magnetfeld nach der Beziehung $\mathbf{F} = q\,(\mathbf{v} \times \mathbf{B})$ aus ihrer Bewegungsrichtung ab. Dabei ist q die Ladung, v die Geschwindigkeit der Ladungsträger, B das Magnetfeld und F die Kraft selbst (Geschwindigkeit, Magnetfeld und die Kraft sind Vektoren). Abb. 2.2 zeigt die durch den Wärmestrom in einem Metall im Magnetfeld hervorgerufene elektrische Spannung.

Der Temperaturunterschied hat zur Folge, dass die Ladungsträger an der wärmeren Seite eine höhere thermische Geschwindigkeit haben als die an der kälteren Seite. Die Ladungsträger bewegen sich entsprechend von der wärmeren zur kälteren Seite, und das Magnetfeld verändert mit der Lorentz-Kraft seine Bewegungsrichtung, was zu einer Spannung senkrecht zum Wärmestrom und Magnetfeld führt.

Werden ganz allgemein Ladungsträger bei ihrer Bewegung quer zu einem Magnetfeld nicht behindert, dann durchlaufen sie unter Wirkung der Lorentz-Kraft gekrümmte Bahnen. Wird die Bewegung durch ein periodisch wechselndes elektrisches Feld hervorgerufen, kommt es zu zyklisch durchlaufenen Kreisbahnen. Mit dieser Erkenntnis bauten Ernest O. Lawrence und M. Stanley Livingston in Berkeley 1930 das erste Zyklotron [4]. In einer flachen, kreisförmigen Vakuumkammer mit einem Durchmesser von 4,5 cm beschleunigten sie mit einem elektrischen Wechselfeld zwischen zwei Elektroden Wasserstoffmolekülionen (H_2^+) und legten damit den Grundstein für alle heute existierenden Ringbeschleuniger, die teilweise Durchmesser bis zu mehreren Hundert Metern haben.

Auch Ladungsträgern in Metallen und Halbleitern gelingt es, bei tiefen Temperaturen im Magnetfeld, hervorgerufen durch ein elektrisches Wechselfeld, zyklische Bahnen oder mindestens Teile von gekrümmten Bahnen zu durchlaufen. Wenn die Frequenz des elektrischen Wechselfeldes mit der Umlauffrequenz der

Ladungsträger übereinstimmt, kommt es zu einer Resonanz, die als Zyklotronresonanz bezeichnet wird.

Dieses Phänomen ist in der zweiten Hälfte des 20. Jahrhunderts der Schwerpunkt der Tieftemperaturphysik an der Berliner Universität. Auch das Metall Wismut und seine Legierungen mit Antimon waren seit den 1960er-Jahren zentraler Forschungsgegenstand.

Heute erlebt der Nernst-Effekt am Wismut in gut ausgerüsteten Laboratorien bei sehr tiefen Temperaturen und extremen Magnetfeldern eine Renaissance. Bei unwahrscheinlich hohen Feldern von 70 T öffnet sich eine völlig neue, geheimnisvolle Quantenwelt (s. unten).

Zurück zu Nernst. Nach einem Vortrag von Nernst in Würzburg gewann Wilhelm Ostwald, der den Vortrag besucht hatte, Walther Nernst und dessen Freund Svante Arrhenius als Assistenten für sein Institut an der Universität Leipzig, wo Nernst auf dem Gebiet der Elektrochemie habilitierte.

Seit der Zeit in Würzburg waren Walther Nernst und Svante Arrhenius miteinander befreundet. Arrhenius gehörte zu den Begründern eines damals erst in Ansätzen existierenden neuen Zweiges der Wissenschaft: der physikalischen Chemie. Angeregt durch Arrhenius und später als Assistent von Ostwald in Leipzig hat sich der junge Nernst zuerst vor allem dieser Elektrochemie zugewandt. Er beschäftigte sich mit dem Zusammenhang zwischen der elektromotorischen Kraft eines galvanischen Elements und der Konzentration der in dem Element enthaltenen elektrolytischen Lösung. Dabei fand er eine Gesetzmäßigkeit, die heute als Nernst-Gleichung in allen Chemielehrbüchern zu finden ist. Sie beschreibt die Konzentrationsabhängigkeit des Elektrodenpotenzials E eines Redoxpaares (Ox + z e⁻ → Red), wie es an einem Metall in einer Ionenlösung vorliegt. In seiner Habilitationsschrift im Jahr 1889 leitet Nernst diese Gleichung

$$E = E^0 + \frac{RT}{z_e F} \ln \frac{c_{Ox}}{c_{Red}} \qquad (2.1)$$

über die osmotische Theorie her und führt den klassischen Begriff „Lösungstension" ein, wobei E^0 das Standardpotenzial, R die Gaskonstante, F die Faraday-Konstante, z_e die Zahl der übergehenden Elektronen, c_{Ox} die Konzentration der Ionen in Lösung und c_{Red} die Konzentration der Ionenquelle ist [5].

Der damit verbundene Vorschlag von Nernst, auf das Auffinden des absoluten Normalpotenzials bei der elektromotorischen Kraft zu verzichten und stattdessen alle Potenzialwerte auf die mit Wasserstoff umspülte Platinelektrode (H_2/H^+) in 1-normaler Säure E^0 zu beziehen, war von vielen Kollegen akzeptiert worden. Für diese Pionierarbeit wurde er 1891 als Ordinarius für physikalische Chemie nach Göttingen berufen[1].

---

[1]Zwei Halbzellen eines unedlen Metalls, wie Zink ($Zn \rightarrow Zn^{2+} + 2e^-$), und eines edlen Metalls, wie Kupfer ($Cu \rightarrow Cu^{2+} + 2e^-$), bilden in einer Ionenlösung eine Spannungsquelle. Für Zink und Kupfer sind diese Standardpotenziale $V_{Zn} = -0{,}76$ V und $V_{Cu} = +0{,}34$ V. Gegeneinander geschaltet bilden sie eine Batterie mit 1,10 V.

In Göttingen begann Nernst, sich mit thermodynamischen Untersuchungen zu beschäftigen. Arbeiten über die elektrolytische Leitung fester Körper bei sehr hohen Temperaturen führten zur Entdeckung eines Glühkörpers, der im Wesentlichen aus Zirconiumoxid bestand und bei 95 V mit 0,5 A betrieben wurde. Es gelang ihm, diese Lampe mit Gewinn an Walther Rathenau, dem Direktor der AEG (Allgemeine Elektrizitätsgesellschaft), zu verkaufen. Die AEG brachte die Lampe als Nernst-Stift auf den Markt. 1900 löste sie die Kohlefadenlampe ab, bis sie dann 1910 durch eine verbesserte Metallfadenlampe vollständig ersetzt wurde. Damit erlangte der Nernst-Stift eine große, aber nur kurz währende Berühmtheit. Noch heute wird der Stift als universelle Strahlungsquelle für den Infrarotbereich eingesetzt.

Als 1904 Hans Heinrich Landolt (1831–1910), Direktor des II. Chemischen Instituts der Berliner Universität, emeritiert wird, folgt Walther Nernst dem Ruf an die Friedrich-Wilhelms-Universität. Ein eigenes Gebäude der Physikalischen Chemie, neben dem Physikgebäude am Reichstagsufer, weist auf die Bedeutung hin, die der physikalischen Chemie in diesen Jahren zukam. Auf seinen Wunsch wird das II. Chemische Institut der Universität in Physikalisch-Chemisches Institut umbenannt. Er wird der erste Ordinarius. Noch bevor Nernst die Professur antritt, wird ihm von Kaiser Wilhelm II. der Titel „geheimer Regierungsrat" verliehen [6]. Damit begann die eigentliche Geschichte dieses in der Bunsenstraße direkt an der Spree gelegenen Instituts, das als eigenständiges Institut zu dem Gebäudekomplex, in dem sich auch das von Hermann von Helmholtz am Reichstagsufer 1873 bis 1879 gebaute Physikalische Institut der Universität befand. Es existiert heute noch, zumindest als Gebäude (Abb. 2.3).

Eine ganze Generation von hervorragenden Physikochemikern ging in der Bunsenstraße durch Nernsts Schule; Arnold Eucken, Max Bodenstein, Hans von

Abb. 2.3 Links: Walther Nernst, rechts: das ehemalige Physikalisch-Chemische Institut am Reichstagsufer heute

Wartenberg, John Eggert, Walter Noddack, Wilhelm Jost, Karl-Friedrich Bonhoeffer und Franz Simon gehörten zu ihnen.

1905 hat Nernst, nach seinen eigenen Worten, während einer Vorlesung im Physikalisch-Chemischen Institut in der Bunsenstraße seinen Wärmesatz entdeckt, der später der dritte Hauptsatz der Thermodynamik wurde. Diese Entdeckung veröffentlichte er 1906. Es war sein bedeutendster Beitrag für die Wissenschaft, der ihm 1920 den Nobelpreis einbrachte.

Vor Aufstellung dieses Satzes konnte der große Fortschritt der Wärmelehre, den die Arbeiten von Helmholtz, Gibbs, Berthelot und vielen anderen ermöglicht hatten, für die chemische Praxis nicht recht fruchtbar werden, weil es nicht möglich war, mithilfe von Reaktionswärmen chemische Gleichgewichtskonstanten zu bestimmen. Dies war aber das große Ziel der chemischen Thermodynamik, mit dem die Chemie, insbesondere die technische Chemie, zur rechnenden Wissenschaft wurde und nicht mehr auf reine Empirie angewiesen war.

Nernst fand den fehlenden Baustein in der Thermodynamik. Er löste das Problem aufgrund einer einfachen Annahme. Er studierte die verfügbaren Messungen von Reaktionswärmen bei tiefen Temperaturen und postulierte, dass bei Annäherung an den absoluten Nullpunkt die Reaktionswärme einer chemischen Reaktion gleich der Änderung der Helmholtz'schen freien Energie wird und sich beide Größen mit der Temperatur nicht mehr ändern.

2.1.2 Der dritte Hauptsatz der Thermodynamik

Um das Postulat zu beweisen, analysierte Nernst zu Beginn des 20. Jahrhunderts die Lage von chemischen Gleichgewichten. Der wirtschaftliche Hintergrund waren die sich in dieser Zeit intensiv entwickelnden chemischen Produktionsverfahren, die Berechnungen von chemischen Gleichgewichten erforderten. Dafür musste aber die Affinität, die Triebkraft jeder chemischen Reaktion, bestimmt werden, denn bei chemischen Reaktionen stellen sich Gleichgewichte wie in der Mechanik dann ein, wenn ein Potenzialminimum erreicht wird. So ist jede freiwillig, isotherm-isochor ($T = $ const., $V = $ const.) ablaufende chemische Reaktion mit einer Verringerung des thermodynamischen Potenzials verbunden. Mit anderen Worten, Stoffe können nur miteinander reagieren, wenn dabei eine Verringerung des thermodynamischen Potenzials eintritt. Dieses thermodynamische Potenzial ist für isotherme-isochore Reaktionen die Helmholtz'sche freie Energie F:

$$F = U - TS \qquad (2.2)$$

Das ist der Anteil der inneren Energie U der Stoffe, der in mechanische oder elektrische Energie umgewandelt werden kann. Je größer die Abnahme des thermodynamischen Potenzials ist, desto stärker ist die Triebkraft einer chemischen Reaktion. Diese Triebkraft ist die chemische Affinität A der Stoffe zueinander. Sie wird durch

2.1 Walther Nernst und sein Wärmesatz

$$\Delta F = -A \tag{2.3}$$

definiert, wobei ΔF die Differenz der freien Energie bezüglich der Ausgangs- und Endstoffe einer Reaktion ist. Die Affinität muss aus der Gibbs-Helmholtz'schen Differenzialgleichung,

$$A = U + T\left(\frac{dA}{dT}\right), \tag{2.4}$$

die aus den ersten beiden Hauptsätzen der Thermodynamik folgt, ermittelt werden. Nernsts Analysen von Gleichgewichten ergaben, dass

$$\lim_{T \to 0} \left(\frac{\partial A}{\partial T}\right) = 0 \tag{2.5}$$

sein muss.

Dieses Ergebnis, das für $T = 0$ K $A = U$ sein müsste, hatte er vorher schon mehrfach geprüft, sodass er schließlich alle Zweifel ausschließen konnte [7]. In einem Brief an Walter Oswalt kam er 1940 nochmals darauf zurück [8]. Nernst war schon 1905 davon überzeugt, dass er mit der Abhängigkeit (2.5) ein grundlegendes Naturgesetz gefunden hatte.

Diese Abhängigkeit besagt, dass am absoluten Nullpunkt die Steigung der Affinität null ist, womit aus der Gibbs-Helmholtz'schen Differenzialgleichung für $T \to 0$ K folgt, dass die Änderung der Affinität A gleich der Änderung der inneren Energie U ist. Affinität und innere Energie fallen also bei $T = 0$ zusammen.

Mit dieser Annahme kann die Affinität aus thermodynamischen Messungen ermittelt werden, denn die Differenz der inneren Energie ergibt sich aus der Messung der spezifischen Wärmekapazität $C_V = dU/dT$ und

$$\Delta U = C_V \Delta T. \tag{2.6}$$

Damit war für Nernst klar, dass das Wärmetheorem durch die Messung der spezifischen Wärmekapazität experimentell überprüft werden kann. Hierfür brauchte er tiefe Temperaturen.

1910 erhielt der Wärmesatz durch Max Planck mit der Entropie

$$\Delta S(T) = -\frac{\partial A}{\partial T} \tag{2.7}$$

eine erweiterte Fassung. Da die Entropie nicht negativ sein kann, ergibt sich, dass die Steigung der Affinität mit Zunahme der Temperatur negativ sein muss. Nicht nur die Differenz der spezifischen Wärmekapazität verschwindet für $T \to 0$ K, sondern die Wärmekapazität selbst [9]. Dabei strebt die Entropie eines thermodynamischen Gleichgewichts für $T \to 0$ K einem festen Wert zu, der vom Volumen, Druck, dem Aggregatzustand und von anderen Größen unabhängig ist. Planck setzte diesen Wert gleich null [10]:

$$\lim_{T \to 0\,K} S(T) = 0 \qquad (2.8)$$

Mithilfe seines Wärmesatzes und der Erweiterung durch Planck kam Nernst 1912 zu dem Ergebnis, dass nicht nur die Entropie für $T \to 0\,K$ gegen null strebt, sondern dass der absolute Nullpunkt nicht erreicht werden kann. Mit diesem Ergebnis stellte er den Wärmesatz als dritten Hauptsatz an die Seite der beiden anderen Hauptsätze in der Thermodynamik[2].

Je näher die Temperatur dem absoluten Nullpunkt kommt, desto stärker strebt die Entropie gegen null, was für Strukturbildungen von Atomen eine immer bessere Anordnung fast bis zur perfekten Ordnung bedeutet.

Nernst wurde aber bald klar, dass sein Wärmesatz nicht im Einklang mit der klassischen Thermodynamik stand, denn ein Gas, das in einem konstanten Volumen unter Vermeidung der Kondensation abgekühlt wird, entsprach nicht mehr den Gesetzen für ideale Gase. Dieser Zustand des Gases wurde deshalb von ihm „Gasentartung" genannt. Aus seiner Sicht musste das von ihm gefundene fundamentale Naturgesetz experimentell bewiesen werden, und zwar mit Messungen der Wärmekapazität bei tiefen Temperaturen.

Der Vorschlag, den Nernst zur Klärung der Gasentartung machte, nämlich ein Gas aus Wasserstoffatomen in einem festen Volumen stark abzukühlen und dann die Eigenschaften dieses veränderten Gases zu untersuchen, wurde erst in den letzten Jahrzehnten des 20. Jahrhunderts von Daniel Kleppner am Massachusetts Institute of Technology in Angriff genommen. Die Realisierung der Gasentartung gelang dann 1995 jedoch nicht mit Wasserstoffatomen, sondern am JILA (Joint Institute for Laboratory Astrophysics) in Boulder mit Rubidiumatomen [11] und am Massachusetts Institute of Technology mit Natriumatomen [12]. Hierauf wird in Kap. 14 eingegangen.

Mit der Entdeckung des engen Zusammenhangs zwischen der freien Energie und der Affinität sowie der damit verbundenen Möglichkeit, chemische Berechnungen genauer durchzuführen, wurde durch Nernst nicht nur die theoretische Thermodynamik auf eine neue Stufe gehoben, sondern auch die chemische Industrie in die Lage versetzt, die Realisierung ihrer Reaktionen vorher eingehend zu berechnen. Dieser Teil des Nernst'schen Lebenswerkes hat die Erzeugung chemischer Produkte in entscheidender Weise beeinflusst.

---

[2] I. Hauptsatz: Energieerhaltung. Energie ist eine Zustandsgröße.
  a) Interne Änderungen nicht möglich.
  b) Externe Änderungen möglich.
  II. Hauptsatz: Entropie ist eine Zustandsgröße.
  a) Interne Zunahme möglich – interne Abnahme nicht möglich.
  b) Externe Änderung ist Wärmeänderung geteilt durch die Temperatur.
  Durch diese Hauptsätze wird weder eine absolute Energie noch eine absolute Entropie festgelegt.
  III. Hauptsatz: Für $T \to 0\,K$ geht die Entropie $S \to 0$.

2.1.3 Nernst als Wissenschaftspolitiker

Max Planck hatte im Dezember 1900 zur Erklärung des Strahlungsgesetzes, die Energie des Lichts in Energieportionen von $E = n\, h\nu$ (mit $n = 1, 2, 3, \ldots$; mit h dem Planck'schen Wirkungsquantum und ν als Frequenz) zerlegt. Diese Quantelung der Strahlungsenergie wurde 1905 von Einstein zuerst auf die Ausbreitung elektromagnetischer Strahlung angewandt. Dazu zerlegte er das Licht in Photonen, in Lichtquanten, die wie schon Newton vermutet hatte, Teilchencharakter haben. Mit der Zerlegung des Lichts in Photonen konnte Einstein brillant den photoelektrischen Effekt erklären, durch den bei der Bestrahlung von Metallen mit kurzwelligem oder ultraviolettem Licht Elektronen aus der Oberfläche herausgeschlagen werden, wenn die Photonenenergie die Austrittsarbeit des Metalls übersteigt.

Die Anwendung der Quantelung auf die Schwingungen von Kristallgittern folgte 1907 mit der Arbeit „Die Plancksche Strahlungstheorie und die spezifische Wärme" [13]. Die Gitterschwingungen wurden von Einstein wie das Licht in Teilchen, die er Phononen nannte, mit der Energie $h\nu$ gequantelt, wobei ν die Frequenzen der Gitterschwingungen sind. Mit dieser Phononenhypothese konnte Einstein die experimentell gefundene Abnahme der spezifischen Wärme qualitativ erklären. Er schloss daraus, dass die spezifische Wärme bei $T \rightarrow 0$ K verschwinden müsste. Nernst war so von dieser Arbeit begeistert, dass gemeinsam mit Planck die Idee entstand, diesen jungen Theoretiker nach Berlin zu holen [14].

Eine bewundernswürdige wissenschaftlich-organisatorische Leistung vollbrachte Nernst, als ihm als Ordinarius der Berliner Universität die Schaffung eines Nationalen Chemischen Labors, „als Gegenstück zur Physikalisch-Technischen Reichsanstalt, die Helmholtz und Siemens ins Leben gerufen hatten", gelang, um die Naturwissenschaften in Berlin weiter auszubauen. Mit finanzieller Unterstützung aus der Industrie und durch den Kaiser wurde am 11. Januar 1911 die „Kaiser-Wilhelm-Gesellschaft zur Förderung der Wissenschaften" gegründet. Es entstanden die Kaiser-Wilhelm-Institute für Chemie, Physikalische Chemie und medizinische Forschung in Dahlem [15, S. 104]. Formal wurde auch ein Institut für Physik gegründet.

Im selben Jahr organisierte Nernst die erste Solvay-Konferenz in Brüssel. Da er von der Tragweite der Quantentheorie überzeugt war, versuchte er, Max Planck schon früh für eine Konferenz über dieses neue Gebiet der Physik zu gewinnen. Trotz der Zweifel von Planck, der meinte, dass die Zeit noch nicht reif sei, schlug Nernst das Thema „Einführung der Quanten in die theoretische Physik" vor. Im Ergebnis wurden unterschiedliche Ansätze der klassischen Physik und die im Entstehen begriffene Quantenphysik die Schwerpunkte der Konferenz.

Der belgische Großindustrielle Ernest Solvay war der Gastgeber. Die Konferenz fand, von Solvay gesponsert, unter der Leitung von Hendrik Antoon Lorentz, dem Entdecker der Lorentz-Kraft, vom 30. Oktober bis zum 3. November 1911 im Hotel Metropol in Brüssel unter dem Thema „Die Theorie der Strahlung und der Quanten" statt. Für die konkrete Organisation setze Nernst seinen Schüler, den Engländer Frederick Alexander Lindemann, den späteren 1. Viscount Cherwell ein. Lindemann, der intensiv an den Messungen der spezifischen Wärmekapazität für Nernst beteiligt gewesen war, ging nach seiner Promotion 1919 an die Sorbonne, wo er sich weiter mit der Wärmekapazität befasste. 1919 erfolgte dann seine Berufung an die Oxford University als Direktor des Clarendon Laboratory. Seit 1920 war er mit dem englischen Premierminister Winston Churchill befreundet und auch dessen Berater.

Walther Nernst, Heike Kamerlingh Onnes und Frederick Lindemann waren die Tieftemperaturphysiker unter ihnen, die der Quantenhypothese experimentell zum Durchbruch verhalfen (Abb. 2.4).

Der große Erfolg der Konferenz für die Quantenphysik und für die Tieftemperaturphysik veranlasste die Teilnehmer, als Fortsetzung eine sich periodisch wiederholende Solvay-Konferenz vorzuschlagen und dafür ein Internationales Institut für Physik und Chemie zu gründen. Dass die Tradition der ersten Solvay-Konferenz erfolgreich fortgesetzt wurde, zeigt die 2008 durchgeführte 24.

Abb. 2.4 Teilnehmer der ersten Solvay-Konferenz 1911 in Brüssel. Die Konferenz war eine einmalige Begegnung der wirklich großen Persönlichkeiten der Physik und der Chemie dieser Zeit, die die neue Physik gestalteten. Stehend (von links nach rechts): Robert Goldschmidt, Max Planck, Heinrich Rubens, Arnold Sommerfeld, Frederick Alexander Lindemann, Maurice de Broglie, Martin Knudsen, Friedrich Hasenöhrl, Georges Hostelet, Édouard Herzen, James Jeans, Ernest Rutherford, Heike Kamerlingh Onnes, Albert Einstein, Paul Langevin; sitzend (von links nach rechts): Walther Nernst, Marcel Brillouin, Ernest Solvay, Hendrik Antoon Lorentz, Emil Warburg, Jean-Baptiste Perrin, Wilhelm Wien, Marie Curie, Henri Poincaré. (Foto von Benjamin Couprie)

Solvay-Konferenz, an der neben einer ganzen Reihe von Theoretikern die Tieftemperaturphysiker Klaus von Klitzing, Philip W. Anderson und Wolfgang Ketterle teilnahmen [16].

Das wissenschaftsorganisatorische Talent von Nernst, das er schon 1911 bei der Gründung des Kaiser-Wilhelm-Instituts und der Solvay-Konferenz bewiesen hatte, zeigte sich auch wieder bei der Gewinnung von Albert Einstein für die Berliner Physik. 1913 fuhren Nernst und Planck nach Zürich, um Einstein zu überreden, einen Ruf auf den ehemaligen Lehrstuhl von van't Hoff anzunehmen.

Einstein wurde Mitglied der Königlich-Preußischen Akademie der Wissenschaften und zum Direktor des Kaiser-Wilhelm-Instituts für Physik ernannt. Das Institut selbst wurde aber dann erst 1917 gegründet, was jedoch Einsteins Schaffen in Berlin nicht behinderte.

Einstein leistete in seiner Berliner Zeit auch weitere wichtige Beiträge zur Thermodynamik. Insbesondere konnte er 1924 mit der Ausarbeitung der Quantenstatistik von Gasen, der Bose-Einstein-Statistik, die Deutung der Gasentartung geben, welche Nernst aus seinem Wärmesatz gefolgert hatte [12].

Neben den intensiven wissenschaftlichen Kontakten trafen sich die Berliner Physiker auch privat und beim Besuch ausländischer Gäste. So zeigt Abb. 2.5 ein

Abb. 2.5 Die Väter der modernen Physik, die mit der Quantentheorie die Mikrowelt erklärt und erschlossen haben. Von links nach rechts: Walther Nernst, Albert Einstein, Max Planck, Robert Andrews Millikan und Max von Laue bei einem Abendessen bei von Laue am 12. November 1931 in Berlin

Treffen anlässlich des Besuchs des Nobelpreisträgers Robert Andrews Millikan in der Wohnung von Max von Laue.

2.1.4 Die spezifische Wärmekapazität

Wie die Organisation der Solvay-Konferenz durch Nernst gezeigt hatte, war ihm die Tragweite der Quantentheorie klar, und er erkannte, dass seine Messungen der spezifischen Wärme außer der Prüfung des dritten Hauptsatzes auch eine Aussage über die Quantenhypothese beinhalten könnten. Bei der experimentellen Überprüfung des Wärmesatzes mit der Messung der Temperaturabhängigkeit der spezifischen Wärmekapazität ging Nernst, entsprechend seinem Charakter, sehr zielstrebig vor. Einstein hatte mit der noch im Entstehen begriffenen Quantenphysik eine Erklärung für die Temperaturabhängigkeit der spezifischen Wärmekapazität fester Körper mit seiner Hypothese der Quantelung der Gitterschwingungen geliefert. Um das experimentell zu bestätigen, musste Nernst die entsprechenden Voraussetzungen realisieren.

Die Hypothese der Quantelung der Schwingungen von Kristallgittern ergab folgendes Bild: Die spezifische Wärmekapazität ist die Wärmemenge, die benötigt wird, um die Temperatur von 1 kg eines Stoffes um 1 K zu erhöhen. Wenn dabei das Volumen konstant bleibt, gilt:

$$C_V = mc_V = \frac{\Delta U}{\Delta T} \text{bzw.} = \frac{dU}{dT} \qquad (2.9)$$

Dabei ist c_v die auf die Masse bezogene spezifische Wärmekapazität, bezieht sich C_V auf 1 mol des Stoffes und ist U die innere Energie.

Schon 1819 wurde die spezifische Wärmekapazität von den französischen Chemikern Pierre Louis Dulong und Alexis Thérèse Petit von einer ganzen Reihe von Stoffen, insbesondere von Metallen, bei Zimmertemperatur gemessen. Sie stellten eine Regel auf, die besagte, dass die spezifische Wärmekapazität von festen Körpern

$$C_V(T) = 3R = 3 \times 8{,}81 = 24{,}93 \frac{J}{\text{mol K}} \qquad (2.10)$$

beträgt.

Als es jedoch 1883 möglich war, Sauerstoff und Stickstoff zu verflüssigen, zeigte sich, dass die spezifische Wärmekapazität bei tieferen Temperaturen für feste Körper von dieser Regel abweicht. Schon Dewar, Olszewski und Kamerlingh Onnes hatten mit flüssigem Wasserstoff die spezifische Wärme untersucht. Dabei hatte Dewar festgestellt, dass bei dieser tiefen Temperatur die spezifische Wärme von Kupfer nur noch 3 % des Wertes bei Zimmertemperatur beträgt [17].

Die Abnahme der spezifischen Wärme fand ihre prinzipielle Erklärung mit dem dritter Hauptsatz, der besagt, dass die spezifische Wärme bei Annäherung an den absoluten Nullpunkt gegen null strebt. Die quantitative Erklärung lieferte Einstein mit der Anwendung der Quantenhypothese auf das Kristallgitter.

2.1.5 Tiefe Temperaturen

Die experimentellen Voraussetzungen für die Messung der spezifischen Wärmekapazität zur Bestätigung des dritten Hauptsatzes waren tiefe Temperaturen. Und so kam es, dass in der Zeit, in der nach Methoden zur Erzeugung immer tieferer Temperatur gesucht wurde, Nernst an der Berliner Universität die tiefen Temperaturen aus einem ganz andern Grund anstrebte, nämlich um „seinen Wärmesatz" als universelles Naturgesetz zu beweisen.

Nernst fuhr nach Leiden zu Kamerlingh Onnes. Die Entwicklung einer Anlage, wie sie Kamerlingh Onnes mit fünf Kaskaden mit C_3Cl, C_2H_4, Luft, H_2 und als letzte Kaskade mit einer He-Stufe aufgebaut hatte, hätte für Nernst mehrere Jahre Entwicklungsarbeit bedeutet. Die finanziellen Mittel und entsprechende Personen wie im Leidener Tieftemperaturlaboratorium, um Wasserstoff und Helium zu verflüssigen, konnte er an der Berliner Universität nicht aufbringen. Nernsts Ziel war es auch nicht, sich an der Suche des absoluten Nullpunktes zu beteiligen. Er wollte experimentell beweisen, dass für $T \rightarrow 0$ K die spezifische Wärmekapazität gegen null geht.

Auf der Grundlage seiner Erfahrungen mit Kalorimetern konstruierte und baute er im Winter 1909/1910 mit seinen Studenten und seinem Mechaniker Alfred Höhnow ein „Tieftemperaturkalorimeter", ein Kalorimeter direkt im Wasserstoffverflüssiger, in dem die tiefen Temperaturen mit der Verflüssigung von Wasserstoff erreicht wurden. So konnten im Kalorimeter mit siedendem Wasserstoff bei Normaldruck Temperaturen von 21,3 K (−252,9 °C) und durch Abpumpen des Dampfes über der Flüssigkeit 14 K (−259°C) erreicht werden. Der Mechaniker Höhnow war der Spezialist, der den Verflüssiger virtuos bedienen konnte. Es gab Berichte, dass der Verflüssiger nur im Nernst'schen Institut effektiv arbeitete.

Nernst, immer auch sehr geschäftstüchtig, ließ von Höhnow weitere Exemplare des Verflüssigers herstellen, die er dann verkaufte. Mendelssohn berichtet in seinem Buch *Walther Nernst und seine Zeit* [15], dass er später einen Wasserstoffverflüssiger im Clarendon Laboratory in Oxford entdeckte, den Lindemann (s. unten) von Nernst gekauft haben musste, der aber vermutlich nie funktioniert hat. Erstaunt war er darüber, dass das Gerät in Oxford die Nummer 43 trug, und er fragte sich, wer wohl die anderen Geräte gekauft haben mochte.

2.1.6 Wärmekapazitätsmessungen

Das Nernst'sche Tieftemperaturkalorimeter war eine einfache, aber geniale Lösung. Um Wasserstoff abzukühlen, musste das zu verflüssigende Gas erst auf 220 K (d. h. auf −53 °C), abgekühlt werden, um dann durch Entspannung zu tieferen Temperaturen zu gelangen.

Das Gerät bestand aus einem äußeren, mit flüssiger Luft gefüllten Glas-Dewar-Gefäß, in dem sich ein weiteres, abgeschlossenes Kupfer-Dewar-Gefäß für den verflüssigten Wasserstoff befand, und aus Wärmetauschern. Die Wärmetauscher waren als Gegenströmer ausgelegt. Der erste Wärmetauscher befand sich im äußeren Dewar-Gefäß über der flüssigen Luft. Er bestand aus drei zusammengelegten Rohren. Durch das mittlere Rohr strömte Wasserstoffgas unter einem Druck von 100–120 bar aus einer Druckgasflasche in das Gerät. Ein Rohr endete schon in der kalten Luft über der Flüssigkeit, wodurch das einströmende H_2-Gas mit der kalten Luft gekühlt wurde. Im dritten Rohr strömte entspannter Wasserstoff aus dem Gerät, wobei das einströmende H_2-Gas weiter abgekühlt wurde. Der zweite Wärmetauscher befand sich in der flüssigen Luft. Er bestand nur noch aus zwei Rohren, die als Spirale um das zweite Dewar-Gefäß gewickelt waren. In diesem Wärmetauscher erreicht der einströmende Wasserstoff die Temperatur der flüssigen Luft von 79,6 K (−193,55 °C). Der dritte Wärmetauscher befand sich als Spirale im oberen Teil des inneren Dewar-Gefäßes. Beide waren als Koaxialrohre gestaltet und nach unten offen. Durch das innere Rohr strömte der auf −193,55 °C und damit unter der notwendigen Inversionstemperatur von −53 °C vorgekühlte Wasserstoff unter hohem Druck in das innere Dewar-Gefäß, wo er sich entspannte und weiter abkühlte. Das kalte Wasserstoffgas strömte nach oben, dem Hochdruckgas entgegen, kühlte es weiter ab, bis durch ständige Wasserstoffgaszirkulation bei der Entspannung flüssiger Wasserstoff mit einer Temperatur von 20,25 K kondensierte und sich im inneren Dewar-Gefäß sammelte. In der Achse des Geräts befand sich an einem Neusilberrohr das Kalorimeter direkt im flüssigen Wasserstoff.

Abb. 2.6 zeigt eine Skizze des Wasserstoffverflüssigers. Wasserstoff strömt unter Druck (70–150 atm) in den oberen Wärmetauscher (mit 26 Windungen und drei Röhren für den Druckwasserstoff, die flüssige Luft und den zurückströmenden Wasserstoffgas) und wird in flüssiger Luft aus dem Thermosgefäß links vorgekühlt. Im inneren Dewar-Gefäß wird es im zweiten Wärmetauscher durch das zurückströmende Wasserstoffkaltgas weiter abgekühlt. Am Ende des Wärmetauschers (ebenfalls mit 26 Windungen) wird das Wasserstoffgas auf Normaldruck entspannt.

In Nummer 17 der *Zeitschrift für Elektrochemie* von 1911 wird die Verflüssigung in der Anlage, die in Abb. 2.6 und 2.7 dargestellt ist, beschrieben: Der Vorgang ist folgender: Durch das Druckrohr (Dr) (Abb. 2.7) links tritt der komprimierte Wasserstoff (H_2, Abb. 2.6) in den Apparat ein, gelangt dann zur Abkühlung in das Bad von flüssiger Luft, welches er in einer größeren Anzahl von Windungen in engen Kupferspiralen (Cu, Abb. 2.6) passiert, um darauf oben bei C (Abb. 2.6 und 2.7 rechts) in das Messinggefäß einzutreten, das sich in dem unteren Teil des Apparats befindet. Hier durchläuft es in 26 Windungen (Dr) (Abb. 2.6) die Strecke, in der sich das Wärmegefälle von der Temperatur der flüssigen Luft abwärts herstellt. Nachdem der Wasserstoff durch ein Ventil (V) (Abb. 2.6) auf nahe Atmosphärendruck ausgedehnt ist, kehrt er, um seine hierbei entstandene Kälte möglichst vollständig abzugeben, wiederum in 26 Windungen aus dem Kupfergefäß heraus und tritt schließlich oben durch die Röhre (H_2, Abb. 2.6, bzw. Gas, Abb. 2.7 links) ins Freie.

Um auch die Kälte der verdunsteten Luft auszunutzen, muss dieselbe ebenfalls durch die Windungen d laufen, bis sie durch die Röhre „Luft" (Abb. 2.7 links)

Abb. 2.6 Von Nernst entwickelter Wasserstoffverflüssiger. Die Rohrbündel der Wärmetauscher sind nur im Schnitt in Dreier- und Zweiergruppen dargestellt. (Mit freundlicher Genehmigung von Hoffmann [18])

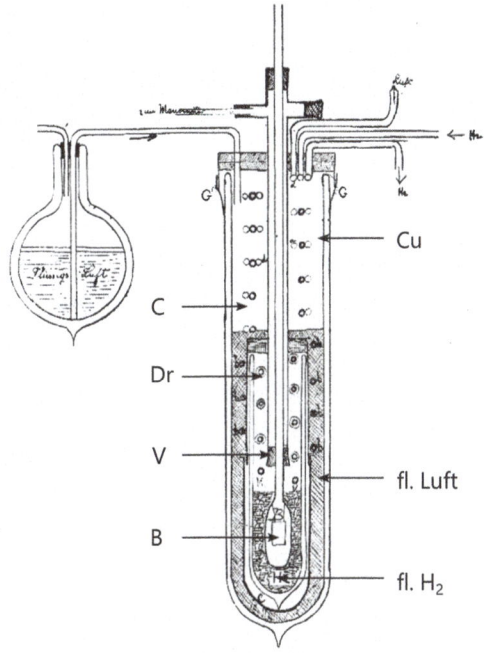

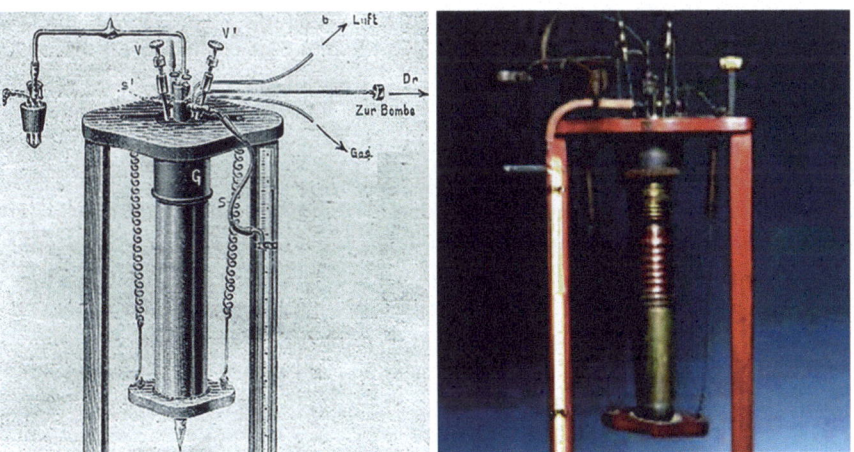

Abb. 2.7 Links: Skizze des Wasserstoffverflüssigungsapparats von Nernst, mit einem Manometer auf der rechten Seite; rechts: das eigentliche Verflüssigungsgefäß von 1910. Es besteht (von unten nach oben) aus dem inneren Dewar-Gefäß, dem oberen Wärmetauscher (in der flüssigen Luft) und der Kappe für das äußere Dewar-Gefäß (das hier fehlt). Oben sind die beiden Stäbe V und V1 sowie der Ausgang für das Wasserstoffgas zu sehen. Das ist wahrscheinlich der von Lindemann gekaufte Apparat. (Mit freundlicher Genehmigung von Hoffmann [18])

ins Freie tritt. Axial durch den Apparat ist ein Neusilberrohr angebracht, in welches man das Gefäß B (Abb. 2.6) zu Experimentierzwecken einführt. Die Vorrichtungen V und V^1 oben am Apparat (Abb. 2.7 links) dienen der Entfernung eventueller Verstopfungen durch ausgefrorene Luft.

Der Apparat liefert etwa 300–400 ccm flüssigen Wasserstoff pro Stunde; dies entspricht einer Verflüssigung von 10 % des hindurchströmenden Wasserstoffs. Vor Benutzung bläst man den Apparat mit komprimiertem Wasserstoff aus, um alle Feuchtigkeit zu entfernen. Hierauf füllt man in das äußere Vakuumgefäß flüssige Luft und bringt es mit dem Apparat in Verbindung; durch einen Gummiring (G) (Abb. 2.7 links) wird dieser oben abgedichtet. Durch ein im Deckel des Apparats angebrachtes Rohr fügt man nach Bedarf flüssige Luft hinzu, sodass das Messinggefäß immer bedeckt ist. Ist innen die Temperatur der flüssigen Luft erreicht, so arbeitet man mit höherem Druck, 150 atm, worauf in 10 min die Verflüssigung des Wasserstoffs beginnt. Will man den verflüssigten Wasserstoff umfüllen, so geschieht dies mithilfe eines bis auf den Boden des inneren Vakuumgefäßes reichenden heberförmigen Vakuumrohres, das vorgekühlt wird.

Um den Druck im Inneren des Messinggefäßes zu kennen, ist oben am Ende des Neusilberrohres ein Quecksilbermanometer angeschlossen, das in Abb. 2.7 rechts als heller Streifen zu sehen ist. Will man ständig über die Temperatur im eigentlichen Verflüssigungsraum orientiert sein, so führt man durch das Neusilberrohr ein Thermoelement ein, dessen Lötstelle sich auf dem Boden des inneren Vakuumgefäßes befindet [19].

Das Kalorimeter bestand aus einem Kupferbehälter, der sich im Bad flüssiger Luft oder flüssigen Wasserstoffs befand. Durch Verdampfen des Wasserstoffgases über der Flüssigkeit mit einer Gaede-Vakuumpumpe oder mit einer Kohle-Adsorptionspumpe wurde die Temperatur des Wasserstoffbades von 14–20,3 K überstrichen. Mit einer Konstantan-Heizung erreichte man die Temperaturen darüber bis 60 K, der Schmelztemperatur gefrorener Luft. Durch Abpumpen der kalten Luft über der Flüssigkeit wurde der Temperaturbereich von 60–80 K überstrichen, und die Temperaturen darüber wurden durch Heizen mit einer Konstantan-Heizung erreicht. So konnte mit dem Tieftemperaturkalorimeter im Temperaturbereich von 14 K bis Zimmertemperatur gemessen werden. Da es mit Platinthermometern Probleme bei der Temperaturmessung gab, wurden auch Thermoelemente mit Konstantan eingesetzt.

2.1.7 Restwiderstandsmessungen

Einsteins Quantentheorie des Lichts hatte noch nicht alle Physiker überzeugt, als er 1907 mit der Theorie der spezifischen Wärme das Quantenprinzip auf ein völlig neues Gebiet der Physik, die Thermodynamik, ausdehnte. Als Mitarbeiter im Berner Patentamt stand er zu dieser Zeit auch noch nicht im Mittelpunkt der Aufmerksamkeit der Physiker. Doch Nernst und seine Schüler, die intensiv die spezifische Wärme von festen Körpern untersuchten, waren Einsteins Arbeiten nicht entgangen. Nernst, Franz Simon und Fred Lindemann verglichen die Messergebnisse ständig mit den Formeln von Einstein und fanden, dass ihre Resultate qualitativ von der Einstein'schen Theorie beschrieben wurden. Sie waren auch schon so weit von der neuen Quantentheorie überzeugt, dass sie versuchten, diese Theorie mit ihren Ergebnissen zu überarbeiten.

Wie Abb. 2.8 zeigt, wurde die spezifische Wärmekapazität von Blei, Silber, Kupfer und Aluminium bei Verringerung der Temperatur untersucht. Mit Abnahme der Temperatur von Zimmertemperatur auf die Temperatur des flüssigen Wasserstoffs wurde die spezifische Wärmekapazität immer kleiner und bestätigte den Nernst'schen Wärmesatz. Oberhalb der Zimmertemperatur blieb das Dulong-Petit'sche Gesetz erhalten. Nach diesem Gesetz konvergiert die spezifische Wärmekapazität gegen den Wert sechs Kalorien pro Mol und Kelvin.

Mit seinen Messungen gelang Nernst auch ein erster, beeindruckender, experimenteller Beweis der Einstein'schen Quantenhypothese von der Quantelung der Gitterschwingungen. Als Debye in diese Theorie anstelle einer Frequenz ein Frequenzspektrum einführte, ergab sich völlige Übereinstimmung der Experimente mit dieser Theorie [21].

Mit dem flüssigen Wasserstoff gelangen Nernst eindrucksvolle Restwiderstandsmessungen, eine Methode, die auch heute noch genauso für die Bestimmung der Reinheit von Metallen eingesetzt wird. Mit Abnahme der Temperatur verringert sich auch die Zahl der Phononen, bis nur noch Streuung der Ladungsträger an Störstellen übrig bleibt, die den Restwiderstand ausmacht.

Danach begann Nernst, der zu dieser Zeit Dekan der Chemischen und der Physikalischen Fakultäten der Universität in Berlin war, mit seinem Doktoranden Franz Simon, einen Heliumverflüssiger zu entwickeln. Durch den Ersten Weltkrieg

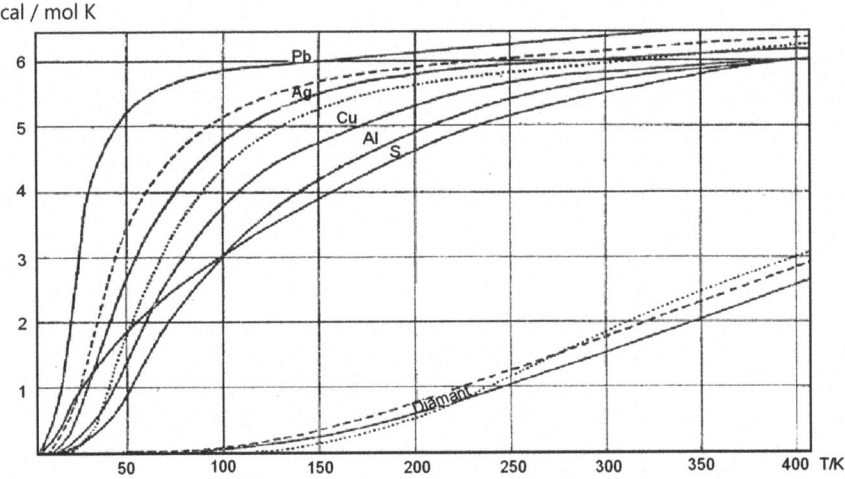

Abb. 2.8 Die von Nernst veröffentlichten Messkurven der spezifischen Wärme von Pb, Ag, Cu, Al, S und Diamant. Bei 6 cal ist die spezifische Wärme nach dem Dulong-Petit'schen Gesetz $C_V(T) = 6$ cal/mol K [20]

(1914–1918) kamen die Tieftemperaturarbeiten in Deutschland zum Erliegen. Erst 1925 gelang es Walther Meißner an der Physikalisch-Technischen Reichsanstalt (PTR), mit einer Anlage, die eine Weiterentwicklung seines Wasserstoffverflüssigers war, Helium zu verflüssigen. Es war die dritte Anlage nach der von Kamerlingh Onnes und der von Sir John Cunnigham McLennan in Toronto in Kanada. Die Verzögerung entstand durch ein Verbot der Alliierten, nach dem in Deutschland Helium nicht eingesetzt werden durfte. Helium war das Trägermittel für Luftschiffe, die im Krieg militärisch genutzt wurden.

1922 wurde Nernst Präsident der Physikalisch-Technischen Reichsanstalt. Dort konnte er jedoch die Ziele, die er sich vorgenommen hatte, nicht durchsetzen. Als ihm 1924 das Ordinariat der Physik der Universität angetragen wurde, ging er als Direktor des Physikinstituts an das Reichstagsufer zurück. Er war schon 1913 und 1914 als Dekan sowie 1921 und 1922 als Rektor in leitender Position der Universität gewesen. Jetzt konnte er seine Forschungsarbeit im Physikinstitut mit der Ausbildung einer ganzen Reihe bekannter Absolventen fortsetzen. In den 1920er-Jahren habilitierten unter Nernst Hans Geiger (1925), Walther Bothe (1926), Franz Simon und Herman Mark (1926), Hermann Schüler, Marianus Czerny und Hartmuth Kallmann (1927), Fritz London, Franz Scaupy und Ferdinand Trendelenburg (1928), Friedrich Möglich und Walther Meißner (1930). In diesem Jahr kam auch Alexander Deubner als Hilfsassistent in das Institut von Nernst [22].

Nernst wurde 1933 emeritiert, zog sich auf sein Landgut Ober-Zibella in der Niederlausitz zurück, wo er am 15. November 1941 starb.

2.2 Walther Meißner an der Physikalisch-Technischen Reichsanstalt

Fast zur selben Zeit, wie Nernst an der Berliner Universität flüssigen Wasserstoff mit seinem Verflüssigers herstellte, um das Wärmetheorem experimentell zu beweisen, begann Walther Meißner an der Physikalisch-Technischen Reichsanstalt (PTR) in Berlin-Charlottenburg mit der Einrichtung eines Kältelabors.

Die Physikalisch-Technische-Reichsanstalt wurde 1887 auf Initiative von Werner von Siemens, Hermann von Helmholtz und weiteren Persönlichkeiten des wissenschaftlichen Lebens als experimentelle Basis für die Förderung der exakten Naturforschung und der Präzisionstechnik in Berlin-Charlottenburg gegründet. Hermann von Helmholtz war bis 1894 der erste Präsident, Carl von Linde von 1897 bis 1922 Kuratoriumsmitglied der Reichsanstalt. Er regte die Forschungen bei tiefen Temperaturen und die Einrichtung eines Kältelabors an. So kam es, dass Walther Meißner, der sich seit 1908 an der PTR mit Thermometrie, Druck- und Zähigkeitsmessungen befasst hatte, von Emil Warburg, dem Präsidenten der PTR von 1905 bis 1922, den Auftrag bekam, einen Wasserstoffverflüssiger zu bauen. Meißner nutzte das Prinzip der Wasserstoffverflüssigung von Nernst. Er baute jedoch Nernsts Laborgerät nicht einfach nach. Unter seinen Händen entstand mit Unterstützung der Firma Linde eine industrielle Anlage, die 1913 in Betrieb genommen werden konnte [23].

2.2.1 Der Wasserstoffverflüssiger

Aufgrund seiner Kenntnisse auf dem Gebiet des Maschinenbaus und seines Studiums der Physik und der Mathematik, das mit einer Dissertation bei Max Planck an der Berliner Universität mit dem Thema „Zur Theorie des Strahlungsdruckes" seinen Abschluss fand, hatte Meißner die besten Voraussetzungen für den Bau eines technischen Geräts wie dieser Gasverflüssigungsanlage.

Das Grundprinzip des Verflüssigers von Nernst blieb mit den beiden ineinandergesetzten Dewar-Gefäßen und den drei Wärmetauschern erhalten (Abb. 2.9). Das Gesamtsystem befindet sich in einem für die Verflüssiger von Meißner charakteristischen Metallgehäuse (M_1), in dem Luft verdampft. Der erste Wärmetauscher ist für eine effektivere Vorkühlung mit einem Umlaufsystem ausgestaltet, in dem das Wasserstoffgas aus einer Druckbombe (F_1) erst einmal über verdampfender Luft im äußeren Dewar, in einem koaxialen Gegenströmer (unter der Haube des Metallgehäuses M_1), vorgekühlt wurde. Das dabei zurückströmende Gas wurde mit einem Kompressor (K) nochmals in den Gegenströmer gedrückt. Das abgekühlte Wasserstoffgas strömt dann durch den Wärmetauscher (S), der sich in der flüssigen Luft befindet, um danach im inneren Dewar durch den verdampfenden Wasserstoff weiter abgekühlt zu werden. Bei der Entspannung

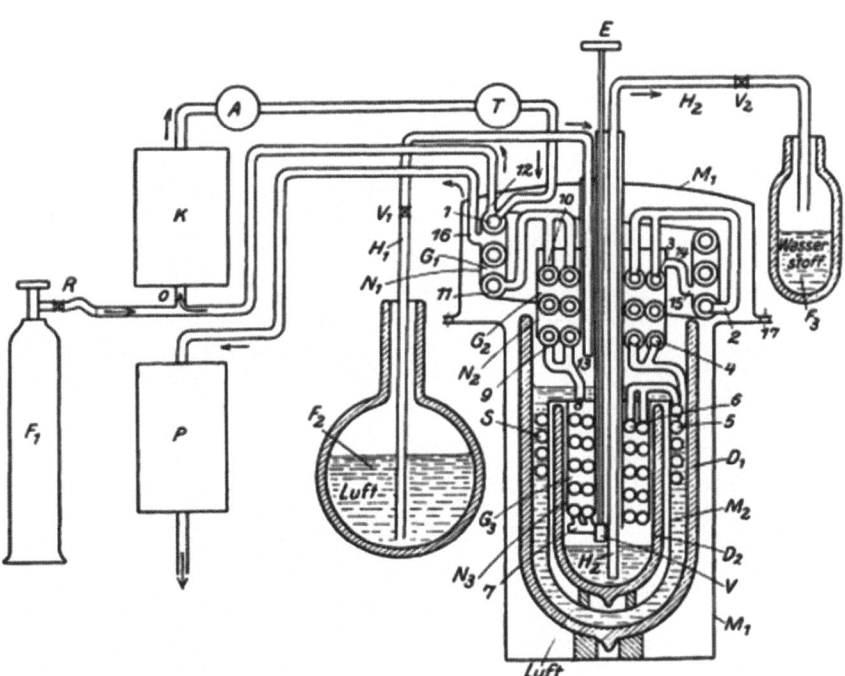

Abb. 2.9 Der von Meißner entwickelte Wasserstoffverflüssiger der PTR [24]. (Mit freundlicher Genehmigung der PTB)

im Joule–Thomson-Ventil (V) wird das Wasserstoffgas dann verflüssigt und mit einem Heber in das auf der rechten Seite oben (F_3) befindliche Dewar-Gefäß gefüllt. Unter dem Kompressor (K), auf der linken Seite, befindet sich eine Pumpe (P), mit der der Wasserstoff abgepumpt werden kann, um Temperaturen unter 21,3 K zu erreichen.

Abb. 2.10 zeigt den von Meißner entwickelten Wasserstoffverflüssiger im 1927 erbauten Kältelaboratorium der PTR.

Mit der Dampfdruckerniedrigung über dem flüssigen Wasserstoff erreichte Meißner Temperaturen bis zu 14 K. Er begann mit der Untersuchung optischer Eigenschaften des flüssigen Wasserstoffs. Es folgten Untersuchungen der elektrischen und thermischen Leitfähigkeit von Kupfer zwischen 20 und 375 K. Nach dem Ersten Weltkrieg (1914–1918) befasste sich Meißner mit der weiteren Erhöhung der Produktion von flüssigem Wasserstoff.

2.2.2 Weltweit der dritte Heliumverflüssiger

Ab 1920 begann Meißner, sich mit der Entwicklung eines Heliumverflüssigers zu beschäftigen. Da der PTR weder die Mittel noch die notwendigen Mitarbeiter für

Abb. 2.10 Wasserstoffverflüssiger. **a** Kompressor, **b** Verflüssigungsapparat im Gehäuse M_1, **c** Dewar mit der flüssigen Luft zur Vorkühlung. (Mit freundlicher Genehmigung der PTB)

2.2 Walther Meißner an der Physikalisch-Technischen Reichsanstalt

eine große Anlage, wie sie Kamerlingh Onnes gebaut hatte, zur Verfügung standen, wurde ein einfacherer, dreistufiger Verflüssiger konstruiert. In der ersten Stufe wurde Helium mit flüssiger Luft vorgekühlt, in der zweiten Stufe erfolgte die Vorkühlung mit flüssigem Wasserstoff. In der dritten Stufe wurde Helium mit dem zurückströmenden, kalten Gas weiter abgekühlt, bevor es durch Entspannung verflüssigt wurde.

In Abb. 2.11 befindet sich unter der Kappe des Metallgehäuses M_1 die erste Stufe mit einem Wärmetauscher G_1 und einem Bad flüssiger Luft S_1, die vom Dewar F_2 auf der linken Seite in den Behälter S_1 eingefüllt wird. Darunter befindet sich, über flüssigem Wasserstoff im Dewar D_1, der aus dem Dewar F_4 auf der rechten Seite in den Verflüssiger kommt, ein Gegenströmer G_2, in dem das unter Druck stehende Helium durch flüssigen Wasserstoff weiter gekühlt wird, um dann im Bad des flüssigen Wasserstoffs (S_2 in D_1) auf dessen Temperatur gekühlt zu werden. Das Helium strömt weiter in dem oberen Bereich des inneren, geschlossenen Helium-Dewars D_2 durch den Gegenströmer G_3, wo es weiter abgekühlt und am unteren Ende mit dem Joule-Thomson-Ventil (V) verflüssigt wird. Der Teil des Heliums, der dabei verdampft, fließt im Gegenströmer G_3 dem einströmenden Helium entgegen und kühlt es unter die Temperatur von flüssigem Wasserstoff ab.

In Abb. 2.11 ist F_1 die Heliumdruckflasche, G der Heliumgasbehälter für das zurückströmende, entspannte Gas, K der Kompressor, P_1 und P_2 sind Evakuierungspumpen, P_3 ist die Wasserstoffpumpe, F_2 und F_4 sind die Dewar-Gefäße für flüssige Luft und flüssigen Wasserstoff. M_1 ist wie beim Wasserstoffverflüssiger der äußere Metallkörper des Verflüssigers, G_1, G_2 und G_3 sind die Wärmetauscher, S_1 ist das Bad mit flüssiger Luft, S_2 das Bad mit flüssigem Wasserstoff, V das Joule-Thomson-Ventil, das von oben mit E gesteuert wird, D_1 ist ein Glas-Dewar für den flüssigen Wasserstoff und D_2 ein Glas-Dewar für das flüssige Helium.

Die beiden unteren Stufen für Wasserstoff und Helium sind ähnlich wie die beiden unteren Stufen im Wasserstoffverflüssiger für flüssige Luft und Wasserstoff aufgebaut. Nur die Vorkühlung mit flüssiger Luft oben in der Kappe (M_1) ist im Heliumverflüssiger völlig neu. Der Metallbehälter (M_1), in dem sich Wasserstoffgas befindet, ist mit der Kappe (M_1) nach außen dicht verschlossen,

Der Heliumverflüssiger (wie in Abb. 2.12 gezeigt) wurde 1925 als dritte Anlage auf der Welt in Betrieb genommen – zwei Jahre nachdem in Toronto die zweite Anlage von Sir John Cunnigham McLennan, die mit den Konstruktionsplänen von Kamerlingh Onnes nachgebaut worden war, Helium verflüssigt hatte [25].

In Abb. 2.12 ist k der Heliumkompressor für 40–200 bar, b die Metallkappe des Verflüssigers (M_1 in Abb. 2.11), d das Dewar mit flüssigem Stickstoff zur Vorkühlung, h das Gefäß für den flüssigen Wasserstoff, F (Mitte) das Dewar mit flüssigem Wasserstoff zur Vorkühlung, f das nach heruntergenommene Gefäß für flüssiges Helium (D_2 in Abb. 2.11), g der über f zu schiebende Zylinder, i das Metallgehäuse (M_1 in Abb. 2.11), das über das Glas-Dewar h (D_2 in Abb. 2.11) geschoben wird; F (rechts) sind die Heliumdruckflaschen, F im Vordergrund ist das Dewar für den Wasserstoff, n sind Leitungen, über die der Heliumdampf bis auf 1 mbar Quecksilbersäule mit der Pumpe o abgepumpt wird.

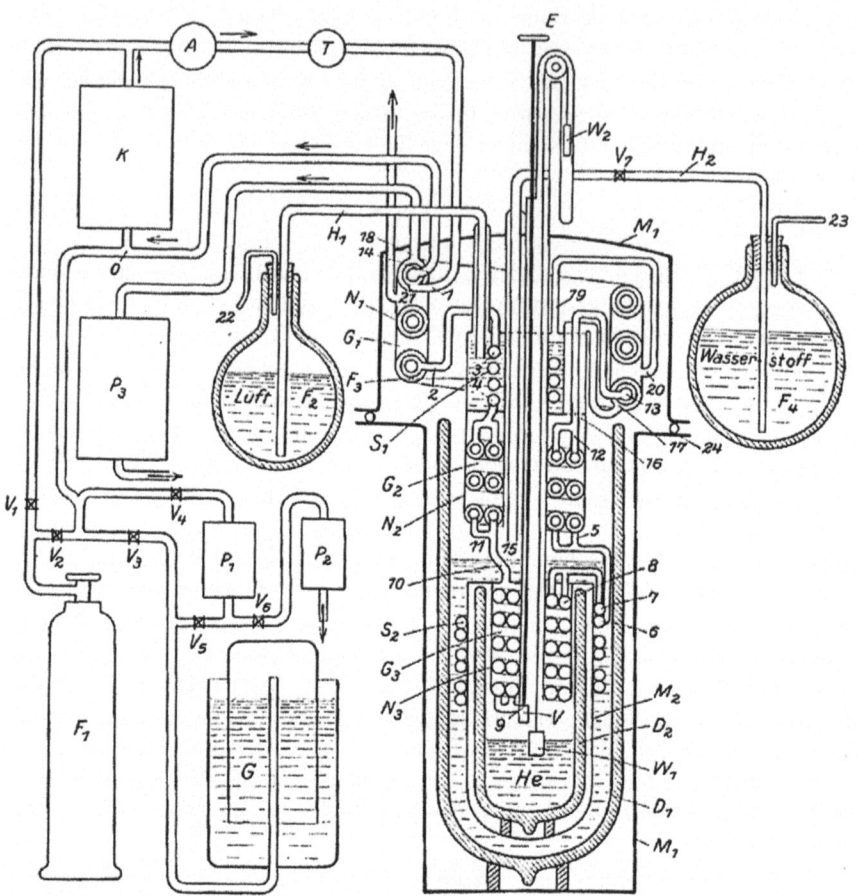

Abb. 2.11 Zeichnung des von Meißner entwickelten Heliumverflüssigers. (Mit freundlicher Genehmigung der PTB)

Im *Handbuch der Physik* schreibt Meißner 1923: „Mit einigen Litern flüssiger Luft und 8 Litern flüssigen Wasserstoff kann man etwa 3 h lang das etwa 400 cm^3 fassende Gefäß [D_2 in Abb. 2.11, f in Abb. 2.12] mit flüssigem Helium gefüllt haben, auch wenn man das Helium beim Beobachten unter stark erniedrigtem Druck sieden lässt" [26].

Bei der ersten Verflüssigung am 7. März 1925 wurden 200 cm^3 flüssiges Helium in dem 400 cm^3 großen Volumen (f in Abb. 2.12) im Verflüssiger gewonnen.

Die Forschungsarbeiten wurden mit Leitfähigkeitsmessungen von Gold, Zink, Cadmium, Platin Nickel, Eisen und Silber begonnen. Es wurden die Restwiderstände, d. h. das Verhältnis der bei T = 1,3 K sehr kleinen Widerstände mit den Werten bei Zimmertemperatur, verglichen. 1928 fand Meißner Supraleitung von Tantal mit einer Sprungtemperatur von 4,4 K. Weiter entdeckte er die Supraleitung

2.2 Walther Meißner an der Physikalisch-Technischen Reichsanstalt

Abb. 2.12 Heliumverflüssiger mit einer Leistung von 3l/h. (Mit freundlicher Genehmigung der PTB)

der Metalle Thorium, Titan, Vanadium und Niobium. Letzteres ist das Metall mit der höchsten Sprungtemperatur von Tc = 9,2 K. Auch Verbindungen wie Kupfersulfid, Niobcarbid und Vanadiumnitrit erwiesen sich als Supraleiter [27].

Da Deutschland nach dem Ersten Weltkrieg keine Möglichkeit hatte, Heliumgas aus den USA oder aus Kanada zu beziehen – die Gasvorräte in Schlesien waren zu dieser Zeit noch nicht erschlossen und wurden erst nach dem Zweiten Weltkrieg ausgebeutet –, war Meißner gezwungen, Helium aus der Luft zu gewinnen, die nur 0,00052 Vol.-% Helium enthält.

Das gelang ihm durch Trennung eines Neon-Helium-Gemischs. Dieses Gemisch erhielt er von der Firma Linde, wo es in einer Sauerstoffgewinnungsanlage abgeschieden wurde. Das Ne-He-Gemisch wird bei einem Druck von 30 bar in einen Behälter, der sich in festem Wasserstoff bei einer Temperatur von 11 K befindet, abgekühlt. Das Neon kondensiert und wird fest. Das sich über dem Neon befindliche Heliumgas wird mit einer Pumpe in ein Gasometer gepumpt. Danach wird die Pumpleitung mit einem Ventil geschlossen und das Neon nach Schmelzen und Verdampfen in eine evakuierte Flasche gesaugt. Das Helium muss nochmals den Reinigungsprozess durchlaufen. Dagegen ist Neon gleich nach der ersten Trennung nahezu rein. Mit diesem Verfahren konnte Meißner 700 l Heliumgas gewinnen. Das Neon wurde der Firma Linde zurückgegeben.

1932 untersuchte Meißner mit Ragnar Holm die Eigenschaften von Kontakten von Supraleitern, wie Zinn-Zinn-, Blei-Blei- und Zinn-Blei-Kontakte. Diese Arbeiten wurden von Einstein angeregt, der schon 1926 die Frage aufwarf, ob eine Berührungsstelle zwischen Supraleitern supraleitend wird. Von Meißner wurde festgestellt, dass „beim Eintritt der Supraleitung auch der Widerstand der Kontakte verschwindet" [28].

Max von Laue, der selbst an einer Theorie der Supraleitung arbeitete, war an den magnetischen Eigenschaften der Supraleiter interessiert. Er regte Meißner zu Untersuchungen der magnetischen Eigenschaften von Supraleitern an, insbesondere zur Untersuchung des Magnetfeldes nahe der Oberfläche von Supraleitern. 1925 wurde von Laue auf Betreiben von Nernst Theorieberater an der PTR, und es gelang ihm, für Robert Ochsenfeld eine Arbeitsstelle für die Mitarbeit an den Experimenten mit den Magnetfeldern von Supraleitern zu beschaffen.

2.2.3 Max von Laue als Ideengeber

Max von Laue hatte 1903 bei Max Planck an der Berliner Universität promoviert. Mit seinen Beugungsexperimenten von Röntgenstrahlen an Kristallen wies er gemeinsam mit Paul Knipping und Walter Friedrich den regelmäßigen Aufbau der Atome in Kristallen nach. Hierfür bekamen sie 1914 den Nobelpreis für Physik. Als Meißner seine Dissertation bei Max Planck schrieb, war Laue dort Assistent. Seit dieser Zeit waren die beiden miteinander befreundet.

Von Laue hatte gemeinsam mit den Brüdern Fritz und Heinz London eine semiklassische Theorie der Supraleitung entwickelt und war deshalb besonders am magnetischen Verhalten der Supraleiter interessiert.

Nachdem Kamerlingh Onnes 1911 herausgefunden hatte, dass der elektrische Widerstand von Quecksilber und weiteren Metallen und Verbindungen unterhalb einer kritischen Temperatur T_c verschwindet, entdeckte er 1913, wie schon in Kap. 1 beschrieben, dass die Supraleitung nicht nur durch Erhöhung der Temperatur, sondern auch durch schwache Magnetfelder zerstört wird. Für jeden Supraleiter existiert neben der kritischen Temperatur T_c auch ein kritisches Magnetfeld $H_c(T)$. Wird es überschritten, verschwindet die Supraleitung. Nimmt die Temperatur unterhalb von T_c weiter ab, wird das kritische Magnetfeld größer und erreicht für $T \to 0$ K seinen größten Wert.

2.3 Der Meißner-Ochsenfeld-Effekt

Im Oktober 1933, 20 Jahre nachdem Kamerlingh Onnes das kritische Magnetfeld der Supraleiter entdeckt hatte, veröffentlichten Meißner und Ochsenfeld die Arbeit „Ein neuer Effekt bei Eintritt der Supraleitung" in der Zeitschrift *Naturwissenschaften*.

2.3 Der Meißner-Ochsenfeld-Effekt

In dieser Arbeit wurde die Entdeckung des idealen Diamagnetismus beschrieben, der neben dem Verschwinden des elektrischen Widerstandes die zweite fundamentale Eigenschaft der Supraleitung ist.

Der supraleitende Zylinder in Abb. 2.13a war ein Sn-Einkristall mit einem Durchmesser von 10 mm. Das Magnetfeld im Außenraum betrug etwa 5 Gauß. Die nach Unterschreiten des Sprungpunktes beobachtete Magnetfeldverteilung ist in der Zeichnung eingetragen. Tab. 2.1 zeigt die berechneten und die beobachteten Magnetfeldwerte.

Aus Diskussionen mit von Laue war die Idee entstanden, das Magnetfeld zwischen zwei parallelen, supraleitenden Drähten zu untersuchen. Hierfür wurden von Meißner und Ochsenfeld Einkristalle aus Blei und Zinn eingesetzt. Ein Entwurf von Meißner für die Anordnung der Drähte zeigt Abb. 2.13b.

Zwei parallel verlaufende, einkristalline Zinndrähte d = 3 mm wurden im Abstand von 1,5 mm angeordnet und vom Strom entgegengesetzt durchflossen. Die Flussdichte zwischen den Drähten war im supraleitenden Zustand höher als im normalleitenden Zustand. Beim Übergang in den supraleitenden Zustand veränderte sich die magnetische Flussdichte an der Oberfläche. Das Magnetfeld nahm zu, was einer Verdrängung des Magnetfeldes aus dem Inneren des Supraleiters entsprach.

Dieser „neue Effekt" bekam den Namen Meißner-Ochsenfeld-Effekt. Beim Anlegen eines Magnetfeldes $B < B_C$ an ein Metall im supraleitenden Zustand kann das Magnetfeld nicht in das Metall eindringen. Das Magnetfeld erzeugt in

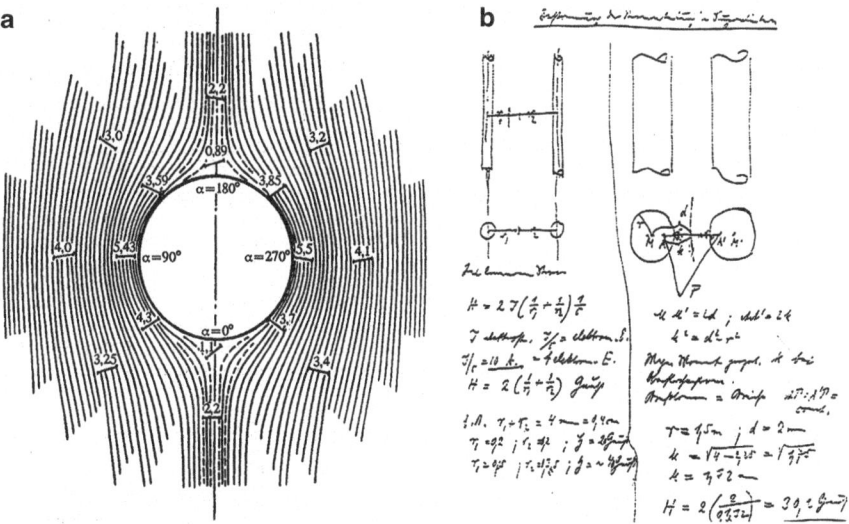

Abb. 2.13 **a** Magnetfeldmessung in der nächsten Umgebung eines supraleitenden Zylinders (1934) [29]. **b** Kopie von Meißners Entwurf für die Anordnung der Supraleiter für die Messung des Magnetfeldes zwischen zwei einkristallinen Supraleitern [30]. (**a**: Mit freundlicher Genehmigung der PTB. **b**: Mit freundlicher Genehmigung von D. Hoffmann)

Tab. 2.1 Die von Meißner gemessenen Magnetfeldwerte nahe der Oberfläche eines supraleitenden Zylinders [29]

Winkel α [°]	Beobachtete Werte [Gauß]	Berechnete Werte [Gauß]
0	1,12	0,6
45	4,3	4,29
90	5,4	5,47
135	3,59	3,71
180	0,89	0,83
225	3,85	4,04
270	5,5	5,78
315	3,7	3,86

der Oberfläche des Supraleiters einen widerstandslosen Suprastrom, der ein magnetisches Gegenfeld hervorruft, welches das angelegte Magnetfeld im Supraleiter genau kompensiert, was auch für einen idealen Leiter gilt.

Wird ein Supraleiter im Magnetfeld $B < B_C$ unter die kritische Temperatur T_c abgekühlt, so wird in der Oberfläche des Supraleiters ein widerstandsloser Suprastrom erzeugt, der ein magnetisches Gegenfeld aufbaut. Das Magnetfeld wird aus dem Supraleiter verdrängt. Das erfolgt jedoch nicht in einem idealen elektrischen Leiter.

Wird in einem normalen Leiter, der von einem Magnetfeld durchdrungen wird, der Widerstand null, so ändert sich das Magnetfeld im Leiter nicht. Wird das Magnetfeld abgeschaltet, so induziert es einen Strom, der dem idealen Leiter ein Magnetfeld aufprägt.

Dagegen wird der magnetische Fluss aus dem Supraleiter verdrängt. Die Folge ist, dass

$$B = \mu_0(H + M) = 0 \qquad (2.11)$$

wird, woraus folgt, dass $M = -H$ ist und die Suszeptibilität

$$\chi = \frac{M}{H} = -1 \qquad (2.12)$$

ist. Das ist aber der ideale Diamagnetismus, denn Diamagnetismus bedeutet, die Suszeptibilität ist negativ, bis maximal -1.

Von 1933 bis 1939 war Johannes Stark Präsident der PTR. Er bemühte sich um die inhaltliche Gestaltung der Forschungsarbeiten durch die Einrichtung von Laboratorien für Akustik, die von Martin Grützmacher geleitet wurden. Er verhinderte jedoch eine Professur für Meißner an der Berliner Universität, die von Max Planck und Max von Laue angeregt worden war, worauf von Laue sich gegen eine Mitgliedschaft von Stark in der Akademie aussprach.

2.3 Der Meißner-Ochsenfeld-Effekt

Meißner verließ 1934 die PTR und folgte einem Ruf an die Technische Hochschule München. In seiner Rede zum Tod von Max von Laue sprach Meißner 1960 darüber, dass Stark sich an der Unterdrückung der Freiheit durch die Nationalsozialisten beteiligt hatte [27].

Zum Abschluss dieses Kapitels folgt der von Meißner und Ochsenfeld in den *Naturwissenschaften* veröffentlichte Artikel über ihre Arbeit.

Ein neuer Effekt bei Eintritt der Supraleitfähigkeit
Bringt man einen zylindrischen Supraleiter, z. B. Blei oder Zinn, oberhalb seiner Sprungtemperatur in ein senkrecht zu seiner Achse gerichtetes homogenes Magnetfeld, so gehen die Kraftlinien wegen der sehr geringen Suszeptibilität der Supraleiter (Zinn ist schwach paramagnetisch, Blei diamagnetisch) fast ungehindert durch sie hindurch. Nach den bisherigen Anschauungen war zu erwarten, dass die Kraftlinienverteilung unverändert bleibt, wenn man die Temperatur, ohne an dem äußeren Magnetfeld etwas zu verändern, bis unter den Sprungpunkt erniedrigt. Unsere Untersuchungen an Zinn und Blei haben im Gegensatz hierzu folgendes ergeben:

1. Beim Unterschreiten des Sprungpunktes ändert sich die Kraftlinienverteilung in der äußeren Umgebung der Supraleiter und wird nahezu so, wie es bei der Permeabilität 0, also der diamagnetischen Suszeptibilität $-1/4\pi$, des Supraleiters zu erwarten wäre.
2. Im Inneren eines langen Bleiröhrchens bleibt – trotz der dem 1. Effekt entsprechenden Änderung des Magnetfeldes in der äußeren Umgebung – beim Unterschreiten des Sprungpunktes das oberhalb desselben vorhandene Magnetfeld im mittleren Teil des Rohres nahezu bestehen.

Es wurden 2 verschiedene Versuchsanordnungen benutzt: Bei der ersten wurden zwei parallele zylindrische Supraleiter von etwa 140 mm, 3 mm Stärke und 1,5 mm Abstand verwendet. Zwischen ihnen befand sich eine Spule von etwa 10 mm Länge, die parallel zur Achse der Supraleiter drehbar und mit einem ballistischen Galvanometer verbunden war, sodass der Induktionsfluss durch sie vermittelt werden konnte. Es ergab sich bei zwei Einkristallen aus Zinn, wie schon auf der Würzburger Physikertagung berichtet wurde, für das Verhältnis des Induktionsflusses unterhalb und oberhalb des Sprungpunktes der Wert 1,70, für zwei polykristalline Bleizylinder nach weiteren, inzwischen angestellten Messungen der Wert 1,77. Die Feldstärke betrug hierbei etwa 5 Gauß. Nach der Maxwellschen Theorie für den vollkommenen Leiter ergibt sich mithilfe von Formeln, die sich aus Rechnungen von von Laue und (Friedrich) Möglich ableiten lassen, mit dem Wert 0 für die Permeabilität in beiden Fällen der Wert 1,77. Die Abweichungen liegen wegen der nicht genau bekannten räumlichen Verteilung der Spulenwindungen und beim Zinn der nicht genauen kreiszylindrischen Form der Einkristalle innerhalb der möglichen Fehler.

Bei der zweiten Versuchsanordnung wurde ein zylindrisches Bleiröhrchen von etwa 130 mm Länge, 3 mm Außen- und 2 mm Innendurchmesser verwendet. Die mit dem ballistischen Galvanometer verbundene Spule war wieder zur Achse des Bleiröhrchens drehbar und konnte im Inneren und neben dem Bleiröhrchen angebracht werden. Im Inneren stieg der Magnetfluss durch die Spule beim Unterschreiten des Sprungpunktes um etwa 5 % an. Die Feldstärke im Außenbereich betrug hierbei wieder etwa 5 Gauß. Ob das Feld im Inneren homogen blieb, konnte nicht festgestellt werden, da die Spule den inneren Querschnitt nahezu völlig ausfüllte. Außerhalb des Bleiröhrchens war der Feldverlauf nach Unterschreiten des Sprungpunktes wieder etwa so, wie er bei der Permeabilität 0 des Supraleiters zu erwarten ist.

Beim Ausschalten des äußeren Feldes im supraleitenden Zustand des Bleis blieb das Feld im Inneren des Bleiröhrchens unverändert bestehen. Die Feldstärke in der äußeren Umgebung wurde nicht völlig Null. Zum Beispiel bleibt an der Stelle der Bleioberfläche, wo im nichtsupraleitenden Zustand das Feld normal zu ihr stand, bei verschiedenen Messreihen eine Feldstärke von 5–15 % derjenigen des äußeren Feldes bestehen.

Wurde das äußere Feld nach Eintritt der Supraleitfähigkeit eingeschaltet, so blieb die Feldstärke im Inneren des Bleiröhrchens, wie schon nach den bisherigen Anschauungen zu erwarten war, Null. Der Kraftlinienverlauf in der äußeren Umgebung entspricht etwa wieder dem bei der Permeabilität des Supraleiters zu Erwartenden.

Die Darstellung des Befundes durch Angabe der Änderung der makroskopisch definierten Permeabilität stößt vielleicht für die Vorgänge im Inneren des Bleiröhrchens auf Schwierigkeiten, da möglicherweise kein eindeutiger Zusammenhang zwischen Induktion und Feldstärke mehr besteht. Stattdessen kann man offenbar, tiefer gehend, die Ergebnisse darzustellen suchen durch Angabe von mikroskopischen und makroskopischen Strömen in den Supraleitern unter der Annahme der Permeabilität 1 an den stromfreien Stellen. Diese Ströme ändern sich offenbar spontan oder treten spontan neu auf beim Eintritt der Supraleitfähigkeit entsprechend dem neuen Effekt.

Mit dem neuen Effekt hängen folgende weitere experimentelle Befunde zusammen, die hier nur kurz erwähnt werden können:

Sind die parallelen Supraleiter durch eine an den Enden angebrachte Verbindung hintereinandergeschaltet und wird durch sie von außen ein oberhalb der Sprungtemperatur eingeschalteter Strom hindurchgeschickt, so wird der

2.3 Der Meißner-Ochsenfeld-Effekt

Magnetfeldfluss zwischen den Supraleitern beim Unterschreiten des Sprungpunktes ohne Änderung des äußeren Stromes größer.

Wird die Sprungkurve an Zinneinkristallen bei niemals unterbrochenem äußeren Strom aufgenommen, so treten auch ohne äußeres Magnetfeld Hystereserscheinungen auf, indem die Sprungpunkte beim Steigen und Sinken der Temperatur nicht zusammenfallen.

Schließlich sei noch auf die Analogie zum Ferromagnetismus hingewiesen, den schon früher Gerlach in Parallele zur Supraleitung gestellt hatte.

Berlin, Physikalisch-Technische Reichsanstalt, den 16. Oktober 1933, W. Meißner, R. Ochsenfeld [31].

Die von Meißner entwickelten Wasserstoff- und Heliumverflüssiger, die nach dem von Nernst entworfenen Grundprinzip konstruiert und beim Bau von Linde materiell unterstützt wurden, waren mit mehreren Litern Helium und Wasserstoff pro Stunde in ihrer Zeit sehr effektive Anlagen. Nicht nur die PTR, sondern auch die Berliner Universität wurde durch diese Anlagen mit flüssigem Wasserstoff und flüssigem Helium versorgt, wodurch auch die experimentellen Arbeiten zur Bestätigung der Quantenphysik in Berlin das internationale Niveau der Forschungen bestimmten.

Dazu gehört auch der von Meißner und Ochsenfeld entdeckte Effekt des idealen Diamagnetismus, denn ein Material ist nur dann ein Supraleiter, wenn gemeinsam mit dem Verschwinden des elektrischen Widerstands auch der Meißner-Ochsenfeld-Effekt nachgewiesen werden kann. Allein das Verschwinden des Widerstands oder alleiniger Diamagnetismus reichen für die Supraleitung nicht aus.

Heute unterscheidet man metallische und keramische Supraleitung. Metallische Supraleitung ist die Tieftemperaturerscheinung, die an supraleitenden Metallen beobachtet wird und die durch die BCS-Theorie mit den Cooper-Paaren erklärt wird. Die keramische Supraleitung ist die von Georg Bednorz und Alex Müller 1986 entdeckte Hochtemperatursupraleitung (HTSL) [32], deren physikalischer Mechanismus jedoch noch nicht völlig verstanden ist. Die höchste Sprungtemperatur der keramischen Supraleiter erreicht heute die Verbindung $HgBa_2Ca_2Cu_3O_8$ mit der Sprungtemperatur 133 K bzw. -140 °C.

Wissenschaftler vom Max-Planck-Institut für Chemie und der Johannes Gutenberg-Universität in Mainz beobachteten das Verschwinden des Widerstands von Schwefelwasserstoff (H_2S) unter einem Druck von 141 GPa (bzw. $1{,}41 \cdot 10^6$ bar) bei 195 K, d. h. bei -70 °C. Entsprechend wurde der Meißner-Ochsenfeld-Effekt gemessen. Dabei handelt es sich um einen Supraleiter zweiter Art mit einem kritischen Magnetfeld von ca. $B_{C1} \sim 100$ Gauß (0,001 T), der durch die BCS-Theorie beschrieben wird [33].

Literatur

1. Nernst, W.: Ueber die electromotorischen Kräfte, welche durch den Magnetismus in von einem Wärmestrome durchflossenen Metallplatten geweckt werden. Annalen der Physik 267, 8, 760–789 (1887)
2. von Ettingshausen, A., Nernst, W.: Ueber das thermische und galvanische Verhalten einiger Wismuth-Zinn-Legirungen im magnetischen Felde, Annalen der Physik 269, 3, 474–492 (1888)
3. Hall, E.: *On a New Action of a Magnet on Electric Currents.* American Journal of Mathematics 2, 3,287–292 (1879)
4. Lawrence, E. O., Livingston, M. S.: *The production of high speed light ions without the use of high voltages.* Physical Review 40, 1, 19–35 (1932)
5. Nernst, W.: *„Die elektrochemische Wirksamkeit der Ionen"* Habilitationsschrift, Leipzig (1989)
6. Bartel, H.-G.: Teubner: Universitätsarchiv der H.-U. zu Berlin Universitätskurator Personalia 21 Bd. 1, Blatt 98
7. Bartel, H.-G. Huebner, R.P.: *Walther Nernst – Pioneer of Physics and Chemistry,* World Scientific, New Jersey, London, Singapore 155. (2006)Bartel, H.-G.: Hundert Jahre III. Hauptsatz der Thermodynamik. In: Dahlemer Archivgespräche 11/2005, 108–140Bunsenmagazin 7(2005)6, 178–182
8. Nernst, W.: Brief an Walter Oswald vom 14.09.1940
9. Planck, M.: *Vorlesungen über Thermodynamik,* W. de Gruyter, Berlin, Leipzig (1927)
10. Bartel, H.-G.: Walther *Nernst,* BSB B.G. Teubner Verlagsgesellschaft, Leipzig (1989)
11. Wieman, C.: The Richtmyer Memorial Lecture: Bose-Einstein Condensation in an Ultracold Gas, American Journal of Physics 64, 7, 847 (1996)
12. Ketterle, W.: Nobel Lecture: When atoms behave as waves: Bose-Einstein condensation and the atom laser, Rev. of Mod. Phys. 74, 1131 (2002)
13. Einstein, A.: Die Plancksche Theorie der Strahlung und die Theorie der spezifischen Wärme, Annalen der Physik 22, 180 (1907)
14. Rompe, R., Treder, H.-J. Ebeling, W.: *Zur Großen Berliner Physik.* Teubner Verlag, Leipzig (1987)
15. Mendelssohn, K.: Walther Nernst und seine Zeit. Physik-Verlag, Weinheim, 104 (1976)
16. Halperin, B., Sevrin, A.: Proc. of the 24. Solvay Conference on Physics *"Quantum Theory of Condenced Matter"* (2008)
17. Shachtman, T.: *Minusgrade.* Rowohlt Taschenbuchverlag (2001)
18. Hoffmann, D.: *Festkolloquium zu Ehren von Walther Nernst.* Wissenschaft & Forschung, Ein Jahrhundert, III. Hauptsatz der Thermodynamik, Zeitschrift HUMBOLDT-Universität (2005)
19. Nernst-H2-Verflüssiger Die Umschau *15(52):1076–1078, 1911* – Walther Nernst. Zeitschrift für Elektrochemie 17 (1911)
20. Nernst, W.: Die theoretischen und experimentellen Grundlagen des neuen Wärmesatzes. W. Knapp, Halle/S, 46 (1918)
21. Einstein, A.: Eine Beziehung zwischen dem elastischen Verhalten und der spezifischen Wärme bei festen Körpern mit einatomigem Molekül, Ann. Der Physik 34, 170 (1911)
22. Deubner, A.: Die Physik an der Berliner Universität von 1910 bis 1960, Wissenschaftliche Zeitschrift der Humboldt-Universität zu Berlin, Beiheft zum Jubiläumsjahrgang (IX), 85–89, (1959/1960)
23. Huebener, R. Lübbig, H.: *Die Physikalisch-Technische Reichsanstalt.* Vieweg+Teubner Verlag (2011)
24. Schubert, H.: „Meißner, Walther" in: Neue Deutsche Biographie 16 (1990), 705–707 [Online-Version]; https://www.deutsche-biographie.de/pnd118732757.html#ndbcontent. Zugegriffen: 29. Mai 2019
25. McLennan, J.C.: The Cryogenic Laboratory of the University of Toronto, Nature, 112, 135–139 (1923)

26. Geiger, H. Scheel, K.: Handbuch der Physik, Bd. XI Anwendung der Thermodynamik, 321 (1926)
27. Schubert, H.: Zum 100. Geburtstag von Walter Meißner (1974)Eder F. X., Doll, R.: Walther Meißner zum 100. Geburtstag: Ein Pionier der Physik und Technik tiefer Temperaturen, Physikalische Blätter 39, 4, 105 (1983)
28. Meißner, W. Holm, R. Z.: Messungen mithilfe von flüssigem Helium. XIII; Zeitschrift für Physik, 74, 11/12, 715–735 (1932)
29. Meißner, W., Heidenreich, Fr.: Über die Änderung der Stromverteilung und der magnetischen Induktion beim Eintritt der Supraleitfähigkeit Wissenschaftliche Abhandlungen der PTR 20 (1936) 2, 123–144 (Signatur PTB Archiv 20–20) Helvetica Physica Acta 6, 414 (1933)
30. Forstner, C. Hoffmann, D. Physik im Kalten Krieg, 12 F.X. Eder (1914–2019), Springer Spektrum 104 (1971–2013)
31. Meißner, W. Ochsenfeld, R. Ein neuer Effekt bei Eintritt der Supraleitfähigkeit, Naturwissenschaften 21, 44, 787–788 (1933)
32. Bednorz, J.G., Müller, K. A.: Perovskite-type oxides – The new approach to high-Tc superconductivity. Rev. Mod. Phys. 60, 3, 585 (1988)
33. Drozdov, A. P., Eremets, M. I., Troyan, I. A., Ksenofontov, V., Shylin, S. I. et al. Conventional superconductivity at 203 kelvin at high pressures in the sulfur hydride system. Nature 525, 73–76 (2015), (2015) https://doi.org/10.1038/nature14964

Oxford und Cambridge 3

Sir Francis Simon und Pjotr Leonidowitsch Kapitza wurden durch die Politik gezwungen, zwischen den Welten zu wandern. Franz Simon musste vor dem Nationalsozialismus aus Deutschland nach England flüchten. Pjotr Kapitza wurde von Stalin in der Sowjetunion festgehalten, wodurch er seine wissenschaftliche Heimat in England verlor.

Beide Wissenschaftler erforschten die Physik bei tiefen Temperaturen. Jeder entwickelte seinen eigenen Heliumverflüssiger mit sehr unterschiedlichen Prinzipien.

Neben der Heliumverflüssigung war ihr Ziel, die Wirkung von Magnetfeldern bei tiefen Temperaturen auf die Struktur der Materie zu analysieren: Simon, um mit der Entmagnetisierung von paramagnetischen Systemen Temperaturen unter den Temperaturen vom flüssigen Helium zu erreichen; Kapitza, um in extrem hohen Magnetfeldern Untersuchungen durchzuführen, wie die Beobachtung der Krümmung der Bahnen von α-Teilchen durch die Lorentz-Kraft, die ihm in einer Nebelkammer gelang.

3.1 Sir Francis Simon (1893–1956)

Franz Simon, am 2. Juli 1893 in Berlin geboren, begann sein Physikstudium 1912 an der Ludwig-Maximilian-Universität in München. Nach zwei Semestern ging er an die Georg-August-Universität in Göttingen. Mit Beginn des Ersten Weltkrieges wurde er Offizier. Erst im Februar 1919 konnte er sein Studium an der Friedrich-Wilhelms-Universität zu Berlin fortsetzen, wo ihm Walther Nernst das Thema „Untersuchungen über die spezifische Wärme bei tiefen Temperaturen" vorschlug. So begann er, sich in dem international zusammengesetzten Labor von Nernst, gemeinsam mit den Engländern J. Chadwick, den Brüdern Lindemann und dem Ungarn H. Tizard, an den Experimenten zur spezifischen Wärmekapazität bei tiefen Temperaturen zu beteiligen. Chadwick bekam 1935 den Nobelpreis. Er und Frederick Lindemann wurden später in England geadelt. Mit seinen Messungen leistete Simon einen wichtigen Beitrag zur experimentellen Bestätigung des Nernst'schen Theorems [1].

Nernst gelang es durch seine außergewöhnlichen Ideen und die Fähigkeit, seine Schüler mit großer Gründlichkeit und originellen Fragestellungen an wissenschaftliche Probleme heranzuführen, wofür er weltweite Anerkennung fand. Das galt auch für die Schule von Ernest Rutherford in Cambridge, an der Pjotr Kapitza seine wissenschaftliche Laufbahn als Tieftemperaturphysiker begann.

Schon nach zwei Jahren, im Dezember 1921, reichte Simon seine Dissertation ein, die sich mit der Gültigkeit des Nernst'schen Wärmetheorems und der Untermauerung des dritten Hauptsatzes der Thermodynamik befasste. So formulierte er 1927 das Nernst'sche Theorem in folgender Form: „Am absoluten Nullpunkt verschwinden die Entropiedifferenzen zwischen all den Zuständen eines Systems, zwischen denen reversible Übergänge möglich sind, auch in der Theorie" [2].

Als er Nernst um eine Empfehlung für die Industrie bat, lehnte dieser strikt ab, organisierte in seinem Institut eine außerordentliche Assistentenstelle. Simon sollte habilitieren. Die Habilitation folgte 1925, und Simon wurde Privatdozent an der Berliner Universität.

1922 gab Nernst seinen Lehrstuhl an der Universität und die Leitung des Physikalisch-Chemischen Instituts auf und wurde Präsident der Physikalisch-Technischen Reichsanstalt (PTR). Als neuer Direktor des Physikalisch-Chemischen Instituts der Universität wurde Max Bodenstein berufen, dessen Forschungsschwerpunkt die Reaktionskinetik war.

Simon war die „rechte Hand" von Bodenstein, setzte aber mit seiner Gruppe die Tieftemperaturarbeiten in der Tradition von Nernst fort. Dafür benötigte er flüssigen Wasserstoff und flüssiges Helium. Für die Experimente seiner Doktorarbeit hatte er den flüssigen Wasserstoff von der PTR bekommen. Ein eigener Wasserstoffverflüssiger konnte erst 1930 den Betrieb aufnehmen. Dieser Verflüssiger wurde in einer kleinen Serie auch für andere Laboratorien nachgebaut, unter anderem für das California Institute of Technology, für die Universität in Princeton, für Otto Stern in Hamburg und das Clarendon Laboratory in Oxford.

Als Simon eine ordentliche Professur an der Technischen Hochschule in Breslau als Nachfolger auf den Lehrstuhl von Euken angeboten bekam, ging er 1931 mit seinem Cousin Kurt Mendelssohn, der schon in Berlin zwei Jahre bei ihm Oberassistent gewesen war, und dem Ungarn Nicholas Kürti nach Breslau. Unter seinen Studenten war auch Heinz London, der Bruder des bekannten Theoretikers Fritz London. In Breslau wurde er Dekan für Naturwissenschaften und Bergbau, was eine ganze Reihe administrativer Aufgaben mit sich brachte.

Ende 1931 wurde Simon von der Berkeley University nach Kalifornien eingeladen. Dort arbeitete er im Labor von W. F. Giauque, der sich mit der magnetischen Kühlung beschäftigte. Obwohl Simon mit dieser Methode vertraut war, nutzte er die Gelegenheit in Berkeley und arbeitete an seinem Expansionsverflüssiger für Helium, mit dessen Entwicklung er schon in Berlin begonnen hatte. Das Prinzip des Verflüssigers war eigentlich einfach. In einem Kupferzylinder wurde Helium unter hohem Druck komprimiert und mit flüssigem, aber auch festem Wasserstoff bis auf 14 K und darunter abgekühlt. Danach wurde es thermisch isoliert und entspannt, wodurch es sich weiter abkühlte und verflüssigte.

Das war die Verflüssigungsmethode, mit der Franz Xaver Eder nach dem Zweiten Weltkrieg die Wasserstoff- und Heliumverflüssigung an der Berliner Universität wiederaufbauen wollte.

Franz Simon wurde schon recht früh klar, dass sich der Nationalsozialismus in Deutschland zu einer Bedrohung für die jüdische Bevölkerung entwickelte. Nach der Rückkehr aus den Vereinigten Staaten entschloss er sich zur Emigration.

Frederick Lindemann, der auch als Professor für Naturphilosophie in Oxford den Kontakt zum Institut in der Bunsenstraße und zu Nernst aufrechterhalten hatte, organisierte für seinen Freund Franz Simon ein Stipendium der Imperial Chemistry Industries (ICI).

Simon siedelte nach Oxford über, wo er seine Tieftemperaturforschungen fortsetzen konnte. Als er 1933 Deutschland verließ, gelang es ihm, in Absprache mit der Fakultät in Breslau, zwei Heliumverflüssiger und elektrische Geräte für seine Laborausrüstung in Oxford mitzunehmen. Auch seine Schüler Mendelssohn und Kurti gingen von Breslau mit nach Oxford, wo sie den Bau des Expansionsverflüssigers und ihre Hochdruckuntersuchungen an festem Helium, an die sich Untersuchungen zur magnetischen Kühlung anschlossen, fortsetzten.

Für Lindemann waren Simon und seine Mitarbeiter eine Bereicherung der Tieftemperaturforschung des Clarendon Laboratory in Oxford und eine Verstärkung gegenüber dem Cavendish-Laboratorium in Cambridge, in dem Kapitza, gefördert durch Rutherford, ein starkes Tieftemperaturforschungspotenzial aufgebaut hatte.

3.1.1 Der Simon-Verflüssiger

Mit dem Heliumverflüssiger, dessen Entwicklung Simon schon in den 1920-Jahren begonnen hatte, konnte erstmals 1932 Helium verflüssigt werden. Wie schon eingangs festgestellt, wurden international drei unterschiedliche Verfahren für die Verflüssigung von Helium entwickelt. Zwei kontinuierlich arbeitende Methoden, wie die Methode von Kamerlingh Onnes, mit dem Kaskadenprinzip, bei dem das Heliumgas kontinuierlich durch Kühlbäder mit abnehmender Temperatur strömt, bis es kalt genug ist, um in einem Joule-Thomson-Ventil entspannt zu werden, und die kontinuierliche Methode von Kapitza, bei der ein wesentlicher Schritt der Kühlung durch äußere Arbeit des Heliumgases in einem Expander erreicht wird. Die dritte Methode ist das Verfahren von Simon, das nichtkontinuierlich arbeitet. Dabei wird eine begrenzte Menge Flüssigkeit durch einen Entspannungsschritt gewonnen [3].

Das Prinzip ist in Abb. 3.1 dargestellt. Heliumgas wird unter einem Druck bis 150 bar in einen Metallbehälter (B) gedrückt. Dabei durchströmt es eine Spule (S), die mit flüssigem oder festem Wasserstoff (G, gestrichelt) auf Temperaturen bis unter 14 K abgekühlt wird. Die Hülle (G), in der sich der Behälter (B) befindet, ist ein Wärmeschalter. Während der Vorkühlung wird er zur Wärmeleitung mit

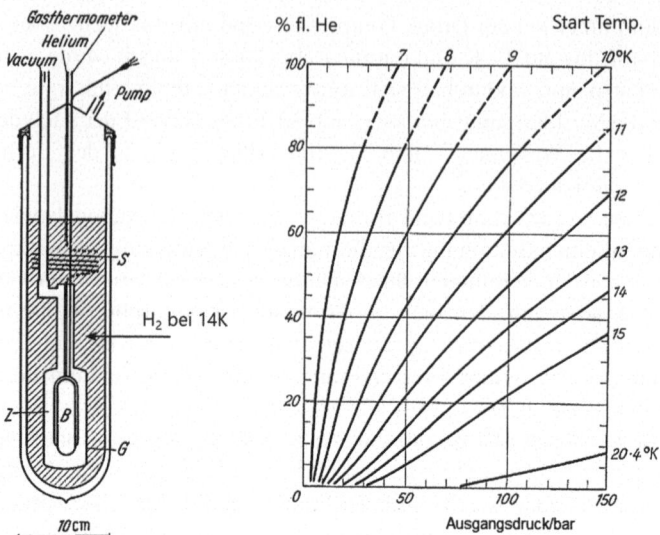

Abb. 3.1 Der von Simon entwickelte Heliumverflüssiger ist hier im Wasserstoff-Dewar mit einem Heliumeinfüllrohr (Helium), einer Kühlspule (S), dem Heliumdruckbehälter (B) und einem Wärmeschalter (G, Z, Vakuum) dargestellt. Die Kurven rechts zeigen die gewonnene Menge des flüssigen Heliums in Abhängigkeit von der Vorkühltemperatur und dem Startdruck im Heliumbehälter B [4]

Heliumgas (Z) gefüllt. Wenn der Druckbehälter (B) mit Helium bei der niedrigsten Temperatur, die mit dem Wasserstoff erreicht werden kann, gefüllt ist, wird der Druckbehälter durch Abpumpen des Heliums aus der Hülle von der Wasserstoffvorkühlung thermisch isoliert. Danach wird das Helium aus dem Druckbehälter langsam entspannt und kühlt sich weiter ab.

Die Kurven in Abb. 3.1 geben die Menge des flüssigen Heliums in Prozent der eingesetzten Gasmengen an, die bei den entsprechenden Drücken und erreichten Temperaturen verflüssigt wird. Bei einer Ausgangstemperatur von 10 K, die mit festem Wasserstoff erreicht werden kann, und einem Druck von 150 bar werden 4/5 der im Druckbehälter komprimierten Gasmenge verflüssigt.

3.1.2 Festes Helium

Nachdem Kamerlingh Onnes bei seinen ersten Verflüssigungsexperimenten festgestellt hatte, dass Helium unter Normaldruck und bei Annäherung an den absoluten Nullpunkt nicht so wie alle anderen Gase fest wird, sondern flüssig bleibt, wollte Simon herausfinden, ob Helium unter höherem Druck fest wird. Mit seinen Hochdruckexperimenten gelang es ihm schon in Berlin, festes Helium herzustellen, und er konnte die Schmelzkurve aufnehmen. Besonders zu erwähnen sind die Arbeiten mit festem Helium, mit denen er unter anderem zeigen konnte, dass

3.1 Sir Francis Simon (1893–1956)

Helium bei ca. 6000 bar auch über der kritischen Temperatur im festen Aggregatzustand existiert.

Die Messungen zur Bestimmung der Abhängigkeit der Schmelztemperatur von festem Helium vom Druck führte Simon mit Edwards und Rudemann in Amsterdam durch [7].

Die Schmelzkurve kann, wie auch Abb. 3.2 rechts zeigt, bei Anwendung entsprechend hoher Drücke bis zu Temperaturen verfolgt werden, die rund um den Faktor 10 höher sind als die kritische Temperatur von 5,2 K. So gelang es Simon, noch bei 55 K unter Anwendung eines Druckes von 9,2 kbar festes Helium zu erhalten.

3.1.3 Die magnetische Kühlung

Neben der Kraft, die ein Magnetfeld auf bewegte Ladungsträger ausübt, mit der sich Nernst schon bei der Entdeckung der thermomagnetischen Erscheinungen befasst hatte, wird die Änderung des thermodynamischen Zustands von Spinsystemen in Magnetfeldern für die Kühlung auf Temperaturen unter den Temperaturen, die durch flüssiges Helium erreicht werden können, genutzt.

Diese magnetische Kühlung wurde 1926 von Debye in Leipzig und unabhängig davon von Giauque in Kanada vorgeschlagen. Die Methode beruht auf der Entmagnetisierung der magnetischen Momente von Elektronen und Atomkernen, den Elektronenspins und den magnetischen Momenten von Atomkernen, den Kernspins. Diese werden in einem starken Magnetfeld ausgerichtet und so zur Ordnung

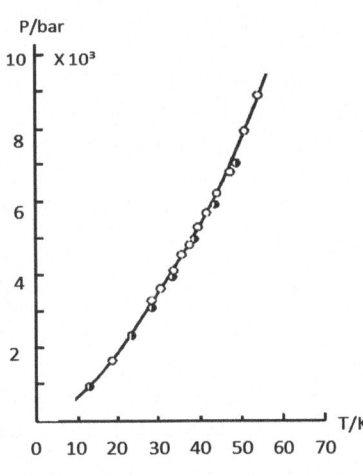

Abb. 3.2 Links: Simon bei der Herstellung von festem Helium in der Physikalischen Chemie in Berlin. Rechts: die Schmelzkurve von festem Helium nach Simon. (Links: Aus [1], Abb. 7, rechts: [5, 6])

gezwungen. Die dabei entstehende Wärme wird abgeführt. Beim Entfernen des Magnetfeldes können sich die Spins wieder bewegen und entziehen dadurch dem System Energie, wodurch es sich abkühlt. Für diese Kühlung wurden die Elektronenspins paramagnetischer Salze genutzt. Für die Kühlung mit Kernspins, mit der noch wesentlich tiefere Temperaturen erreicht werden, nutzt man Metalle wie Kupfer, aber auch Metalllegierungen, z. B. PtFe.

Debye fragte Ende der 1920er-Jahre Simon, der zu dieser Zeit in Berlin mit Experimenten zum dritten Hauptsatz beschäftigt war, ob er die magnetische Kühlung demonstrieren könnte. Mit dem Verständnis des zweiten Hauptsatzes der Thermodynamik konnte ohne Experiment nichts über die mit dieser Methode erreichbaren Temperaturen ausgesagt werden, solange nicht bekannt war, bei welcher Temperatur der paramagnetische Zustand in den Salzen, die für die Kühlung mit Elektronenspins eingesetzt wurden, verschwindet und in welchem Temperaturbereich die Salze dem dritten Hauptsatz genügen. Dazu musste die spezifische Wärme der Salze bei Heliumtemperaturen gemessen werden. Diese Frage war Gegenstand von Kürtis Dissertation am Physikalisch-Chemischen Institut in Berlin [1, S. 77]. Simon betrachtete die magnetische Kühlung vom Standpunkt der Entropie als einen Ordnungsparameter. 1931 machte er dann bei seinem Aufenthalt in Kalifornien im Labor von William Francis Giauque Bekanntschaft mit dessen experimentellen Arbeiten.

Beide fanden Gadoliniumsulfat für die adiabatische Magnetisierung geeignet. Erste Experimente wurden von Giauque in Berkeley und zur gleichen Zeit unabhängig voneinander in Leiden von de Haas, Wirsma und Kramers ausgeführt.

Giauque erreichte mit Gadoliniumsulfat ($Gd_2(SO_4)_3$) bei einer Ausgangstemperatur von 1,5 K 0,25 K [8]. In Leiden wurden mit Ceriumfluorid (CeF_3) bei einer Ausgangstemperatur von 1,35 K 0,27 K erreicht. Diese Temperaturen bestanden damals jedoch nur in einem Volumen, das vom paramagnetischen Salz mit einer Masse von 50–500 mg eingenommen wurde. Ab 1934 wurde in Leiden mit 56 cm^3 Salz gearbeitet [9].

Simon und Kürti ergänzten in Oxford ihren Heliumverflüssiger durch eine zweite Wanne für flüssiges Helium (He_2) und einen Behälter mit paramagnetischem Salz (Pa in Abb. 3.3) [10]. Die zweite Heliumwanne befand sich mit dem Behälter für das Salz unter der ersten Wanne, in dem das Helium verflüssigt wurde.

Da in Oxford kein starker Magnet vorhanden war, unterstützte sie Professor Cotton, Direktor des Laboratoire du Grand Electro-aimant an der Universität Paris-Süd mit seinen starken Magnetfeldern. Bei ihren Messungen erreichten Kürti und Simon Temperaturen von 0,02 K.

Durch Kondensation von Helium im zweiten Behälter direkt über dem paramagnetischen Salz wurde das Salz auf die Ausgangstemperatur abgekühlt, magnetisiert und die sich dabei entwickelnde Wärme abgeführt. Nachdem das Salz wieder die Ausgangstemperatur erreicht hat, wird das Magnetfeld entfernt. Die magnetischen Momente im Salz nehmen bei der Entmagnetisierung Wärme auf, die sie dem Salz entziehen. Im Ergebnis kühlt sich das Salz ab.

Abb. 3.3 Darstellung der Apparatur von Kürti und Simon. Das obere Gefäß (He1) ist der Heliumbehälter des Verflüssigers. Im unteren Heliumbehälter (He2) wird die Ausgangstemperatur für die adiabatische Abkühlung durch Temperaturerniedrigung durch Dampfdruckerniedrigung eingestellt. Darunter befindet sich das paramagnetische Salz (Pa). P sind die Polschuhe des Magneten. Die Vorkühlung erfolgt mit flüssigem Wasserstoff (H_2) [10]. (Aus [18], S. 196)

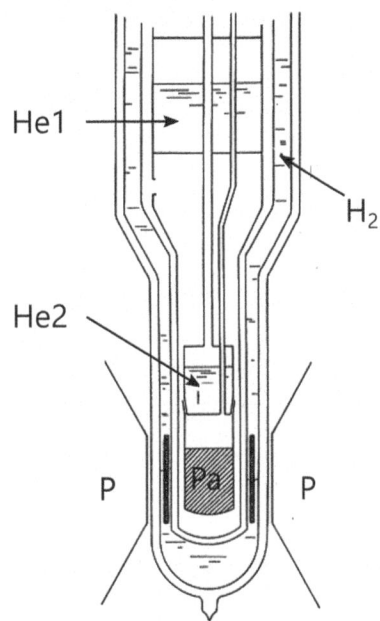

Simon und Giauque haben bei ihren ersten Experimenten Gadoliniumsulfat und Ceriumfluorid eingesetzt. In diesen Salzen sind die lokalisierten magnetischen Momente relativ weit voneinander entfernt und haben bei der Temperatur des flüssigen Heliums nur eine geringe Wechselwirkung miteinander. Sie bleiben bis in den Millikelvinbereich (1 K → 1 mK) paramagnetisch.

Der Vorgang der magnetischen Kühlung ist in Abb. 3.4 schematisch dargestellt. Im Schritt a befindet sich das Salz (runde Kontur) mit ungeordneten magnetischen Momenten, durch die Wärmeleitung des Wärmeschalters auf der Temperatur des äußeren Heliumbades von 1 K. Im Schritt (a → b) wird ein starkes Magnetfeld (B = 0 → B = 1 T) angelegt, das die magnetischen Momente in Richtung des Feldes ausrichtet und damit ihre Ordnung erzwingt, was mit einer Entropieabnahme von a nach b verbunden ist. Die Wärme, die dabei entsteht, $\Delta Q = T[(S(B,T) - S(0,T)]$, (mit T = 1 K), wird über den Wärmeschalter an das äußere Bad abgegeben.

Im dritten Schritt (b → c) wird der Wärmeschalter evakuiert und das Salz im Magnetfeld thermisch isoliert. Wenn im vierten Schritt das Magnetfeld stark verringert wird (c → d), können sich die magnetischen Momente wieder bewegen und entziehen dem Satz sprunghaft Wärme, wodurch eine Erniedrigung der Temperatur von T = 1 K auf T = 0,001 K erfolgt. Mit Cermagnesiumnitrat werden wenige Millikelvin ($1 \cdot 10^{-3} - 3 \cdot 10^{-3}$) K erreicht.

Simon war seit 1938 englischer Staatsbürger, musste aber während des Krieges von 1941 bis 1944 seine Tieftemperaturforschung ruhen lassen. Er beteiligte sich in dieser Zeit im Rahmen des britischen Atomforschungsprogramms Tube Alloys mit der Anreicherung von Uran-235 durch Gasdiffusion. Die Ergebnisse wurden

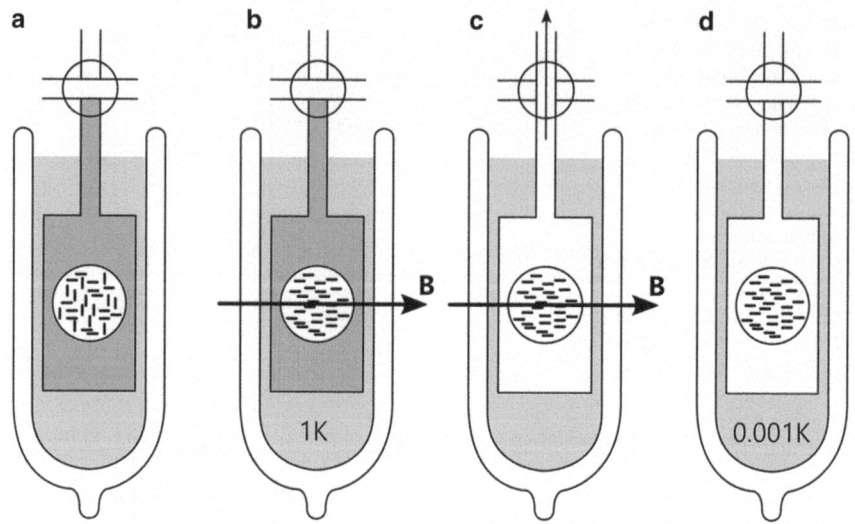

Abb. 3.4 Schematische Darstellung der Abkühlung eines paramagnetischen Salzes. **a** Die runde Kontur mit paramagnetischem Salz, in dem die magnetischen Momente ungeordnet sind, wird bei 1 K in einem starken Magnetfeld magnetisiert (**b**). Nach der Ausrichtung der magnetischen Momente und der Entfernung der dabei entstandenen Wärme wird das Salz thermisch isoliert (**c**) und durch Entfernen des Feldes auf Temperaturen bis 0,001 K abgekühlt

im amerikanischen Manhattan-Projekt zur Herstellung der Atombombe eingesetzt. 1954 wurde Simon als Sir Francis Simon in den englischen Adelsstand erhoben.

Die Kühlung mit den magnetischen Momenten der Elektronen in paramagnetischen Salzen erreichte Temperaturen bis zu einigen Millikelvin. Um aber bei diesen tiefen Temperaturen Untersuchungen durchzuführen, muss das Salz eine genügende Wärmekapazität haben. Da auch die Handhabung der Salze in kleinen Beuteln und die notwendige thermische Isolierung beim Experimentieren oft Schwierigkeiten machten, wurde die magnetische Kühlung paramagnetischer Salze erst einmal durch die elegantere Verdünnungskühlung eines ^{3}He/^{4}He-Gemischs, die von Fritz London vorgeschlagen wurde, abgelöst.

Dann entdeckten 1936 die russischen Physiker Shubnikow und Lasarew in Kharkow den Paramagnetismus der Atomkerne. Um aber die magnetischen Momente der Kerne auszurichten, werden wesentlich stärkere Magnetfelder >5 T und recht tiefe Ausgangstemperaturen von 0,01 K benötigt. So gelang es, 1956 von Sir Francis Simon vorbereitet, in Oxford mit der Kernentmagnetisierung von Kupfer kurzzeitig eine Temperatur von weniger als zwei Hunderttausendstel 0,000016 K zu erreichen [1].

Auch heute werden meist die Kernspins von Kupferatomen, wegen der großen Wärmekapazität des Kupfers, eingesetzt. Entsprechende Kupferzylinder werden mit Verdünnungskryostaten (Abschn. 12.2.2) bis auf 10^{-2}–10^{-3} K vorgekühlt. Diese Vorkühlung auf einige Millikelvin und der Einsatz von hohen

Magnetfeldern sind wegen der sehr kleinen Momente der Kernspins notwendig, denn diese betragen nur 1/2000 der Elektronenspins. Der Kupferzylinder wird mit supraleitenden Magneten, die Felder bis zu 9 T erzeugen, magnetisiert. Nach der Entfernung der bei der Magnetisierung entstandenen Wärme wird das Magnetfeld auf 8 mT erniedrigt, wodurch der Kupferblock auf einige zehn Mikrokelvin (10^{-6} K) abgekühlt wird.

Ende der 1990er-Jahre wurden von Peter Strehlow und Wolfgang Buck am Institut Berlin der Physikalisch-Technischen Bundesanstalt (PTB) derart tiefe Temperaturen im µK-Bereich erreicht (Abb. 3.5). Dabei erfolgt die Entmagnetisierung über 44 h von 8425 T auf 8 m T [11]. 1997 hatten Tieftemperaturphysiker der Universität Bayreuth unter Leitung von Frank Pobell durch den Einsatz von PtFe als Kernsubstanz mit 1,5 µK einen Kälterekord aufgestellt [12].

Je näher man dem absoluten Nullpunkt kommt, desto länger dauert es, die Wärme vom Kupferblock abzuführen. Diese Kühlmethode ist jedoch die einzige Möglichkeit, Materie auf derart tiefe Temperaturen abzukühlen.

In Abb. 3.6 sind (von unten nach oben) der Kupferblock, der sich in einem zweistufigen Magnetsystem (2×9 T) befindet, und der ^{3}He/^{4}He-Verdünnungskryostat dargestellt, daneben die Parameter der Anlage.

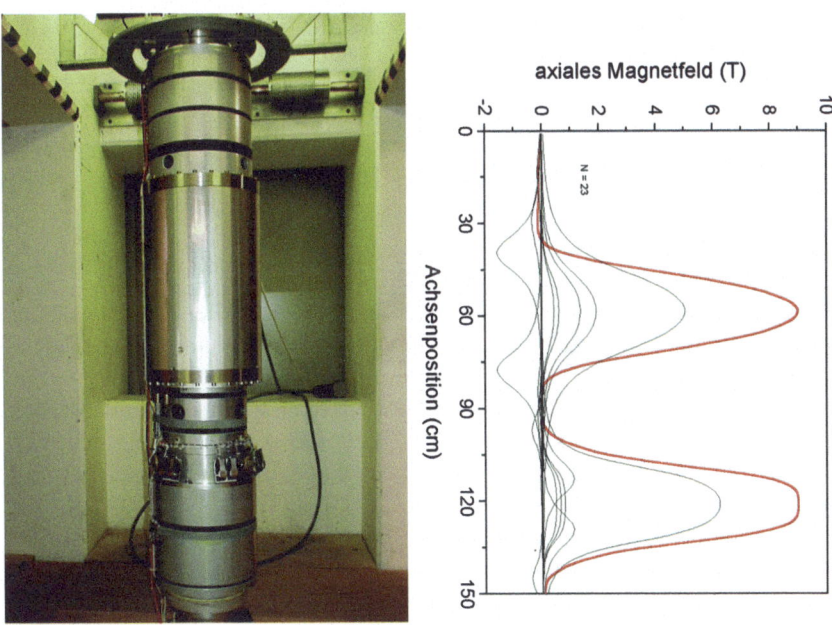

Abb. 3.5 Der Kryostat von Peter Strehlow und Wolfgang Buck an der PTB. Auf der rechten Seite ist die Verteilung des Magnetfeldes von zwei 9-T-Magneten über die Länge von 150 cm des Kryostaten dargestellt. Die Entmagnetisierung von 8,425 T auf 20 mT erfolgt in 44 h, wobei eine Endtemperatur im µK-Bereich erreicht wird. (Mit freundlicher Genehmigung der PTB)

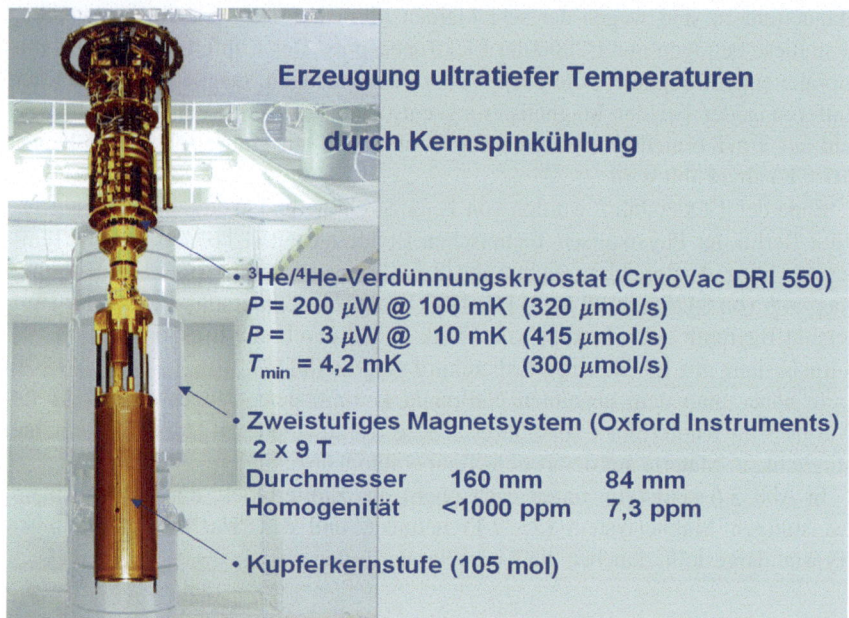

Abb. 3.6 Im oberen Teil des Kühlers befindet sich der ^{3}He/^{4}He-Verdünnungskryostat, der die 6,6 kg Kupfer der Kernstufe zur Kernmagnetisierung auf 4,2 mK kühlt. (Mit freundlicher Genehmigung der PTB)

3.2 Pjotr Leonidowitsch Kapitza

3.2.1 Bei Rutherford

Pjotr Leonodowitsch Kapitza war Physiker und Ingenieur. Bei der Entwicklung seiner Verflüssigungsanlagen und den Entdeckungen fundamentalster Gesetzmäßigkeiten entwickelte er ein bewundernswertes Talent und große Vielseitigkeit. Seine Arbeitsgebiete waren die Tieftemperaturphysik, die Physik starker Magnetfelder und die Plasmaphysik. Sein größter Erfolg war die Entdeckung des zweiten makroskopischen Quantenphänomens, das Strömen von flüssigem Helium ohne mechanischen Widerstand. Genauer, bei der Temperatur T_λ von 2,17 K, dem λ-Punkt, wird die Viskosität von flüssigem Helium unmessbar klein. Die Wärmeleitung dagegen wird so groß, dass jegliche Blasenbildung in der Flüssigkeit verschwindet. Kapitza gab dieser Erscheinung in Analogie zur Supraleitung den Namen "Suprafluidität".

Kapitza wurde am 9. Juli 1894 auf der Insel Kronstadt vor St. Petersburg als Sohn eines Militäringenieurs geboren. 1918 schloss er das Polytechnische Institut in Petrograd ab (St. Petersburg hieß von 1914 bis 1924 Petrograd) und begann seine wissenschaftliche Arbeit an der elektromechanischen Fakultät des Instituts am Lehrstuhl von Abram Fjodorowitsch Joffe.

Bei seinen ersten wissenschaftlichen Arbeiten versuchte er gemeinsam mit dem Physikochemiker Nikolai Nikolajewitsch Semjonow, das magnetische Moment von Atomen in einem Atomstrahl im inhomogenen Magnetfeld zu untersuchen, was später zum Stern-Gerlach-Versuch führte.

1921 besuchte Joffe mit weiteren Wissenschaftlern, zu denen auch Kapitza gehörte, Deutschland und England, um nach dem Ersten Weltkrieg alte Kontakte zu den Physikern dieser Länder wiederherzustellen und Geräte für das Polytechnische Institut zu kaufen. Auf dieser Reise besuchten sie auch das Laboratorium von Ernest Rutherford in Cambridge, das zu dieser Zeit das Zentrum der Erforschung der Radioaktivität und des Atomkerns war.

Es wird erzählt, dass Kapitza in einer Diskussion mit Rutherford fragte, wie hoch das Budget des von Rutherford geleiteten Cavendish Laboratory sei, und nach der Antwort meinte, dass ein Stipendium für einen Zusatzstudenten doch unterhalb der Fehlergrenze liegt, worauf er von Rutherford in das Cavendish Laboratory aufgenommen wurde.

3.2.2 Hohe Magnetfelder

Kapitza begann seine Forschungen gleich mit hohen Magnetfeldern. Nachdem er mit den Untersuchungen des Energieverlusts von α-Teilchen beim Durchgang durch Materie einen tiefen Eindruck auf Rutherford gemacht hatte, erhielt er von ihm finanzielle Unterstützung, um die Wirkung starker Magnetfelder auf die Bahnen von α-Teilchen zu untersuchen. So brachte er 1923 zum ersten Mal eine Nebelkammer in ein starkes Magnetfeld und beobachtete, wie die Lorentz-Kraft die Bahnen der positiven α-Teilchen krümmt [13].

Im Sommer 1923 promovierte Kapitza an der University of Cambridge zum Doktor der Philosophie und erhielt ein Maxwell-Stipendium. Es folgte die Wahl zum Research Fellow des Trinity College der University of Cambridge, dann 1929 die Wahl in die Royal Society und gleichzeitig auch die Wahl als korrespondierendes Mitglied der Akademie der Wissenschaften der UdSSR in Moskau.

Da die Sättigungsmagnetisierung der Eisenkerne in Elektromagneten die Zunahme des Magnetfeldes bei der Erhöhung des Stromes begrenzt und die magnetische Feldstärke über der Sättigungsmagnetisierung nur noch proportional zum Logarithmus der linearen Abmessungen des Magneten zunimmt, entschied sich Kapitza für die Erzeugung der Magnetfelder in Spulen.

Der Nachteil der Spulen: Sie werden durch sehr starke Ströme zerstört. Den Ausweg lieferten kurze Stromstöße, mit denen sich sehr hohe Felder erzeugen lassen, ohne dass die Spulen schmelzen. Eine Spule, in der in einer hundertstel Sekunde einige Zehntausend Kilowatt umgesetzt wurden, erhitzte sich dabei auf 100 °C. Dass sich in solch einer kurzen Zeit alle Erscheinungen beobachten lassen, die in statischen Magnetfeldern auftreten, ist eine Folge der hohen Intensität, die durch die Stärke des Feldes erreicht wird. Bei einem Impuls von 1 s würde die Spule 1000 °C erreichen und schmelzen.

Zur Erzeugung der Stromstöße entwickelte Kapitza einen Motorgenerator, für den von Rutherford speziell ein Hochfeldlabor aufgebaut wurde. Dieser Motorgenerator war damals eine außergewöhnliche Lösung. Der Rotor hatte eine Masse von 2,5 t. Er wurde zur Speicherung der Energie bis auf 1500 Umdrehungen pro Minute beschleunigt, um mit dieser Energie durch Kurzschluss über der Spule einen starken Stromstoß und ein hohes Magnetfeld zu erzeugen [14]. Beim Kurzschluss erreichte der Generator in einer hundertstel Sekunde eine Leistung von 220.000 kW. Das sind 73.000 A bei 3000 V. In einer Spule mit einem Innendurchmesser von 1 mm wurden kurzzeitig in 3 ms Magnetfelder von 500 kG (50 T) erreicht. In einem Volumen von 2 cm^3 betrug das Magnetfeld für wenige Millisekunden 320 kG (= 32 T).

Die ersten kurzzeitigen Magnetfelder wurden 1924 von Deslandres und Pérot in Paris in wenigen Minuten in einem eisenfreien Magneten mit Wasserkühlung mit einer Leistung von 340 kW in einem Volumen von 4 cm^3 erzeugt [15]. Später wurden von Kapitza wassergekühlte Magnetspulen für mehrere Tesla, die im Prinzip wie die Bittermagnete funktionierten [16], als Standardmagnet in größerer Zahl hergestellt.

Nach den Nebelkammerexperimenten untersuchte Kapitza den Zeeman-Effekt und beobachtete außerdem den Paschen-Back-Effekt. Es folgten Untersuchungen der galvanomagnetischen Eigenschaften von Metallen in starken Magnetfeldern. Dabei beobachtete Kapitza 1928 in hohen Magnetfeldern eine lineare Abhängigkeit des elektrischen Widerstands einiger Metalle vom Magnetfeld – eine Erscheinung, die erst 30 Jahre später auf die komplizierte Struktur der Fermi-Flächen von Metallen zurückgeführt werden konnte. Bei Untersuchungen der Magnetostriktion von para- und diamagnetischen Stoffen entdeckte er eine anomal große Magnetostriktion von diamagnetischen Wismuteinkristallen, die sich entlang der trigonalen Achse stark ausdehnen.

Aus dem Nachlass von Ludwig Monde baute die Royal Society an der University of Cambridge für Kapitza ein eigenes Labor, das Monde-Laboratorium, das 1933 mit dem von Kapitza entwickelten Heliumverflüssiger eingeweiht wurde.

3.2.3 Der Heliumverflüssiger

Der Franzose Georges Claude, der 1902 gemeinsam mit Paul Delorme die Firma Air Liquide gründete, stellte sich beim Studium der Luftverflüssigungsanlage von Linde die Frage, warum in der Anlage für den Schritt der Kälteerzeugung nur ein Joule-Thomson-Ventil mit geringer Kälteleistung eingesetzt wird, obwohl sie mit einem Kolben mehr Arbeit verrichten könnte und damit eine höhere Kälteleistung erzielen würde. In diesem Fall würde ein Druck von 20 bar anstelle der 200 bar des Linde-Verfahrens für die Luftverflüssigung ausreichen. Er erkannte aber, dass bei den angestrebten tiefen Temperaturen jedes normale Schmiermittel für den Kolben einfrieren würde und Linde diese Schwierigkeit mit dem Ventil umgangen hat. Mit einer Lösung für die kontinuierliche Bewegung des Kolbens bei der Siedetemperatur der flüssigen Luft gelang Claude ein technologischer

Durchbruch, und er eroberte mit der Abtrennung von Sauerstoff aus der flüssigen Luft mit der Firma Air Liquide den Markt [17].

Auch die erste Verflüssigung von Helium durch Kamerlingh Onnes gelang mit einem Joule-Thomson-Ventil (Abschn. 1.1). Je idealer aber ein Gas ist, desto geringer ist die Wirksamkeit der Joule-Thomson-Expansion. Da Helium einem idealen Gas sehr nahekommt, ist der Effekt der Expansion nicht sehr groß. Meißner berechnete, dass die Kälteleitung der Joule-Thomson'schen Expansion für Helium nur 1 % der Leistung einer Expansionsmaschine, die äußere Arbeit leistet, beträgt. Deshalb entschied sich Kapitza, in seinem Heliumverflüssiger einen Expansionsdetander einzusetzen, mit dem Claude bei der Luftverflüssigung Erfolg hatte. Mit dieser Lösung konnte Kapitza sogar auf die Vorkühlung mit flüssigem Wasserstoff verzichten, was nicht nur die Verflüssigung wesentlich vereinfachte, sondern auch die Sicherheit der Anlage erhöhte.

In Abb. 3.7 sind neben dem Bild des Verflüssigers der Querschnitt des Geräts und daneben auch der Detander dargestellt.

Kapitza wollte für die Verrichtung der Arbeit des Gases bei der Expansion eine Turbine einsetzen, um das Schmieren des Kolbens zu umgehen. Eine Turbine wäre zu dieser Zeit jedoch für sinnvolle Kühlleistungen viel zu klein geworden. Deshalb wurde für die Verrichtung der Arbeit und der damit verbundenen Abkühlung ein Detander, ein beweglicher Kolben in einem Zylinder, eingesetzt.

Der Kolben wurde auf einem Abstand von 40–50 μm in den Zylinder eingepasst und mit feinen Nuten versehen. Die Schmierung erfolgte mit Heliumgas, und die Nuten ermöglichten einen schnellen Druckausgleich. Durch diese Konstruktion ergaben sich zwar Gasverluste, die jedoch durch die Kühlleistung aufgewogen wurden [18].

Der Kapitza-Heliumverflüssiger besteht aus einem evakuierten, oben und unten abgerundeten Kupferzylinder mit einer Vorkühlung mit flüssigem Stickstoff (N_2) im Außenmantel und vier Wärmetauschern (A, B, C, D in Abb. 3.7b). Helium durchströmt unter Druck den ersten Wärmetauscher A, die N_2-Vorkühlung und den zweiten Wärmetauscher, bevor es in den Expander (Abb. 3.7c) gelang.

Das Helium tritt unter Hochdruck in den ersten Wärmetauscher (A) ein, wo es durch die rückströmenden Gase Stickstoff und Helium vorgekühlt wird. Es kommt mit flüssigem Stickstoff N_2 in Wärmekontakt und wird auf 77 K abgekühlt. Im zweiten Wärmetauscher (B) wird es vom zurückströmenden Heliumgas weiter abgekühlt. Danach teilt sich der Gasstrom. Ein Teil strömt in den Expander, der andere strömt durch den dritten Wärmetauscher (C). Danach werden beide Ströme gemeinsam im vierten Wärmetauscher (D) durch das aus dem Verflüssigungsbereich zurückströmende Heliumgas noch weiter abgekühlt und in einem Joule-Thomson-Ventil verflüssigt.

Die Bewegung des Kolbens erfolgt mit einem Elektromagneten oder einem Motor, der sich mit der Steuerung der Bewegung über dem Verflüssigungskörper befindet. Für eine effektive Arbeit des Kolbens erfolgt die Expansion mit hoher Geschwindigkeit des Kolbens von 1/10 s pro Hub und einer langsamen Rückbewegung. Zur Vernichtung der Expansionsarbeit des Kolbens ist der Kältebereich über eine Verbindungsstange (V) (Abb. 3.7b) mit einem hydraulischen Mechanismus über der

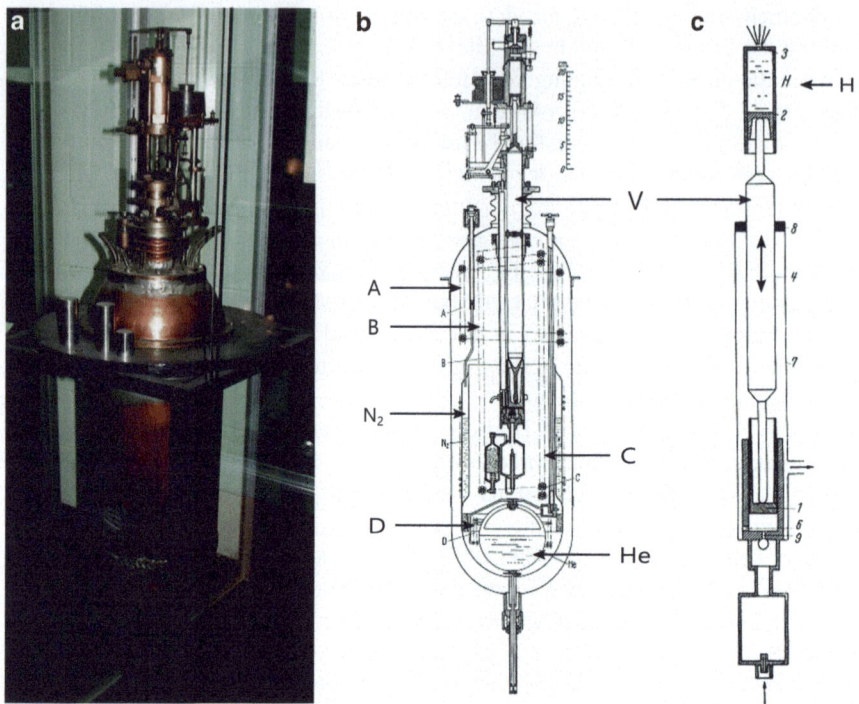

Abb. 3.7 Der von Kapitza 1934 im Monde-Laboratorium entwickelte Heliumverflüssiger (**a**) ist mit einer Expansionsmaschine (**c**) ausgerüstet. Er wurde zum Prototyp aller später kommerziell entwickelten Heliumverflüssiger. Das Foto zeigt den Verflüssiger im Museum der University Cambridge. **b** Innenaufbau des Verflüssigers. Rechts oben ist eine der ersten Ausführungen eines Expansionsdetanders mit einem Wasserdämpfungsglied, für die Aufnahme der Arbeitsleistung, zu sehen. Die Expansionsmaschine bewegt die Verbindungsstange (V) schnell nach oben und langsam nach unten. (**a**: © Cavendish Laboratory, University of Cambridge. **b**: Mit freundlicher Genehmigung der Universität Cambridge. **b, c**: Aus [18], S. 131 und 134)

Anlage verbunden (H in Abb. 3.7c) [18]. Dabei wird im Zylinder (H) Wasser mit dem Kolben 2 durch eine kleine Öffnung 3 gedrückt.

Die Rückführung des Kolbens erfolgte durch Druckwasser, das den Kolben 2 wieder zurückschiebt. Das abgekühlte Gas wird unten im Expander durch die Austrittsöffnung 6 aus dem Zylinder geschoben, sodass neues Gas mit einem Druck von 25–30 bar durch das Ventil 9 den Expander wieder füllen kann. Bei der adiabatischen Entspannung des Gases sinkt der Druck von 30 bar auf 2,2 bar und die Temperatur von 19 K auf 10 K. Der Expander arbeitet periodisch mit 100 bis 120 Hüben in 1 min.

Das Gas verlässt den Zylinder mit einer Temperatur von 10 K und wird in einem Joule-Thomson-Ventil, direkt unter dem Zylinder, in das kugelförmige Auffanggefäß verflüssigt.

Heute werden die Expansionsmaschinen der Heliumverflüssiger, so wie es Kapitza vorgesehen hatte, auch mit Expansionsturbinen betrieben. Derartige Turbinen rotieren mit 4500 Umdrehungen pro Sekunde und haben eine Effizienz von 75–80 %.

3.2.4 Kapitza wird von Stalin in Moskau festgehalten

Seit 1926 besuchte Kapitza, der mit seiner Familie in Cambridge lebte, regelmäßig die Sowjetunion. Bei einem Besuch 1934 in Moskau wird ihm die Ausreise nach England von Stalin verwehrt. Er darf die Sowjetunion nicht mehr verlassen. Nach einem halben Jahr Diskussion wird entschieden, in Moskau für Kapitza ein Tieftemperaturinstitut aufzubauen. Da jedoch keine technische Basis vorhanden war, gelang es Rutherford, das Monde-Laboratorium an Russland zu übergeben [19]. So entstand unter Kapitzas Leitung auf den Sperlingsbergen über der Moskwa an der Kaluschskaja Sostawa (heute Gagarin-Platz) ein Gebäudekomplex, das Institut für Physikalische Probleme. Es wurde mit den gesamten Geräten des Monde-Laboratoriums, einschließlich aller Wasserhähne und Sanitäreinrichtungen eingerichtet. Später wurde diese Laboreinrichtung von der UdSSR an England bezahlt.

Man sagt, das Gelände auf den Sperlingsbergen war vorher den Amerikanern als Grundstück für ihre Botschaft angeboten worden, denen die Lage über dem Nowodewitschi-Kloster an der Moskwa jedoch vom Stadtzentrum zu weit entfernt war.

3.2.5 Suprafluides Helium

Nachdem Kapitza mit seinem Verflüssiger genügend flüssiges Helium zur Verfügung stand, begann er, die Eigenschaften dieser ungewöhnlichen Flüssigkeit zu untersuchen. Dabei knüpfte er an die Arbeiten von Keesom und Clusius im Kamerlingh-Onnes-Laboratorium in Leiden, der Hochburg der Tieftemperaturphysik, an.

Kamerlingh Onnes hatte schon sehr früh beobachtet, dass bei Temperaturerniedrigung des flüssigen Heliums durch Dampfdruckerniedrigung bei 2,17 K das Verdampfen innerhalb der Flüssigkeit und die damit verbundene typische Blasenbildung plötzlich verschwinden. Die Verdampfung findet dann nur an der Oberfläche der Flüssigkeit statt. Diese Anomalie wurde auch für die Dielektrizitätskonstante und bei der Verdampfungswärme beobachtet, sodass vermutet wurde, dass zwei Modifikationen des flüssigen Heliums vorliegen müssten [20].

Flüssiges Helium hat eine sehr geringe Dichte, nur ein Siebtel der Dichte von Wasser. 1911 beobachtete Kamerlingh Onnes, dass flüssiges Helium bei 2,17 K mit $D_0 = 0,147$ g/cm^3 ein Dichtemaximum hat. ($D_0 = 1,787 \cdot 10^{-4}$ ist die Dichte des flüssigen Heliums über 2,17 K unter Normaldruck.)

Besonders charakteristisch ist das scharfe Maximum der spezifischen Wärme bei 2,17 K, das 1932 von Keesom und Clusius beobachtet wurde (Abb. 3.8a). Das bedeutet einen Phasenübergang. Da dieser Übergang jedoch ohne latente Wärme auftritt, ist das ein Phasenübergang zweiter Art.

Es wurde klar: Bis zu 2,17 K ist Helium eine normale Flüssigkeit, darunter eine ungewöhnliche Modifikation, die unter Normaldruck bis an den absoluten Nullpunkt flüssig bleibt. Wegen der Form der Temperaturabhängigkeit der spezifischen Wärme 2,17 K wird dieser Punkt des Phasenübergangs als λ-Punkt bezeichnet. Die Flüssigkeit wird bei Normaldruck über dem λ-Punkt als Helium I bezeichnet. Die Modifikation unter 2,17 K wird als Helium II bezeichnet. Sie siedet sehr leicht und würde ohne Dewar-Gefäße mit verspiegelten Doppelwänden sofort verdunsten. Die Veränderung dieses Verhaltens weist auf eine sehr starke Erhöhung der Wärmeleitfähigkeit hin.

Keesom und Clusius vermuteten eine Druckabhängigkeit dieses charakteristischen Punktes T_λ, die mit Druckzunahme den Punkt nach tieferen Temperaturen verschiebt [21]. Die Linie zwischen den beiden Modifikationen der Flüssigkeit wird als λ-Linie bezeichnet. Sie schneidet die Dampfdruckkurve unter Normaldruck im λ-Punkt bei 2,17 K. Auf der Schmelzkurve erreicht die λ-Linie bei 29,9 bar 1,75 K. Deshalb gibt es keinen Tripelpunkt.

Helium II bleibt bei Normaldruck bis zum absoluten Nullpunkt flüssig. Unter 25 bar wird eine Kristallbildung durch Nullpunktschwingungen der Atome verhindert.

Dass sich Helium II von Helium I durch eine außergewöhnliche Wärmeleitfähigkeit unterscheidet, konnten Keesom und seine Tochter durch Messungen in sehr dünnen Kapillaren nachweisen. Es zeigte sich, dass Wärmeleitfähigkeit von Helium II um eine Million Mal größer als die von Kupfer ist. Entsprechend ist diese hohe Wärmeleitfähigkeit für das Verschwinden des Siedens bei 2,17 K verantwortlich, denn sie bringt die Wärme schlagartig an die Oberfläche des flüssigen

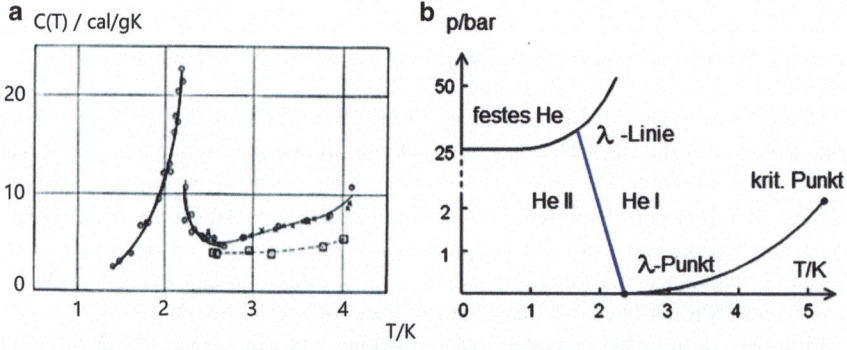

Abb. 3.8 **a** Die λ-Kurve im Phasenübergang der spezifischen Wärme von flüssigem Helium in den Bereich von 1–5 K [22]. **b** Phasendiagramm des flüssigen Heliums mit dem λ-Punkt und der λ-Linie, die Grenze zwischen den Phasen He I (dem normalflüssigen Helium) und He II (dem supraflüssigen Helium)

Heliums und führt dort zur Verdampfung. Blasenbildung im Inneren der Flüssigkeit wird durch diese große Wärmeleitfähigkeit verhindert.

Kapitzas Untersuchungen der Viskosität und der Wärmeleitung von Helium II in Cambridge wurden durch das Festhalten von Kapitza in Moskau abrupt unterbrochen und konnten erst 1936, nach dem Bau des Kapitza-Instituts für Physikalische Probleme in Moskau, wieder aufgenommen werden.

Abb. 3.9 zeigt ein Protokoll der Viskositätsmessungen von Kapitza. In der Skizze der Messanordnung strömt Helium II von oben aus der mit 0,12 bezeichneten Öffnung und durch den mit „Sliv" bezeichneten Spalt zwischen zwei optisch polierten Flächen, die einen Abstand von 0,5 µm haben. Aus der Durchflussmenge und der Durchflusszeit wurde eine Viskosität $\eta = 8 \times 10^{-8}$ Poise ermittelt. (Zum Vergleich: Die Viskosität von Wasser η (20 °C) beträgt 7,97 10^{-3} Poise.) Heute erhält man mit dieser Messmethode Werte von $\eta < 10^{-11}$ Poise. Die in dieser Form durchgeführten Messungen der Viskosität erbrachten die Gewissheit, dass Helium II eine ideal fließende Flüssigkeit ist.

Die hohe Wärmeleitung versuchte Kapitza zuerst durch Konvektion zu erklären. Dann müssten jedoch die Konvektionsgeschwindigkeiten bis zu 1000 m/s betragen. Da das nicht möglich ist, musste eine andere Erklärung für die hohe Wärmeleitfähigkeit gesucht werden.

Wenn Helium bei 4,21 K flüssig wird, ist die Flüssigkeit ein verdichtetes Gas. Bei 2,17 K geht es in Helium II über. Helium II hat so wenig Energie, dass sich ein Teil der Flüssigkeit im niedrigsten Energieniveau zu sammeln beginnt. Die Atome im untersten Energieniveau bilden einen kohärenten Quantenzustand. Die Atome in höheren Energieniveaus bleiben eine normale Flüssigkeit. Der Anteil von Helium II, der sich im untersten Niveau befindet, scheidet aus allen Wärmeprozessen aus. Er kann keine Wärme übertragen, da er keine Energie hat.

Messungen der Ausbreitung von Schallwellen im Helium II zeigten, dass sich diese mit 230 m/s ausbreiten. Die Geschwindigkeit der Wärmeausbreitung ist einige Male größer. Die Beobachtung der Wirkung zufälliger, schwacher Druckwellen auf die Strömung von Helium II in Kapillaren ergab eine Erhöhung der Wärmeleitfähigkeit um das Hundert- bis Tausendfache.

Das veranlasste Kapitza zu der Frage: Wenn Ströme, die in diesem Fall von Druckwellen hervorgerufen werden, die Wärmeleitfähigkeit beeinflussen, müssten dann nicht auch Wärmeimpulse Ströme hervorrufen? Im Ergebnis konnte die hohe Wärmeleitfähigkeit auf die Ausbreitung von longitudinalen Wärmewellen zurückgeführt werden (Abb. 3.10). Und Kapitza konnte zeigen, dass Wärmewellen Strömungen hervorrufen. Diese Erscheinung erhielt die Bezeichnung „zweiter Schall".

Seine Ergebnisse publizierte Kapitza 1938 in der Zeitschrift *Nature* unter dem Titel „Viscosity of liquid helium below the λ-Point" [24]. In der gleichen Ausgabe dieser Zeitschrift, eine Seite weiter, veröffentlichten Allen und Misener aus Cambridge unter dem Titel „Flow of liquid helium" ähnliche Ergebnisse [25].

1940 sprach Kapitza auf der Plenartagung der Akademie der Wissenschaften der Sowjetunion über „Probleme des flüssigen Heliums". In diesem Vortrag stellte er Experimente vor, mit denen er die Suprafluidität entdeckt hatte, und demonstrierte die Suprafluidität mit weiteren Experimenten [26].

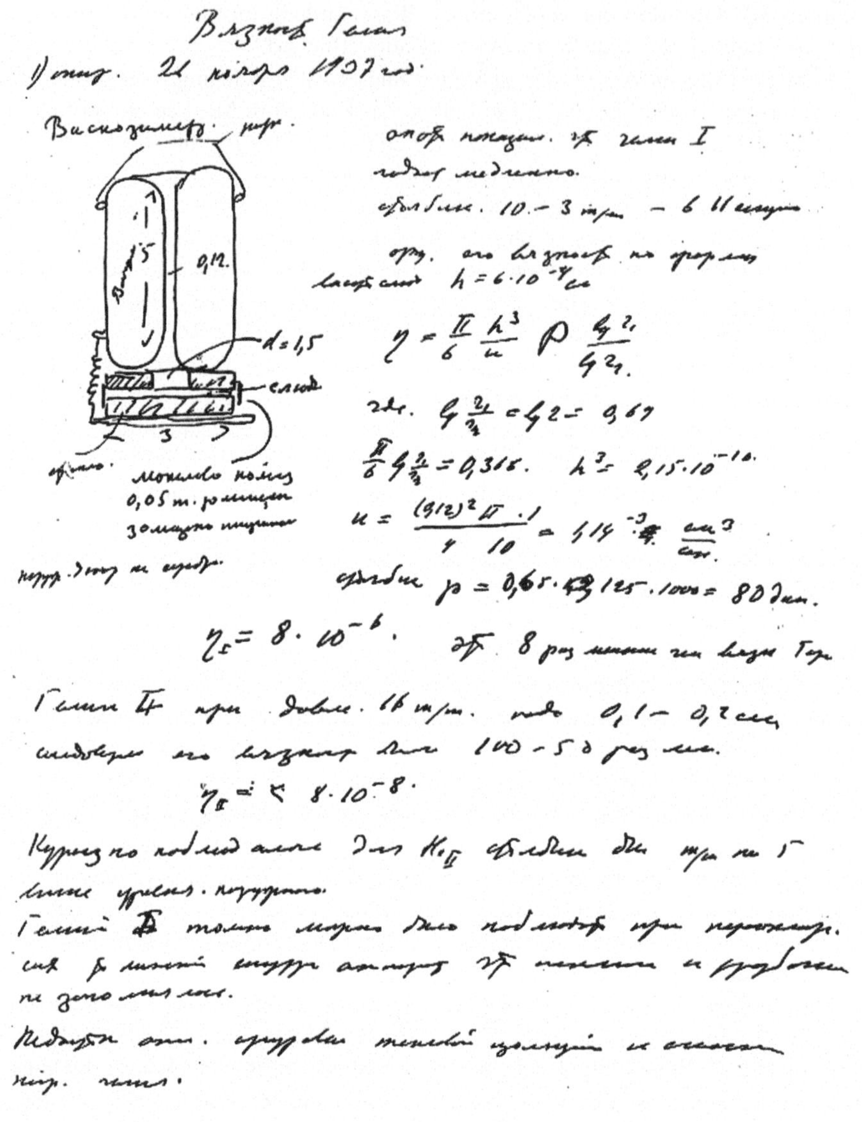

Abb. 3.9 Kopie eines Messprotokolls der Viskositätsmessung von Kapitza. Der Spalt von 0,5 μm zwischen den geschliffenen Plättchen, in dem die Strömung von Helium gemessen wurde, ist mit "(слив-sliw-Spalt)" bezeichnet [23]. (Mit freundlicher Genehmigung des P. L. Kapitza Institute)

Diese sind in Abb. 3.11 dargestellt. In Abb. 3.11a befindet sich in einem Dewar-Gefäß suprafluides Helium II. Es enthält ein zweites Gefäß, auch mit Helium II. Das Niveau im inneren Gefäß ist zu Beginn höher als im Außengefäß. Das suprafluide Helium kriecht die Gefäßwand hoch in das äußere Gefäß, bis die Niveaus ausgeglichen sind.

Abb. 3.10 Kapitza mit seinem Mitarbeiter S. I. Filomonow bei einem Experiment mit flüssigem Helium 1936 in Moskau. (Mit freundlicher Genehmigung des P. L. Kapitza Institute)

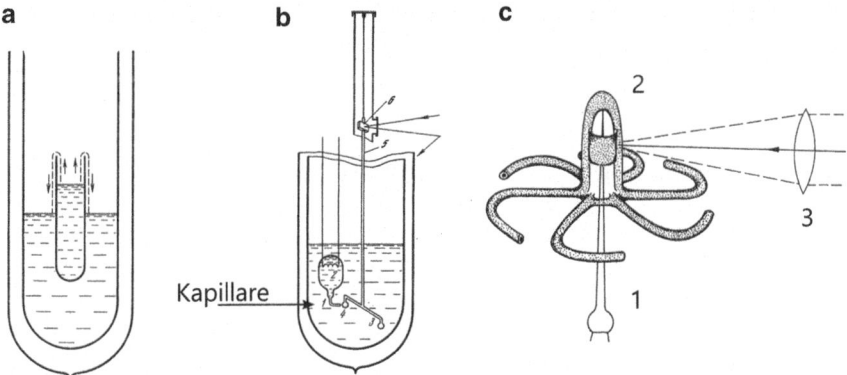

Abb. 3.11 Schematische Darstellung der Experimente, mit denen die Suprafluidität von Kapitza demonstriert wurde. **a** Suprafluides Helium kriecht im inneren Gefäß in einer dünnen Schicht so lange an der Wand hoch in das äußere Gefäß, bis die Flüssigkeit in beiden Gefäßen gleich hoch ist. **b** Helium II wird in einem kleinen Behälter mit einem elektrischen Heizer erwärmt. Es wandelt sich in Helium I um, das einen größeren Raum benötigt. Es strömt aus dem Behälter heraus, wobei es einen kleinen Flügel wegdrückt. **c** Auf der Spitze einer feinen Nadel (1) befindet sich ein Helium-II-Behälter (2), verbunden mit sechs Spinnenarmen. Wenn der Behälter mit Licht (3) bestrahlt wird, wandelt sich Helium II in Helium I um und strömt aus den Armen heraus. Die Spinne dreht sich [26]

In Abb. 3.11b befinden sich in Helium II ein kleiner Kolben, auch mit flüssigem Helium II gefüllt, und eine kleine Heizung. Der Kolben ist über eine horizontale Kapillare geöffnet. Vor der Öffnung der Kapillare befindet sich ein kleiner Flügel an einem drehbaren Hebel. Der Hebel ist wie im Spiegelgalvanometer an einem Glasstab befestigt. Der Spiegel befindet sich über dem Dewar, sodass die kleinste Bewegung des Hebels durch einen reflektierten Lichtstrahl erfasst werden kann.

Wenn das Helium II im Kolben erwärmt wird, bewegt sich der Flügel. Durch die Erwärmung wandelt sich das suprafluide Helium in normales Helium I um.

Dabei werden Phononen erzeugt, die den Heliumatomen kinetische Energie verleihen und diese deshalb aus dem Kolben herausströmen, was von der Bewegung des Flügels angezeigt wird. Der dabei im Kolben auftretende Flüssigkeitsverlust wird durch suprafluides Helium, das an der Kapillarinnenwand in den Kolben strömt, ausgeglichen. Abb. 3.11c zeigt diesen Effekt mit sechs Spinnenarmen.

Für Kapitza gab es nach diesem Experiment klar zwei Zustände der Flüssigkeit: einen makroskopischen Quantenzustand unter 2,17 K, das Helium II ohne Viskosität, das reibungsfrei an der Wand der Kapillare in den Kolben kriecht, und den Zustand über 2,17 K, das Helium I, das aus dem Kolben austritt und eine Kraft auf den Flügel vor der Austrittsöffnung ausübt.

Zusammenfassend kann festgestellt werden, dass durch die Ausbreitung wellenförmiger Wärmeimpulse in Helium II Wärmeleitungsströme hervorgerufen werden, die die hohe Wärmeleitfähigkeit bedingen. Diese Wärmewellen werden im suprafluiden Helium durch Wärmefluktuationen angeregt. Sie transportieren Wärme und breiten sich neben den Schallwellen aus, deshalb der Name „zweiter Schall".

Suprafluidität wird in beiden Heliumisotopen ^{4}He und ^{3}He beobachtet.

3.2.6 Sauerstoffindustrie und Verbannung

Neben seiner Forschungsarbeit entwickelte Kapitza in den Jahren 1936 bis 1938 eine hocheffektive Methode der Luftverflüssigung, und es gelang ihm, in 1h 200 kg Sauerstoff aus der Luft zu trennen. Die erste Anlage entwickelte er 1937 mit einem Turbinenexpander am Institut auf den Sperlingsbergen.

1943 wurde Kapitza die Leitung der russischen Sauerstoffindustrie übertragen. Den Arbeiten von Claude folgend, hatte Kapitza in der zweiten Hälfte der 1930er-Jahre die Methode zur Luftverflüssigung und der Abtrennung von Sauerstoff mit Turbinen für die industrielle Nutzung realisiert. Im Krieg wurde das Institut für Physikalische Probleme nach Kasan evakuiert. Noch im Herbst 1945 wurde die Anlage TK2000 in Betrieb genommen, die in 1 h mehrere Tonnen flüssigen Sauerstoff, bis zu 1/6 der Produktion des Landes, produzierte [27].

Nach den Atombombenabwürfen der Amerikaner auf Hiroshima und Nagasaki wurde in der Sowjetunion eine Sonderkommission für die Koordinierung aller Arbeiten für einen beschleunigten Bau einer Atomwaffe ins Leben gerufen, der unter anderem Joffe, Kurtschatow und Kapitza angehörten. Die Leitung der Kommission hatte L. P. Berija, Stalins Geheimdienstchef [19].

Kapitza hatte schon Ende 1937 mit Berija zu tun, als es ihm gelang, mit einem Brief an Stalin, den Professor der theoretischen Physiker Wladimir Alexandrowitch Fock, der die Methode der zweiten Quantelung entwickelt hatte, aus den Händen des NKWD zu befreien, und als es ihm, im selben Jahr, mit intensiven, fast ein Jahr dauernden Bemühungen gelang, Lew Landau, der wegen eines Flugblattes vom sowjetischen Geheimdienst ins Gefängnis geworfen worden war, frei zu bekommen.

In einem Brief an Stalin übte Kapitza ernsthafte Kritik an der Übertragung der Leitung der Sonderkommission für den Bau einer Atomwaffe an Berija. Das Ergebnis war, dass Stalin Kapitza aus der Kommission herausnahm und Berija gebot, Kapitza nicht anzurühren [19]. Im Ergebnis wurde Kapitza von der Leitung der Sauerstoffindustrie ausgeschlossen. Er verlor auch das Institut für Physikalische Probleme, an dem er nach dem Neuaufbau in Moskau erst 4½ Jahre wissenschaftlich gearbeitet hatte, und wurde völlig isoliert und mittellos in seinem Landhaus vor Moskau nach Nikolina Gora verbannt.

Hier begann er, ein kleines Labor aufzubauen, und er befasste sich mit der Hydrodynamik dünner Schichten viskoser Flüssigkeiten. Erst arbeitete er allein, dann mit seinen Söhnen, bis er seinen langjährigen Mitarbeiter S. I. Filomonow zur Mitarbeit gewinnen konnte. Er wandte sich Mikrowellenhochleistungsgeneratoren zu, mit denen er sehr intensive Mikrowellenstrahlung erzeugte. Es gelang ihm, Interesse für diese Arbeiten bei der Regierung zu wecken.

1947 wird er Professor an der Moskauer Universität. Jedoch auch diese Professur verliert er 1950 wieder.

Nach dem Tod von Stalin und der Verhaftung von Berija wird die Verbannung aufgehoben. Sein privates Labor wird Laboratorium der Akademie der Wissenschaften. Aber erst anderthalb Jahre später, im Januar 1955, wird er wieder zum Direktor seines Instituts für Physikalische Probleme auf den Moskauer Sperlingsbergen berufen. Hier werden seine Arbeiten zur Hochleistungselektronik und Plasmaphysik, die er in Nikolina Gora begonnen hatte, fortgesetzt. Kapitza entwickelt auch ein System zur Energieübertragung mit Mikrowellen aus dem Weltraum. Die Diskussion über derartige Systeme lebt heute wieder auf. Seit 1954 war er ständiges Mitglied des Präsidiums der Akademie der Wissenschaften der UdSSR.

Kapitzas Mitarbeiter Michail S. Chaikin äußerte einmal, dass Kapitza, ungeachtet der völligen Unvereinbarkeit mit Berija, als Sohn eines Generals aus der Waffenproduktion an der Atombombe mitgearbeitet hätte. Aber er war der Meinung, die Atombombe kann nicht funktionieren.

Erst 1978 erhielt Kapitza den Nobelpreis für die Entdeckung der Suprafluidität als einen makroskopischen Quantenzustand. Sechs Jahre später starb er, wenige Wochen vor seinem 90. Geburtstag, am 8. April 1984.

3.3 Suprafluidität und das Bose-Einstein-Kondensat

Nach der Entdeckung der Suprafluidität durch Kapitza erkannte Fritz London, dass im ^{4}He unterhalb des λ-Punktes ein makroskopischer Quantenzustand entsteht, und veröffentlichte diese Idee 1938 unter dem Titel „The λ-phenomenon of liquid helium and the Bose-Einstein degeneracy" [28]. Dabei betrachtete er das Helium in diesem Zustand als ein Bose-Einstein-Kondensat (BEC). Ein solches Kondensat ist ein makroskopischer Quantenzustand, der durch eine einzige Wellenfunktion beschrieben wird. 1924 hatte Einstein gezeigt, dass eine weitgehende Kondensation von Bosonen im Grundzustand schon bei endlichen Temperaturen auftritt [29].

Um diesen makroskopischen Quantenzustand zu verstehen, eine kurze Bemerkung zur Statistik der Elementarteilchen. Die Elementarteilchen genügen nicht der klassischen Boltzmann-Statistik, sondern zwei Quantenstatistiken, der Fermi-Dirac- oder der Bose-Einstein-Statistik. Zu welcher Statistik die Teilchen gehören, hängt von ihrem magnetischen Moment, dem Spin, ab. Die Elektronen und alle anderen Elementarteilchen, die ein halbzahliges magnetisches Moment, d. h. einen halbzahligen Spin, 1/2, 3/2, ..., haben, genügen der Fermi-Dirac-Statistik und werden als Fermionen bezeichnet. Die Elementarteilchen mit ganzzahligem Spin, 0, 1, 2, ..., genügen der Bose-Einstein-Statistik und werden als Bosonen bezeichnet. Der Unterschied der beiden Statistiken besteht vor allem in ihrer Energieverteilung.

Fermionen, wie die Elektronen, besetzen einen Energiezustand mit einem Teilchenpaar mit entgegengerichteten Spins, Spin-up und Spin-down. Ist das unterste Energieniveau mit einem Elektronenpaar gefüllt, muss das nächste Teilchen schon einen höheren Energiezustand einnehmen. Die Energie wächst mit der Teilchenzahl ständig, bis zu einer Grenzenergie, der Fermi-Energie, sodass die Teilchen in den höchsten Energiezuständen auch eine hohe Energie haben, auch bei $T \to 0$.

Dagegen können die Bosonen, wie Photonen oder ^{4}He-Atome, die den Spin 0 haben, einen Energiezustand beliebig oft besetzen. Das hängt nur von der gesamten Energie aller Teilchen ab. Bei tiefen Temperaturen ist die Gesamtenergie sehr klein, und die meisten Bosonen befinden sich in den unteren Energiezuständen, in denen es unterhalb einer kritischen Temperatur zur Kondensation, d. h. zur Bildung eines Bose-Einstein-Kondensats, kommen kann (Kap. 14).

Fritz London hatte 1928 bei Nernst habilitiert. 1933 wurde er wie sein Bruder Heinz aus Deutschland vertrieben und ging erst nach Paris, dann mit nach Oxford. Dort entwickelten die Brüder London die erste phänomenologische Theorie der Supraleitung, die London-Theorie (Abschn. 9.1).

Landau [30] betrachtete Helium II als ein makroskopisch quantisiertes Kondensat mit zwei kollektiven Anregungen: einer Anregung einer normalfluiden Komponente ohne Suprafluidität mit linearer Dispersion ($E \sim p = \hbar k$) und der Anregung quadratischer Dispersion ($E = p^2/2\,m$), die wie bei der Supraleitung eine Anregung einer Mindestenergie $\Delta_R/k_B = 8{,}67$ K erfordert. Die Anregung mit linearer Dispersion bezeichnete er als Phononen, die Anregung der superfluiden Phase mit der Energie Δ_R als Rotonen.

Die superfluide Phase nimmt mit Abnahme der Temperatur zu, sodass bei $T \to 0$ K nur noch diese Phase existiert. Und umgekehrt wächst bei Erhöhung der Temperatur der Anteil der normalen Phase im Kondensat und geht an der λ-Linie in die normalfluide Phase über. Die Struktur des Anregungsspektrums, wie sie aus der Landau-Theorie folgt, konnten durch Neutronenstreuexperimente bestätigt werden [31]. Rotonen sind wie die Phononen thermische Anregungen des supraflüssigen Heliums. Der physikalische Hintergrund der Rotonen ist jedoch noch nicht vollständig verstanden (Abb. 3.12).

Abb. 3.12 Von links nach rechts: I. M. Chalatnikow, der eine erste Theorie der Suprafluidität aufstellte, Nobelpreisträger Lew Dawidowitsch Landau sowie sein Koautor Jewgeni Michailowitsch Lifschitz der *Lehrbücher der theoretischen Physik* vor dem Institut für Physikalische Probleme. (Mit freundlicher Genehmigung des P. L. Kapitza Institute)

Feynman konnte 1953 zeigen, dass sich die Landau-Theorie aus quantenmechanischen Betrachtungen qualitativ ableiten lässt [32].

Erst 60 Jahre später, als von Eric A. Cornell, Carl E. Wieman und Wolfgang Ketterle an kaltem Alkalidampf die Bose-Einstein-Kondensation beobachtet wurde (Abschn. 14.3), zeigte sich, dass die Landau-Theorie und die Theorie des Bose-Einstein-Kondensats äquivalent sind [33].

Der Unterschied zwischen dem Kondensat des Alkalidampfes und dem flüssigen Helium unterhalb des λ-Punktes besteht darin, dass die kalten Alkalidämpfe ideale Bose-Einstein-Kondensate sind, wogegen die Heliumatome in der flüssigen Phase unterhalb des λ-Punktes in diesem Zustand noch untereinander schwach wechselwirken. Wie im Vorhergehenden gezeigt wurde, fließt Helium bei $T_\lambda = 2{,}17$ K ohne Reibung, und das Sieden verschwindet, die Temperatur ist homogen über die ganze Flüssigkeit verteilt.

3.4 Die Kapitza-Schule

3.4.1 Die Seminare

In den 1960er-Jahren gab es im Institut für Physikalische Probleme zwei Seminare: das Kapitza-Seminar und das Theorie-Seminar von Lew Landau, der die Gruppe der theoretischen Physiker im Institut leitete. Im Kapitza-Seminar fanden sich stets die Experimentatoren und die Theoretiker ein. Die Theoretiker saßen im Vortragssaal in der ersten Etage des Hauptgebäudes des Instituts rechts, die Experimentatoren links neben der Bibliothek. Kapitza saß rechts auf der Bühne.

Er hatte einen Gavel und ein Klopfbrett vor sich, womit er die Diskussionen leitete. In den 1960er-Jahren assistierte Alexei Abrikossow als wissenschaftlicher Sekretär. Die Anwesenheit der Theoretiker brachte stets Spannung in die Diskussionen. Landaus Fragen waren gefürchtet.

Im Landau-Seminar wurde immer sehr scharf diskutiert. Der Höhepunkt war meist Landaus Schlusswort. Nach einem schweren Autounfall auf eisglatter Straße auf dem Weg nach Dubna am 7. Januar 1962 lag Landau drei Monate im Koma. Als er nach langer Zeit wieder am wissenschaftlichen Leben teilnehmen konnte, sah man ihn oft mit großen Schwierigkeiten die Freitreppe im Foyer des Hauptgebäudes zum Seminarraum erklimmen. Einen Lift gab es im Gebäude nicht.

An den Wänden der Treppe, die zum Saal führte, und im oberen Korridor gab es oft Kunstausstellungen, darunter Bilder zeitgenössischer Künstler, die in der Öffentlichkeit weniger zu sehen waren. Über die ausgestellten Werke wurde zeitweilig ebenso kontrovers diskutiert wie über die wissenschaftlichen Probleme in den Seminaren, in denen auch Nils Bohr, Paul Dirac, Kurt Mendelssohn, Schönberg und viele andere große Physiker auftraten.

Die Diskussionen wurden jedoch nicht nur in den Seminaren und auf den Korridoren geführt. Ständig wurde auch in den Laboren diskutiert und gestritten. Meist kamen Theoretiker mit „einfachen" Fragen ins Labor, setzten sich nach ersten Antworten auf einen Stuhl und schauten dem Treiben der Experimentatoren zu. Dann kamen wieder neue Fragen. Auf diese Weise wurden die von Chaikin entdeckten Mikrowellenoszillationen in schwachen Magnetfeldern, die kleiner als das Erdmagnetfeld sind, als magnetische Oberflächenzustände in Metalloberflächen erklärt, mit denen heute topologische Isolatoren, die Elektronenstruktur des Graphens und die Spinelektronik beschrieben werden können.

In den 1960er-Jahren arbeitete am Institut für Physikalische Probleme Alexei Abrikossow, Schüler von Landau, an der Theorie der Supraleiter zweiter Art. Dem Experimentator Savaritzky gelang es als Erstem, die von Abrikossow berechneten, magnetischen Wirbelgitter, die heute als Abrikossow-Gitter bekannt sind, nachzuweisen. U. Essmann vom Max-Planck-Institut für Festkörperforschung in Stuttgart demonstrierte 1968 auf der LT-11 in St. Andrews elektronenmikroskopische Aufnahmen des Abrikossow-Gitters.

Der Theoretiker Mark Asbel erklärte die magnetischen Oberflächenzustände auf der Grundlage der Asbel-Kaner-Zyklotronresonanz, die er zuvor mit Emanuel Kaner entwickelt hatte.

Damals gelang es auch Wassili Peschkow am Institut, die Entmischung der Isotope ^{3}He und ^{4}He bei Abkühlung unter einer Temperatur von 0,8 K experimentell nachzuweisen (Abb. 12.4b).

3.4.2 Die Wissenschaftler

Der internationale Trend, gut ausgerüstete Forschungsinstitute für die Grundlagenforschung zu gründen, die die besten Wissenschaftler anzogen, setzte sich auch in der Akademie der Wissenschaften der Sowjetunion durch. Für die Ansprüche

3.4 Die Kapitza-Schule

dieser Institute fehlte aber oft ein gut ausgebildeter wissenschaftlicher Nachwuchs. Deshalb nahmen diese Einrichtungen die Ausbildung besonders begabter Studenten oft selbst in die Hand.

So entstand nach dem Zweiten Weltkrieg aus dem 1918 von Abram Fedorowitsch Joffe gegründeten Physikalisch-Technischen Institut das Institut für Physik und Technologie, kurz „Phystech" genannt, für das sich Kapitza persönlich engagierte. Wie der Nobelpreisträger Andre Konstantinowitsch Geim in seiner Biographie berichtete, waren die Aufnahmeprüfungen für dieses Institut so streng, dass er noch in den 1970er-Jahren beim ersten Mal in der Prüfung scheiterte und sich im nächsten Jahr noch einmal bewerben musste. Andre Geim erhielt 2010 zusammen mit Konstantin Novoselov, wie Geim ein Absolvent des Phystech, den Nobelpreis für die Erforschung des Graphens.

Um eine Diplomarbeit am Institut für Physikalische Probleme zu erhalten, mussten die experimentell interessierten Studenten des Instituts für Physik und Technologie eine Prüfung, das „Kapitza-Minimum" ablegen. Die Studenten, die zur Theorie wollten, wurden von Landau oder seinen Mitarbeitern geprüft.

Wesentlich für die wissenschaftliche Arbeit der Studenten war neben einer strengen Ausbildung in den Grundlagen Physik, Mathematik und Chemie eine intensive Ausbildung in der Konstruktion von wissenschaftlichen Geräten.

Vom Institut für Physikalische Probleme waren Landau und Schalnikow Lehrstuhlinhaber an der Moskauer Universität, Lifschitz, Abrikossow und weitere Professoren gehörten zum Lehrkörper der Universität. Die Grundausbildung von Studenten am Physikalisch-Technischen Institut erfolgte durch die Professoren Chaikin, Ganthmacher, Scharvin etc., die sich auch als Betreuer der Seminare engagierten (Abb. 3.13).

Abb. 3.13 Einige Wissenschaftler des Kapitza-Instituts. Vorn (von links nach rechts): I. M. Chalatnikow, L. P. Pitajewski, A. F. Andrejew, A. S. Borowik-Romanow, A. Ja. Parschi; dahinter: M. S. Kaganow, K. O. Keschischew, V. S. Edelman. Chalatnikow, Kaganow und Borowik-Romanow waren Schüler von Kapitza, Pitajewski, Andrejew, Keschischew und Edelman sind schon die Enkel. Alexander Andrejew, bekannt durch die Entdeckung des Andrejew-Effekts der Supraleitung, wurde Nachfolger von Kapitza als Direktor des Instituts für Physikalische Probleme. (Mit freundlicher Genehmigung des P. L. Kapitza Institute)

Literatur

1. Arms, N.: A Prophet in Two Countries. Pergamon Press (1966)
2. Mendelssohn, K.: Walther Nernst und seine Zeit, Physik-Verlag, Weinheim (1976)
3. Simon, F. (1933) Phys. Z. 34 232
4. Flügge, S.: Low Temperature Physics I, Springer Verlag 1956, S. 119
5. Simon, F.: Physica XVI, 10, 753/759 (1950)
6. Kürti, N., Simon, F.: Experiments at very low temperatures obtained by the magnetic method I—The production of the low temperatures, Proc. Roy. Soc. London, 149, 866 (1935)
7. Simon, F., Ruhemann, M., Edwards, W. A. M.: Untersuchungen über die Schmelzkurve des Heliums. I, Zeitschrift für Physikalische Chemie. Bd 2B, Heft 1, 340–344 (1929); 6 62 (1929); 6 331 (1930)
8. Giauque, W.F., MacDougall, D.P.: Attainment of Temperatures Below 1° Absolute by Demagnetization of $Gd_2(SO4)3 \cdot 8H2O$, Phys. Rev. 43, 768 (1933)
9. De Haas, W.J., Wirsma, E.C., Kramers, H.A.: Das Erreichen niedriger Temperaturen mittels adiabatischer Demagnetisierung, Naturwissenschaften, 21, 467 (1933)
10. Kürti, N. Simon, F.: Physica, Haag 1, 1107 (1934); Kürti, N., Simon, F.: Experiments at very low temperatures obtained by the magnetic method I—The production of the low temperatures, Proc. Roy. Soc. London, 149, 866 (1935)
11. Strehlow, P.: Der Sturz der Entropie, Phys. Jour. 12, 45 (2005)
12. Pobell, F., Scinexx.de 24.09.2015
13. „Priroda", (russ. Natur) Nr. 4, 102 (1994)
14. Borowik-Romanow, A.S., in Kapitza PL *Theorie, Experiment, Praxis* (russ.) Isdatelstvo, Nauka, Moskwa Einleitung (1974)
15. Deslandres, H. Pérot, A.: Compt. Rend. 148, 226 (1914)
16. Bitter, F.: The Design of Powerful Electromagnets Part III. The Use of Iron, Rev. Sci. Instrum., 8, 318 (1937). Bitter, F.: The Design of Powerful Electromagnets Part IV. The New Magnet Laboratory at M. I. T., Rev. Sci. Instrum., 10, 373 (1939)
17. Shachtman T: *Minusgrade* Rowohlt Taschenbuch Verlag, (2001)
18. Van Lammeren, J.A.: *Technik der tiefen Temperaturen*, Julius Springer Berlin, 131 (1941)
19. Aus den Unterlagen des Kapitza-Museums
20. Kamerlingh Onnes, H., Boks, J.D.A.: Commun. Phys. Lab. Univ. Leiden 170b; Rep. Comm. 4. int. Congr. Refr. (1924)
21. Keesom, W.H. Clusius, K.: Commun. Phys. Lab. Univ. Leiden 216b, Proc. Kon. Akad. Amst., 34, 605 (1931)
22. Schmidt, G., Keesom, W.H., v. Laar, J.J.: Proc. Kon. Akad. Amst., 39, 822 (1936)
23. Piket, G., *Suprafluidität* Natur (rus.), 4, 7 (1974)
24. Kapitza, P.L.: Viscosity of Liquid Helium below the λ-Point, Nature 141, 74 (1938)
25. Allen, J.F., Misener, A.D.: Flow of Liquid Helium II, Nature 141, 75 (1938)
26. Kapitza, P.L.: Experiment, Theorie, Praxis, Nauka Moskwa (1974); Akademie-Verlag Berlin 12 (1984)
27. Kapitza, P.L.: Collected scientific papers, *Low temperature physics and technology,* Nauka 195 (1989)
28. London, F. (1938): The λ-Phenomenon of Liquid Helium and the Bose-Einstein Degeneracy, Nature 141, 643–644. London, F. (1938): On the Bose-Einstein Condensation, Phys. Rev. 54, 947 (1938)
29. Einstein, A.: Sitzungsberichte der Preussischen Akademie der Wissenschaften, Berlin, 261 (1924). 3 (1925)
30. Landau, L.: *The Theory of suprafluidity of Helium II* J. Phys. U.S.S.R. 5, 71 (1941); JETP 11 592 (1941)

31. Donnelly, R.J., Donnelly, J.A., Hills, R.H., (1981): Specific heat and dispersion curve for helium II, J. Low. Temp. Phys. 44, 5–6, 471–489
32. Feynman, R.P. (1953): The λ-Transition in Liquid Helium, Phys. Rev. 90, 1116
33. Balibar, S.: Séminaire Poincaré 1, 11(2003)

Teil II
Der Tradition der Berliner Universität verpflichtet

4 Der Neuanfang der Physik in Berlin nach dem Zweiten Weltkrieg

Zu Beginn des zweiten Teiles des Buches wird versucht, den Neuanfang der Physik an der Berliner Universität nach dem verheerenden Zweiten Weltkrieg aus der Sicht der Studenten des Matrikels 1954, zu dem auch der Autor gehörte, verbunden mit den Hoffnungen und der Aufbruchsstimmung, die unter den Studenten herrschten, darzustellen. Dabei werden auch die äußeren Bedingungen angesprochen, unter denen sich die Physik an der Universität entwickelte. Das Physik-Institut am Reichstagsufer lag in Trümmern, und es waren nur noch wenige Angehörige des Lehrkörpers übrig geblieben, die an die große Physik in der ersten Hälfte des 20. Jahrhunderts erinnerten. Erstaunlich war, dass Walther Nernst unter den Professoren und den Studenten allgegenwärtig war.

Die ersten Physikinstitute nahmen 1946 ihre Arbeit wieder auf. Und es gelang mit Franz Xaver Eder, durch Rückbesinnung auf die Arbeiten von Walther Nernst und Franz Simon auch die Tieftemperaturphysik wieder ins Leben zu rufen.

4.1 Physikstudium am Beispiel Matrikel 1954

Die Immatrikulation der Humboldt-Universität zum Herbstsemester 1954 fand in den ersten Septembertagen im Senatssaal, im Hauptgebäude unter den Linden 6, statt. Die Studenten trugen sich in ein dickes Buch ein, in dem immer mehrere Studenten zu einer Seminargruppe zusammengefasst waren. Die neuen Physikstudenten wurden in die Gruppen für das Diplomstudium und die Gruppen für die Hauptfächer Geophysik, Meteorologie und Bibliothekswissenschaften eingeteilt; dazu kam die Gruppe der Physiklehrerstudenten. Die Diplomstudienplätze waren sehr begehrt. Vor allem Lehrerstudenten bemühten sich, in das Diplomstudium zu wechseln. Die Immatrikulationsfeier fand im alten Friedrichsstad Palast neben dem Brecht-Theater am Schiffbauer Damm statt – dort, wo heute Berthold Brechts Denkmal steht.

Nach der Ausgabe der Abiturzeugnisse an meiner Schule, der Max-Planck-Schule[1] in Berlin-Mitte in der Auguststraße, hatten sich mehrere Schüler auf einen Studienplatz an der Humboldt-Universität beworben. Der Chemielehrer Dr. Göttel, der bis zum Kriegsende an der Universität Dozent war, hatte viele Schüler für die Naturwissenschaften begeistert. Im Unterricht wurde er öfter von Walter Haberditzel vertreten, der später zum Lehrkörper der Mathematisch-Naturwissenschaftlichen Fakultät als Professor der Physikalischen Chemie gehörte.

Zu den Klassenkameraden, die mit mir an der Humboldt-Universität studierten, gehörten unter anderem Erika Pietrzenuck, die zur Paläontologie ging, einige Schüler, die zu den Polytechniklehrern gingen, und Dieter Brüntrup, damals schon ein bekannter Berliner Schachspieler, der auf Lehramt Mathematik/Physik studierte.

Zur zweiten Seminargruppe des Matrikels 1954, die für das Diplomstudium Physik zusammengestellt wurde, gehörten unter anderem die Studenten Manfred Becker, Rolf Enderlein, Peter Fulde, Karin Herrmann, Herbert Kirchner, Karl Lubitz, Hans Menninger, Helmut Leindecker, Ehrenfried Rohde, Lutz Rothkirsch und Stefan Schwabe. In dieser Gruppe begann auch ich mein Studium. Fast alle Studenten waren 18 Jahre alt. Nur Karl Lubitz kam über die Arbeiter- und Bauernfakultät[2] zum Studium. Militärdienst gab es zu dieser Zeit nicht. Es waren erst neun Jahre nach dem Zweiten Weltkrieg und acht Jahre nach der Wiedereröffnung der Alma Mater vergangen.

Das naturwissenschaftliche Leben an der Berliner Universität wurde nach dem Krieg 1946, auf Initiative von Robert Rompe, wieder aufgenommen. Die Physikausbildung begann im selben Jahr mit der Eröffnung des Instituts für Theoretische Physik. Als Institutsdirektor wurde Friedrich Möglich berufen, der mit Max von Laue an einer Theorie der Supraleitung arbeitete. Danach nahm auch das Max-von-Laue-Kolloquium seine Arbeit wieder auf. Wolfram Brauer war einer der ersten Mitarbeiter von Möglich. Es folgten das I. Physikalische Institut unter der Leitung von Christian Gerthsen und das II. Physikalische Institut, das Robert Rompe übernahm.

Das Studium der Studenten des Matrikels 1954 begann mit der Experimentalvorlesung von Professor Rudolf Ritschel, dem Nachfolger von Gerthsen, im Hörsaal X der Landwirtschaftlich-Gärtnerischen Fakultät der Universität in der Invalidenstraße, hinter dem Naturkundemuseum und im Anfängerpraktikum bei Professor Alexander Deubner. Das von Helmholtz erbaute Physikgebäude der Friedrich-Wilhelms-Universität am Reichstagsufer wurde in Frühjahr 1945 durch Bomben zerstört. Heute befindet sich an dieser Stelle das Studio der ARD. Nur der Flügel der Physikalischen Chemie in der Bunsenstraße steht noch (Abb. 2.3).

---

[1] Ihren Namen hatte die Schule von Max Planck persönlich verliehen bekommen (priv. Mitteilung von Dieter Hoffmann).

[2] Die Arbeiter- und Bauernfakultät war eine Vorstudienanstalt, in der Facharbeiter ihr Abitur machen konnten.

Professor Kaluschnin las im Hörsaal 3038 im Hauptgebäude die lineare Algebra für Mathematiker und Physiker. Dr. Kaiser übernahm die analytische Geometrie und die weitere Mathematikausbildung. Diese Vorlesungen fanden im Bunsen-Hörsaal, dem späteren Nernst-Hörsaal, in der Physikalischen Chemie statt. Obwohl Kaiser die Mathematik sehr abstrakt vortrug, wurden seine Vorlesungen von den Studenten angenommen und sehr diszipliniert besucht. Professor Brauer las die theoretische Physik und Professor Rompe Atomphysik und Spektroskopie. Dabei schöpfte er aus den Erlebnissen seiner Studienzeit und der Zeit seiner Doktorarbeit bei Pringsheim (1924–1930), in der er die große Berliner Physik mit den Nobelpreisträgern Albert Einstein (Nobelpreis 1922), Max von Laue (Nobelpreis 1914), Max Planck (Nobelpreis 1918), Erwin Schrödinger (Nobelpreis 1933) und Walther Nernst (Nobelpreis 1920) miterlebte.

In den ersten Monaten des Studiums fanden für die Studenten des Matrikels 54 die meisten Diskussionen im Hauptgebäude der Universität vor den Hörsälen statt, wo die Übungsaufgaben der theoretischen Physik und der Mathematik ausgehängt waren. Hier wurde oft heftig gestritten, und es wurden Lösungen gefunden, manchmal auch abgeschrieben. Am Abend trafen sich die Studenten im Niquet-Keller, im Restaurant „Alt Bayern" und in den S-Bahnbögen. Die Winterferien verbrachten sie beim Skilaufen im Ferienlager im Thüringer Wald in Groß-Breitenbach. Im Sommer ging es in Zeltlager nach Binz oder nach Glove auf Rügen. Einige Studenten zog es aber auch zum Wannsee.

Die Ausbildung in Elektrizitätslehre lag in den Händen von Professor Franz Xaver Eder. Im Hörsaal neben dem Institut für Theoretische Physik im Hauptgebäude an der Universitätsstraße erschien er immer mit einer Schar von Assistenten, von denen die Studenten die Übungen erläutert bekamen. Vor dem Hörsaalfenster war zu dieser Zeit das Denkmal von Hermann von Helmholtz aufgestellt, das heute vor dem Gebäude steht.

4.2 Die Physikalischen Institute der Humboldt-Universität

Kurz nach dem Zweiten Weltkrieg wurden vier Physikinstitute eröffnet. Das Institut für Theoretische Physik unter der Leitung von Friedrich Möglich (1948–1957), Wolfram Brauer (1959–1965) und Frank Kaschlun (1965–1968). 1968, als die Sektion Physik der Mathematisch-Naturwissenschaftlichen Fakultät gegründet wurde, gab es eine Aufteilung des Instituts in zwei Forschungs- und Lehrbereiche. Frank Kaschlun wurde Bereichsleiter des Bereichs 01 für Hochenergie- und Elementarteilchenphysik und Rolf Enderlein Bereichsleiter des Bereichs 02 für theoretische Halbleiterphysik. Als experimentelles Institut wurde das I. Physikalische Institut 1946 unter der Leitung von Christian Gerthsen (1946–1948) eröffnet. Als Direktoren folgten Hans Larsen (1948–1949), Rudolf Ritschel (1949–1960), Alexander Deubner (1960–1961) und Fritz Bernhard (1962–1968). 1968 wurde das Institut unter seiner Leitung Bereich 06 der Sektion Physik, mit dem Namen „Atomstoßprozesse".

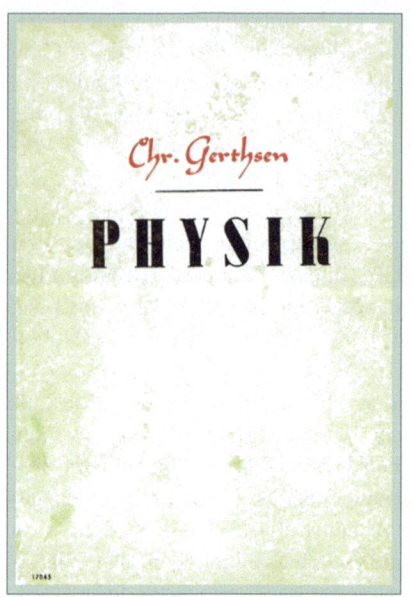 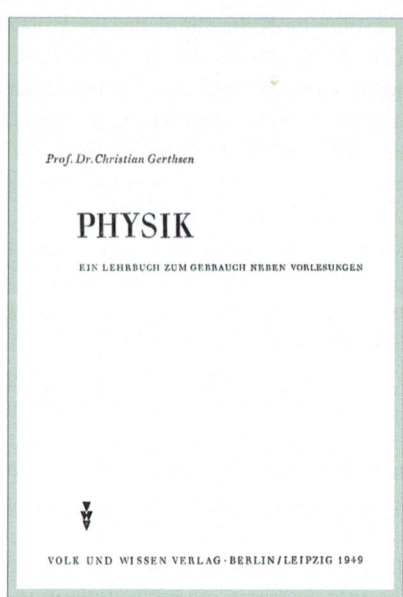

Abb. 4.1 Erste Auflage des legendären Physiklehrbuches von Christian Gerthsen, erschienen 1949 im Verlag Volk und Wissen, Berlin/Leipzig

Das II. Physikalische Institut wurde ab 1968 von Joachim Auth als Bereich 03 mit dem Namen „Halbleiterphysik" übernommen. Das III. Physikalische Institut unter der Leitung von Franz Xaver Eder (1955–1960), Paul Täubert (1960–1967) und Oskar Hauser (1967–1968) wurde ab 1968 Bereich 08 Tieftemperatur-Festkörperphysik.

Der erste Direktor des I. Physikalischen Instituts nach dem Krieg, Christian Gerthsen, hielt in dem erhalten gebliebenen Hörsaal X der Landwirtschaftlichen Fakultät in der Invalidenstraße die große Experimentalphysikvorlesung mit beeindruckenden Experimenten. Diese Vorlesung erschien schon 1949 als Lehrbuch im Volk-und-Wissen-Verlag-Berlin/Leipzig, mit dem Untertitel *Ein Lehrbuch zum Gebrauch neben Vorlesungen* (Abb. 4.1). Im Vorwort schreibt Gerthsen: „Dieses Buch ist aus Niederschriften hervorgegangen, die ich im Studienjahr 1946/1947 den Hörern meiner Vorlesung über Experimentalphysik an der Berliner Universität ausgehändigt habe." Das war notwendig, weil es zu dieser Zeit kaum Physiklehrbücher gab.

Dieses berühmte Lehrbuch ist zum Standardwerk für die Experimentalphysikausbildung in ganz Deutschland geworden und liegt seit 2010 als 25. Auflage vor [1].

Gerthsen folgte 1948 einem Ruf an die Technische Hochschule Karlsruhe. Die Vorlesung übernahm Rudolf Ritschel. Da sich die Vorlesung zu einer Tradition entwickelte, gab es unter den Studenten das geflügelte Wort: „Ritschel liest nach dem Gerthsen." Er verwandte viel Energie auf den Aufbau neuer Experimente für die Vorlesung und den Ausbau des Anfängerpraktikums.

4.2 Die Physikalischen Institute der Humboldt-Universität

Rudolf Ritschel, der das Fachgebiet Atom- und Molekülspektren vertrat, wurde 1948 von der Physikalisch-Technischen Reichsanstalt über das Optische Institut Dr. Lau als Direktor des I. Physikalischen Instituts an die Berliner Universität berufen. Später wurde er auch erster Direktor des Instituts für Optik und Spektroskopie der Deutschen Akademie der Wissenschaften in Adlershof.

Das Anfängerpraktikum von Alexander Deubner wurde von Dr. Spickert durch ein spezielles Fortgeschrittenen-Praktikum erweitert, in dem die Studenten in Optik und Spektroskopie ausgebildet wurden.

Im II. Physikalischen Institut, das sich in der Fischer-Villa, dem ehemaligen Wohnhaus des Chemie-Nobelpreisträgers Emil Fischer, in der Hessischen Straße 2 befand, wurde ein thematisch sehr umfangreiches Fortgeschrittenen-Praktikum aufgebaut, das auch alle Studenten des Matrikels 1954 besuchten.

Der Leiter des II. Physikalischen Instituts, Robert Rompe (1905–1993), war seit 1953 Mitglied der Berliner Akademie der Wissenschaften, in der er über lange Zeit die Klasse Physik leitete. Nach der 1992 erfolgten Abwicklung der Berliner Akademie der Wissenschaften, die seit 1972 Akademie der Wissenschaften der DDR hieß, gründete er mit weiteren Wissenschaftlern aus dieser Akademie 1993 die Leibniz-Sozietät der Wissenschaften zu Berlin e. V., welche die Arbeit der Leibniz'schen Akademie fortsetzte. Wie schon betont, wurde diese Akademie von Leibniz am 11. Juli 1700 in Berlin als Kurfürstlich-Brandenburgische Sozietät der Wissenschaften durch den brandenburgischen Kurfürsten Friedrich III. ins Leben gerufen. Als Initiator der Sozietät wurde Leibniz zum ersten Präsidenten ernannt.

Rompe studierte von 1924 bis 1927 erst an der Technischen Hochschule in Berlin Fernmeldetechnik, ging dann zu Peter Pringsheim an die Berliner Universität, wo er 1930 zum Dr. phil. promovierte. Bei der Studiengesellschaft für elektrische Beleuchtung der Osram KG forschte er auf dem Gebiet der Gasentladungsphysik. Neben den Arbeiten zu den Grundlagen für Lichtquellen mit hohen Leuchtdichten und hohen Lichtausbeuten arbeitete er zusammen mit Friedrich Möglich auf dem Gebiet der Festkörperphysik.

Politisch stand Rompe links. Als Werkstudent bei der Barthelmess-Bohrer Co. in Berlin-Wittenau, bei der Firma Dr. G. Seibt und in den Dr. Dorning Laboratorien finanzierte er sein Studium. Dabei kam er auch mit den sozialen Problemen der Arbeiter in Berührung. Die Verfolgung und Ausweisung namhafter Gelehrter seiner Alma Mater aus Deutschland durch die faschistische Diktatur brachte ihn 1933 zur KPD. Entsprechend setzte er sich 1945 für ein antifaschistisches, demokratisches Deutschland ein und hatte wesentlichen Anteil an der Wiedereröffnung der Berliner Universität sowie an der Eröffnung der Deutschen Akademie der Wissenschaften auf der Grundlage der vormaligen Königlichen-Preußischen Akademie der Wissenschaften [2].

Im Lehrkörper, der die Studenten des Matrikels 54 ausbildete, waren auch Alexander Deubner und Rudolf Ritschel von der Physikalisch-Technischen Reichsanstalt. Durch sie blieb Nernsts Schaffen an der Universität auch nach 1945 aktuell.

Nach dem Krieg arbeitete Rompe in der Deutschen Zentralverwaltung für Volksbildung in der sowjetischen Besatzungszone.[3] Er leitete den Bereich Hochschule und Wissenschaft [3], was ihm ermöglichte, sich intensiv um die Entwicklung der Physik an der Berliner Universität zu kümmern. Dabei war ihm auch die Nachwuchsausbildung sehr wichtig. So habilitierten sich im II. Physikalischem Institut Franz Xaver Eder und Karl Wolfgang Böer. Eder hatte in München studiert und noch im Krieg bei Walter Meißner promoviert. Mit seiner Habilitation 1947 erhielt er eine Abteilung im II. Physikalischen Institut und wurde 1950 auf den Lehrstuhl Tieftemperaturphysik berufen.

1955 wurde Eder Direktor des neu gegründeten III. Physikalischen Instituts. Er knüpfte an die Arbeiten von Franz Simon an, der ab 1922 die Tieftemperaturarbeiten von Nernst im Physikalisch-Chemischen Institut fortgesetzt hatte, nachdem dieser zum Präsidenten der Physikalisch-Technischen Reichsanstalt berufen worden war.

Schon im II. Physikalischen Institut begann Eder mit dem Aufbau von Gasverflüssigungsanlagen für die Erzeugung von tiefen Temperaturen. Die erste Anlage war ein Luftverflüssiger, der mit einem U-Bootkompressor ausgerüstet wurde, der bei den Studenten viel Aufsehen erregte. Es war die erste Luftverflüssigungsanlage nach dem Krieg in Deutschland. Mit dem Bau von Verflüssigern war Eder auch der Erste in ganz Berlin, der über verflüssigte Gase für die Tieftemperaturforschung verfügte.

Karl Wolfgang Böer wurde 1959 zum Direktor des IV. Physikalischen Instituts berufen. Es wurde in der Neuen Schönhauser Straße 20 in einem Fabrikgebäude untergebracht. Böer hielt schon vor seiner Berufung Vorlesungen über Festkörperphysik und Halbleiterphysik. Auch für die Studenten des Matrikels 1954. Sein konkreter Forschungsgegenstand war der Halbleiter Cadmiumsulfit (CdS), mit dem er schon am II. Physikalischen Institut als Modellsubstanz gearbeitet hatte. CdS scheint heute ein beträchtliches Anwendungspotenzial als Katalysator für die Fotolyse zur Wasserstoffgewinnung und die Fotovoltaik zu haben, wodurch die Arbeiten von Böer möglicherweise noch eine technische Anwendung finden werden.[4]

Nach dem Fortgeschrittenen-Praktikum bei Rompe und den Spezialisierungsvorlesungen von Eder, Böer und Brauer begann für Matrikel 1954 die Suche nach Plätzen für die Diplomarbeiten in den Universitätsinstituten, in den Instituten der Akademie der Wissenschaften und in der Industrie. Die Akademieinstitute in Adlershof und in der Mohrenstraße waren zum Teil noch im Aufbau und suchten

---

[3]Die Deutsche Zentralverwaltung für Volksbildung in der sowjetischen Besatzungszone wurde 1945 gegründet und war seit 1949 das Ministerium für Volksbildung in der Wilhelmstraße 68 in Berlin.

[4]Böer selbst ist auch noch Anfang des 21. Jahrhunderts auf dem Gebiet der Hochfelddomänenbildung in CdS an seinem eigenen Institut in Newark (Delaware) aktiv gewesen. Die sogenannten Böer-Domains aus CdS-Einkristallen, mit 20 nm dicken Goldschichten kontaktiert, erhöhen die Effektivität von CdS-Solarzellen von 8 auf 16 %, wie er in einer Arbeit von 2015 beschreibt [3].

dringend Diplomanden. Trotzdem hatten die Universitätsinstitute eine besondere Anziehungskraft. Die Wissenschaftler in diesen Instituten waren den Studenten schon vertraut. Die Studenten kannten die Räumlichkeiten und wussten, was sie erwartete. So wurden Rolf Enderlein Diplomand am Institut für Theoretische Physik, Stefan Schwabe wurde Diplomand am I. Physikalischen Institut, Lutz Rotkirsch am II. Physikalischen Institut, Herbert Kirchner am III. Physikalischen Institut, Karl Lubitz am IV. Physikalischen Institut. Hans Menninger ging zur Akademie der Wissenschaften in das Zentralinstitut für Elektronenphysik in der Mohrenstaße. Karin Herrmann bekam einen Diplomarbeitsplatz am Institut für Kristallphysik der Akademie der Wissenschaften in Adlershof bei Dr. Teltow. Da das Institut für Kristallphysik damals schon über einen leistungsstarken Wasserstoffverflüssiger verfügte und im Institut ernsthaft bei tiefen Temperaturen, auf die Eder in seinen Lehrveranstaltungen neugierig gemacht hatte, gearbeitet wurde, ging auch ich in dieses Institut, wo ich von Prof. Ostap Stasiw ein Diplomarbeitsthema bekam. Ehrenfried Rohde ging in die Industrie.

Durch die Arbeiten mit den tiefen Temperaturen im Institut für Kristallphysik wurde das Interesse an dem sich damals stürmisch entwickelnden Gebiet der Supraleitung geweckt, und es entstand, nach der Verteidigung der Diplomarbeiten, der Wunsch, tiefer in das Gebiet der Physik tiefer Temperaturen einzudringen. Das war zu dieser Zeit aus unserer Sicht, der Sicht der Studenten, jedoch nur im Ausland möglich. Diskussionen in der Studienabteilung der Universität zeigten, dass sich mehrere Absolventen, allein von der Physik, für ein Auslandsstudium interessierten, und es gab, wenn auch beschränkt, Möglichkeiten, die Ausbildung im Ausland fortzusetzen. Die Studienabteilung schlug den Physikern die Universitäten in Budapest, Prag, Moskau oder auch die Leningrader Universität vor. Angehörige des Lehrkörpers vertraten die Meinung, dass Pjotr Leonidowitsch Kapitza in Moskau international der wichtigste Tieftemperaturphysiker zu dieser Zeit war.

Literatur

1. Meschede, D.: Gerthsen Physik, Springer-Verlag, Berlin (2015)
2. Auth, J.: Würdigung von Robert Rompe zu seinem 100. Geburtstag, Sitzungsberichte der Leibniz-Sozietät, 85, 147–151 (2006)
3. Böer, K. W.: The importance of gold-electrode-adjacent stationary high-field Böer domains for the photoconductivity of CdS, Annalen der Physik 527, 5–6, 378–395 (2015)

5 Anknüpfung an historische Wurzeln bei Max Planck und Walther Nernst

Nach dem Zweiten Weltkrieg bemühten sich die Physiker in Ost und West um einen grundlegenden Neuanfang. In gemeinsamen Konferenzen zur Schöpfung der Relativitätstheorie und zum 100. Geburtstag von Max Planck in Berlin trafen sie schon auf Grenzen, die sich durch die zu dieser Zeit auseinanderdriftende Politik abzeichneten.

Die Ausführungen zur Herausbildung der theoretischen Grundlagen der Thermodynamik und ihrer Weiterentwicklung stammen aus der Feder von Werner Ebeling, dem die Weiterführung der Thermodynamik im Sinne von Nernst und Planck an der Humboldt-Universität gelungen ist.

5.1 50 Jahre Relativitätstheorie und der 100. Geburtstag von Max Planck

Die Studenten und der neue Lehrkörper standen im Bann der großen Physiker, die an ihrer Universität Studenten ausgebildet und geforscht hatten. Aus Tradition befand sich das Institut für Theoretische Physik in den Räumen im linken Flügel des Hauptgebäudes direkt an der Straße Unter den Linden, in denen Max Planck von 1889 bis 1928 gearbeitet hatte und seine genialen Ideen entstanden sind.

Im Dezember des Jahres 1900 stellte Max Planck in einem Vortrag vor der Berliner Physikalischen Gesellschaft sein Strahlungsgesetz vor, das er mit der Quantelung des Lichts begründete. Diese Quantelung heißt, strahlende Atome schwingen und geben ihre Energie nicht kontinuierlich, sondern in unwahrscheinlich kleinen Portionen ab.

Das war die Geburtsstunde der Quantenphysik. Planck entdeckte das Naturgesetz:

$$E = h\nu$$

Es besagt, dass die Energie E der Lichtquanten durch die Frequenz v der Lichtwellen und das elementare Wirkungsquantum h=6,34 10^{-34} J s, eine Naturkonstante, bestimmt wird. Und in dieser Darstellung liegt auch gleich ein fundamentaler Widerspruch der Quantentheorie. Licht, ein intensives Wellenphänomen, besteht gleichzeitig aus gequantelten Teilchen.

Die Lichtquanten im sichtbaren Spektralbereich haben Frequenzen um 10^{15} Hz und entsprechend die Energie von 6 10^{-19} J. Allein die 18 Nullen hinter dem Komma zeigen, wie klein die Quanten sind (was von Politikern oft gegenteilig interpretiert wird).

Hinter der Bronzeplatte am Westflügel des Universitätshauptgebäudes (Abb. 5.1), die an die Schöpfung der Quantenphysik erinnert, war Plancks Arbeitszimmer. Hier hatten auch die Studenten des Matrikels 1954 bei den Professoren Friedrich Möglich und Wolfram Brauer ihre erste Prüfung in theoretischer Physik.

Abb. 5.1 Gedenktafel für Max Planck am Westflügel der Humboldt-Universität, an der Straße unter den Linden, und sein Denkmal im Ehrenhof des Hauptgebäudes vor seinem Arbeitszimmer im Erdgeschoss von Bernhard Heiliger. (1948/1949, Standbild, Bronze; Fotos vom Autor)

Das Max-von-Laue-Kolloquium fand in den 1950er-Jahren am Institut für Theoretische Physik statt. Es ging auf das im Jahr 1843 gegründete Physikalische Colloquium im Magnus-Haus zurück, aus dem 1845 die Physikalische Gesellschaft zu Berlin entstand. Um 1920, als Einstein, Planck, von Laue, Nernst, Ladenburg, Liese Meitner, Pringsheim und Schrödinger ständige Besucher waren, traf man sich mittwochs am späten Nachmittag von fünf bis sieben Uhr. In einem kleinen, langen Raum mit fünf Sitzreihen wurden Veröffentlichungsentwürfe und neue Forschungsergebnisse vorgetragen. Jede Reihe hatte damals Platz für 15 Zuhörer, manchmal drängten sich bis zu 25 Besucher auf einer Reihe, der Rest saß auf den Stufen [1]. Erst wurde es als Planck- und später als Max-von-Laue-Kolloquium im Physikalischen Institut der Friedrich-Wilhelms-Universität durchgeführt [2].

Im Kolloquium erlebten die Studenten des Matrikels 54 Max von Laue noch persönlich. Der Dozent Tausendschön organisierte für unser Studienjahr ein Seminar über Max von Laues Theorie der Supraleitung.

Die Räume des Instituts für Theoretische Physik wurden über Jahrzehnte von den Physikern gegen jeglichen Versuch der Entfremdung durch die Universitätsleitung verteidigt. Erst in den 1980er-Jahren gelang es der Universitätsleitung, mit der Einrichtung von Rechenanlagen in diesem Teil des Gebäudes und durch den Umzug der Theoretiker erst in die Kommode, gegenüber der Universität, und später in den Neubau in die Invalidenstraße, die Physik aus Plancks Arbeitsräumen zu verdrängen.

Im Jahr 1955, dem ersten Studienjahr des Matrikels 54, wurde von den Physikern Gustav Hertz in Ostberlin und Max von Laue in Westberlin das Jubiläum zum 50. Jahr der wichtigsten Publikationen Albert Einsteins in den *Annalen der Physik* zur Relativitätstheorie organisiert. Albert Einstein wurde in einem gemeinsamen Schreiben von Gustav Hertz und Max von Laue sehr herzlich eingeladen. Einstein dankte mit einem sehr freundlichen Antwortschreiben (vom 10. Februar 1955), bedauerte aber, dass er aus gesundheitlichen Gründen nicht kommen könne, und wünschte der Feier einen guten Verlauf.

Zehn Jahre nach dem Zweiten Weltkrieg erlebten die Physikstudenten der Berliner Universitäten die Bemühungen der Physiker in Ost und West um einen grundlegenden Neuanfang, die Besinnung auf die hohe Kultur der Physik Ende des 19. Jahrhunderts und in der ersten Hälfte des 20. Jahrhunderts in Deutschland.

Max Born aus Göttingen sprach über „Einstein und die Lichtquanten" an der TU Berlin im Westteil der Stadt und Leopold Infel aus Warschau über „Die Geschichte der Relativitätstheorie" im Festsaal der Akademie der Wissenschaften der DDR in der Otto-Nuschke-Straße im Ostteil der Stadt.

Und 1958 wurde von den Physikalischen Gesellschaften die Max-Planck-Feier zum 100. Geburtstag von Max Planck am 24. und 25. April 1958 in beiden Teilen Berlins begangen.

So sprach Max von Laue am 24. April in der Staatsoper Unter den Linden im Ostteil Berlins, unter Anwesenheit von Liese Meitner und Otto Hahn.

Abb. 5.2 Zwischen den Nobelpreisträgern Werner Heisenberg (links) und Gustav Hertz (rechts) sind Robert Rompe, dahinter Radelt und Albers, Assistenten aus dem II. Physikalischen Institut, im April 1958 zu sehen [3]

Anschließend fand für geladene Gäste die Übergabe des Magnus-Hauses[1] durch den Oberbürgermeister Ostberlins, Friedrich Ebert, dem Sohn des Reichspräsidenten Ebert, an die Physikalische Gesellschaft der DDR statt. Abram Joffe aus Leningrad (heute wieder St. Petersburg), bei dem Kapitza studiert hatte, übergab die Max-Planck-Bibliothek, die sich nach dem Krieg in der Sowjetunion befand, an die Physikalische Gesellschaft der DDR (Abb. 5.2). Ein Vortrag von Liese Meitner „über die Persönlichkeit Plancks" war der Höhepunkt dieser Veranstaltung.

Die Festveranstaltung wurde am 25. April in der Kongresshalle im Tiergarten im Westteil der Stadt mit Vorträgen von Werner Heisenberg über die „Plancksche Entdeckung und die philosophischen Grundfragen der Atomlehre", von Gustav Hertz zur „Bedeutung der Planck'schen Strahlungsformel für die Experimentalphysik" und einem Vortrag von Wilhelm Westphal fortgesetzt.

Die Studenten bildeten in der Eingangshalle der Kongresshalle ein Spalier für die ihnen meist nur aus Lehrbüchern oder der Literatur bekannten Größen der Physik. In den Saal gelangten nur wenige Studenten.

Vom Matrikel 54 nahm Karin Herrmann an der Veranstaltung teil, die mit Ruth Benario Viktor Weißkopf begleitete[2]. Die Vorträge wurden für die Studenten aus dem Saal über Lautsprecher in die Eingangshalle übertragen.

Welche Bedeutung die Politik in beiden Teilen Deutschlands diesem Treffen der Physiker beimaß, zeigte die Anteilnahme der Politiker an der Konferenz. Am 24. April nahmen an der Festveranstaltung in der Staatsoper Unter den Linden der

---

[1] 2001 wurde das Magnus-Haus, in dem auch der Regisseur Max Reinhart gelebt und gearbeitet hatte, an den Siemens-Konzern verkauft. Für das Haus selbst hat die Physikalische Gesellschaft Deutschlands ein unbefristetes Nutzungsrecht.

[2] Ruth Benario, die Cousine von Olga Benario, der Frau von Luis Prestes, war mit dem Nobelpreisträger Victor Weißkopf verbunden. Sie flüchteten zusammen vor den Nazis nach China.

Präsident der DDR, Wilhelm Pieck, und der Ministerpräsident Otto Grotewohl teil. Am 25. April gab der Bundespräsident Theodor Heuss, auch Physiker, im Haus des Regierenden Bürgermeisters von Westberlin zusammen mit dem Regierenden Bürgermeister Willy Brandt einen Empfang für die Physiker aus ganz Deutschland.

Otto Grotewohl hatte zur Lösung der Deutschen Frage vorgeschlagen, Deutschland als neutralen Staat zu vereinigen. Den Österreichern war das gelungen. Für Deutschland kam diese Anregung zu spät. Beide Teile des Landes gerieten immer stärker unter den Einfluss der Siegermächte. Man sollte immer so früh wie möglich und lange genug miteinander reden!

Danach fiel unter dem Einfluss der Politik auch die Physik in Deutschland auseinander, was besonders in Berlin zu spüren war. Angehörige des Lehrkörpers der Humboldt-Universität, die in Westberlin wohnten, konnten ihre Miete nicht mehr mit dem Geld, das sie Unter den Linden bekamen, bezahlen und verließen die Universität. Viele gingen an die von den Amerikanern und dem Westberliner Senat schon 1948 gegründete Freie Universität. 1949 erhielt unsere Universität Unter den Linden den Namen „Humboldt-Universität".

5.2 Die Schule der Thermodynamik von Planck und Nernst – und ihre Weiterführung

Werner Ebeling

Die Thermodynamik hat in Berlin eine große Tradition. Sie ist verbunden mit einer wissenschaftlichen Schule, die in Berlin durch Hermann Helmholtz und Rudolf Clausius in den 1840er-Jahren begründet [4] und durch die Arbeiten von Max Planck und Walther Nernst zu einem Höhepunkt geführt wurde [5].

Große Wissenschaftler, die die Thermodynamik-Schule von Planck und Nernst fortführten, waren Konstantin Caratheodory (1875–1950), Albert Einstein (1879–1955), Otto Warburg (1883–1970), Peter Debye (1884–1955), Walter Schottky (1886–1976), Erwin Schrödinger (1887–1963), Leo Szilard (1898–1964), John von Neumann (1903–1957) und noch viele andere. Alle genannten Wissenschaftler haben sich nicht nur um die Weiterführung der drei Hauptsätze, sondern auch um viele wichtige Anwendungen, insbesondere auf chemische Reaktionen und auf Strahlungsprozesse sowie die statistische Begründung der Thermodynamik, verdient gemacht.

Um einen Anknüpfungspunkt zu haben, möchten wir erst noch einmal auf die theoretische Hauptleistung von Nernst zurückgehen. Da Walther Nernst gleichzeitig als einer der Begründer der Tieftemperaturphysik, wie in Kap. 2 dargelegt, gilt, ist diese Tradition im Kontext dieses Buches so wichtig, dass wir dieser Tradition hier einen speziellen Abschnitt widmen möchten.

Es war Nernsts kritischer Geist, der als Erster die schwache Stelle im Gebäude der bisherigen Thermodynamik entdeckt hatte. Die wichtigsten thermodynamischen Funktionen, wie die Helmholtz'sche freie Energie und die Affinitäten, d. h. gerade die Schlüsselgrößen für chemische Berechnungen, waren nur schwer aus direkten Messungen bestimmbar, und sie konnten auch nicht aus der inneren Energie abgeleitet werden. Die entscheidende Idee von Nernst resultierte aus der in Kap. 2 dargestellten Auswertung von Messresultaten für chemische und elektrochemische Reaktionen in der flüssigen Phase bei tieferen Temperaturen. In diesem Bereich hatten viele Messungen eine gute Übereinstimmung von freier und innerer Energie ergeben.

Berthelot hatte das Zusammenfallen beider Größen bereits als Arbeitshypothese formuliert. Nernst fand bei der Analyse der Daten heraus, dass die Übereinstimmung von innerer und freier Energie umso schlechter ist, je höher die Reaktionstemperaturen sind. Das brachte ihn auf den Gedanken, dass die Differenz beider Energien am absoluten Nullpunkt exakt und bei Annäherung an $T=0\,K$ asymptotisch verschwindet. Was er durch exakte Messungen, wie die in Abb. 2.8 dargestellten Messkurven der spezifischen Wärmekapazität, erhärtete.

Als die fundamentale Bedeutung von Nernsts neuem Wärmesatz deutlich wurde, erhielt er später den Namen „Dritter Hauptsatz der Thermodynamik". Planck gab diesem Prinzip die allgemeingültige Formulierung: Die Entropie aller Körper, die im Gleichgewicht bezüglich der inneren Variablen sind, verschwindet am absoluten Nullpunkt der Temperatur.

Während in Nernsts Labor noch intensiv gemessen wurde, erschien 1907 eine theoretische Arbeit von Albert Einstein, der aus einem quantenstatistischen Modell das Verschwinden der spezifischen Wärme von Festkörpern bei $T=0\,K$ folgerte. Nernst war von dieser Arbeit so begeistert, dass er gemeinsam mit Planck alles daransetzte, diesen jungen Theoretiker nach Berlin zu holen. 1913 gelang dieses Vorhaben. Einstein akzeptierte den Ruf auf den ehemaligen Lehrstuhl von van't Hoff und leistete in seiner Berliner Zeit auch weitere wichtige Beiträge zur Thermodynamik.

Insbesondere konnte er 1924 mit der Ausarbeitung der Quantenstatistik von Gasen, der Bose-Einstein-Statistik, die Deutung der Gasentartung geben, welche Nernst aus seinem Wärmesatz gefolgert hatte.

Es ist hier nicht der Raum, um auf die zahlreichen Beiträge zur Thermodynamik, welche von der Berliner Schule noch geleistet wurden, ausführlich einzugehen. Wir beschränken uns daher auf einige Stichworte.

1909 wurden von Caratheodory, Inhaber des Lehrstuhls für Mathematik an der Berliner Universität, fundamentale Resultate zur Analyse der logischen Grundlagen und der Axiomatik der Thermodynamik vorgelegt. Caratheodory brachte die Grundbegriffe der Thermodynamik wie Temperatur und Entropie in einen engen Zusammenhang mit der mathematischen Theorie der Lösbarkeit Pfaff'scher Differenzialformen.

Die Leistung Caratheodorys trug Pioniercharakter. Sie wurde lange Zeit von der Fachwelt nicht beachtet, gilt aber heute als Fundament eines wichtigen Zweiges der Thermodynamik. Während Caratheodory insbesondere zu den theoretischen Grundlagen beitrug, leistete Walter Schottky Entscheidendes für die praktische Anwendung der Theorie. Schottky studierte an der Berliner Universität Physik und promovierte 1912. Schottkys Tätigkeit war in der Folgezeit eng mit den Laboratorien der Firma Siemens & Halske verbunden.

Die Thermodynamik verdankt Schottky die Ausarbeitung der thermodynamischen Grundlagen der Gas- und Halbleiterelektronik sowie auch ein seinerzeit grundlegendes Lehrwerk, das er gemeinsam mit Ullrich verfasste.

Zur Ausarbeitung der statistischen und quantentheoretischen Grundlagen der Thermodynamik haben in Berlin besonders Einstein, Schrödinger und von Neumann beigetragen.

Unter Einsteins Leistungen verdient neben der Ausarbeitung der Bose-Einstein-Statistik besonders die Begründung kinetischer Gleichungen für die Wechselwirkung der Strahlung mit Atomen besondere Hervorhebung. Diese 1916 gefundenen Gleichungen sowie Einsteins Voraussage der induzierten Lichtemission bilden die Grundlage der modernen Laserphysik.

Die allgemeinen Grundgleichungen zur statistischen Behandlung makroskopischer Quantenprozesse wurden von John von Neumann Ende der 1920er-Jahre ausgearbeitet. Von Neumann, der von 1927 bis 1930 Privatdozent an der Berliner Universität war, verfasste in dieser Zeit das grundlegende Werk *Mathematische Grundlagen der Quantenmechanik*. Hier wurde erstmalig die Von-Neumann-Gleichung formuliert, welche seither die Basis der quantenstatistischen Thermodynamik darstellt. Eine andere Richtung der Thermodynamik, welche die Zusammenhänge von Entropie und Information zum Gegenstand hat, wurde durch Szilards Arbeiten eingeleitet. Leo Szilard hatte 1922 ein Physikstudium an der Berliner Universität abgeschlossen und arbeitete dort noch bis zum Jahr 1932 auf den verschiedensten Gebieten. Im Jahr 1929 publizierte er die Arbeit „Über die Entropieverminderung in einem thermodynamischen System bei Eingriffen intelligenter Wesen", welche einen thermodynamischen Zugang zur Theorie von Informationsprozessen darstellte. Szilard gehört damit auch zu den Pionieren der modernen Informationstheorie, welche eine ihrer Wurzeln in der Thermodynamik hat. Szilard beschäftigte sich ebenfalls mit den thermodynamischen Aspekten von Messprozessen, ebenso auch von Neumann in dem oben erwähnten Buch *Über die Grundlagen der Quantenmechanik*. Nicht unerwähnt bleiben sollten die Arbeiten von Debye in Berlin. Der außerordentlich vielseitige holländische Physiker und Chemiker Peter Debye übernahm von 1934 bis 1939 die Leitung des Kaiser-Wilhelm-Instituts für Physik. Er hat auf fast allen Gebieten der Molekularphysik Großes geleistet und wichtige Beiträge zum Ausbau der Thermodynamik erbracht; 1936 wurde er mit dem Nobelpreis für Chemie ausgezeichnet. Schließlich wollen wir noch die fundamentalen Beiträge nennen, welche in Berlin zur Entwicklung einer biologischen Thermodynamik beigesteuert wurden. Diese bereits von Helmholtz eingeleitete Richtung erhielt einen kräftigen Auftrieb durch Otto Warburgs Arbeiten.

Warburg hatte in Berlin Chemie studiert und 1906 bei Emil Fischer promoviert. Er arbeitete dann acht Jahre in Heidelberg und folgte 1914 einer Berufung zum Leiter einer Abteilung des damaligen Kaiser-Wilhelm-Instituts für Biologie in Berlin. Seine Untersuchungen zu thermodynamischen Prozessen in lebender Zellen begründeten seinen Weltruhm; 1931 erhielt er den Nobelpreis für Physiologie und Medizin.

Wir wollen nicht unerwähnt lassen, dass auch Erwin Schrödinger fundamentale Beiträge zur Grundlegung einer biologischen Thermodynamik geleistet hat. Allerdings publizierte er seine Überlegungen dazu erst 1944 in Dublin, wo er Zuflucht vor den Machthabern des „Dritten Reiches" gefunden hatte, sein kleines Buch *What is Life?*, das nachweisbar einen tiefen Einfluss auf die weitere Entwicklung der Naturwissenschaften gehabt hat.

Schrödinger verdankt die Thermodynamik unter anderem das Verständnis von Lebewesen als offene, mit hochwertiger Energie gepumpte thermodynamische Systeme. Wiederum nahm eine ganze Untersuchungsrichtung, die Thermodynamik der Selbstorganisation, hier ihren Ausgangspunkt. Zu ihrer Entwicklung hat besonders Ilya Prigogine beigetragen.

Die Thermodynamik ist eine relativ alte Disziplin der Naturwissenschaften. Die von Berliner Gelehrten geleisteten Beiträge zur Thermodynamik, hier konnten nur die wichtigsten kurz erläutert werden, betreffen ihre Fundamente sowie auch die wichtigsten Anwendungsrichtungen. Zu Recht dürfen wir diese Beiträge zur „Großen Berliner Physik" zählen und sie gleichberechtigt neben die bedeutenden Leistungen für die Mechanik, Quantenphysik und relativistische Physik stellen [6].

An der Humboldt-Universität wurde erst 1979 wieder ein Lehrstuhl eingerichtet, der sich speziell mit Problemen der statistischen Thermodynamik befasste. Er wurde mit Werner Ebeling, einem Schüler des bekannten Debye-Schülers und Elektrolytforschers Hans Falkenhagen aus Rostock, besetzt. Ab 1992 vertrat Lutz Schimansky-Geier das Gebiet der stochastischen Thermodynamik in Lehre und Forschung und nach Ebelings Eintritt in den Ruhestand Igor Sokolow die statistische Physik und Thermodynamik.

So wurde die Tradition bis heute weitergeführt.

Wir haben uns auf die Wissenschaftler an der Berliner Universität konzentriert.

Wir nennen weiter die Beiträge von Richard Becker und Klaus Döring an der Technischen Hochschule Berlin, die nach dem Krieg zur TU wurde. Bereiche mit Spezialisierung auf Probleme der Thermodynamik sind die von Wolfgang Muschik, Ingo Müller und Harald Engel. Es soll auch erwähnt werden, dass wichtige historische Beiträge zur Aufarbeitung der Geschichte und des Erbes von Max Planck von Dieter Hoffmann [7] und des chemischen Erbes von Walther Nernst von Hans-Georg Barthel [8] geleistet wurden.

Literatur

1. Zeitz, K.: Max von Laue (1879–1960). Seine Bedeutung für den Wiederaufbau der deutschen Wissenschaft nach dem Zweiten Weltkrieg, Stuttgart, *Franz Steiner Verlag* (2006)
2. Arms, N.: A Prophet in Two Countries, Pergamon Press (1966)
3. Link, R.: Das II. Physikalische Institut der Humboldt-Universität zu Berlin, Wissenschaftliche Zeitschrift der Humboldt-Universität zu Berlin 5 (1983), Abbildung 4, 609
4. Ebeling, W., Hoffmann, D.: Grand Schools of Physics: The Berlin School of Thermodynamics founded by Helmholtz and Clausius, European J. Phys., 12, 1–9 (1991)
5. Ebeling, W., Hoffmann, D. (Hrsg.): Thermodynamische Gleichgewichte (Ostwalds Klassiker der exakten Wissenschaften Bd. 299), Verlag Harri Deutsch, Frankfurt (2008)

6. Rompe, R., Treder, H.-J., Ebeling, W.: Zur Großen Berliner Physik, Teubner, Leipzig (1987)
7. Hoffmann, D. (Hrsg.): Max Planck: Annalen Papers, Wiley-VCH, Weinheim (2008)
8. Bartel, H.-G.: Walter Nernst, BsB B.G. Teubner Verlagsgesellschaft, Leipzig (1989)Bartel H.-G., Huebener R. P.: Walther Nernst. Pioneer of Physics and of Chemistry, World Scientific, New Jersey, London, Singapore (2007)

Die Tieftemperaturphysik nach 1945 — 6

Die Tieftemperaturphysik an der Berliner Universität begann nach dem Zweiten Weltkrieg im Jahr 1946 mit der Entscheidung, im II. Physikalischen Institut eine Tieftemperaturabteilung einzurichten – für ein Forschungsgebiet, das durch die Arbeiten von Walther Nernst an der Universität und Walther Meißner an der Physikalisch-Technischen Reichsanstalt in Berlin eine gute Tradition hatte. Sir Francis Simon und Pjotr Kapitza waren die Paten für den Neubeginn der Tieftemperaturforschung. Franz Xaver Eder begann mit der Entwicklung von Verflüssigern nach dem Prinzip von Simon.

Pjotr Kapitza förderte die Tieftemperaturphysik an der Humboldt-Universität, indem er ab 1964 Nachwuchswissenschaftler der Humboldt-Universität in seinem Institut für Physikalische Probleme aufnahm und für den Wissenschaftleraustausch beider Einrichtungen sorgte. Michail Chaikin, Valerian Edelman und Alexei Abrikossow und in späteren Jahren auch Iwan N. Khlyustikow vom Kapitza-Institut waren oft in Berlin zu Gast.

6.1 Das III. Physikalische Institut der Berliner Universität

Nach dem Zweiten Weltkrieg gab es mit dem Kontrollratsgesetz Nr. 25 vom 29. April 1946 Beschränkungen für wissenschaftliche Arbeiten an den deutschen Universitäten und Forschungseinrichtungen. Der Alliierte Kontrollrat verfolgte damit das Ziel, „naturwissenschaftliche Forschung für militärische Zwecke und ihre praktische Anwendung zu verhindern, um sie auf Gebieten, wo sie ein Kriegspotenzial schaffen könnten, zu überwachen und in friedliche Bahnen zu lenken". Zu den verbotenen Forschungsgebieten gehörten Kernphysik, Flugzeugbau, Schiffsbau, Raketentechnik, Radar- und Sonartechnik, Kryptographie und die Herstellung hochexplosiver Sprengstoffe. Außer Kernphysik und Radartechnik waren die anderen Themen für die Berliner Universität nicht relevant. Trotzdem war es, wie in Kap. 4 schon betont, eine weitsichtige Entscheidung von Robert Rompe, 1946 am II. Physikalischen Institut eine Tieftemperaturabteilung einzurichten – für ein Forschungsgebiet, das durch die fruchtbaren Arbeiten von Walther Nernst an der Universität und Walther Meißner an der Physikalisch-Technischen Reichsanstalt in Berlin eine gute Tradition hatte und für die Festkörperphysik, mit der er sich damals beschäftigte, stark an Bedeutung gewann. Nach dem Krieg waren mit den Erfolgen bei der Erzeugung von tiefen Temperaturen durch die Entwicklung effektiv arbeitender Heliumverflüssiger die Voraussetzungen gegeben, die Quantenstruktur der Materie weiter zu erforschen. Dazu gehörten die elektronischen Eigenschaften. Anknüpfungspunkte waren die Arbeiten von Nernst und Simon in der Physikalischen Chemie der Universität und die Forschungsarbeiten von Meißner an der Physikalisch-Technischen Reichsanstalt in Charlottenburg in der ersten Hälfte des 20. Jahrhunderts.

So erfolgte 1955, auf einen Antrag von Rompe an die Mathematisch-Naturwissenschaftliche Fakultät der Universität, die Gründung des III. Physikalischen Instituts für das bis dahin im II. Physikalischen Institut von Franz Xaver Eder wiederaufgebaute Forschungsgebiet der Physik tiefer Temperaturen [1].

Nach der Inbetriebnahme seines Luftverflüssigers setzte Eder die Tradition der Nernst'schen Schule mit dem Bau von zwei Wasserstoffverflüssigern fort und nahm die Entwicklung eines Heliumverflüssigers in Angriff. Neben seinen Vorlesungen schrieb Eder, gemeinsam mit seinen Mitarbeitern, das Lehrbuch *Moderne Meßmethoden der Physik* (Bd. I Mechanik, Akustik, Berlin 1952; Bd. II Thermodynamik, Berlin 1956; Bd. III Elektrophysik, Berlin 1972) und gründete an der Universität die Zeitschrift *Experimentelle Technik der Physik*, die für die Physiker im Ostteil Deutschlands eine wichtige Möglichkeit war, ihre Arbeiten schnell zu publizieren. Besonders für die Experimentatoren war es eine geeignete Möglichkeit, die meist in allen Einzelheiten selbst gebauten Messapparaturen vorzustellen.

Das III. Physikalische Institut wurde im Garagengebäude der Chemischen Institute in der Hessischen Straße 6, am Ende des Geländes hinter der Fischer-Villa untergebracht, die, wie in Kap. 4 erwähnt, als Wohnhaus für den Nobelpreisträger Emil Fischer auf dem Gelände der Chemischen Institute 1897 gebaut worden war. In der Fischer-Villa befand sich das II. Physikalische Institut. Das Garagengebäude wurde durch einen Anbau mit Laborräumen erweitert. Es blieb aber bis 1986, als die Physikinstitute der Universität in einen Neubau in die Invalidenstraße 100 umzogen, ein Provisorium. Der Anbau reichte bis zum Ende des Chemiegebäudes, wo die ehemalige Holzwerkstatt stand, in der Otto Hahn mit Liese Meitner 1907 mit den Arbeiten begannen, die zur Kernspaltung führten [2]. Er grenzte an den Dorotheenstätischen Friedhof, auf dem die Philosophen Fichte und Hegel, bedeutende Wissenschaftler und Unternehmer wie Hufeland und Borsig, die Architekten Schinkel, Schadow und Stüler ihre Ruhe gefunden hatten, später auch Bertolt Brecht, Helene Weigel, ihre Familie und die Schriftsteller Heinrich Mann, Arnold Zweig, Anna Seghers, Heiner Müller, Hans Mayer und Christa Wolf.

Nach Versuchen mit dem Philips-Prozess, Helium zu verflüssigen, konzentrierte sich Eder auf einen Verflüssiger, der mit dem von Simon entwickelten Prinzip arbeiten sollte. Simon hatte mit der Entwicklung dieses Verflüssigers Ende der 1920er-Jahre an der Berliner Universität in der Bunsenstraße begonnen und das erste Gerät 1932 in Breslau fertiggestellt.

Seit 1952 war Heinz Meister, ein sehr talentierter Mechaniker, am Bau der Verflüssiger beteiligt. Ihm gelang es, mit der Luftverflüssigungsanlage 1954 eine Verflüssigungsleistung 8,7 l/h zu erreichen. Im Jahr 1960 kam der erste Wasserstoffverflüssiger mit einer Verflüssigungsleistung von 9,0 l/h dazu. Dann erfolgte 1962 der Bau einer Helium-Neon-Trennanlage mit flüssigem Wasserstoff zur Neongewinnung für die Industrie und Heliumgas für den Eigenbedarf.

1960 wechselte Eder nach München, wo er zum Direktor der von Walther Meißner 1946 gegründeten Kommission für Tieftemperaturforschung der Bayerischen Akademie der Wissenschaften ernannt wurde. Er befasste sich mit dem Bau eines Tieftemperatur-Instituts, das 1967 als Zentralinstitut für Tieftemperaturforschung der Bayerischen Akademie der Wissenschaften unter seiner Leitung die Arbeit aufnahm. Seit 1984 ist es das Walther-Meißner-Institut für Tieftemperaturforschung in Garching.

Am 9. Oktober 1962 wurde zum ersten Mal nach dem Krieg in Berlin von Fritz Thom und Heinz Meister mit dem von ihnen fertiggestellten Simon-Verflüssiger flüssiges Helium gewonnen. Ab dem 5. Mai 1964 begann der Dauerbetrieb der Anlage, die mit Stickstoff und Wasserstoff vorgekühlt wurde. Die Verflüssigungsleistung betrug 4,0 l/h.

Neben der Entwicklung von Gasverflüssigern wurden am III. Physikalischen Institut mechanische Eigenschaften von Metallen bei tiefen Temperaturen, wie die Festigkeit von Kupferwhiskern, Gleitprozesse in Metallen und Ermüdungserscheinungen bei Infraschallfrequenzen, untersucht. Außerdem erfolgte tiegelfreies Schmelzen von Metallen. Dazu kamen Untersuchungen zur paramagnetischen Temperaturmessung.

6.2 Die Tieftemperaturphysik nach dem Weggang von Eder

Nach dem Weggang von Eder übernahm Prof. Dr. Paul Täubert die Leitung des Instituts kommissarisch. Er war ein sehr befähigter Metallphysiker und ein guter Hochschullehrer, der viele Jahre lang Mathematik- und Physik-Lehramtsstudenten in der großen Experimentalvorlesung ausbildete. Sein Buch *Metallphysik* [3] war bei Nebenfachstudenten genauso beliebt wie bei den Hauptfach-Physikstudenten. Die mechanischen Eigenschaften der Metalle waren bei ihm in guten Händen. Im Zweiten Weltkrieg war Täubert an der Entwicklung und am Bau von Geschützen und Raketen beteiligt gewesen. Er wurde, wie viele andere Wissenschaftler, nach dem Ende des Zweiten Weltkrieges in die Sowjetunion gebracht, wo er auf diesem Gebiet weiterarbeitete. Täubert berichtete, dass bei seiner Ankunft in Russland die für ihn vorbereitete Wohnung genauso wie seine Berliner Wohnung mit seinen eigenen Möbeln, die extra nach Russland gebracht wurden, eingerichtet war. Sogar der Kohlenkasten stand wie in Berlin an der gleichen Stelle in der Küche. Täubert kam zusammen mit Fritz Bernhard nach seinem Aufenthalt in Russland an die Humboldt-Universität.

Das Anliegen der Fakultät, die Tieftemperaturforschung mit den Untersuchungen der elektronischen Eigenschaften von Halbleitern und Metallen in Angriff zu nehmen, um auf diesem Gebiet Studenten für die sich entwickelnde Elektronikindustrie auszubilden, war jedoch allein mit der Entwicklung von Gasverflüssigern nicht gelöst.

6.3 Nachwuchs für die Tieftemperaturphysik

6.3.1 Auslandsstudium

Die Mathematisch-Naturwissenschaftliche Fakultät der Universität wollte die Tieftemperaturphysik auch nach dem Weggang von Eder nicht aufgeben und suchte nach neuen Lösungen. Es war klar, dass das Wissenschaftsgebiet nur mit Wissenschaftlern, die als Tieftemperaturphysiker ausgebildet waren, vorankommen konnte. Das war für uns Absolventen, die sich stark für die Tieftemperaturphysik interessierten, eine günstige Situation. Unsere Lehrer an der Universität und an der Akademie der Wissenschaften waren der Meinung, dass Pjotr Leonidowitsch Kapitza der international erfolgreichste und bekannteste Tieftemperaturphysiker dieser Zeit war. Da jedoch ein direkter Zugang zu sowjetischen Akademie-Instituten für Ausländer nicht möglich war, musste eine andere Lösung gefunden werden. Das Studium sollte bei Wissenschaftlern der Akademie, die an der Moskauer Staatlichen Universität als Lehrstuhlinhaber tätig waren, beginnen und später im Kapitza-Institut für Physikalische Probleme fortgesetzt werden. So kam es zu Absprachen mit den Lehrstühlen für Tieftemperaturphysik, Halbleiterphysik und Kristallphysik der Moskauer Universität über die Ausbildung von Nachwuchswissenschaftlern der Humboldt-Universität.

So wie es auch heute noch üblich ist, bilden großen Forschungslabore oft mit den Universitäten und Hochschulen eine Gemeinschaft, in der den Studierenden eine qualifizierte Ausbildung durch Vorlesungen, Seminare und Praktika an der Universität angeboten wird und sie dann für die Promotion Arbeitsmöglichkeiten in gut ausgestatteten Laboratorien der Forschungsinstitute erhalten. Dadurch haben Studierende aus dem Ausland auch die Möglichkeit, Angebote der Universität wie Sprachausbildung und die kulturellen Angebote der Universität zu nutzen. So begannen viele ausländische Studenten erst mit der Ausbildung an den Universitäten, um dann in den Forschungseinrichtungen der Akademie an ihrer Promotion zu arbeiten.

Ein internationaler Austausch von Nachwuchswissenschaftlern wie in den westlichen Ländern fand so, zwar in eingeschränkter Form, auch zwischen den Ländern in Osteuropa statt. Er wurde vielleicht stärker als in den westlichen Ländern staatlich gelenkt, betraf aber viele Wissenschaftsbereiche von den Naturwissenschaften bis zur Altertumsforschung, Außenwirtschaft und Zahnmedizin. Deutsche Nachwuchswissenschaftler studierten an den Universitäten in Prag, Budapest und Moskau sowie an anderen Universitäten der osteuropäischen Länder.

Dabei hatten die Naturwissenschaftler und insbesondere die Physiker, die an der Moskauer Universität eine Studienmöglichkeit fanden, besonderes Glück, denn zu dieser Zeit konnten sie bei einer ganzen Reihe von Nobelpreisträgern Vorlesungen hören und wurden auch teilweise bei ihnen in den Akademieinstituten ausgebildet.

Das betraf in Moskau unter anderem das Kernforschungszentrum in Dubna, das Physikalische Institut der Akademie der Wissenschaften (FIAN) und das Kapitza-Institut. Die Vorlesungen und die Seminare der Nobelpreisträger Lew D. Landau, Vitali L. Ginzburg, A. M. Prochorow und A. D. Sakharow wurden mit Begeisterung besucht.

Der Inhaber des Lehrstuhls für Tieftemperaturphysik an der Physikalischen Fakultät der Moskauer Universität, Alexander Iosowitch Schalnikow, war nach dem erzwungenen Wechsel von Kapitza aus Cambridge nach Moskau 1934 bis 1936 Kapitzas rechte Hand beim Aufbau des Instituts für Physikalische Probleme auf den Sperlingsbergen. Er übernahm die Logistik für die Ausrüstungen des 1933 in Cambridge fertiggestellten Monde-Labors, die durch den Einsatz Rutherfords für Kapitza, von England mit dem Schiff über Leningrad (heute St. Petersburg), zu Kapitzas neuem Institut nach Moskau geschickt wurden. Schalnikows Lehrstuhl befasste sich mit der Physik des Heliums, mit Supraleitung und der Festkörperphysik bei tiefen Temperaturen. Der zweite Lehrstuhl, der die Tieftemperatur vertrat, war der Lehrstuhl für Magnetismus, der von Eugen I. Kandorsky geleitet wurde, wo ich mit den Arbeiten zu meiner Dissertation begann. Arbeitsgebiete dieses Lehrstuhls waren die quantenmechanischen Grundlagen des Magnetismus, magnetische Kühlung und Tieftemperaturphysik in hohen Magnetfeldern. Das waren die Themen, mit denen Kapitza seine „Tieftemperaturlaufbahn" im Cavendish Laboratory in Cambridge begonnen hatte.

Neben Landau und Schalnikow lehrte auch Ilya Michailowitch Lifschitz vom Kapitza-Institut an der Moskauer Universität. Der bekannte Kristallograph Alexei Wassiljewitsch Schubnikow, nach dem die Heesch-Shubnikow-Gruppen benannt sind, war Inhaber des Lehrstuhls für Kristallphysik, den er als Direktor des Instituts für Kristallphysik der Akademie der Wissenschaften wahrnahm. Bei ihm begann Karin Herrmann ihre Dissertation über den Faraday-Effekt in Indiumantimonid. Der dritte Absolvent des Matrikels 54 der Humboldt-Universität, der an die Moskauer Universität kam, war Karl Lubitz. Er begann am Lehrstuhl für Halbleiterphysik mit seiner Dissertation, ging später aber an die Leningrader Universität, wo er auch promovierte.

An der Staatlichen Moskauer Universität auf den Leninbergen trafen sich 1961 neben vielen anderen auch Studierende aus Europa, China, Japan, Afrika und dem Nahen Osten. Doktoranden, Studentinnen und Studenten kamen aus Rostock, Greifswald, Freiberg, Merseburg und Berlin. Die wissenschaftliche Arbeit fand in einer Atmosphäre statt, die durch die Vorlesungen und Seminare der genannten Hochschullehrer und einer internationalen Studentengemeinschaft geprägt wurde.

6.3.2 Heisenbergs Ferromagnetismus

Es war nicht die Supraleitung, die mir als Dissertationsthema vorgeschlagen wurde, sondern das Verhalten der Ferromagnete Eisen, Kobalt und Nickel in starken Magnetfeldern. Dabei ging es um die klassische Aufgabe der Experimentalphysik, eine grundlegende Theorie zu bestätigen, nämlich die Heisenberg'sche quantenmechanische Austauschwechselwirkung der Spins der Ferromagnetika.

Gegenstand der Untersuchungen war das Verhalten der Sättigungsmagnetisierung dieser Ferromagnetika bei Annäherung an den absoluten Nullpunkt zur Überprüfung des Bloch'schen $T^{3/2}$-Gesetzes, das Felix Bloch auf Basis der Heisenberg'schen Austauschwechselwirkung berechnet hatte.

Diese Theorie der Austauschwechselwirkung war zwar schon in den 1920er-Jahren von Werner Heisenberg entwickelt und von Bloch konkretisiert worden, indem dieser die Sättigungsmagnetisierung dieser Ferromagnetika durch ein Modell von Spinwellen zu erklären versuchte und daraus sein $T^{3/2}$-Gesetz ableitete, doch die experimentellen Bedingungen für diese Messungen konnten erst in den 1950er-Jahren realisiert werden. Das notwendige Magnetfeld muss über der Sättigungsmagnetisierung der Ferromagnetika liegen und mindestens 2 T betragen. Das hatte Kapitza im Auge, als er eine wassergekühlte Kupferspule konstruierte, durch die bis zu 360 A fließen können. Mit dieser Spule, die bald in größerer Stückzahl gefertigt wurde, konnten Magnetfelder erzeugt werden, die die Sättigungsmagnetisierung der klassischen Ferromagetika Eisen, Kobalt und Nickel überstiegen. Die Messung der Änderung des magnetischen Flusses in Abhängigkeit von der Temperatur erfolgte mit einem ballistischen Spiegelgalvanometer, wobei die zu untersuchende ferromagnetische Probe und die Messspule in einem Glaskryostaten mit Stickstoffvorkühlung bis auf die Temperatur des flüssigen Heliums abgekühlt wurden. Erste Ergebnisse wurden 1964 auf der International Conference on Magnetism in Nottingham vorgestellt [4].

Im ferromagnetischen Zustand richten sich unterhalb einer bestimmten Temperatur, der Curie-Temperatur T_c, die magnetischen Momente der Atome, die Spins, spontan parallel aus. Dabei entsteht ein Wechselwirkungsfeld, das die Magnetisierung erzeugt. Die Quantenmechanik liefert für diese Wechselwirkung der Spinmomente, die mit einem fetten **S** bezeichnet werden (fett, weil sie Vektoren sind), für die Atome i und j die Wechselwirkungsenergie

$$U = 2J\, \mathbf{S}_i\, \mathbf{S}_j. \tag{6.1}$$

J ist das magnetische Austauschintegral [5].

Bei hohen Temperaturen, über der Curie-Temperatur, sind die ferromagnetischen Metalle paramagnetisch. Erst bei Temperaturen unterhalb der kritischen Temperatur T_c richten sich die magnetischen Spinmomente der Atome durch das Austauschintegral in Domänen aus, die der Richtung des äußeren Magnetfeldes folgen, wobei die Anzahl der ausgerichteten Domänen von der Stärke des Magnetfeldes abhängt. Diese kritischen Temperaturen sind für Eisen 1033 °C, für Kobalt 1395 °C und für Nickel 627 °C. Solange die Temperaturen aber noch weit über dem absoluten Nullpunkt liegen, wird die strenge Ausrichtung der Spins

6.3 Nachwuchs für die Tieftemperaturphysik

durch die Wärmebewegung der Spinmomente gestört. Dabei drehen sich jedoch nicht einzelne Spins in die Richtung des Magnetfeldes, sondern diese Störungen breiten sich in Form von Wellen aus. Die Anregungen dieser Spinwellen werden als Magnonen bezeichnet. Sie sind neben den Photonen und den Phononen, den Quanten von Lichtwellen und den Gitterschwingungen eine dritte Art von Quantenteilchen, die nach der Quantelungsbedingung

$$E_k = \left(n_k + \frac{1}{2}\right)\hbar\omega_k \quad (6.2)$$

gequantelt sind. Wobei n_k die Zahl der Quantenteilchen und $k = 2\pi/\lambda$ n ihr Wellenvektor (mit λ als Wellenlänge, n als Ausbreitungsrichtung) ist.

Die Dispersion der Spinwellen (Dispersion ist die Abhängigkeit der Energie von der Wellenlänge der Welle) kann durch eine Cosinus-Beziehung dargestellt werden:

$$\hbar\omega_k = 4JS\,(1 - \cos ka) \quad (6.3)$$

Dabei ist a der Gittervektor des ferromagnetischen Kristalls (Abb. 6.1). In der Abbildung ist die Ausbreitung einer Spinwelle schematisch, zweidimensional dargestellt.

Die Abbildung zeigt Spinwellen der sich parallel ausgerichteten Spins in einem linearen Ferromagnet. Im oberen Bild sind die durch thermische Energie angeregten Winkelauslenkungen der durch das Austauschintegral gekoppelten Spins in Richtung des äußeren Feldes zu sehen. Das untere Bild zeigt den Blick auf die Magnetfeldrichtung.

Die thermische Anregung der Spinwellen liefert nach Bloch als eine Änderung der Sättigungsmagnetisierung mit der Temperatur die Beziehung

$$\Delta M = M_0 \wedge T^{\frac{3}{2}}. \quad (6.4)$$

M_0 ist die Sättigungsmagnetisierung bei $T \to 0$ K, die für Eisen 1740 G (0,174 T), für Kobalt 1400 G (0,14 T) und für Nickel 485 G (0,0485 T) beträgt. Λ fasst die thermischen und die Parameter der Spinwellen zusammen. Diese Beziehung ist das Bloch'sche Gesetz [6].

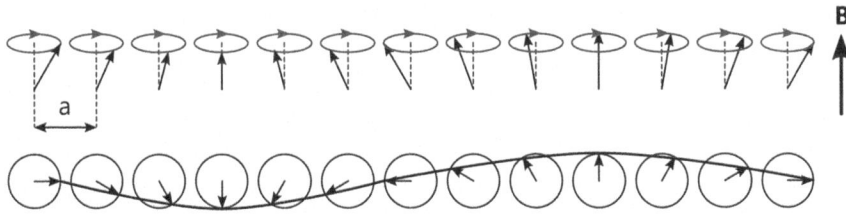

Abb. 6.1 Eine Spinwelle im Magnetfeld B (oben: Seitenansicht, unten: Draufsicht). Die Abbildung zeigt Spinwellen der parallel ausgerichteten Spins in einem linearen Ferromagnet. Im oberen Bild sind die durch thermische Energie angeregten Winkelauslenkungen der durch das Austauschintegral gekoppelten Spins in Richtung des äußeren Feldes zu sehen. Das untere Bild zeigt den Blick auf die Magnetfeldrichtung

So wie die quantenmechanische Interpretation der spezifischen Wärme und damit der Wärmesatz von Nernst mit Inbetriebnahme seines Wasserstoffverflüssigers um 1911 in Berlin überprüft werden konnte, wurde die quantenmechanische Erklärung des Ferromagnetismus durch Heisenberg und Bloch seit den 1920er-Jahren experimentell bei Temperaturen des flüssigen Wasserstoffs untersucht [7]. Da aber hierfür die Sättigungsmagnetisierung bei Annäherung an den absoluten Nullpunkt notwendig war, waren nicht nur sehr tiefe Temperaturen, sondern auch hohe Magnetfelder notwendig. Damals erfolgten Messungen bei 20,4 K in Elektromagneten, deren Feld durch das Sättigungsmagnetfeld der Polkerne bei Zimmertemperatur begrenzt wurde. Heute kann man mit diesen Magneten auch Felder von 2 T erreichen, jedoch nur in sehr kleinen Volumina. Erst mit der Entwicklung von wassergekühlten Magnetspulen erfolgte die experimentelle Klärung der Bloch'schen Theorie mit Messungen in stärkeren Magnetfeldern bei Heliumtemperaturen. Neben den Messungen von E. D. Thomson, E. P. Wohlfarth und A. C. Bryan [8] sowie unseren Messungen, die mit impulsförmigen Temperaturänderungen erfolgten, wurden auch Messungen mit Temperaturwellen am Institut für Physikalische Probleme von Savaritzki durchgeführt. Alle diese Messergebnisse lieferten die experimentelle Bestätigung der Heisenberg-Theorie des Ferromagnetismus und der Bloch-Theorie der Spinwellen. Für das Metall Gandolium und für Legierungen von Ferromagnetika wurden von uns jedoch Abweichungen vom Bloch'schen Gesetz gemessen [9, 10].

Die magnetischen Eigenschaften von ferromagnetischen Materialien sind der Menschheit schon seit Jahrtausenden bekannt. Aber erst mit der Heisenberg'schen Austauschwechselwirkung auf der Grundlage der Quantenphysik konnten in den 1920er-Jahren die starken Kräfte, die diese magnetischen Stoffe ausüben, erklärt und, wie gezeigt, erst in den 1960er-Jahren experimentell bestätigt werden.

6.3.3 Magnetische Oberflächenzustände

Nach meiner Promotion im Juli 1964 wurde mir von Kapitza vorgeschlagen, am Institut für Physikalische Probleme die Untersuchungen der Ferromagnetika fortzusetzen und mich an den Experimenten von Savaritzki zu beteiligen.

Kapitza selbst befasste sich zu dieser Zeit mit energiereichen Mikrowellen, elektromagnetischen Wellen im Bereich von Gigahertz-Frequenzen (10^9 Hz).

Das spannendste Thema im Kapitza-Institut war jedoch ein völlig neues Phänomen, das von Michail S. Chaikin gemeinsam mit Valerian S. Edelman im gleichen Frequenzbereich an dem der Tieftemperaturphysik wohl bekanntesten Metall Wismut entdeckt wurde. Es war eine der Zyklotronresonanz verwandte Erscheinung, die von der Lorentz-Kraft jedoch in sehr schwachen Magnetfeldern, kleiner als das magnetische Feld der Erde, hervorgerufen wurde. Diese Erscheinung erhielt später die Bezeichnung „magnetische Oberflächenzustände".

Kapitza war erst erstaunt, fand dann aber meinen Wunsch, mich an den Untersuchungen in sehr schwachen Magnetfeldern zu beteiligen, gut. Da ich Chaikin und Edelman schon aus Seminaren kannte, wurde ich in ihrem Labor aufgenommen.

Zyklotronresonanz ist bei Heliumtemperaturen in elektrisch leitenden Einkristallen deshalb möglich, weil bei diesen Temperaturen die freie Bewegung von Ladungsträgern bis zu 1 mm erreicht, bevor sie gestreut werden. Diese Resonanz erfolgt bei Temperaturen von 1–4,2 K in Magnetfeldern um 1 T. Sie erlaubt es, die Quantelung der Energie der Elektronen von Metallen und Halbleitern zu bestimmen und die Energieflächen, d. h. die Verteilung der Ladungsträger, die am Ladungstransport teilnehmen, im Impulsraum auszumessen (Kap. 7), denn so wie die Geschwindigkeiten der Ladungsträger, die eine Energie haben, mit der sie sich im realen Raum bewegen können, verteilt sind, sind auch die Teilchen im Impulsraum auf Flächen, den Energieflächen verteilt. Die Ladungsträger bewegen sich dann von der Lorentz-Kraft des Magnetfeldes gezwungen auf kreisbahnähnlichen Kurven auf den Energieflächen, was zur Resonanz mit äußeren Hochfrequenzfeldern führt.

Als aber völlig unerwartet Resonanzen auch in sehr kleinen Magnetfeldern – kleiner als 1 G (10^{-4} T) und damit wesentlich kleiner als das Erdmagnetfeld – beobachtet wurden, wurde bald klar, dass es sich hierbei um ein neues physikalisches Phänomen handeln musste [11]. Doch diese Resonanzen blieben noch längere Zeit ein Rätsel, bis Mark J. Asbel aus der Landau-Gruppe die Vermutung aussprach, dass die Ursache dieser Oszillationen in so schwachen Magnetfeldern lang gestreckte Elektronenbahnen sein müssten, die sich durch Reflexion an der inneren Oberfläche der Kristalle ausbilden (Abb. 6.2). Das sind Teilstücke von Zyklotronbahnen, deren Mittelpunkt außerhalb des Kristalls liegt, sodass die Elektronen entlang der inneren Oberfläche des Kristalls Girlandenbahnen durchlaufen, wobei sie an der Innenseite der Kristalle reflektiert werden.

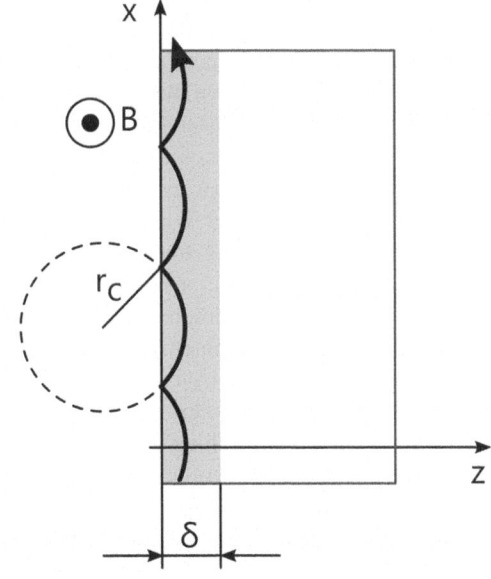

Abb. 6.2 Girlanden- oder Skipping-Bahnen im schwachen Magnetfeld B in der Skin-Schicht δ eines Metalls. Das ist das klassische Bild der von Chaikin entdeckten magnetischen Oberflächenzustände. Das Zentrum der Bahn liegt außerhalb des Kristalls. Das Magnetfeld B liegt parallel zur Oberfläche

Mit diesen Resonanzen in verschwindend kleinen Magnetfeldern hatte Chaikin die magnetischen Oberflächenzustände entdeckt, die heute die Eigenschaften von zweidimensionalen Strukturen, wie dem Quanten-Hall-Effekt, dem Graphen und von den topologischen Isolatoren, erklären.

Besonders intensiv wurde das Metall Wismut untersucht. Dabei entwickelte sich die Arbeit von Edelman „Electrons in Bismuth" in *Advance Physics* [12] zum Standardwerk für das Wismut, von dem auch heute noch bei den Untersuchungen von topologischen Isolatoren ausgegangen wird.

Die Mikrowellenspektroskopie der Energiebandstruktur von Metallen und Halbleitern war zu dieser Zeit ein sich gerade international herausbildendes Forschungsgebiet. Da bisher Metalle, die bei niedrigen Temperaturen schmelzen und deshalb ohne komplizierten Aufwand als Einkristalle gezüchtet werden konnten, im Vordergrund standen, erschien es als lohnende Aufgabe, auch die hochschmelzenden Metalle Wolfram, Molybdän und den Supraleiter Niobium zu untersuchen [13], die in höchster Reinheit am Institut Angewandte Physik der Reinstoffe in Dresden hergestellt wurden.

So stand die Wirkung von Magnetfeldern mit der Lorentz-Kraft, durch die Walther Nernst zusammen mit Albert von Ettingshausen die thermoelektrischen Effekte am Wismut gefunden hatte, und das Metall Wismut, wieder im Mittelpunkt der Erforschung der Struktur der Materie.

6.4 Das III. Physikalische Institut der Berliner Universität wird zum Bereich Tieftemperatur-Festkörperphysik

Nach dem Beginn der Forschungsarbeiten am Kapitza-Institut wurde ich am 1. August 1964 im III. Physikalischen Institut der Humboldt-Universität eingestellt. Zu dieser Zeit hatte sich die Tieftemperaturphysik international, neben dem Bestreben immer tiefere Temperaturen zu erreichen, verstärkt der Erforschung der elektronischen Eigenschaften fester Körper zugewandt. Um zu klären, welche Eigenschaften und welche Materialien für die Entwicklung elektronischer Schaltkreise geeignet sind, war es notwendig, die Festkörper in reinster Form und bei sehr tiefen Temperaturen zu untersuchen. Die tiefen Temperaturen waren notwendig, um den Einfluss der Wärmebewegungen auf die Bewegung der Ladungsträger zu unterdrücken. Die traditionellen Halbleiter Germanium und Silizium, aber auch Tellur und Selen, sowie eine Gruppe neuer Materiealien wie die Verbindungshalbleiter mit Antimon und Tellur und Mischkristalle auf der Basis von Wismut und Tellur wurden intensiv untersucht.

Rompe war als Plasmaphysiker an den Plasmaphänomenen in Festkörpern interessiert, da er hier auch potenzielle Anwendungsmöglichkeiten in der Halbleiterelektronik vermutete. So schlug er für den Neubeginn meiner Forschungsarbeiten am III. Physikalischen Institut das Thema „Plasmonen" vor, d. h. die Untersuchung der elektronischen Eigenschaften und das Verhalten der Elektronen-Loch-Plasmen in Festkörpern. Hierfür waren insofern gute Voraussetzungen vorhanden, als das II. Physikalische Institut die elektrooptischen Eigenschaften von Tellur und von Cadmiumsulfit untersuchte. Das IV. Physikalische Institut war auf Cadmiumsulfit spezialisiert, und das Institut für Theoretische Physik befasste sich mit der Elektronentheorie der Festkörper. Der damals aktuelle Halbleiter Tellur wurde nicht nur in Berlin, sondern auch an der Universität Würzburg und der Universität Aachen untersucht.

In Würzburg wurde von Klaus von Klitzing und G. Landwehr der Shubnikow-de-Haas-Effekt am Tellur gemessen [14], sodass es interessant war, die Elektronenstruktur dieses Halbleiters auch mit der Zyklotronresonanz genauer zu analysieren. Da aber von uns im Kapitza-Institut schon mit Untersuchungen der hochschmelzenden Metalle begonnen worden war, blieben auch diese Metalle weiter aktuell.

Die Anregung, das Festkörperplasma zu untersuchen, lenkte die Aufmerksamkeit wieder auf Halbmetalle und insbesondere auf Wismut. Wismut gehört zu den Halbmetallen, in denen sowohl Elektronen als auch Löcher die Ladungsträger bilden. Da durch Legieren der Halbmetalle mit anderen Metallen ihre elektronische Struktur verändert werden kann, wurden in den Wismutlegierungen ausgeprägte Plasmaerscheinungen vermutet. Besondere Aufmerksamkeit hatten deshalb schon vor Beginn unserer Arbeiten die Legierungen des Wismuts mit Antimon erhalten. Interessant war dabei, dass sich die mittleren freien Weglängen und damit auch die Lebensdauer der Ladungsträger in diesen Legierungen gegenüber dem reinen Wismut nicht allzu stark verringerten. Deshalb konnten bei der Untersuchung dieser Verbindungen auch Untersuchungsmethoden eingesetzt werden, die bisher nur an reinen Materialien erfolgreich waren. Die Messmethoden auf der Grundlage der Zyklotronresonanz waren deshalb nicht nur eine Ergänzung der galvanomagnetischen Methoden, sondern führten auch zur Erfassung bisher völlig unbekannter Eigenschaften.

Der Kontakt zum Lehrstuhl für Tieftemperaturphysik der Moskauer Universität, der sich mit entsprechenden galvanomagnetischen Untersuchungen am Wismut-Antimon befasste, ermöglichte einen schnellen Einstieg in diese Materialklasse. Da für die Charakterisierung der Legierungen Hall-Effekt-, Leitfähigkeitsmessungen und thermoelektrische Untersuchungen notwendig wurden, ergab sich auch auf diesem Gebiet, wie bei der Entwicklung der Heliumverflüssigung durch Eder, ein weiterer Bezug zu den früheren Arbeiten von Nernst.

Wismut-Antimon-Legierungen sind in Abhängigkeit vom Legierungsgrad Halbmetalle oder Halbleiter. Da in den Legierungen Elektronen und Löcher nebeneinander existieren können, durchlaufen die Legierungen mit Veränderung der Antimonkonzentration unterschiedliche Plasmazustände, die weit über die des Gasplasmas hinausgehen.

Jedoch waren die Untersuchungen der hochschmelzenden Metalle in Zusammenarbeit mit dem Institut Angewandte Physik der Reinstoffe in Dresden schon weit fortgeschritten und sollten deshalb auch fortgesetzt werden. Da Professor Hans Barthel vom Institut Angewandte Physik der Reinstoffe in der Lage war, hochreine Einkristalle aus Wolfram, Molybdän und Niobium mit dem Zonenschmelzverfahren zu züchten, wurden die Untersuchungen an beiden Materialklassen parallel durchgeführt.

Die Züchtung und auch die Präparation der Kristalle waren nicht ganz einfach, da die Schmelzpunkte von Wolfram und Molybdän bei 3695 K und 4995 K, jedoch für Niobium etwas niedriger, bei 2750 K, liegen. Das Ausgangsmaterial war ein Stab aus diesen Metallen. Er wurde im Vakuum in einem Ring mit Elektronen beschossen, wodurch eine schmale Zone des Stabes aufgeschmolzen wurde. Der Stab wurde langsam durch den Elektronenring gezogen, wodurch die Schmelzzone mit den Verunreinigungen durch den Stab wanderte. Die Erstarrung begann an einem Keim mit vorgegebener kristallographischer Orientierung. Die Verschmutzungen im Ausgangsmaterial werden dabei in der Schmelzzone durch den ganzen Stab aus dem Einkristall entfernt.

Die Reinheit der Kristalle wird mit dem Restwiderstand bei der Abkühlung von Zimmertemperatur auf Heliumtemperatur gemessen. Im Ergebnis verringerte sich der Widerstand der Kristalle um mehr als fünf Größenordnungen, d. h., wenn der Widerstand eines Kristalls bei Zimmertemperatur 1 Ω betrug, dann hatte der Kristall bei Heliumtemperaturen nur noch einen Widerstand von 0,00001 Ω. Dadurch vergrößert sich die mittlere freie Weglänge der Elektronen in den Kristallen, die bei Zimmertemperatur im Bereich von Nanometern liegt, bei tiefen Temperaturen bis in den Millimeterbereich.

Da sich die experimentelle Basis an der Humboldt-Universität erst im Aufbau befand und noch nicht genügend flüssiges Helium für die neuen Messmethoden vorhanden war, wurde ein Teil der Messungen in Berlin vorbereitet und nach Absprache am Kapitza-Institut in Moskau durchgeführt. Das führte in den Jahren 1964 bis 1968 zu kontinuierlichen Forschungsaufenthalten von Institutsmitarbeitern im Kapitza-Institut, woran auch bald unsere Doktoranden teilnehmen sollten. Sie wurden an der Moskauer Universität immatrikuliert und arbeiteten am Institut für Physikalische Probleme. Daraus entwickelte sich eine jahrzehntelange Zusammenarbeit.

Da das III. Physikalische Institut auf dieses sich vom bisherigen Forschungsprofil des Instituts stark unterscheidende Thema nicht vorbereitet war und die Experimente am Kapitza-Institut durchgeführt wurden, wurde erst einmal für dieses neue Tieftemperaturthema eine Arbeitsgruppe am II. Physikalischen Institut gebildet. Diese Arbeitsgruppe bestand nach kurzer Zeit aus den Kollegen Siegfried Hess und Hans-Ullrich Müller, aus der Ultraschallabteilung des II. Physikalischen Instituts von Professor Grützmacher, und Lutz Rothkirsch vom Matrikel 54, der bei Rompe promoviert hatte und im Fortgeschrittenen-Praktikum Verantwortung trug. Als Doktoranden kamen Horst Krüger, Wolfgang Braune und Gerhard Oelgart in die Gruppe.

Im Rahmen der 1968 an der Universität durchgeführten Hochschulreform wurden, wie an allen anderen ostdeutschen Universitäten, die Fachrichtungen in Sektionen umgewandelt. Die Physikalischen Institute wurden mit den Instituten für Kristallographie, Biophysik, Meteorologie und der Methodik des Physikunterrichts in einer Sektion Physik vereint (Anhang 1).

Die Tieftemperaturgruppe des II. Physikalischen Instituts wurde mit dem III. Physikalischen Institut zum Forschungsbereich Tieftemperatur-Festkörperphysik zusammengeschlossen.

6.4 Das III. Physikalische Institut der Berliner Universität ...

Neben den Tieftemperaturthemen des III. Physikalischen Instituts wurden die neuen Untersuchungen zur Elektronenstruktur von Halbleitern und Metallen aufgenommen.

Der Halbleiter Tellur, Forschungsschwerpunkt am II. Physikalischen Institut, wurde gemeinsam untersucht. Um die Kristalle genau in die Mikrowellenresonatoren einzupassen, begann eine Züchtung von flachen Tellurkristallen in Graphitformen, deren Geometrie durch einen kristallographisch orientierten Keim mit dem Kristallgitter zusammenfiel (Anhang 2).

Die ersten Arbeiten zum neuen Thema wurden mit flüssigem Helium von der Arbeitsstelle für Tieftemperaturphysik der Akademie der Wissenschaften in Dresden, die von Prof. Dr. Ludwig Bewilogua geleitet wurde, durchgeführt, bis im Januar 1971 ein eigener Philips-Heliumverflüssiger, der mit großen Schwierigkeiten durch Umgehung des Embargos beschafft wurde, in Betrieb genommen (Abb. 6.3). Dieser Verflüssiger lieferte in einer Woche durchschnittlich 150 l flüssiges Helium. So konnten auch die Experimente mit dem hochschmelzenden Supraleiter Niobium in Berlin aufgenommen werden. Anfang der 1980er-Jahre wurde ein neuer Verflüssiger von Bruker aus der Schweiz angeschafft, mit dem auch die unterschiedlichsten Forschungsinstitute in Ostberlin mit flüssigem Helium versorgt werden konnten.

Der Verflüssiger der Firma Philips arbeitete mit dem Stirling-Prozess. Im Kältekopf läuft der Kühlvorgang in groben Zügen folgendermaßen ab (Abb. 6.3):

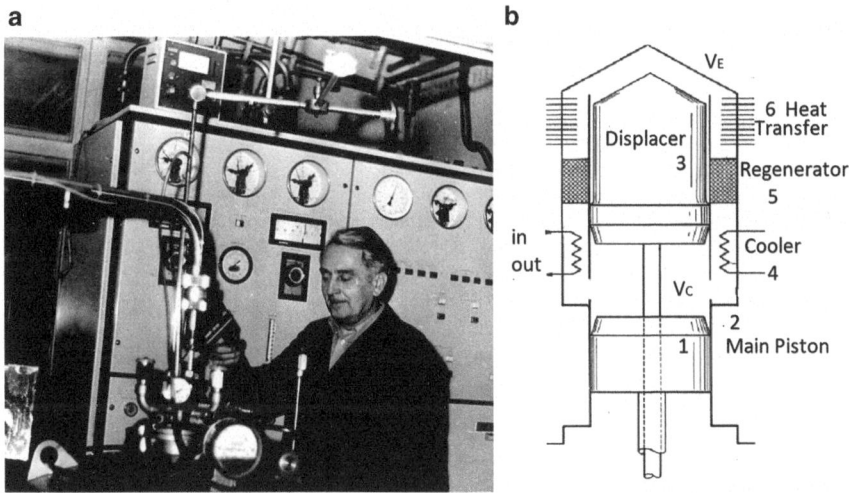

Abb. 6.3 a Unser Verflüssigungsmechaniker Heinz Meister am Stirling-Heliumverflüssiger PH 110 der Firma Philips im Forschungsbereich Tieftemperatur-Festkörperphysik, daneben der Kältekopf des Philips-Verflüssigers. Die Anlage arbeitete mit zwei derartigen Stirling-Maschinen. **b** Der Kühlkopf eines Philips-Verflüssigers. Er besteht aus dem Hauptkolben (1, Main Piston), dem Arbeitszylinder (2), dem Displacer (3), dem Kühler (4, Cooler) und den beiden Arbeitsvolumen V_E und V_C sowie dem Wärmetauscher (5, Regenerator) und den Kühlflächen (6, Heat Transfer). (b: Aus Flügge 1956, S. 12)

Zwischen dem Hauptzylinder (1, Main Piston) und dem Displacer (3) wird das Gas im Zylinder (2) komprimiert.

Durch die Bewegung des Displacers gelangt das komprimierte Gas in das obere Volumen (V_E), wo es die Kompressionswärme über die Kühlflächen (6, Heat Transfer) abgibt und durch das Zurückziehen des Displacers expandiert, wobei es sich abkühlt.

Es strömt durch den Regenerator (5) und kühlt durch Wärmeaufnahme den Cooler (4) ab, gelangt in den sich öffnenden Kompressionsraum (V_C), wo es wieder zwischen Zylinder und Displacer komprimiert wird. Die Kühlung wird dabei durch eine Phasenverschiebung zwischen der Bewegung des Hauptzylinders und der des Displacers erreicht.

Anfang der 1970er-Jahre war der Forschungsbereich Tieftemperatur-Festkörperphysik in sechs Laboratorien organisiert: ein Metalllabor von Horst Krüger, Winfried Kraak und Gerhard Oelgart, ein Halbleiterlabor von Wolfgang Braue mit Georg Kuka, ein Kristallzüchtungslabor von Georg Schneider mit Alica Krapf, Reiner Röstel und Reiner Kuhl, ein Hochfrequenzlabor von Siegfried Heß mit Hans-Ullrich Müller und Thomas Schurig, ein Mikrowellenlabor von Lutz Rotkirch mit Uwe Preppernau und Helmut Dwelk sowie eine Verflüssigerabteilung mit Heins Meister, dem Leiter Fritz Thom, später Dieter Kusnick mit Bernhard Schnackenburg und Agathe Kottke, in der die Verflüssiger entwickelt, Kryostate und supraleitende Magnetspulen hergestellt wurden.

Literatur

1. Forstner C., Hoffmann D. (Hrsg.): Physik in Kalten Krieg, Springer Fachmedien, Wiesbaden (2013)
2. Sexel, L. Hardy, A.: Lise Meitner, Rowohlt Taschenbuch Verlag (2002)
3. Täubert, P.: Metallphysik, Teubner, Leipzig (1963)
4. Institute of Physics (Great Britain), Physical Society (U.K.): Proceedings of International Conference on Magnetism, Nottingham September 1964, Published in Association with Proceedings of the Physical Society (1964)Rode, V. E., Herrmann, R.: Cryogenics 141 (1965)
5. Heisenberg, W.: Zur Theorie des Ferromagnetismus, Zeitschrift für Physik 49, 9, 619–636 (1928)
6. Bloch, F.: Zur Theorie des Ferromagnetismus, Zeitschrift für Physik. 61, Nr. 3–4 206–219 1930)
7. Fallot, H.: Ferromagnétisme des alliages de fer, Ann. Phys. 11, 6, 305–387 (1936)Weiss, P., Forrer, R.: La saturation absolue des ferromagnétiques et les lois d'approche en fonction du champ et de la température, Ann. Phys. 10, 12, 279–372 (1929)
8. Thomson, E. D., Wohlfarth, E. P., Bryan, A. C.: The low temperature variation of the saturation magnetization of ferromagnetic metals and alloys, Proc. Phys. Soc. 83, 59 (1964)
9. Rode, V. E., Herrmann, R., Korolev, L. M.: Journal of experimental and theoretical Physics (rus.) JETP 46 (4) 5 (1964)Rode, V. E., Herrmann, R., Grischina, I. V.: JETP 49 (7) 3 (1965)
10. Rode, V. E., Herrmann, R.: Untersuchung der Sättigungsmagnetisierung von Fe, Co und Ni, JETP 46 Bd.5 1598 (1964)

11. Khaikin, M.S.: JETP 39 212 (1969)
12. Edelman, V.S.: Electrons in bismuth, Adv. Phys. 25, 6, 555–613 (1976)
13. Herrmann, R.: Oszillationen der Oberflächenimpedanz von Wolfram in schwachen Magnetfeldern, Phys. stat. sol. 21, 2, 703–707 (1967); Proc. LT 13 St. Andrews (1968)
14. von Klitzing, K. Landwehr, G.: Surface quantum states in tellurium, Sol. State Commun. 9, 24, 2201–2205 (1971)

Teil III
Elektronenstrukturen von Festkörpern bei tiefen Temperaturen

Metalle und Halbleiter bei tiefen Temperaturen

7

Seit Ende der 1960er-Jahre konzentrierte sich die Tieftemperaturforschung der Humboldt-Universität auf das Verhalten der Ladungsträger von Metallen und Halbleitern im äußeren Magnetfeld. Diese von Hall, Nernst und von Ettingshausen gefundene Kraft des Magnetfeldes auf die Bewegung der Ladungsträger in festen Körpern führt bei tiefen Temperaturen, bei denen die Ladungsträger relativ große Strecken ohne Störung im Festkörper durchfliegen können, zur Quantisierung der Ladungsträgersysteme auf magnetische Energieniveaus. Die Quantentheorie der Ladungsträger in festen Körpern im Magnetfeld wurde schon 1920 von Lew Landau in dem Artikel „Diamagnetismus der Metalle" in der Zeitschrift für Physik [1] entwickelt. Diese Theorie ist die Grundlage der galvanomagnetischen Effekte, des Shubnikow-de-Haas-Effekts, des De-Haas-van-Alphen-Effekts, der Zyklotronresonanz, sowie des Quanten-Hall-Effekts und der topologischen Isolatoren.

7.1 Die Landau-Quantelung

Die Quantelung der Ladungsträger in Metallen und Halbleitern, die bei tiefen Temperaturen unter 10 K sehr ausgeprägt ist, wurde von uns am Bereich Tieftemperatur-Festkörperphysik in sehr schwachen, aber auch in sehr starken Magnetfeldern untersucht. Dabei standen zu Beginn die galvanomagnetischen Effekte, die Zyklotronresonanz der Ladungsträger und die magnetischen Oberflächenzustände im Mittelpunkt. Diese Oberflächenzustände wurden, wie in Kap. 6 geschildert, von Michael Chaikin und Valerian Edelman 1961 am Wismut entdeckt.

Eine vollständige Quantentheorie der elektronischen Struktur fester Körper entwickelten 1928 Arnold Sommerfeld und Hans Bethe mit der Monografie „Quantentheorie der Festkörper"im *Handbuch der Physik* [2].

Mit der Zyklotronresonanz konnten die Fermi-Flächen[1] der hochschmelzenden Metalle Wolfram, Molybdän und Niobium ausgemessen werden, wobei am Wolfram auch das Verhalten der magnetischen Oberflächenzustände untersucht wurde. Das Gleiche gelang am Halbleiter Tellur, wobei die Oberflächenzustände damals von uns als Oberflächensupraleitung interpretiert wurden. Heute charakterisiert diese Oberflächenleitfähigkeit das Verhalten der topologischen Isolatoren.

Mit dem Radiofrequenz-Größeneffekt wurden die Eigenschaften der Elektronen des Halbmetalls Wismut wie ihre Impulse im ganzen Impulsraum und damit die Geometrie ihrer Energieflächen bestimmt. Für die Elektronen wurden Geschwindigkeiten um 10^8 cm/s gemessen.

Bei der Untersuchung des Legierungssystems Wismut-Antimon standen die Metall-Halbleiter-Übergänge im Mittelpunkt. Die Messung der elektronischen Energiestruktur, die diese Übergänge bestimmt, erfolgte mit der Zyklotronresonanz und den galvanomagnetischen Effekten. Dabei wurde das für topologische Isolatoren typische Verschwinden der effektiven Massen bei der Inversion von Energiebändern gefunden. Außerdem konnten an diesen Legierungen die Eigenschaften des Festkörperplasmas systematisch untersucht werden. In den 1980er-Jahren kamen Messungen des Quanten-Hall-Effekts an Korngrenzen der Halbleiter Indium-Antimonid (InSb) und Quecksilber-Cadmium-Tellurid (p-$Hg_{(1-x)}Cd_xTe$) hinzu.

Im klassischen Bild wird die Wirkung eines Magnetfeldes auf bewegte Ladungsträger durch die Lorentz-Kraft beschrieben, die die Ladungsträger aus ihrer Flugrichtung ablenkt und auf gekrümmte Bahnen zwingt. Dem entspricht in der Quantenmechanik die Landau-Quantelung der Energieniveaus.

Um das Wesen dieser Quantelung zu verdeutlichen, betrachten wir ein Metall als einen Potenzialtopf, in dem die Valenzelektronen ein Gas quasifreier Elektronen bilden, wobei die Elektronen nicht miteinander wechselwirken und ihre Massen effektive Werte, die mit m* bezeichnet werden, annehmen. Diese effektive Masse unterscheidet sich von der Masse eines freien Elektrons m_0, da das Kristallgitter die Bewegung der Elektronen beeinflusst, wodurch ihre Masse von der Richtung, in der sie sich in einem Kristall bewegen, abhängig wird.

Der Quantenzustand der Elektronen wird durch ihren Impuls p charakterisiert. Im magnetfeldfreien, isotropen Fall ist die Energie der Elektronen

$$E(p) = \frac{p^2}{2m^*}. \qquad (7.1)$$

Die Abhängigkeit der Energie vom Quadrat des Impulses bezeichnet man als quadratische Dispersion. Die Impulse der Elektronen im Kristall sind eng mit den Wellenvektoren der Ladungsträger verbunden. Der Zusammenhang $\mathbf{p}=\hbar\mathbf{k}$ mit $\mathbf{k}$ als Wellenvektor zeigt, dass die Energiezustände der Ladungsträger in gleicher Weise wie im Impulsraum auch im k-Raum verteilt sind. Meist wird die Verteilung

---

[1] Die Fermif-Fläche ist die Grenze zwischen den mit Ladungsträgern besetzten und den unbesetzten Zuständen in einem Metall.

7.1 Die Landau-Quantelung

der Energiezustände und der Elektronen im Kristall auf diese Zustände im k-Raum betrachtet, denn dieser k-Raum oder Wellenvektorraum enthält alle Eigenschaften des Kristallgitters, sodass die Elektronen in diesem Raum als Kristallelektronen bezeichnet werden können. Dieser Raum ist in Zonen, die sogenannten Brillouin-Zonen, aufgeteilt.

Enthält der Kristall nur wenige Ladungsträger, dann befinden sich diese in der ersten Brillouin-Zone. Bei vielen Elektronen übersteigt die Energie die Größe der ersten Brillouin-Zone, und es sind auch Zustände in höheren Brillouin-Zonen besetzt[2].

Durch die Quantisierung im Magnetfeld, wie sie von Landau durchgeführt wurde, spaltet die Energie E(k), die ohne Magnetfeld über dem Wellenvektor eine Parabel bildet, in zusätzliche Landau-Niveaus auf:

$$E_n(p, B) = \left(n + \frac{1}{2}\right)\hbar\omega_c + \frac{p^2}{2m^*} \tag{7.2}$$

Das sind die Landau-Quantenniveaus mit den Quantenzahlen n (n = 0, 1, 2, ...) und der Zyklotronfrequenz

$$\omega_c = \frac{e\,B}{m^*}. \tag{7.3}$$

Die Darstellung dieser Quantelung im Impulsraum zeigt Abb. 7.1. Oben ist die Verteilung der Energieniveaus im ein- und dreidimensionalen Impulsraum ohne Magnetfeld und unten im Magnetfeld dargestellt.

Die Energiezustände $E(p_x, p_y, p_z)$ liegen im eindimensionalen Fall in Abhängigkeit vom Impuls p_x nach Abb. 7.1 auf einer Parabel. Die Zustände sind aufgrund der Fermi-Dirac-Statistik, die mit zwei Elektronen (Spin auf, Spin ab) gefüllt werden können, bis zur Fermi-Energie gefüllt. Nur die Elektronen, die an der Fermi-Grenze liegen, haben über sich freie Energiezustände und können sich bewegen. Mit anderen Worten, nur die Elektronen, die direkt auf der Fermi-Grenze liegen, können beim Anlegen eines elektrischen Feldes am Strom teilnehmen. Die Elektronen, die sich auf Energieniveaus darunter befinden, können sich nicht bewegen, da sie in ihrer Umgebung keine freien Zustände finden. Im eindimensionalen Fall besteht die Fermi-Grenze aus zwei besetzten Zuständen. Im zweidimensionalen Fall ist die Fermi-Grenze ein Kreis, und im Dreidimensionalen ist sie, wie in Abb. 7.1 dargestellt, im einfachsten Fall eine Kugeloberfläche. Beim Quanten-Hall-Effekt, der ein zweidimensionales Phänomen ist, ist auch die Fermi-Energie nur zweidimensional.

Der Einfluss des Kristallgitters auf die Bewegung der Ladungsträger führt dazu, dass die Impulse richtungsabhängig werden. Entsprechend sind die Energieflächen realer Festkörper Ellipsoide, eine Schar von Ellipsoiden (Abb. 7.13) oder noch wesentlich kompliziertere Flächen.

---

[2] Da hier im Text nicht näher auf die Eigenschaften der Ladungsträger als Kristallelektronen eingegangen wird, werden die Brillouin-Zonen nur als Raum der Energiezustände betrachtet.

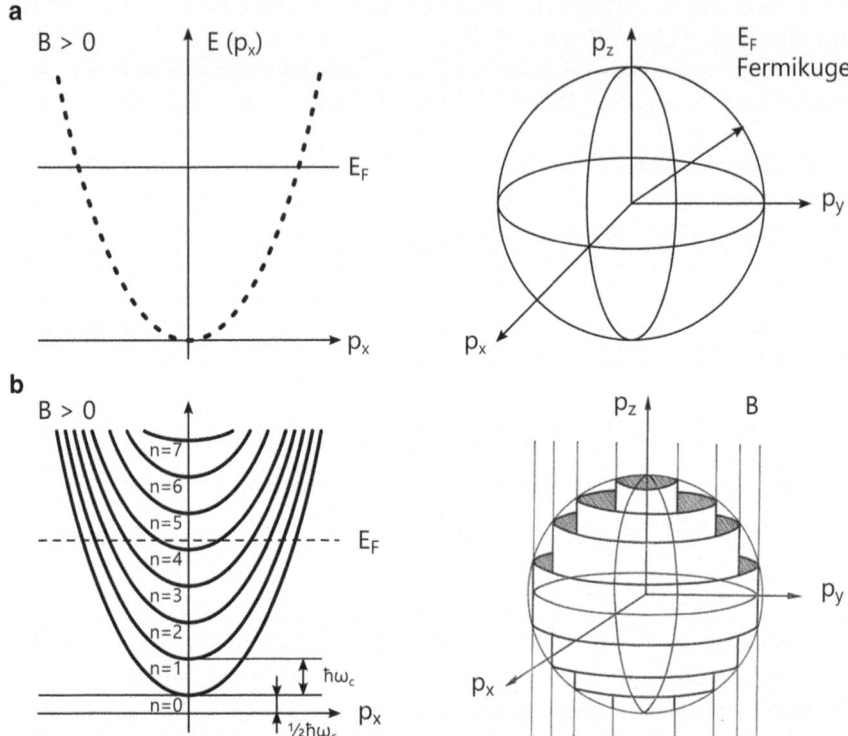

Abb. 7.1 a Energie $E(p)=p^2/2m$ über dem Impuls. Im eindimensionalen Impulsraum liegen die Zustände auf einer Parabel, die bis zur Fermi-Energie E_F mit Ladungsträgern gefüllt ist. Im Dreidimensionalen füllen diese einen symmetrischen Körper, der im einfachsten Fall eine Kugel, die Fermi-Kugel, ist. b Aufspaltung der Energieniveaus im Magnetfeld. Die Quantelung der Energieparabel führt zu einer Parabelschar, wobei jede Parabel die Fermi-Energie schneidet. Im Dreidimensionalen führt die Quantelung zu Landau-Zylindern mit dem Abstand $\hbar\omega_c$ zwischen den Parabeln bzw. den Zylindern. (Aus [3])

Entsprechend der Quantenbeziehung (Gl. 7.2) spalten die Energiezustände im Magnetfeld in eine Schar von Parabeln, den Landau-Niveaus, auf. Das unterste Landau-Niveau wird um die Energie ½ $\hbar\omega_c$ nach oben verschoben. Die höher liegenden Landau-Niveaus haben den energetischen Abstand $\hbar\omega_c$ (Abb. 7.1).

Im Zweidimensionalen bilden die besetzten Zustände an der Fermi-Energie Kreise. Und im dreidimensionalen Fall werden die Zustände in Landau-Zylinder um die Magnetfeldrichtung gequantelt, denn die Quantelung erfolgt nur in der Ebene senkrecht zum Magnetfeld.

Mit Erhöhung des Magnetfeldes wird der energetische Abstand der Landau-Niveaus kontinuierlich größer. Die Parabeln in Abb. 7.1 verschieben sich nach oben. Beim Übergang der Parabel über die Fermi-Energie springen die noch verbliebenen Elektronen von diesem Landau-Niveau auf das darunterliegende. Im Dreidimensionalen verlassen die Landau-Zylinder die Fermi-Kugel. Dieser

Übergang zeigt starke Wirkung auf die Leitfähigkeit und den Diamagnetismus. Die Änderungen in der Leitfähigkeit werden als Shubnikow-de-Haas-Effekt und die Wirkung auf den Diamagnetismus als De-Haas-van-Alphen-Effekt bezeichnet.

7.2 Die Fermi-Flächen von Wolfram, Molybdän und Niobium

Zur Untersuchung der Elektronenstrukturen der hochschmelzenden Metalle wurden rechteckige, kristallographisch orientierte Streifenresonatoren hergestellt. Die Messungen der Resonanzen erfolgten mit 9,38 GHz oder 36 GHz bei 1,6 K, meist in der (110)-Ebene mit dem Magnetfeld B ∥ [001]-Richtung, wobei der Strom I in der [110]-Richtung orientiert war. Die Streifenresonatoren hatten die Abmessungen $13 \times 4 \times 0,8$ mm^3.

Das Restwiderstandsverhältnis für die Wolframkristalle betrug bei der Abkühlung von Zimmertemperatur auf 4, 2 K $R_{4,2\,K}/R_{293\,K} = 1,8\ 10^{-5}$, d. h., der Widerstand verringerte sich bei Abkühlung von Zimmertemperatur auf 4,2 K um den Faktor 10^5 [4].

Die Apparatur (Abb. 7.2) für diese Messungen der hochschmelzenden Metalle hatte Chaikin aufgebaut. Sie stand im Kapitza-Institut in einem Kellerlabor auf einem vom Gebäude getrennten Fundament. Zwei Resonanzkreise mit je einer Wanderfeldröhre mit Frequenzen im 9-GHz-Bereich waren als Heterodynspektrometer zusammengeschaltet. Ein Resonanzkreis war als Messkreis ausgelegt, der zweite mit einem supraleitenden Bleiresonator hoher Güte mit der Vergleichsfrequenz [5].

Als Kurt Mendelssohn Ende der 1960er-Jahre das Labor von Chaikin besuchte, war er so begeistert von der Apparatur, dass er einige Zeit an den Messungen teilnahm.

Mit dieser Anlage wurden unsere ersten Asbel-Kaner-Zyklotronresonanz-Messungen am Wolfram durchgeführt. Bei dieser Resonanz, die zwischen einer Mikrowelle und dem Umlauf von Ladungsträgern auf Zyklotronbahnen im Magnetfeld erfolgt, dringt die Mikrowelle nur in eine dünne Oberflächenschicht, die Skin-Schicht δ, des Metalls ein. Im Inneren des Metalls bewegen sich die Ladungsträger frei von der Mikrowelle auf geschlossenen, gekrümmten Bahnen wieder in die Skin-Schicht zurück. Stimmen die Periode der Mikrowelle und die Umlaufzeit der Ladungsträger überein, kommt es zur Resonanz. Wenn sich bei Verringerung des Magnetfeldes die Umlaufzeit der Ladungsträger erhöht, kommt es bei einem Umlauf, während die Mikrowelle zwei Perioden durchläuft, zur nächsten Resonanz. Dadurch entsteht eine periodische Folge von Resonanzen, die sogenannte Asbel-Kaner-Zyklotronresonanz.[3]

---

[3] Emanuel Kaner war ein talentierter theoretischer Physiker aus dem Khakower Tieftemperatur-Institut, das 1960 von Boris Ieremievich Verkin, einem Physiker und virtuosen Pianisten, gegründet wurde und heute B.I. Verkin Institut heißt.

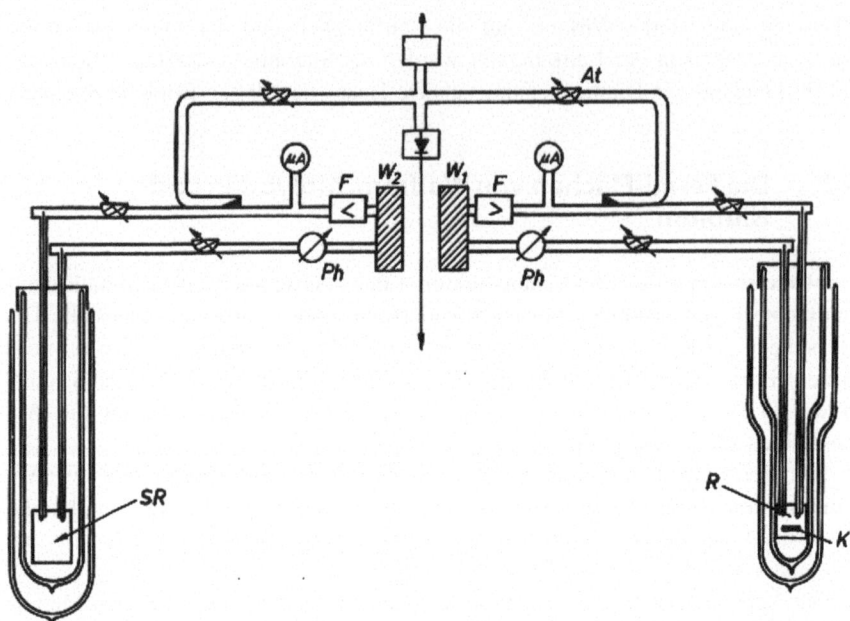

Abb. 7.2 Heterodynmessanlage. Der rechte Resonanzkreis mit der Wanderfeldröhre W_1 und dem Resonator R, in dem sich der Messkristall K befindet, ist der Messkreis. Der linke Kreis mit der Wanderfeldröhre W_2 und dem supraleitenden Resonator (SR) liefert die Vergleichsfrequenz. Ph = Phasenschieber, At = notwendige Attenuatoren, <, > = Verstärkungsrichtungen der Röhren W_1 und W_2

Die experimentelle Anordnung, mit der das Metall Wismut mit 36,18 GHz gemessen wurde, ist in Abb. 7.16a dargestellt.

Elektromagnetische Wellen mit Frequenzen, die kleiner als die Plasmafrequenz $\omega_p = (e^2 N/\varepsilon_0 m^*)^{1/2}$ sind (Abschn. 7.5), dringen nur in eine Oberflächenschicht ein, die als Skin-Schicht bezeichnet wird und in Abhängigkeit von der Frequenz nur wenige Mikrometer bzw. Nanometer dick ist. Konkret beträgt die Skin-Schicht für Kupfer bei der Frequenz von 10^{12}/s nur 160 nm. Voraussetzungen, dass es zur Resonanz kommt, sind eine Skin-Schicht δ wesentlich kleiner als der Bahnradius der Ladungsträger r_c und ein Radius der Bahn wesentlich kleiner als die mittlere freie Weglänge l der Ladungsträger:

$$\delta \ll r_c \ll l \qquad (7.4)$$

Außerdem muss die Lebensdauer der Ladungsträger τ wesentlich größer als die Mikrowellenperiode T sein. Mit $\omega_c = 1/T$ lautet die Bedingung

$$\omega_c \tau \gg 1. \qquad (7.5)$$

Die Beziehung zwischen der Mikrowelle und dem Magnetfeld ist durch die Zyklotronfrequenz (Gl. 7.3) gegeben. Die Resonanzbedingung für die Grundresonanz ist dann $\omega = \omega_c$.

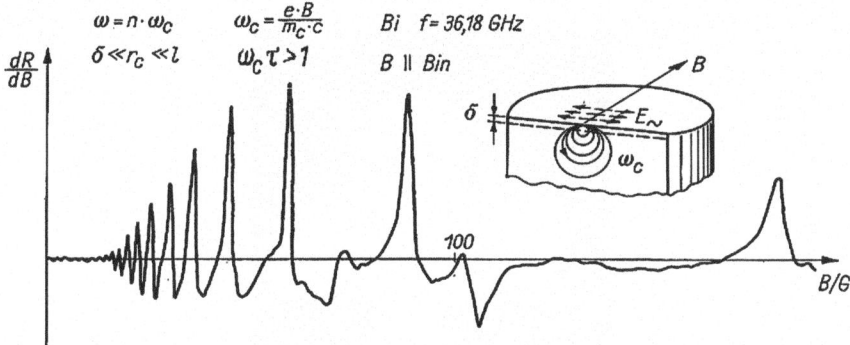

Abb. 7.3 Asbel-Kaner-Resonanz bei $\omega = n\omega_c$, mit der Mikrowellenfrequenz $\omega = 36{,}18$ GHz im Wismut. Das Spektrum zeigt die Grundresonanz $n = 1$ (rechts am Ende der Magnetfeldskala) mit zehn Harmonischen für Wismut [6]

Wird das Magnetfeld auf die Hälfte verringert, dann ist die Zyklotronfrequenz nur noch halb so groß wie bei der Grundresonanz, und es kommt bei $\omega = 2\omega_c$ zur nächsten Resonanz. So entsteht bei weiter abnehmendem Magnetfeld eine ganze Resonanzserie

$$\omega = n\omega_c \tag{7.6}$$

mit $n = 1, 2, 3, \ldots$ Die Resonanzen mit $n > 1$ werden als Harmonische bezeichnet. Das ist die Asbel-Kaner-Resonanz, die mit den Parametern des Experiments und den Resonanzbedingungen in Abb. 7.3 zusammengefasst sind.

So wie im realen Festkörper bewegen sich die Elektronen auch im Impulsraum auf Bahnen, die durch die Fermi-Fläche vorgegeben werden. Wolfram hat ein kubisch raumzentriertes Kristallgitter. Die Berechnung der Fermi-Fläche von Wolfram ergab einen zentralen Elektronenkörper im Zentrum des Impulsraumes und Löcherflächen in den H-Eckpunkten [****7]. Der zentrale Körper, der sogenannte Elektronen-Jack, hat aufgrund seiner Geometrie eine Reihe von Extremalquerschnitten. Das ist deshalb wichtig, weil die Bewegung der Ladungsträger auf anderen Bahnen, die auch eine Impulskomponente in Richtung des Magnetfeldes haben, so lange auf dieser Bahn in Richtung des Magnetfeldes verläuft, bis ein Extremalquerschnitt erreicht ist und die Impulskomponente in Richtung des Magnetfeldes verschwindet. Erst dann kommt es zur Resonanz. Der Elektronen-Jack und die für die Zyklotronresonanz wichtigen Extremalquerschnitte sind in Abb. 7.4 zusammengestellt.

Mit der Asbel-Kaner-Zyklotronresonanz wurde die Anisotropie der effektiven Massen der Ladungsträger (hier mit μ bezeichnet) auf den Fermi-Flächen von Wolfram und Molybdän gemessen. Die hohe Auflösung der Heterodynanlage ermöglichte die Messung fast alle Extremalbahnen. In Abb. 7.5 ist das aus den Zyklotronresonanzmessungen bestimmte Anisotropiediagramm der effektiven Massen von Wolfram dargestellt.

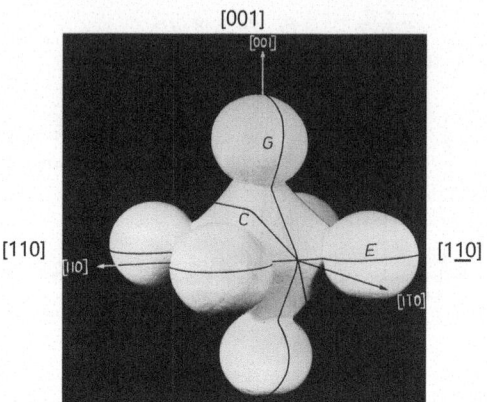

Abb. 7.4 Modell des Elektronen-Jacks, dem zentralen Körper der Fermi-Fläche von Wolfram mit Oktaedersymmetrie und sechs kugelförmigen Ausstülpungen in den Eckpunkten H. An diesen Eckpunkten H befinden sich noch ellipsoidförmige Löcherflächen (hier nicht gezeigt). Die Bahnen C, E und G in den kristallographischen Hauptrichtungen [100] bis [001] sind die Extremalbahnen, auf denen Zyklotronresonanz stattfindet

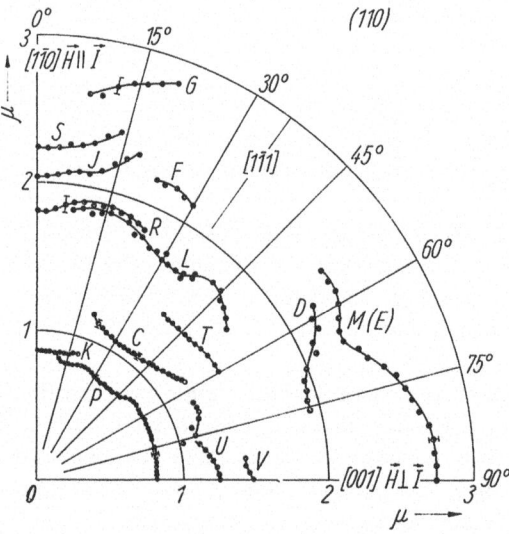

Abb. 7.5 Anisotropie der effektiven Massen von Wolfram in der (110)-Ebene. μ sind die effektiven Massen m/m_0 [8]

Mit der Anisotropie der effektiven Massen kann die Form der Fermi-Flächen der Metalle rekonstruiert werden, indem die mit Modellen berechneten effektiven Massen mit den Messwerten verglichen werden. Das Ergebnis war, dass die Fermi-Fläche von Molybdän der Fermi-Fläche von Wolfram sehr ähnlich ist und die effektiven Massen nur geringfügig kleiner sind.

7.2 Die Fermi-Flächen von Wolfram, Molybdän und Niobium

Die effektiven Massen der hochschmelzenden Metalle sind mit Werten bis zu 2,8 m_0 (wobei m_0 die Masse des freien Elektrons ist) im Vergleich zu den normalen Metallen wie Cu, Ag, Au sowie Na und K, deren effektive Massen um 1 m_0 liegen, schwerer. Im Vergleich zu den effektiven Massen von Halbleitern sind sie sehr schwer.

Wie Wolfram und Molybdän ist auch Niobium ein hochschmelzendes Metall mit einer kubisch-raumzentrierten Gitterstruktur. Der Schmelzpunkt liegt bei $T_s = 2477°C$. Die Fermi-Fläche des Niobiums ist den Fermi-Flächen der anderen beiden Metalle ähnlich [9]. Sie verteilt sich jedoch über drei Brillouin-Zonen. Die erste Brillouin-Zone ist mit Elektronen gefüllt. Die zweite Brillouin-Zone enthält im Zentrum einen Löcher-Oktaeder. Die Fermi-Fläche in der dritten Brillouin-Zone besteht wie bei Wolfram und Molybdän aus einem sechsarmigen Zentralkörper. Dadurch können sich im Magnetfeld drei Löcher-Extremalbahnen um die Arme sowie eine Elektron-Extremalbahn im erweiterten Zonenschema ausbilden. Zwischen den Armen befinden sich zusätzlich sechs Löcherellipsoide.

Alle drei Metalle sind Supraleiter: Wolfram mit einem kritischen Wert von $T_c = 0{,}0154$ K und $B_c = 0{,}115$ mT, Molybdän mit $T_c = 0{,}915$ K und $B_c = 9{,}6$ mT und Niobium mit $T_c = 9{,}25$ K. Niobium ist ein Supraleiter zweiter Art, in dem Zyklotronresonanz nur in Magnetfeldern auftreten kann, die größer als das kritische Feld der Oberflächensupraleitung $B_{c3} = 0{,}6$ T sind. Entsprechend wurden die Experimente in einer supraleitenden NbTi-Spule im Magnetfeld bis 4 T durchgeführt. Die Proben des hochreinen Niobiums hatten einem Restwiderstand von $R_{4,2}/R_{300} = 2{,}86 \cdot 10^{-5}$. Die Messtemperatur für die Zyklotronmessungen im Niobium betrug 4,2 K, die Messfrequenz 35,3 GHz [9].

Die experimentell erhaltenen Zyklotronmassen von Niobium sind um einen Faktor von 2,2 größer als die von Mattheiss berechneten Werte [10]. In Tab. 7.1 werden die von uns gemessenen experimentellen Werte mit den theoretisch berechneten Werten verglichen.

Diese Massenerhöhung bei den experimentellen Werten ist auf die Wechselwirkung von Phononen mit den Elektronen zurückzuführen. Die Theorie der Elektron-Phonon-Wechselwirkung von McMillan liefert einen Faktor von 1,82 [11]. Da Wasserstoff, Sauerstoff und auch Stickstoff schnell in das Gitter der Niobiumeinkristalle eindiffundieren, erhält man nur gut aufgelöste Impedanzsignale, wenn die Kristalle gründlich im Vakuum getempert und gleich danach (von der Atmosphäre isoliert) im flüssigen Helium auf 4,2 K abgekühlt werden.

Tab. 7.1 Experimentelle Werte der Zyklotronmassen auf den Extremalbahnen ELL(1), ELL(2), ELL(3,4), Ell(5,6) und OCT im Niobium und ihr Verhältnis zu den berechneten Werten [9]

Bahn	ELL(1)/m_0	ELL(2)/m_0	ELL(3,4)/m_0	Ell(5,6)/m_0	OCT/m_0
m_c^* exp	1,36	2,14	1,73	2,01	4,8
m_c^* theo	0,64	0,97	0,79	0,92	2,23
m_c^* exp/m_c^* theo	2,12	2,21	2,19	2,19	2,15

Diese Präparation der Kristalle erforderte von Dr. Lutz Rothkirch und seinen Mitarbeitern, denen die Untersuchung der Elektronenstruktur von Niobium erstmals gelang, sehr viel Geduld. Er konnte zeigen, dass lange Abkühlzeiten notwendig sind, bis Mikrowellenresonanzen überhaupt aufgelöst werden. Nachdem die Messkristalle in flüssiges Helium (4,2 K) getaucht wurden, zeigten sich außer der paramagnetischen Resonanz der Elektronen (EPR in Abb. 7.6) keine weiteren Resonanzen. Signale der Asbel-Kaner-Zyklotronresonanz sind erst nach 24 h Abkühlung zu beobachten; nach 48 h sind die Signale voll ausgebildet.

Mit den auf diese Weise vorbereiteten Experimenten wurde zum ersten Mal auch Zyklotronresonanz an Niobium nachgewiesen. In dem Spektrum von Abb. 7.6 ist die Asbel-Kaner-Resonanz mit vier Resonanzserien dargestellt, die entsprechenden Extremalflächen zugeordnet werden konnten.

Das Spektrum zeigt neben den Resonanzserien das EPR-Signal eine sehr auffällige Resonanz bei 26 kG (bzw. 2,6 T), die mit A bezeichnet wurde. Diese intensive, scharfe Linie wird wahrscheinlich durch einen „magnetischen Durchbruch" zwischen Teilen der Fermi-Fläche erzeugt, wie schon Scott und Springford [12] vermuteten.

Da die Grundresonanz des Hauptquerschnitts der Fermi-Fläche außerhalb des Messbereichs bei 5,45 T liegt, müsste jedoch die zweite Harmonische, wie in

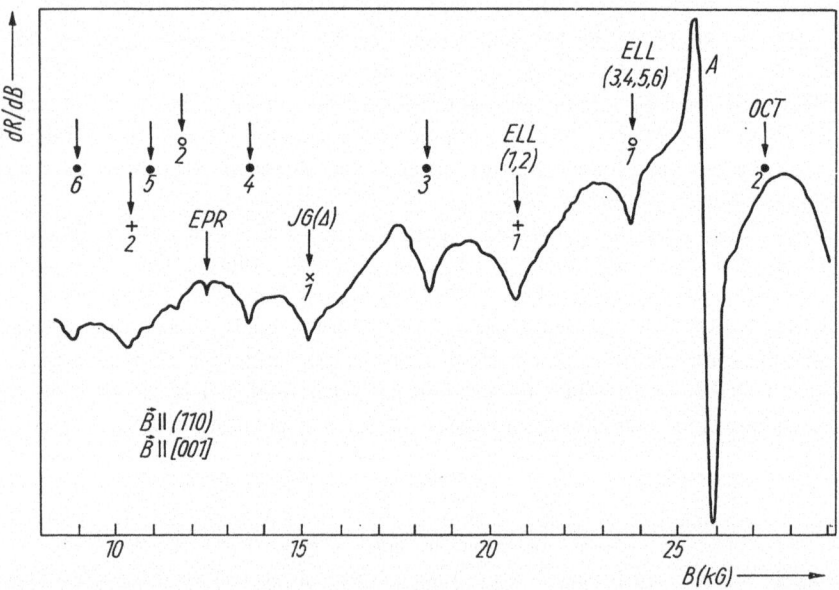

Abb. 7.6 Impedanzspektrum von Niobium im Magnetfeld von 0,8–2,8 T. Das Magnetfeld ist größer als das kritische Feld der Oberflächensupraleitung $H_{c3} = 0{,}6$ T. Die Niobiumkristalle sind in diesem Magnetfeldbereich normalleitend. Die Minima in diesem Spektrum wurden entsprechend der Anisotropie ihrer Extremalbahnen den von Mattheiss theoretisch berechneten Fermi-Flächen zugeordnet

Abb. 7.6 angedeutet, bei 2,7 T liegen. Diese Harmonische fehlt jedoch. Da aber in schwächeren Magnetfeldern keine Harmonischen dieser Grundresonanz existieren, sich aber in diesem Bereich die Harmonischen der zweiten Resonanzbahn befinden, weist das darauf hin, dass der magnetische Durchbruch erst in Magnetfeldern über 1,8 T erfolgt.

Befindet sich das Niobium im supraleitenden Zustand (Kap. 9), dann beobachtet man schon ohne Tempern der Kristalle Impedanzsignale. Diese Signale werden von den Übergängen zwischen der Meißner-Phase und der Shubnikow-Phase H_{c1} sowie der Shubnikow-Phase und der Oberflächensupraleitung H_{c2} sowie dem Verschwinden der Oberflächensupraleitung H_{c3} verursacht.

In frisch getemperten Kristallen sind die Phasenübergänge zwischen Meißner- und Shubnikow-Phase ausgeprägt. Die Impedanz in der Meißner-Phase wird durch die Wechselwirkung der Hochfrequenzwelle mit magnetischen Oberflächenzuständen in der supraleitenden Energielücke bestimmt, die Impedanz in der Shubnikow-Phase durch die Wechselwirkung der Hochfrequenzwelle mit dem magnetischen Wirbelfäden des Abrikossow-Gitters [13].

Nachwuchswissenschaftler der Humboldt-Universität waren oft zu Gast im Kapitza-Institut. Chaikin und Edelman beteiligten sich aber auch an den Messungen in Berlin. Bei ihren Besuchen berichteten sie über ihre neuesten Ergebnisse und über internationale Trends. Chaikin verabschiedete sich aus Berlin nie, ohne dass in Diskussionen neue Anregungen für Experimente entstanden waren. Für sein Engagement in der Forschung und auch in der Ausbildung wurde Michail Chaikin als international geachtete Forscherpersönlichkeit, die die magnetischen Oberflächenzustände entdeckt hatte und einen grundlegenden Beitrag zur experimentellen Klärung der Elektronenstruktur der Metalle geleistet hat, 1987 Ehrendoktor der Humboldt-Universität (Abb. 7.7).

Abb. 7.7 Einladung zum Kolloquium zur Verleihung der Ehrendoktorwürde an Prof. Dr. Michail S. Chaikin am 22. Mai 1987, an der auch der spätere Rektor der Universität Heinrich Fink als Dekan der Theologischen Fakultät teilnahm. Porträt von Michail S. Chaikin

7.3 Zyklotronresonanz und magnetische Oberflächenzustände des Halbleiters Tellur

Zu Beginn der Erforschung der elektronischen Eigenschaften von Halbleitern wurden neben Silizium und Germanium auch Tellur und Selen intensiv untersucht. Die erste grundlegende Arbeit zur Zyklotronresonanz in Halbleitern ist die Arbeit von Dresselhaus, Kipp und Kittel [14]. Von den Autoren wurden die effektiven Massen für Germanium und Silizium in den wichtigsten kristallographischen Richtungen [100], [111] und [110] ausgemessen.

Der erste Halbleiter, der am Tieftemperatur-Lehrstuhl der Berliner Universität untersucht wurde, war Tellur [15]. Tellur ist ein Löcher-Halbleiter. Das Kristallgitter ist trigonal, in dem rechtsdrehende Spiralketten in einem hexagonalen Gitter angeordnet sind (Abb. 7.8a). Die Bandstruktur besteht aus einem leeren parabelförmigen Leitungsband im H-Punkt und einem Valenzband, das entlang der Richtung – P–H–P – eine Kamelhöckerstruktur um den H-Punkt hat. Die H-Punkte bilden die Eckpunkte der Kanten der Brillouin-Zone (Abb. 7.8b).

Wesentlich für die Resonanzmessungen ist die Oberflächenpräparation der Kristalle. Die für die hier beschriebenen Experimente eingesetzten Messproben waren Streifenresonatoren, die bei Stickstofftemperaturen entlang der trigonalen Achse gespalten und sofort im Mikrowellenresonator auf Heliumtemperaturen gebracht wurden.

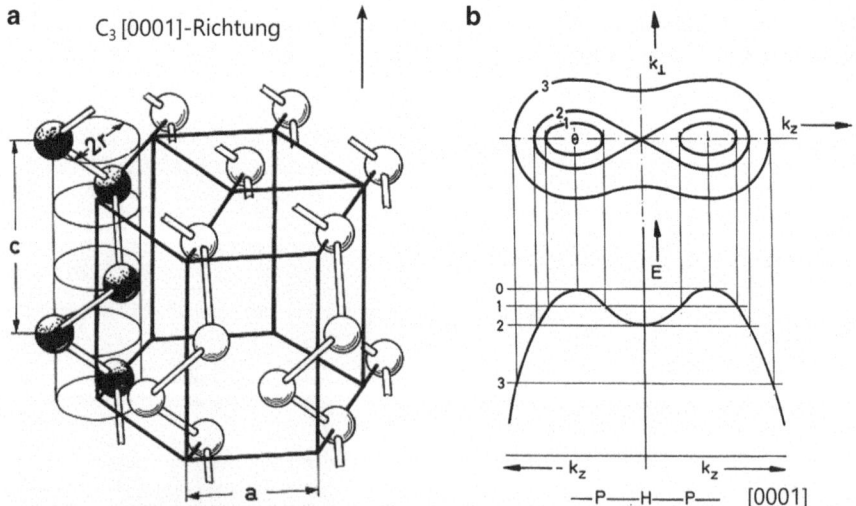

Abb. 7.8 a Kristallgitter von Tellur, b Struktur des Valenzbandes in der Brillouin-Zone. Die Energielücke E_g von Tellur beträgt bei 0 K 0,33 eV [16]

7.3 Zyklotronresonanz und magnetische Oberflächenzustände ...

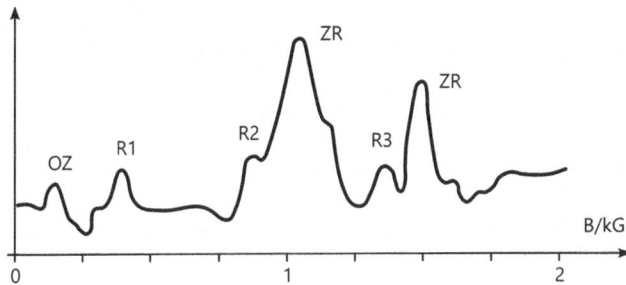

Abb. 7.9 Zyklotronresonanzspektrum von Tellur mit 36,14 GHz für ein Magnetfeld in der (1210)-Ebene, bei einem Winkel von 40 des Magnetfeldes zur [0001]-Richtung. Neben den Zyklotronresonanzen (ZR) bei 1,19 und 1,51 kG zeigt die Messung Signale in sehr schwachen Feldern (OZ), die zu Oberflächenzuständen gehören, und eine Oszillationsserie R1, R2, R3 [17]

Die Untersuchung von Tellur erfolgte mit Resonanz von Mikrowellen bei 9 und 36,1 GHz. Aus der Messung der effektiven Massen der Ladungsträger wurde die Form der Isoenergieflächen bestimmt.

Abb. 7.9 zeigt ein Resonanzspektrum mit zwei ausgeprägten Resonanzen zwischen 1 und 2 kG, die der Zyklotronresonanz der Löcher in der Kamelhöckerbandstruktur zugeordnet werden.

Abb. 7.10 zeigt die Anisotropie der Resonanzen in der (1210)-Ebene mit der Frequenz 36,10 GHz bei 1,6 K in einem Tellurkristall mit einer Ladungsträgerkonzentration von $p = 10^{14}$ cm^{-3}. Das Magnetfeld wurde bei dieser Messung in der (1210)-Ebene aus der [0001]-Richtung in die [1010]-Richtung gedreht [17].

In der (**1210**)-Ebene werden drei Gruppen von Resonanzen gemessen: Die erste Gruppe (a, b, c) zeigt die Zyklotronresonanzen. Sie liegen bei Magnetfeldern 0,174 T, 0,151 T und 0,119 T mit B parallel zur [1010]- sowie bei 0,135 T und 0,109 T mit B parallel zur [0001]-Richtung.

Die zweite Gruppe (R1, R2, R3) besteht aus drei quasi äquidistanten Signalen 0,076 T, 0,148 T und 0,212 T, nahe an der [0001]-Achse, fast in der Kristalloberfläche. Die dritte Gruppe (OZ) besteht aus Signalen, die in sehr schwachen Magnetfeldern <300 Oe (G) bzw. (<0,03 T) beobachtet werden. Die Kurven a, b, c in Abb. 7.10a sind die Zyklotronresonanzen. Der Hügel der Resonanz b um den Winkel 60 zur [0001]-Achse entspricht der Kamelhöckerstruktur der Energiebänder des Tellurs.

Die Maxima der drei äquidistanten R-Signale bei 0,076 T, 0,148 T und 0,212 T, die bei einem Winkel von 5 zur [0001]-Achse ein Maximum haben, sind durch die Kristalloberfläche bestimmt. (Dem ersten Maximum entspricht eine Zyklotronmasse von 0,056 m_0). Diese Resonanzserie genügt der Beziehung eines Größeneffekts (Abschn. 7.4.1)

$$B = n\, B_0, \qquad (7.7)$$

was eigentlich nur durch eine Schichtung in der Ladungsträgerstruktur parallel zur Oberfläche im Tellurkristall erzeugt werden kann. Dabei beträgt $B_0 = 0{,}076$ T.

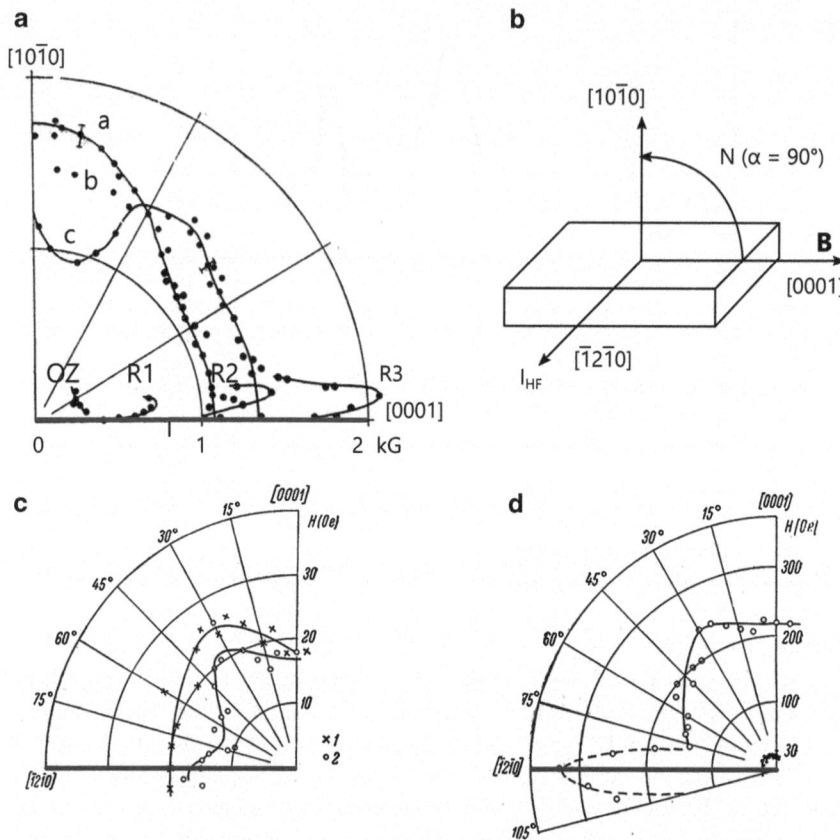

Abb. 7.10 a Drei Gruppen von Resonanzen bzw. Impedanzphänomene ZR, Ri (i = 1, 2, 3), b OZ für das Magnetfeld in der (1210)-Kristalloberfläche, c und d Anisotropie der Signale OZ in sehr schwachen Magnetfeldern im Bereich bis 30 G (c) und bis 300 G (d). Die blaue Linie markiert die Lage der Oberfläche des Kristalls [17]

Die in Abb. 7.10a nahe der Oberfläche an der [0001]-Achse mit OZ bezeichneten Signale sind in Abb. 7.10c und d durch höher aufgelöste Messungen besser dargestellt. Sie liegen bei Magnetfeldern um 20G (0,002 T) und 200 G (0,02 T) im Bereich der magnetischen Oberflächenzustände [17]. In beiden Fällen wurde das Magnetfeld bei diesen Messungen in der (10$\bar{1}$0)-Oberfläche von der [0001]-Achse zur [10$\bar{1}$0]-Achse gedreht.

Die Kreise o auf der Anisotropiekurve in Abb. 7.10c unten rechts gehören zu einer Probe mit einer Ladungsträgerkonzentration von 10^{14} cm^{-3}, die Kreuze x stehen für einen Kristall mit einer Ladungsträgerkonzentration von 10^{17} cm^{-3}. Die Signale liegen im Bereich der Oberflächenzustände, und ihre Anisotropie weist darauf hin, dass sie durch die Kristalloberfläche bestimmt werden.

Erst die beeindruckende Entwicklung der Festkörperphysik, die in den letzten Jahren zur Entdeckung der topologischen Isolatoren führte, zeigt, dass der

Oberfläche von Halbleitern und Isolatoren eine besondere Bedeutung zu kommt. Ein topologischer Isolator ist ein Isolator mit stabilen, leitenden Oberflächenzuständen, die durch eine Kombination von Spin-Bahn-Wechselwirkung und Zeitumkehrsymmetrie entstehen.

Topologische Isolatoren findet man unter halbleitenden Mischkristallen, Telluriden und Seleniden von Quecksilber und Cadmium, Wismut und Antimon [18]. Rechnungen zeigen, dass Tellur unter Druck durch Inversion vom primitiven „Isolator" in einen topologischen Isolator übergehen kann. Da die Telluratome im Kristall hexagonal angeordnete Spiralen bilden, geht die Kristallbindung beim Spalten der Kristalle in der obersten Spiralschicht teilweise verloren. Dabei werden sehr wahrscheinlich Scherspannungen in der Oberfläche erzeugt, wie sie von Luis A. Agapito [19] diskutiert wurden.

Entsprechend lassen aus heutiger Sicht die in den 1960er-Jahren erhaltenen Erscheinungen, die neben der Zyklotronresonanz gemessen wurden, vermuten, dass Tellur unter gewissen Umständen zu den topologischen Isolatoren gehört. Eine erstaunliche Leitfähigkeit der Oberflächen der Tellurkristalle war damals der Grund, die Kristalle auf Oberflächensupraleitung zu untersuchen.

7.4 Wismut und Wismut-Antimon-Legierungen

Das Halbmetall Wismut, aber auch Legierungen von Wismut mit anderen Metallen waren seit der Entdeckung der thermoelektrischen Effekte durch Nernst und von Ettingshausen immer öfter Gegenstand der Untersuchungen der elektronischen Eigenschaften von Festkörpern. In den 1950er- und 1960er-Jahren erregten Wismut-Antimon-Legierungen, in denen in Abhängigkeit von der Antimonkonzentration Phasenübergänge aus der metallischen Phase in eine halbleitende und auch die Umkehrung, ein Übergang aus der halbleitenden Phase in die metallischen Phase, auftreten, besondere Aufmerksamkeit.

So entwickelte sich zwischen dem Forschungsbereich Tieftemperatur-Festkörperphysik und dem Lehrstuhl Tieftemperaturphysik der Moskauer Staatlichen Universität, an dem galvanomagnetische Effekte dieser Legierungen untersucht wurden, eine Zusammenarbeit.

Zu Beginn der Arbeiten wurde in Berlin reines Wismut mit dem Hochfrequenz-Größeneffekt untersucht, einer spektroskopische Methode, die den Skin-Effekt ausnutzt, um Eigenschaften der Ladungsträger zu messen. Dieser Effekt wurde erstmals 1958 von Kaner theoretisch untersucht [20] und 1961 von Chaikin nachgewiesen [6]. Gantmacher gelang dieser Effekt bei wesentlich niedrigeren Frequenzen im Megahertzbereich [21]. Dabei wurden die Elektronen in der Skin-Schicht auf der einen Seite des Kristalls beschleunigt, sie durchdringen den magnetfeldfreien Raum im Inneren des Kristalls und reproduzieren die Skin-Schicht auf seiner Rückseite.

7.4.1 Der Radiofrequenz-Größeneffekt im Wismut

Mit dem Radiofrequenz-Größeneffekt, der auch nach seinem Erfinder als Gantmacher-Effekt bezeichnet wird, konnten die Abmessungen und die Anisotropie der Fermi-Flächen von Wismut mit Frequenzen zwischen 2 und 20 MHz von uns gemessen werden [22]. Die Messtemperatur lag zwischen 1,7 und 4,2 K. Gemessen wurden die Ableitungen von Real- und Imaginärteil der Oberflächenimpedanz, dR/dB = F(B) und dX/dB = F(B). Der Parameter war die Amplitude des einfallenden HF-Feldes. Für diese Untersuchungen wurden Einkristalle mit Dicken von 0,8 und 2,0 mm in Formen gezüchtet.

Abb. 7.11 zeigt das Grundprinzip des Effekts. Die Skin-Schicht wird, wenn der Durchmesser einer Zyklotronbahn im Magnetfeld die Dicke des Kristalls erreicht, von der Oberfläche, auf die die Hochfrequenzwelle eingestrahlt wird, durch die Zyklotronbewegung der Elektronen auf der Rückseite des Kristalls reproduziert. Zum Durchgang der Radiowelle durch das Metall kommt es aber nicht nur, wenn der Durchmesser der Zyklotronbahn der Kristalldicke D entspricht, sondern auch, wenn bei stärkeren Magnetfeldern zwei Bahndurchmesser a oder mehrere (D/2, D/3, … mit n = 1, 2, 3, …) gerade in die Probe passen, also bei der doppelten und dreifachen Magnetfeldstärke. Dann ist der Zyklotronradius a = D/n (n = 1, 2, 3, …). Unter den Bedingungen $\delta \ll D \ll l$ und $\omega \ll \omega_c$ wird der Fermi-Impuls durch die Beziehung
bestimmt.

$$a = \frac{D}{n} = \frac{2p_F}{neB} \tag{7.8}$$

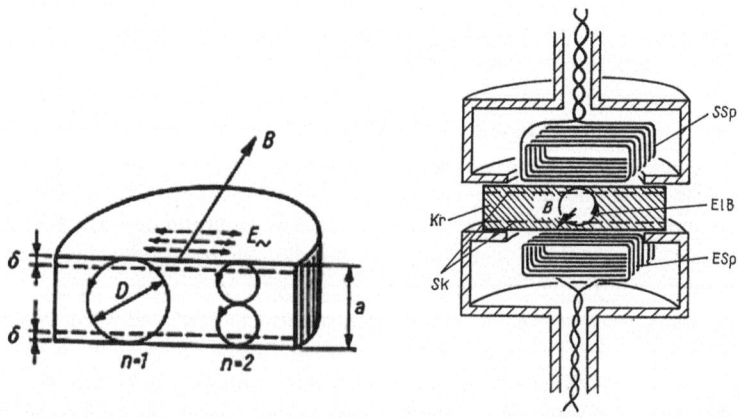

Abb. 7.11 a Die elektromagnetische Welle wird in die Skin-Schicht an der Oberseite δ des Kristalls eingestrahlt. Die Zyklotronbewegung trägt die Skin-Schicht δ zur Rückseite, wo sie reproduziert wird [22]. **b** Messaufbau des Radiofrequenz-Größeneffekts mit einem Kristall zwischen zwei abgeschirmten Spulen. Kr = Kristall, Sk = Skin-Schicht, B = Magnetfeld, ElB = Elektronenbahn, SSp = Sendespule, ESp = Empfangsspule

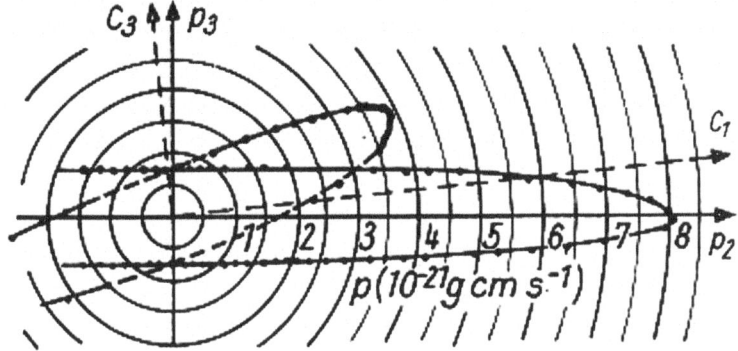

Abb. 7.12 Anisotropie der Fermi-Impulse p_F von Wismut in der C_2-Ebene aus Messungen des Radiofrequenz-Größeneffekts mit 18,96 MHz bei 1,7 K [23]

Durch Drehen der Magnetfeldrichtung kann die Anisotropie des Fermi-Impulses im Kristall gemessen werden, denn mit dem Bahndurchmesser, der sich aus der Probendicke bestimmt, ergibt sich der Impuls zu $p_F = a\,eB/2$.

Die für diese Messungen eingesetzte Apparatur wurde von Hans-Ullrich Müller und Siegfried Heß entwickelt und gebaut. Sie konnten dabei ihre Erfahrungen aus den Ultraschallmessungen bei Grützmacher nutzen. Der Wismutkristall liegt zwischen zwei Messspulen. Die obere Spule ist der Sender, die untere der Empfänger.

Bei der Frequenz von 18,96 MHz ergibt sich eine Geschwindigkeit der Elektronen von $1,19 \cdot 10^8$ cm/s. Für den Impuls in C_1-Richtung des Wismutkristalls (Richtungen im Gitter s. Abb. 7.12) folgt eine effektive Masse des Ladungsträgers von $m_{eff} = 0,18\,m_0$ (wobei $m_0 = 9,11 \cdot 10^{-28}$ g die Masse eines freien Elektrons ist). Die Messung der Fermi-Impulse in den Hauptachsen der Quasiellipsoide der Fermi-Fläche ergaben die Impulse $p_1 = 0,545 \cdot 10^{-21}$ gcm/s, $p_2 = 8,05 \cdot 10^{-21}$ gcm/s, $p_3 = 0,754 \cdot 10^{-21}$ gcm/s [22].

Mit der Messung der Anisotropie der Impulse in der C_3-Ebene konnte die konkrete Form der Elektronen-Fermi-Flächen (Ellipsoide in Abb. 7.12) von Wismut in den L-Punkten des Impulsraumes bestimmt werden (Abb. 7.13).

Abb. 7.14 zeigt die Generation der Enkel von Kapitza, Emanuel Kaner, Alexander Andrejew und W. F. Gantmacher, die zu den Pionieren bei der Ausmessung der Fermi-Flächen und grundlegenden Effekten der Elektronenstruktur und der Supraleitung gehören.

7.4.2 Die Phasen der Wismut-Antimon-Legierungen

In dem Legierungssystem von Wismut mit Antimon, $Bi_{(1-x)}Sb_x$, treten in Abhängigkeit vom Antimonanteil zwei elektronische Phasenübergänge auf. Wismut und Wismutlegierungen mit geringem Anteil von Antimon sind Halbmetalle. Bei 5–6 at.-% Antimon im Wismut ($x = 0,05$–$0,06$) erfolgt ein Übergang vom Metall

Abb. 7.13 Die Fermi-Fläche von Wismut besteht in der Brillouin-Zone aus drei identischen Elektronenellipsoiden in den L-Punkten, die zur C_1-C_2-Ebene um 6° geneigt sind, und aus einem Löcherellipsoid auf der C_3-Achse im T-Punkt. Die Energieflächen der Ladungsträger in den Legierungen sind dieser Topologie sehr ähnlich

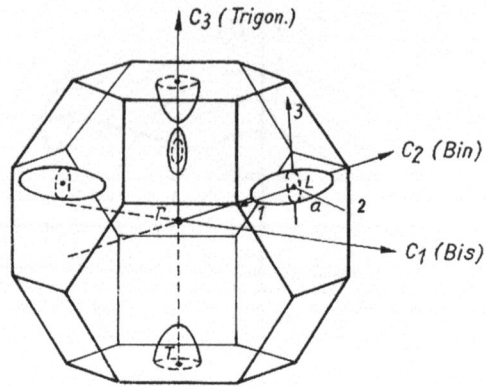

Abb. 7.14 Von links: Emanuel Kaner, Entdecker der Asbel-Kaner-Resonanz, Alexander Andrejew, Entdecker der Andrejew-Reflexion in Supraleitern und Nachfolger von Kapitza als Direktor des Instituts für Physikalische Probleme, sowie W. F. Gantmacher, Entdecker des Radiofrequenz-Größeneffekts auf der XXIV. Internationalen Konferenz der RGW-Länder (RGW, Rat für gegenseitige Wirtschaftshilfe der Länder des Warschauer Vertrags) zur Physik und Technik tiefer Temperaturen, 17.–20. September 1985 an der Humboldt-Universität in der Kongresshalle Berlin am Alexanderplatz. (Foto vom Autor)

zum Halbleiter. Mit Erhöhung des Antimongehalts entsteht eine Energielücke bei 6,5 at.-% (x = 0,065), die ihr Maximum bei 18 at.-% mit 25 meV erreicht, um bei einem Gehalt von 22–23 at.-% (x = 0,22–0,23) Antimon wieder zu verschwinden. Die Legierungen mit höherem Antimongehalt sind, bis zum reinen Antimon, wieder Halbmetalle. Entsprechend bilden sich in den Legierungen, in Abhängigkeit von der Antimonkonzentration, unterschiedliche, teilweise mehrkomponentige Festkörperplasmen aus. Diese Plasmen und die Phasenübergänge mit den damit

7.4 Wismut und Wismut-Antimon-Legierungen

verbundenen Grenzfällen der Bandstruktur eröffneten einen Zugang zur Vielfalt der elektronischen Struktur fester Körper.

In der Zeit der Entwicklung von Strahlungsdetektoren und Lasern mit schmalbandigen Halbleitern, für den infraroten Frequenzbereich des Spektrums, war das Legierungssystem Wismut-Antimon eine Modellsubstanz, die mit der Inversion der Bänder im L-Punkt der Brillouin-Zone prinzipielle neue Einblicke in die elektronische Struktur von Festkörpern ermöglichte. Die dreizählige Entartung der Elektronenzustände in den L-Punkten der Brillouin-Zone erzeugt mit den Löchern im T-Punkt sehr unterschiedliche Plasmaphasen.

Im niedriglegierten, halbmetallischen Bereich existieren Elektronen-Loch-Plasmen, in der halbleitenden Phase entweder ein Elektronen- oder ein Lochplasma und im hochlegierten Bereich wieder ein Elektronen-Loch-Plasma.

Für die Aufnahme dieser Materialklasse in das Forschungsprogramm des Lehrstuhles sprach die erstaunlich hohe Lebensdauer der Ladungsträger in den Legierungen, denn trotz der Mischung von zwei unterschiedlichen Metallen verringerte sich die mittlere freie Weglänge der Ladungsträger bei tiefen Temperaturen gegenüber reinem Wismut moderat, sodass sich alle Legierungen für Resonanzuntersuchungen im Giga- und Terahertzbereich eigneten. In Abb. 7.15 ist die Bandstruktur des Legierungssystems mit den Phasenübergängen dargestellt.

Wismut und wismutreiche Legierungen ($0 \leq x \leq 0{,}065$) sind Halbmetalle, deren Parameter wie Fermi-Energie E_F, Energielücke E_g und Ladungsträgerkonzentration

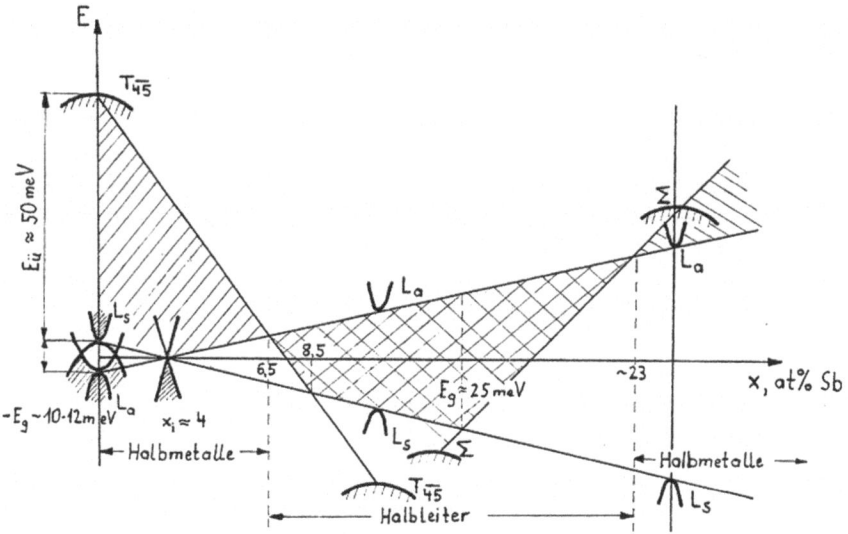

Abb. 7.15 Bandstruktur des Wismut-Antimon-Legierungssystems mit den beiden Phasenübergängen. L_s- und L_a-Band in den L-Punkten der Brillouin-Zone invertieren bei 4 at.-% Sb ($x = 0{,}04$). Bei 6,5 at.-% ($x = 0{,}065$) erfolgt ein Übergang aus einer halbmetallischen Phase in eine halbleitende Phase, die bei 23 at.-% ($x = 0{,}23$) durch Überlappung des L_a-Bandes mit dem Σ-Band wieder verschwindet [24]

$N_{n,p}$ mit zunehmendem Legierungsgrad x abnehmen. Im reinen Wismut bilden das Leitungsband L_s und das Valenzband L_a eine Energielücke von 10–12 meV, die jedoch vom Valenzband im T-Punkt mit 50 meV überlappt wird. Die Energielücke im L-Punkt wird bei $x = 0,04$ (4 at.-% Sb) null. Solch ein Punkt wird heute als Ladungsneutralitätspunkt oder als Dirac-Punkt bezeichnet. Die Bänder L_s und L_a invertieren. L_a wird zum Leitungsband, L_s zum Valenzband. Die Energie der Überlappung nimmt zwar ab, wird aber erst bei $x = 0,065$ (6,5 at.-%) aufgehoben. Es bildet sich eine Energielücke, die bei $x = 0,18$ (18 at.-%) 25 meV erreicht. Die Legierungen zwischen $x = 0,065$ (6,5 at.-%) und 0,23 (23 at.-%) sind stark entartete Halbleiter. In dieser Phase bildet das L_a-Band das Leitungsband und das L_s-Band das Valenzband. Bei $x = 0,18$ (18 at.-%) verkleinert das Band Σ die Lücke, sodass diese bei $x = 0,23$ (23 at.-%) verschwindet. Für $x > 0,23$ (23 at.-%) sind die Legierungen wieder Halbmetalle.

Die Ladungsträgerkonzentration ändert sich im gesamten Legierungsbereich von $x = 0$ (0 at.-%) bis $x = 0,23$ (23 at.-%) von $3 \cdot 10^{17}$ cm^{-3} für reines Wismut auf 10^{14}–10^{13} cm^{-3} in den halbleitenden Legierungen. Dadurch ändern sich auch die Hochfrequenzeigenschaften.

Im Wismut und in den schwachlegierten Legierungen liegt für Mikrowellen ein anomaler bis schwach anomaler Skin-Effekt vor. Es besteht kein lokaler Zusammenhang zwischen dem Strom und dem elektrischen Feld, d. h., das Ohm'sche Gesetz gilt nicht.

In den halbleitenden Legierungen ist der Skin-Effekt normal. Es besteht ein lokaler Zusammenhang zwischen Strom und elektrischem Feld. Für den Strom und das elektrische Feld gilt das Ohm'sche Gesetz. Entsprechend erfolgt in den halbleitenden Legierungen mit größerer Energielücke ein Übergang vom nichtlokalen Plasma zum lokalen Plasma.

Die elektronischen Eigenschaften und die Plasmaeffekte des Legierungssystems lassen sich mit hochfrequenzspektroskopischen Methoden, wie Asbel-Kaner-Zyklotronresonanz, Radiofrequenz-Größeneffekt, Zyklotronresonanz, Plasmawellen und galvanomagnetischen Effekten, bei Temperaturen nahe dem absoluten Nullpunkt, gut erfassen.

In Abschn. 7.4.3 werden die Eigenschaften der Ladungsträger des Legierungssystems zusammengefasst dargestellt.

7.4.3 Die halbmetallischen Wismut-Antimon-Legierungen mit geringem Antimonanteil

Die Wismut-Antimon-Legierungen mit 0–6,5 at.-% Sb sind Halbmetalle. Durch die Überlappung von Valenzband und Leitungsband sind Elektronen und Löcher exakt kompensiert. Die Elektronen befinden sich in den L-Punkten. Die Löcher verteilen sich in Abhängigkeit der Ladungsträgerkonzentration auf das Valenzband im T-Punkt und auf die drei L-Punkte (Abb. 7.13). In den Halbmetallen verkleinern sich die Fermi-Flächen gegenüber denen im reinen Wismut [25].

7.4 Wismut und Wismut-Antimon-Legierungen

Der Widerstand der Legierungen erhöht sich mit der Zunahme der Antimonkonzentration. Für reines Wismut beträgt er bei 20 K $\rho(20\,K) = 0{,}46\cdot 10^{-5}$ Ωcm. Aufgrund anisotroper Elektronen-Phonon-Streuung nimmt der Widerstand $\rho(x)$ bei Verringerung der Temperatur linear ab, um bei einer kritischen Temperatur T^* in eine quadratische Abhängigkeit überzugehen. Dieser Übergang erfolgt, wenn die Vektoren der Phononen die maximale Ausdehnung der Fermi-Flächen $q = 2k_p^{max}$ erreichen. Dagegen hat die Unordnung, die durch die Legierung entsteht, keinen direkten Einfluss auf die Temperaturabhängigkeit des Widerstands.

Abb. 7.16 zeigt eine typische Messanlage für Zyklotronresonanz- und die Plasmawellenuntersuchungen mit Mikrowellen von 2 und 8 mm. Sie besteht aus einem regelbaren Magneten mit Modulation, einem Mikrowellengenerator und einem Schreiber zur Signalaufzeichnung.

Das Klystronsignal im GHz-Bereich wird mit 5 kHz moduliert und über ein magisches Mikrowellen-T in den Resonator eingekoppelt. Das Messsignal wird über eine HF-Diode ausgekoppelt und in Abhängigkeit vom Magnetfeld, das mit einer Hall-Sonde gemessen wird, aufgezeichnet. Der Resonator befindet sich im flüssigen Helium, dessen Temperatur zwischen 1,4 und 4,2 K regelbar ist.

Mit diesem Messsystem wurden die Zyklotronmassen der Ladungsträger der Legierungen in Abhängigkeit von der Legierungszusammensetzung gemessen. Für reines Wismut ergaben diese Messungen, dass die effektiven Massen der Elektronen für das Magnetfeld, parallel zu den kristallographischen Achsen C_1 und C_2, mit den Werten von Edelman und Chaikin mit $m_{c1} = 0{,}0081\, m_0$ und $m_{c2} = 0{,}0093\, m_0$ sowie für die Löcher mit $m_{c1} = m_{c2} = 0{,}203\, m_0$ und $\parallel C_3$ $mc3 = 0{,}063\, m_0$ übereinstimmen [27].

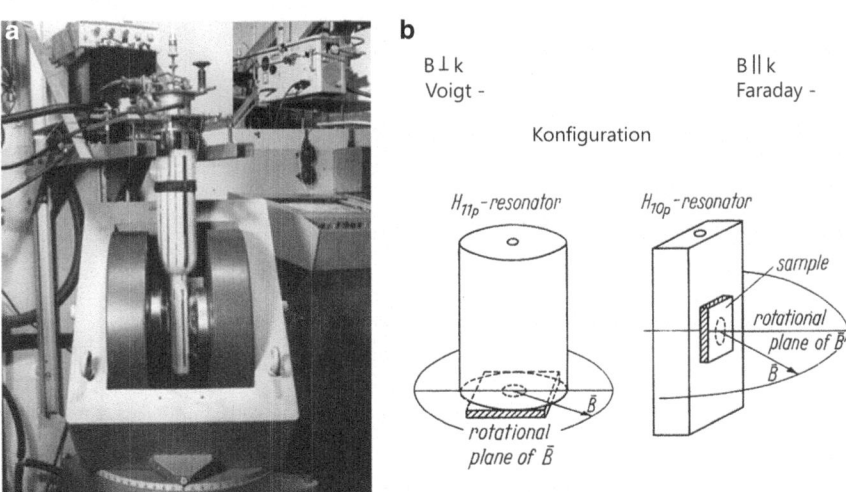

Abb. 7.16 a Mikrowellenresonanzanlage. Im Vordergrund der Magnet, zwischen den Polen das Stickstoff-Glas-Dewar, darin das Helium-Dewar mit dem Resonator. Der Klystrongenerator befindet sich oben rechts, darunter in der Mitte der Signalschreiber. **b** H_{11p}-Zylinder- und H_{18p}-Rechteck-Resonator für die Voigt- und Faraday-Konfiguration [26]

Die Erwartung, dass sich die Zyklotronmassen in den Legierungen mit der Antimonkonzentration linear verringert, erfüllt sich nicht. So ändert sich die effektive Masse der Elektronen für B ∥ C_1 erst kaum, um bei ca. 2 at.-% steil gegen null zu streben, und zwar so stark, dass man vermuten kann, dass sie bei der Inversion der Bänder im L-Punkt verschwindet. Diese Vermutung wird unterstützt, wenn diese Masse mit den in Richtung Inversionspunkt abnehmenden Massen im halbmetallischen Bereich zusammen betrachtet wird. Da die L-Bänder jedoch vom Valenzband im T-Punkt überlappt werden, sind Messungen an den Legierungen mit einer Antimonkonzentration um 4 % schwierig.

Die in Abb. 7.17 dargestellte Abhängigkeit der effektiven Massen der Legierungen um 4 at.-% Antimon zeigt mit großer Wahrscheinlichkeit, dass in dieser Legierung ein Dirac-Punkt erreicht wird.

Die Entdeckung des Zustands von Festkörpern, der heute als topologischer Isolator bezeichnet wird, erfolgte von D. Hsieh et al. an einer 10 %igen Wismut-Antimon-Legierung, $Bi_{(1-x)}Sb_x$, mit x = 0,1 [31]. Wie oben festgestellt, werden in den halbleitenden Legierungen von 6,5–18 at.-% Sb die Bandkanten von den invertierten Niveaus in den L-Punkten der Brillouin-Zone gebildet. 2007 fanden diese Autoren, dass in dieser Wismut-Antimon-Legierung die effektiven Massen unter bestimmten Bedingungen gegen null gehen. Unsere in den 1970er-Jahren durchgeführten Untersuchungen des Legierungssystems, die, wie in Abb. 7.17 dargestellt, ein Verschwinden der effektiven Massen vermuten lassen, zeigten schon damals das Verhalten, das heute topologische Isolatoren charakterisiert. In ihrer Arbeit stellen die Autoren der neuen Messungen fest, dass es derartige Anzeichen vor ihrer Arbeit nicht gegeben hat, obwohl unsere Ergebnisse schon in den 1970er-Jahren in der Zeitschrift *Physica Status Solidi* [28, 29, 30] veröffentlicht wurden.

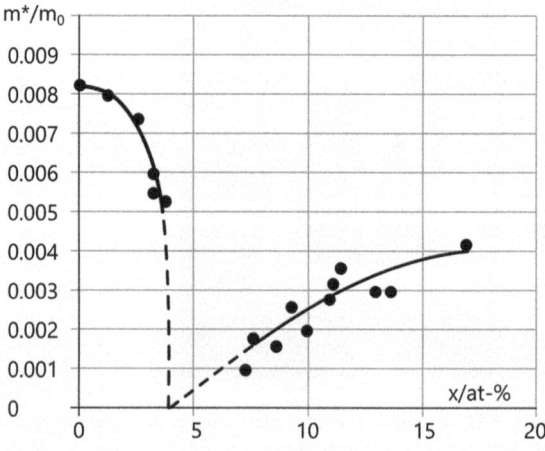

Abb. 7.17 Effektive Masse der Elektronen m^*/m_0 für B ∥ C1. Die Trendlinien weisen auf ein Verschwinden der Massen bei 4 at.-% Sb (x = 0,04) hin. Werte der Halbmetalle, von 0–4 at.-% Sb im Bi: [28, 30]; Werte der Halbleiter: [29]

7.4.4 Die halbleitenden Wismut-Antimon-Legierungen vom n-Typ

In den halbleitenden Legierungen liegt entweder Elektronenleitfähigkeit oder Löcherleitfähigkeit vor. Die Struktur der Bänder für einen n-Typ-Halbleiter, also für Elektronenleitfähigkeit, ist in Abb. 7.18 dargestellt. Abb. 7.19 zeigt zwei diamagnetische Resonanzen und eine Helikonwelle in dieser Legierung.

Die maximale Zyklotronmasse der n-halbleitenden Legierung mit $x=0{,}114$ und einer Ladungskonzentration von $1{,}6 \cdot 10^{12}$ cm^{-3} ist in der C_3-Ebene für B ∥ C_2 $m^* = 0{,}043\ m_0$, und in der C_2-Ebene $0{,}034\ m_0$.

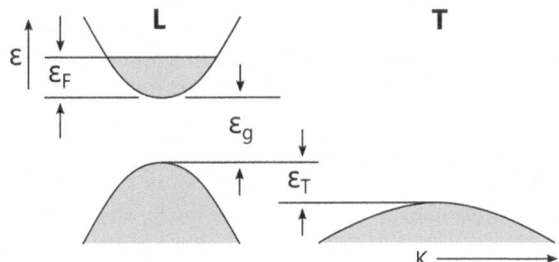

Abb. 7.18 Das Valenzband ist in den Punkten T und L gefüllt. ε_g (E_g) ist die Energielücke, das Leitungsband ist im L-Punkt bis zur Fermi-Energie ε_F (E_F) besetzt. Die Valenzbänder in den T- und L-Punkten haben die Energiedifferenz $E_T(\varepsilon_T)$. Ihre Topologie entspricht der des Wismuts [30]

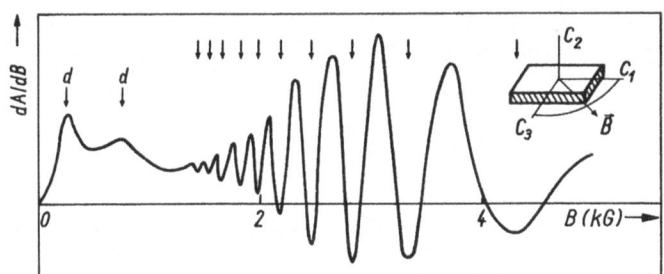

Abb. 7.19 Diamagnetische Resonanz (die Zyklotronresonanz in Halbleitern ohne Skin-Effekt, in die die elektromagnetische Welle vollständig eindringt, wird als diamagnetische Resonanz bezeichnet) bzw. Zyklotronresonanz und eine Helikonwelle in einer halbleitende BiSb-Legierung vom n-Typ mit $x = 0{,}105$. Die Messung erfolgte mit 69,3 GHz. Das Magnetfeld B ist parallel zur Achse 3 des Elektronenellipsoids (Abb. 7.13). d, d′ bezeichnen zwei Zyklotronresonanzen. Die Pfeile zeigen Oszillationen einer in $B^{-1/2}$ periodischen Helikonwelle [29]

7.4.5 Die halbleitenden Wismut-Antimon-Legierungen vom p-Typ

In den halbleitenden BiSb-Legierungen vom p-Typ befinden sich in Abhängigkeit von der Antimonkonzentration und der Ladungsträgerkonzentration Löcher entweder in den L-Punkten und im T-Punkt oder nur in den L-Punkten oder den T-Punkt.

Im Bereich $x = 0{,}065$–$0{,}23$ sind die Legierungen bei geringer Ladungsträgerkonzentration Halbleiter mit normalem Skin-Effekt. Mit der Zyklotronresonanz bzw. diamagnetischen Resonanz wurde in den drei Basisebenen die Anisotropie der Energieflächen der Löcher bestimmt. Außerdem konnten die Massen auf den Achsen der Ellipsoide gemessen werden.

Die Anisotropie der Zyklotronmassen der Löcher für $x = 0{,}08$ in den L-Punkten in der binären Ebene ($B \perp C_2$) ist in Abb. 7.20 dargestellt. Diese Anisotropie entspricht der Anisotropie der Zyklotronmassen in den L-Punkten im Wismut.

Die halbleitenden BiSb-Legierungen vom p-Typ mit geringer Ladungsträgerkonzentration zeigen neben der diamagnetischen Resonanz Shubnikow-de-Haas-Oszillationen.

Im Spektrum der p-Typ-Legierungen mit 8 % Sb in Abb. 7.21 sind D_1 und D_2 die diamagnetischen Resonanzen der Löcher. S_1 bis S_4 sind Shubnikow-de-Haas-Oszillationen. Dass es sich bei diesen Oszillationen wirklich um den Shubnikow-de-Haas-Effekt handelt, zeigt die Zunahme der Amplituden der Oszillationen mit Abnahme der Temperatur von 4,2 auf 1,7 K.

Die effektiven Massen sind in den Richtungen 1 und 2 der Ellipsoidachsen im L-Punkt $m_1 = 0{,}0022\, m_0$ und $m_2 = 0{,}0025\, m_0$. Die Masse im T-Punkt für $\perp C3$ beträgt $m_T = 0{,}12\, m_0$ (Tab. 7.2).

Aus diesen Messungen lässt sich mit dem Modell der Energiefläche die Fermi-Energie der Ladungsträger bestimmen. Für die untersuchte Legierung einer Löcherkonzentration von $2{,}8 \cdot 10^{15}$ cm^{-3} liegt die Fermi-Energie je nach benutztem Modell zwischen 1,9 und 3,3 eV.

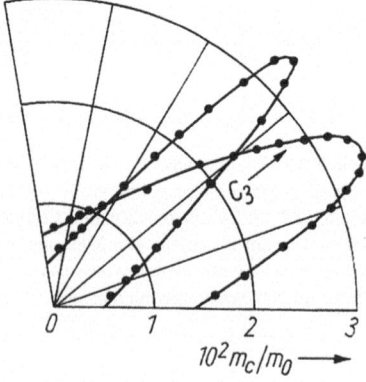

Abb. 7.20 Anisotropie der Löcher in den L-Punkten in der binären Ebene einer Legierung mit 8 % Antimon ($x = 0{,}08$) und einer Löcherkonzentration von $n_p = 2{,}7 \cdot 10^{-15}$ cm^{-3} [30]

7.4 Wismut und Wismut-Antimon-Legierungen

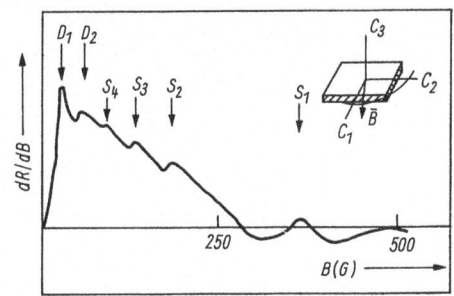

Abb. 7.21 Diamagnetische Resonanz der Löcher (D_1, D_2) und Shubnikow-de-Haas-Oszillationen (S_1 bis S_4) der halbleitenden $Bi_{1-x}Sb_x$-Legierung ($Np = 2{,}7 \cdot 10^{-15}$ cm³) mit 8 % Sb (B ∥ C_1, 35,9 GHz, T = 1,6 K) [30]

Tab. 7.2 Die Energielücken $E_g(\varepsilon_g)$ wurden aus der Temperaturabhängigkeit des Widerstands der Legierungen bestimmt (Abb. 7.22). Die Tabelle zeigt, dass der Halbleiter-Halbmetall-Übergang von x = 0,22 zu 0,23 erfolgt

Probe	x	N (10^{-15} cm^{-3})	E_{gth} (meV)	μ_3 (10^6 cm²/Vs)
XVII	0,13	1,2	17,0 ± 1	5,1
XXIV	0,17	1,3	18,0 ± 1	3,5
XXX	0,18	1,5	14,5 ± 1	0,19
XXV	0,195	1,6	11,0 ± 1	23
XXIX	0,21	1,7	8,5 ± 1	2,5
XXIII	0,22	1,8	4,5 ± 1	2,9
XXVI	0,23	25,0		0,9
XXVII	0,25	140,0		0,14

7.4.6 Halbmetallische Wismut-Antimon-Legierungen mit hoher Antimonkonzentration

In den $Bi_{(1-x)}Sb_x$-Legierungen mit einer Antimonkonzentration von 13–25 % (x = 0,13–0,25) wurden die elektrischen Transporteigenschaften wie Hall-Effekt, elektrischer und Magnetowiderstand im Temperaturbereich 1,8–77 K in schwachen Magnetfeldern untersucht.

Mit den durch unterschiedliche Messungen ermittelten Energielücken für den Konzentrationsbereich x = 0–0,15 konnte die thermische Energielücke der halbleitenden Wismut-Antimon-Legierungen in Abhängigkeit von der Antimonkonzentration im gesamten halbleitenden Bereich erfasst werden.

Abb. 7.23 zeigt, dass die Energielücke $E_G(\varepsilon_G)$ für x < 0,05 Antimon gegen null geht. Die Bänder L_s und L_a sind über x ≈ 0,04 invertiert. Bei x = 0,065 wird die Überlappung von L_a-Band und T-Band aufgehoben.

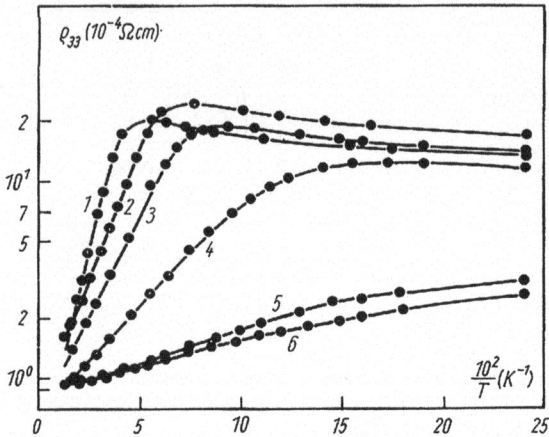

Abb. 7.22 Temperaturabhängigkeit des elektrischen Widerstands für $Bi_{(1-x)}Sb_x$-Legierungen zwischen $x=0{,}13$ und $0{,}26$. Für die einzelnen Kurven sind (1) $x=0{,}13$, (2) $x=17$, (3) $x=0{,}18$, (4) $x=0{,}195$, (5) $x=0{,}21$, (6) $x=0{,}22$ [32]

Abb. 7.23 Abhängigkeit der Energielücke E_G (e_G) der halbleitenden $Bi_{(1-x)}Sb_x$-Legierungen. Die Messwerte (•, △) stammen aus [32], die anderen aus [33]

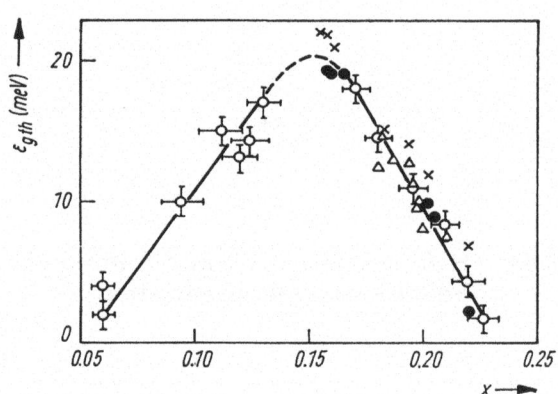

7.5 Das Festkörperplasma

Die Ladungsträgersysteme in festen Körpern bestimmen nicht nur die elektrischen, magnetischen, optischen und thermischen Eigenschaften, sondern auch die Bindungsenergie und die Kristallstruktur und somit auch die mechanischen Eigenschaften. Sie bilden im Kristallgitter der Festkörper Plasmen. Das Plasma wird von der Gesamtheit der quasifreien, beweglichen, miteinander wechselwirkenden Ladungsträgern im positiv geladenen Kristallgitter gebildet.

Erfahrungsgemäß zeigen Ladungsträgersysteme Plasmaverhalten, wenn die kinetische Energie des Systems wesentlich größer ist als die potenzielle Energie

7.5 Das Festkörperplasma

($E_{kin}/|E_{pot}| \gg 10$). Im umgekehrten Fall sind die geladenen Teilchen weitgehend fixiert.

In Festkörpern existieren in Abhängigkeit von der Struktur des Gitters und der Ladungsträgerkonzentration unterschiedliche Plasmen. Das sind Elektronen-, Loch- und Elektronen-Loch-Plasmen, je nachdem, ob nur Elektronen oder nur Löcher oder Elektronen und Löcher als quasifreie Ladungsträger im Kristall vorhanden sind. Die positiven Ionen gehören, abweichend vom Gasplasma, nicht zum Plasma. Sie bilden nur den „Hintergrund", der die Neutralität des Gesamtsystems bedingt.

Die mittlere freie Weglänge der Ladungsträger in einem Festkörper ist nicht wie die der Elektronen und Ionen im Gasplasma von der Ausdehnung des Plasmas abhängig, sondern klein gegenüber den Abmessungen des Festkörpers. In hochreinen Einkristallen erreichen die Ladungsträger bei tiefen Temperaturen mittlere freie Weglängen bis zu einigen Millimetern.

Ein wichtiger Parameter der Plasmen ist die Ladungsträgerkonzentration N. Während sie bei Gasplasmen $\leq 10^{14}$ cm^{-3} und in reinen Halbleitern bis 10^{14} cm^{-3} beträgt und in beiden Fällen die Boltzmann-Statistik gilt, variiert sie bei Festkörperplasmen zwischen 10^{13} und 10^{22} cm^{-3}. Für die Metalle mit sehr hoher Elektronenkonzentration ($\gg 10^{15}$ cm^{-3}) und auch für die Halbmetalle (z. B. Bi 10^{17} cm^{-3}) gilt die Fermi-Dirac-Statistik. Der mittlere Abstand r der Elektronen in einem Metall ergibt sich mit der Elektronenkonzentration N zu

$$r = N^{\frac{1}{3}}. \tag{7.9}$$

Die potenzielle Energie ist

$$E_{pot} = \frac{e^2}{\varepsilon_r \varepsilon_0 r}. \tag{7.10}$$

Dabei sind ε_r und ε_0 die relative bzw. die absolute Dielektrizitätskonstante.

Die kinetische Energie ist der Fermi-Energie E_F und entsprechend $N^{2/3}$ proportional. Hieraus ergibt sich, dass das Verhältnis von kinetischer Energie zur potenziellen Energie der Festkörper,

$$\frac{E_{pot}}{E_{kin}} = N^{\frac{1}{3}} \frac{e^2}{\varepsilon_r \varepsilon_0} E_F \sim N, \tag{7.11}$$

der Ladungsträgerkonzentration direkt proportional ist und aufgrund der hohen Fermi-Energien die Ladungsträgersysteme für N > 10^{14} cm^{-3} Plasmen bilden.

Jedes Ladungsträgerplasma kann aufgrund seiner Coulomb-Wechselwirkung mit dem Kristallgitter und der Massenträgheit der Ladungsträger Eigenschwingungen ausführen.

Wird das gesamte Plasma um r (r ist hier der Ortsvektor, der sich vom mittleren Abstand der Elektronen unterscheidet) aus seiner Gleichgewichtslage ausgelenkt, so beträgt die resultierende Polarisation

$$P = -|e|Nr, \tag{7.12}$$

und das sich aufbauende Depolarisationsfeld

$$E_d = \frac{P}{\varepsilon_0} = -|e|N\frac{r}{\varepsilon_0} \tag{7.13}$$

übt auf die Elektronen die Kraft

$$F_d = -|e|E_d \tag{7.14}$$

aus, sodass sich die Bewegung durch

$$m^*\frac{d^2}{dt^2}r = -|e|\frac{Nr}{\varepsilon_0} \tag{7.15}$$

beschreiben lässt, mit m* als effektive Masse der Elektronen.

Die Gleichung wird durch

$$r = r_0 e^{i\omega t} \tag{7.16}$$

gelöst, wobei r_0 die Amplitude der Bewegung ist.

Die resultierende Frequenz

$$\omega = \omega_P = \left(\frac{e^2 N}{\varepsilon_0 m^*}\right)^{\frac{1}{2}} \tag{7.17}$$

ist die Plasmafrequenz, die Frequenz der Schwingungen der Ladungsträger im Kristallgitter.

Für ein Metall mit einer Ladungsträgerkonzentration von $N = 10^{22}$ cm^{-3} und einer effektiven Masse $m^* = m_0$ hat die Plasmafrequenz den Wert 10^{16} s^{-1}. Diese Frequenz liegt im ultravioletten Spektralbereich. Wie Robert Wood 1933 [34] experimentell nachgewiesen hat, können sich elektromagnetische Wellen mit Frequenzen größer ω_p in Festkörpern nahezu ungedämpft ausbreiten.

Das Eindringen von elektromagnetischen Wellen in Festkörpern, deren Frequenzen kleiner als die Plasmafrequenz sind, hängt stark von der Ladungsträgerkonzentration ab. Wie in Abschn. 7.1.1 gezeigt, können die Wellen in Metallen und entarteten Halbleitern nur in eine sehr schmale Skin-Schicht eindringen, wodurch Plasmaerscheinungen zusätzlich modifiziert werden.

Über mehrere Jahre befasste sich der Forschungsbereich Tieftemperatur-Festkörperphysik mit dem Festkörperplasma im Legierungssystem Wismut-Antimon $(Bi_{(1-x)} Sb_x)$. Der Grund war, die Bandstruktur dieser Legierungen aufzuklären, die durch die Vielfalt von Plasmazuständen besonders gut für die Untersuchung des Festkörperplasmas geeignet war.

Damit begann ein umfangreiches Forschungsprogramm, das von der Mathematisch-Naturwissenschaftlichen Fakultät der Universität Mitte der 1960er-Jahr angeregt worden war: Untersuchungen des Festkörperplasmas, die der Gasplasmaforschung zu Seite gestellt werden sollte.

Wie schon eingehend betrachtet, existiert in dem Wismut-Antimon-Legierungssystem nicht nur ein negatives Elektronengas in einem positiven Kristallgitter, sondern es existieren auch Elektronen- und Lochplasmen. Außerdem ermöglicht

7.5 Das Festkörperplasma

es die Variation der Ladungsträgerkonzentrationen, den Zustand der Plasmen zu verändern. In diesen Plasmen konnten durch elektromagnetische Strahlung unterschiedliche Plasmawellen angeregt werden, die es ermöglichten, Parameter der Plasmen und der Elektronenstruktur der verschiedenen Legierungen zu ermitteln.

Elektronische Phasenübergänge zwischen Halbmetallen und Halbleitern waren zu dieser Zeit ein Schwerpunkt der Festkörperforschung. Es war die Zeit der Entwicklung von Strahlungsquellen und Strahlungsdetektoren aus entsprechenden schmalbandigen Materialien. Und das Legierungssystem Wismut-Antimon war wegen der Vielfalt seiner Phasenübergänge ein geeignetes System, das Festkörperplasma umfassend zu untersuchen.

In den 1970er-Jahren entwickelte sich zwischen der Humboldt-Universität und der Universität 7 Paris auf Initiative des Rektors dieser Universität, dem international bekannten Halbleiterphysiker Julien Bok, eine Zusammenarbeit. Es kam, wenn auch nur sporadisch, zu gemeinsamen Forschungsarbeiten mit dieser Universität und mit Wissenschaftlern der École normale supérieure. Dadurch wurde es möglich, unsere Messfrequenzen, die zu dieser Zeit vom Megahertzbereich bis zu 70 GHz reichten, auf Terahertzfrequenzen auszudehnen. In der École normale supérieure konnte mit Karzinotrons von der französischen Firma Thomson gearbeitet werden, die Mikrowellen bis zu Terahertzfrequenzen erzeugten, wodurch es möglich war, auch Hybridresonanzen im Ladungsträgerplasma der Wismut-Antimon-Legierungen zu erfassen.

7.5.1 Das Magnetoplasma

Das Festkörperplasma hat eine Reihe von Gemeinsamkeiten mit einem Gasplasma, es hat aber auch qualitative Unterschiede. Die Anisotropie der Kristallgitter prägt die Form der Energieflächen in den Metallen und den Halbleitern. Dabei kommt es zur Wechselwirkung von Ladungsträgern in unterschiedlichen Teilen der Energieflächen. Das führt zu anisotropen Plasmen, die aus mehreren Komponenten bestehen können.

Durch die starke Wechselwirkung der Ladungsträger mit dem Kristallgitter ist das Festkörperplasma gegenüber dem Gasplasma sehr stabil, was eine ungestörte Ausbreitung von unterschiedlichen Wellen im Festkörper ermöglicht. Die Bewegung der Ladungsträger im Festkörperplasma ist durch eine Dispersionsbeziehung E(p), die Abhängigkeit der Energie E vom Impuls p bzw. der Wellenzahl $k = 2\pi p/h$, und damit durch die Energiebandstruktur bestimmt. Diese Bewegung ist nur dann isotrop, wenn, wie im Gasplasma, isotrope, quadratische Dispersion $E(k) \sim k^2$ und isotrope Streuung vorliegen. In allen anderen Fällen ist sie anisotrop. Wie schon festgestellt, breiten sich elektromagnetische Wellen, deren Frequenzen kleiner als die Plasmafrequenz sind ($\omega < \omega_p$), in Metallen nur in der Skin-Schicht aus. Und in dieser Schicht können Magnetoplasmawellen angeregt werden, die auf der Wirkung der Lorentz-Kraft äußerer Magnetfelder beruhen. Die Lorentz-Kraft wirkt jedoch nur in der Ebene senkrecht zum Magnetfeld auf die Ladungsträger, nicht auf die Bewegung in Richtung des Feldes. Das führt zu zyklischen Bewegungen, und wenn die mittlere freie Weglänge der Ladungsträger groß genug ist, durchlaufen sie periodische Bahnen wie bei der Zyklotronresonanz und können ungedämpfte Plasmawellen mit Frequenzen $\omega < \omega_p$ hervorrufen. Wenn das Magnetfeld groß genug und die Lebensdauer τ der Ladungsträger auf ihrer Umlaufbahn größer als die Zyklotronperiode $1/\omega_c = m^*/eB$, d. h. $\omega_c \tau > 1$, ist, werden Plasmawellen angeregt (Abb. 7.21).

Der Charakter der Wellen, die sich unter der Wirkung eines Magnetfeldes ausbreiten, hängt von der Orientierung der Ausbreitungsrichtung der Wellen bezüglich der Magnetfeldrichtung ab. Die Wellen können in zwei Gruppen eingeteilt werden: Eine Gruppe breitet sich mit dem Wellenvektor **k** parallel zur Magnetfeldrichtung aus, die andere mit dem Wellenvektor **k** senkrecht zum Magnetfeld[4].

Die Ausbreitung der ersten Gruppe parallel zur Magnetfeldrichtung (**k** ∥ **B**) erfolgt in der Faraday-Konfiguration, die Ausbreitung senkrecht zur Magnetfeldrichtung (**k** ⊥ **B**) in der Voigt-Konfiguration (Abb. 7.16).

Typische Vertreter der Wellen in der Faraday-Konfiguration sind die Helikonwellen und die Zyklotronwellen. Wellen, die sich in der Voigt-Konfiguration ausbreiten, werden als Alfvén-Wellen bezeichnet. Die Ausbreitung der Wellen ermöglicht die Untersuchung des Charakters des Plasmas und die Bestimmung der Ladungsträgerkonzentrationen.

Zusätzlich treten weitere Plasmaerscheinungen auf, die durch die unterschiedlichen Resonanzphänomene im Festkörperplasma hervorgerufen werden. So werden zwischen zwei Zyklotronresonanzen Hybridresonanzen angeregt, deren Resonanzfrequenz sich aus den Resonanzfrequenzen der beteiligten Zyklotronresonanzen ergeben. Für isotrope Energieflächen ist die Hybridfrequenz von zwei Zyklotronresonanzen ω_{c1} und ω_{c2} gleich

$$\omega_{xy} = (\omega_{c1}\omega_{c2})^{\frac{1}{2}}. \tag{7.18}$$

Da diese Resonanzen stets zwischen zwei Zyklotronresonanzen auftreten, ist ihre Zahl um eins kleiner als die der Zyklotronresonanzen.

In den halbleitenden Legierungen können im p-Typ Loch-Loch-Hybride (h-h-hy) und im n-Typ Elektron-Elektron-Hybride (e-e-hy) auftreten, in den halbmetallischen Legierungen sowohl Elektron-Elektron- als auch Elektron-Loch-Hybride der L-Elektronen und der Löcher im T-Punkt (e-h-hy). Die Ausbildung von Hybridresonanzen hängt natürlich von der Orientierung des Magnetfeldes zur Probengeometrie ab.

In Abb. 7.24 befindet sich oben eine Hybridresonanz zwischen zwei Zyklotronresonanzen. Die Messung erfolgte an einer n-Typ-Legierung mit $x = 0{,}13$ und der Ladungsträgerkonzentration $6{,}5 \cdot 10^{14}\,\text{cm}^{-3}$, mit den Zyklotronmassen $m_{c1} = 0{,}012\,m_0$, $m_{c2} = 0{,}042\,m_0$ und $m_{c3} = 0{,}037\,m_0$.

---

[4] Der Wellenvektor der Plasmawellen ist nicht zu verwechseln mit dem Wellenvektor der Ladungsträger, der den Impuls $p = \hbar k$ und die Energie der Ladungsträger bestimmt.

7.5 Das Festkörperplasma

Abb. 7.24 Oben: Hybridresonanz einer Mikrowelle mit 69,5 GHz in einer halbleitenden Legierung (in der Mitte oben mit Pfeil) zwischen zwei Zyklotronresonanzen für B parallel zur Oberfläche. Unten: Es fehlt die Hybridresonanz für ein Magnetfeld unter 60° zur Kristalloberfläche [35]

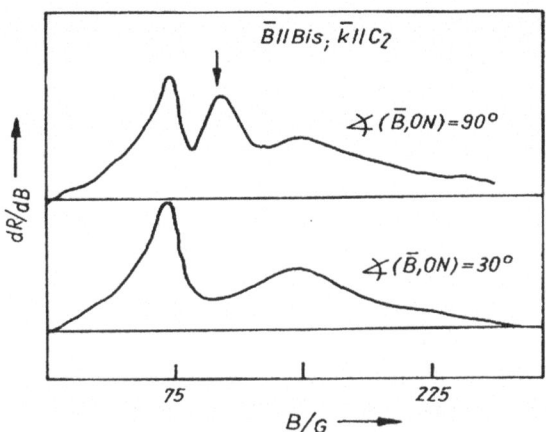

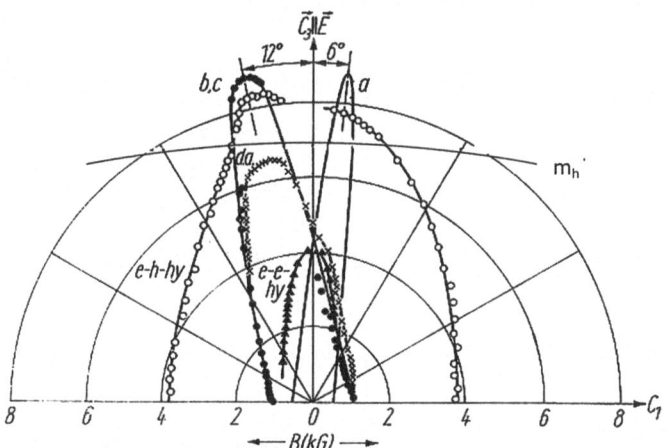

Abb. 7.25 Anisotropie der Löcherzyklotronresonanz m_{ch}, der drei Elektronenflächen a, b, c, mit einer Elektron-Elektron-Hybridresonanz (△, e-e-hy), einer Elektron-Loch-Hybridresonanz (o, e-h-hy) und zwischen ihnen eine dielektrische Anomalie (×, da) [36]

Wenn das Magnetfeld um 60 aus der Oberfläche herausgedreht wird, verschwindet die Hybridresonanz, weil die longitudinale Komponente des elektrischen Feldes, die die Resonanz anregt, in dieser Orientierung zu schwach ist [35].

Einen Überblick über die Plasmaeffekte einer halbmetallischen Probe mit $x = 0{,}0275$, die mit 0,305 THz in der C_2-Ebene bei $T = 1{,}5$ K gemessen wurden, zeigt Abb. 7.25. Bei dieser Frequenz und den entsprechenden Magnetfeldern liegen auch in den halbmetallischen Legierungen fast lokale Verhältnisse vor, d. h. normaler Skin-effekt für die Leitfähigkeit [36].

Neben der Elektronenzyklotronresonanz der beiden Fermi-Flächen b und c, die mit einer Neigung von 12° gegen die C_3-Richtung zusammenfallen, existieren ein

Elektron-Elektron-Hybrid (e-e-hy) und Elektron-Loch-Hybride. Zwischen diesen Hybriden befindet sich die dielektrische Anomalie (da), die mit Kreuzen (xxx) im Diagramm eingetragen ist. Da bei dieser Messung nicht mit streng linearpolarisierten Wellen gearbeitet wurde, werden die Hybridresonanzen in einem weiten Winkelbereich beobachtet. Die Löcherzyklotronresonanz m_h, die mit den Elektronenresonanzen das Hybrid erzeugt, befindet sich über der e-h-hy-Hybridresonanz.

7.5.2 Plasmawellen

In den Legierungen ist die Leitfähigkeit stets so groß, dass sich eine einfallende Welle mit dem Wellenvektor **k** normal zur Oberfläche (**k** ∥ ON) im Kristall ausbreiten kann. ON ist die Oberflächennormale. Die Änderung der Wellenlänge durch das Magnetfeld führt in Kristallen mit planparallelen Oberflächen, die so einen Fabry-Perot-Resonator bilden, entweder unter der Bedingung $n\lambda/2 = d$ oder der Bedingung $n\lambda = d$ zu stehenden Wellen, wobei d die Dicke des Kristalls ist. Welcher Wellentyp sich ausbreitet, hängt von der Geometrie der Messanordnung ab.

Für ein Magnetfeld senkrecht zur Oberfläche, parallel zum Wellenvektor **B** ∥ **k**, sind das longitudinale Wellen in der Faraday-Konfiguration. Wenn für die senkrecht auf die Oberfläche einfallende Welle (**k** ∥ ON) das Magnetfeld in der Oberfläche **B** ⊥ **k** liegt, ist das die Voigt-Konfiguration (Abb. 7.16). In dieser Orientierung des Magnetfeldes können sich zwei Wellentypen ausbreiten: für **E** ∥ **B** eine ordentliche Welle und für **E** ⊥ **B** eine außerordentliche Welle.

Helikonwellen
Die Helikonwellen breiten sich für **B** senkrecht zur Oberfläche mit der Periode $\Delta(B^{-1/2})$ in Faraday-Konfiguration längs des Magnetfeldes (**k** ∥ **B**) aus und bilden im Kristall mit planparallelen Oberflächen unter der Bedingung $n\lambda/2 = d$ stehende Wellen, die der Dispersionsgleichung $k^2 = 4\pi eN/B$ genügen. Abb. 7.26 zeigt

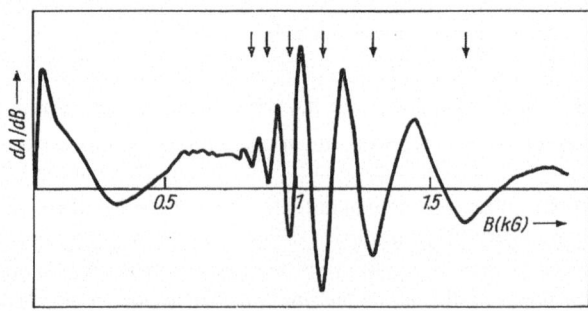

Abb. 7.26 Helikonwelle in halbleitendem n-BiSb mit **k** ∥ **B** ∥ ON. Die Messung erfolgte mit 35,7 GHz bei T = 4,2 K. Die Linie im schwachen Magnetfeld ist eine diamagnetische Resonanz. Die Pfeile geben die Resonanzfelder der Helikonen an [37]

7.5 Das Festkörperplasma

eine Helikonwelle in einer halbleitenden $Bi_{(1-x)}Sb_x$-Legierung mit $x=0,10$, mit einer Ladungsträgerkonzentration von $N_n=8,5 \cdot 10^{15}$ cm^{-3}, in Abhängigkeit vom Magnetfeld.

In halbleitenden Wismut-Antimon-Legierungen ($0,065 < x < 0,23$) kann aus der Dispersion der Wellenausbreitung die Dielektrizitätsfunktion des Gitters ε_l bestimmt werden. Die Resonanzbedingung für die Helikonen $n\lambda/2 = d$ ergibt mit dem Wellenvektor $k = 2\pi/\lambda = n\,\pi/d$ und der Dispersion $k^2 = 4\pi eN/B$ den Zusammenhang $n = kd/\pi \sim B^{-1/2}$. Diese Abhängigkeit ist für niedrige Frequenzen $\nu = 9,56$ GHz bis zu starken Magnetfeldern ($n=2$) erfüllt. Dagegen macht sich bei höheren Frequenzen der Einfluss des Verschiebungsstromes immer stärker bemerkbar [38].

Die Messungen wurden bei der Temperatur des flüssigen Heliums im Frequenzbereich 9–70 GHz durchgeführt. Damit war es möglich, den Einfluss des Verschiebungsstroms experimentell zu separieren. Bei 9,56 GHz beträgt der Anteil des Verschiebungsstromes zum Leitungsstrom 0,9 %. Bei Messungen mit 70 GHz ist der Beitrag des Verschiebungsstroms 3,5-mal größer als der Leitungsstrom, woraus sich die dielektrische Funktion ermitteln lässt.

Die Dielektrizitätsfunktion erreicht in dem Moment, in dem im Legierungssystem zwischen den Löchern im T-Punkt und den Elektronen in den L-Punkten die Energielücke entsteht, sehr große Werte, bis 500. Danach gehen die Werte im Bereich, in dem die Lücke von den L_s- und L_a-Bändern gebildet wird, wieder auf Werte ≤ 100 zurück (Abb. 7.27).

Dieses Ergebnis zeigt ein völlig unterschiedliches Verhalten der Legierungen mit einer Energielücke aus invertierten Bändern und mit einer Lücke, die von Bändern in unterschiedlichen Punkten der Brillouin-Zone gebildet wird.

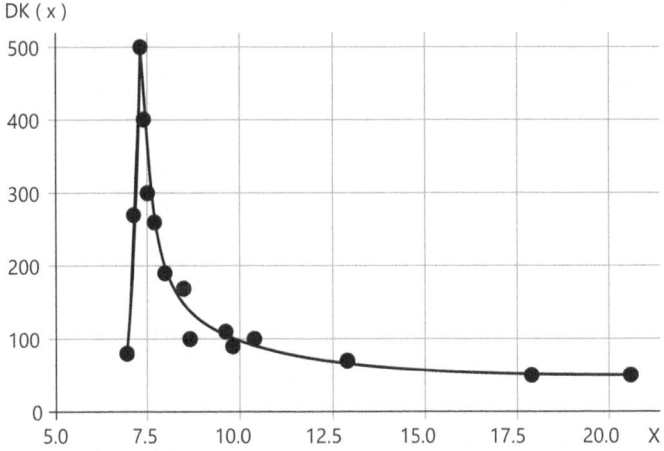

Abb. 7.27 Abhängigkeit der Dielektrizitätsfunktion (ε_l) des Kristallgitters vom Legierungsgrad x für die halbleitenden Legierungen [39]. Zwischen $x=6,5$ und $8,5$ wird die Lücke durch die T- und L-Bänder gebildet, im Bereich über 8,5 durch die Bandlücke im invertierten L-Band. Hier erreicht die DK sehr hohe Werte, bis $\varepsilon_l = 500$. Für $x > 8,5$ sinkt sie unter 100

Zyklotronwellen

Für Zyklotronwellen ist die Wellenvektorpolarisation $\mathbf{B} \perp \mathbf{k} \parallel ON$, die Resonanzbedingung $n\lambda/2 = d$ und die Dispersion $k^2 = 4\pi eN/B$.

Zyklotronwellen wurden zum ersten Mal von Walsh und Platzman [40] als schwach gedämpfte Wellen unter der Bedingung des anomalen Skin-Effekts beobachtet. In Wismut-Antimon-Legierungen wurden diese Wellen im halbleitenden Bereich unter den Bedingungen des normalen Skin-Effekts gefunden [41]. Die Wellen breiten sich oberhalb der Hybridresonanzen aus. Abb. 7.28 zeigt die Messung eines Kristalls in der trigonalen Ebene. Die räumlichen Resonanzen bilden sich wie die der Helikonen unter der Bedingung $n\lambda/2 = d$ aus und haben auch die gleiche Dispersion $k \sim B^{-1/2}$.

Das Spektrum in Abb. 7.28 zeigt zwei Wellen, die mit 36 GHz und mit 131 GHz gemessen wurden. Die Signale in schwachen Feldern sind Hybridresonanzen.

Alfvén-Wellen

Diese Wellen breiten sich wie die Zyklotronwellen mit $\mathbf{k} \perp \mathbf{B}$ in Magnetfeldern aus, die größer als die Felder der Zyklotronresonanzen sind. Dabei gilt für die räumlichen Resonanzen dieses Wellentyps die Bedingung

$$n\lambda = d. \qquad (7.19)$$

Die Dispersionsbeziehung lautet $k^2 = (\omega/c)^{2}\, f \cdot (N, m_{ce}, m_{ch})\, B^{-2}$. Die Alfvén-Wellen sind transversale Wellen. Aus der Wellenausbreitung in einer halbmetallischen Legierung mit $x = 0{,}03$, in der sich Valenzband im T-Punkt und Leitungsband im La-Punkt überlappen, ergeben sich für die Massen des Löcherellipsoids im T-Punkt zu $m^h_{C1} = 0{,}063\, m_0$ und $m^h_{C3} = 0{,}066\, m_0$. Mit der Zyklotronmasse der Elektronen in C_1-Richtgng $m^e_{C1} = 0{,}0055\, m_0$ folgt für die Fermi-Energie $E_F = 11{,}3$ meV. Die Alfvén-Wellen treten auch im halbleitenden Bereich auf.

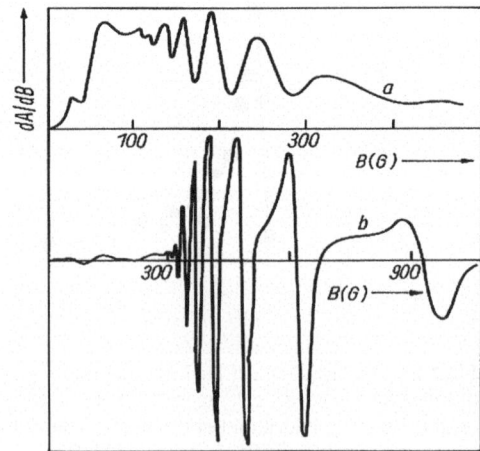

Abb. 7.28 Räumliche Dispersion von Zyklotronwellen in einer halbleitenden $Bi_{(1-x)}Sb_x$-Legierung in der trigonalen Ebene. Der Kristall war 0,32 mm dick, hatte einen Sb-Anteil von $x = 0{,}129$, $N = 6{,}5 \cdot 10^{14}$ cm^{-3} und $\mathbf{B} \parallel C_1 \perp \mathbf{k}$, $\mathbf{k} \parallel C_3 \parallel ON$. a = 36 GHz, b = 121 GHz [41]

7.6 Nernst-Effekt an Wismut und Wismut-Antimon-Legierungen

Wie in Abschn. 2.1.1 dargestellt, entdeckte Walther Nernst als Student in Graz gemeinsam mit seinem Lehrer Albert von Ettingshausen 1886 die galvanomagnetischen Effekte. Diese thermoelektrische Reaktion hat sich heute als eine sensible Methode zur Untersuchung der Elektronenstruktur von niederdimensionalen Strukturen herausgestellt. In den ersten Jahren des neuen Jahrhunderts zeigte sich das bei Messungen an Graphit und zweidimensionalen Strukturen wie dem Graphen.

In der Arbeit „Nernst quantum oscillations in bulk semi-metals" wird von den Autoren Zengwei Zhu et al. gezeigt, dass der Nernst-Effekt in Graphitkristallen durch die Landau-Quantelung scharfe Linien erzeugt, wenn die Landau-Niveaus durch die Fermi-Energie wandern [42]. Die Freiheitsgrade der Kopplung der Graphitschichten untereinander erzeugen eine starke Vergrößerung der Quantenoszillationen des Nernst-Effekts in der Umgebung des Quantenlimits.

Besonders interessant ist, dass heute mit dem Nernst-Effekt auch Wismut und Wismut-Antimon in Magnetfeldern bis über 10 T erfolgreich untersucht werden und dabei verblüffende Effekte auftreten. So wurde gefunden, dass sowohl in Wismut als auch in den halbleitenden Legierungen die Elektronenzustände in den drei Tälern in den L-Punkten entartet sind. Sie bilden durch Vallytronik manipulierbare Energiezustände. In der Arbeit wird außerdem gezeigt, dass Quantenoszillationen auch über dem Quantenlimit auftreten [42].

Diese Ergebnisse zeigen die Aktualität unserer damaligen Arbeiten mit diesen Materialien und lassen vermuten, dass die systematische Erforschung der Eigenschaften des mehrkomponentigen Festkörperplasmas und der Plasmawellen in den Legierungen von Wismut ein möglicher Ausgangspunkt auch für die Anregung von Spineffekten in den topologischen Isolatoren werden könnte.

Mit den Experimenten in den 1970er- und 1980er-Jahren an der Humboldt-Universität wurden die Fermi-Flächen und die Isoenergieflächen der Wismut-Antimon-Legierungen umfassend ausgemessen, und das Elektronen-Loch-Plasma wurde gründlich untersucht.

Nach einer kurzen Arbeit mit Hochtemperatursupraleitern, die sich als sehr anspruchsvolle Materialwissenschaft herausstellte, wandte sich der Forschungsbereich Tieftemperatur-Festkörperphysik wieder der Elektronenstruktur der Halbmetalle zu, insbesondere, weil im Hochfeldlabor i-n Wroclaw Magnetfelder über 10 T genutzt werden konnten. Mit dem Zentralinstitut für Festkörperforschung und Werkstoffwissenschaften in Dresden wurde ein supraleitender 10-T-Magnet entwickelt und aus dem Tieftemperatur-Institut in Kharkow wurde ein Millikelvin-Kryostat beschafft, um die Untersuchungsmöglichkeiten über den Quatenlimit auszudehnen.

Die materiellen Schwierigkeiten im Land, die Ende der 1980er-Jahre auch die Forschungseinrichtungen zu spüren bekamen, führten dazu, dass die Universität den Millikelvin-Kryostat gleich mit dem ganzen Labor und den zugehörigen Mitarbeitern an die Akademie der Wissenschaften der DDR abgeben musste, wodurch das Forschungspotenzial des Tieftemperaturbereichs stark eingeschränkt wurde.

Literatur

1. Lew Landau Zeitschrift für Physik (Nr. 64) auf den Seiten 629–636
2. Sommerfeld, A., Bethe, B., 1928 Quantentheorie der Festkörper im Handbuch der Physik XXIV/2 (1928)
3. Herrmann R, Preppernau U: Elektronen im Kristall, Springer Verlag, 1979
4. Schulz, G.E.R.: Metallphysik, Akademie-Verlag, Berlin (1967)
5. Chaikin, M.S.: JETP 39, 212 (1960); (Uspechi Fisicheski Nauk (russ.) 96, 409, (1968)
6. Chaikin, M.S.: JETP 41, 1773 (1961)
7. Lomer, W.M.: Fermi surface in molybdenum, Proc. Phys. Soc., London, 84, 2, 327 (1964)
8. Herrmann, R.: Habilitationsschrift, 1968, Humboldt-UniversitätHerrmann, R.: Zur Fermifläche von Wolfram und Molybdän. phys. stat sol. 25, 2, 661–666 (1968)Herrmann, R., Krüger, H.: phys. stat. sol. 42 99 (1970)
9. Preppernau, U., Herrmann, R., Rothkirch, L., Dwelk, H.: Cyclotron Resonance Investigations of Niobium, phys. stat. sol. (b) 64, 1, 183–194 (1974)
10. Mattheiss, L.F.: Fermi Surface in Tungsten, Phys. Rev.139, A1893 (1965)Mattheiss, L.F.: Electronic Structure of Niobium and Tantalum Phys. Rev. B 1, 373 (1970)
11. McMillan, W.L.: Transition Temperature of Strong-Coupled Superconductors, Phys. Rev. 167, 2, 331 (1968)
12. Scott, G.B., Springford, M.: The Fermi surface in niobium, Proc. Roy. Soc. A, 320, 1540 (1970)
13. Rothkirch, L., Herrmann, R., Dwelk H., Preppernau, U.: Surface impedance investigations of superconducting niobium, phys. stat. sol. (b), 90, 517–524 (1978)
14. G. Dresselhaus, A.F. Kipp, C. Kittel: Plasma Resonance in Crystals: Observations and Theory, Phys. Rev. 100, 618 (1955)
15. Herrmann, R., Herrmann, Karin: Cyclotron Resonance and Impedance Oscillation in Tellurium, IX. International Conference on the Physics of Semiconductors, Moscow 322 (1968)
16. Grosse, P.: Die Festkörpereigenschaften von Tellur, Springer (1969), Abb. 1, Abb. 71
17. Herrmann, R. Herrmann, K.: Zyklotronresonanz in Tellurium, phys. stat. sol. 25, 655 (1968)
18. Ando, Y.: Topological Insulator Materials, J. Phys. Soc. Jpn. 82, 102001 (2013)
19. Agapito, L. A. et al.: Novel Family of Chiral-Based Topological Insulators: Elemental Tellurium under Strain, Phys. Rev. Lett. 110, 176401 (2013)
20. Kaner, E.A.: Dokladi akademii Nauk SSSR 119 (58) 471 (1958)
21. Gantmacher, W.F.: JETP 43, 345 (1962)
22. Müller, H.-U., Hess, S., Herrmann, R., Scholz, H., Schmidt, J.: phys. stat. sol. (b) 68, 507 (1975)
23. Herrmann, R., Hess, S., Müller, H.-U.: Radio Frequency Size Effect in Bismuth, phys. stat. sol. (b) 48 K151 (1971)
24. Kraak, W.: Dissertation B, Humboldt-Universität (1989)
25. Herrmann, R., Braune W., Kuka, G.: Cyclotron resonance of electrons in semimetallic bismuth-antimony alloys, phys. stat. sol. (b) 68, 233–242 (1975)
26. Kuka, G., Kraak, W., Gollnest, H.-J., Herrmann, R.: Temperature Dependence of the Resistivity in Semimetals of the Bismuth Type, phys. stat. sol. (b) 89, 547–551 (1978)
27. Chaikin, M.S., Edelman, V.S.: Landau Damping and Resonance Damping of Magnetoplasma Waves in Bismuth, JETP 49, 1695–1705 (1965)
28. Oelgart, G., Herrmann, R., Krüger, H.: Helicon-Like Magnetoplasma Waves in Semiconducting $Bi_{1-x}Sb_x$, phys. stat. sol. (b) 63, K99–K102 (1974); Oelgart, G. Herrmann, R.: Cyclotron Masses in Semiconducting $Bi_{1-x}Sb_x$ Alloys, phys. stat. sol. (b) 75, 189–196 (1976)
29. Oelgart, G. Herrmann, R.: Cyclotron Masses in Semiconducting $Bi_{1-x}Sb_x$ Alloys, phys. stat. sol. (b) 75, 189–196 (1976)
30. Oelgart G., Herrmann, R.: Cyclotron Resonance and Quantum Oscillation of p-Type $Bi_{(1-x)}Sb_x$, phys. stat. sol. (b) 61, 137 (1974); Herrmann, R., Oelgart G., Krüger, H.: Cyclotron Resonance, Quantum Oscillations, and Helicon Waves in Semiconducting BiSb, phys. stat. sol. (b) 58, K133–K135 (1973)

31. Hsieh, D. et al.: A topological Dirac insulator in a quantum spin Hall phase, Nature 452, 970–974 (2008)
32. Kraak, W., Oelgart, G., Schneider, G., Herrmann, R.: The Semiconductor-Semimetal Transition in $Bi_{1-x}Sb_x$ Alloys with $x \geq 0.22$, phys. stat. sol. (b) 88, 105–110 (1978)
33. Brand, N.B., Swistowa, E.A.: Electron transitions in strong magnetic fields, J. Low Temp. Phys. 2, 1–35 (1970)
34. Wood, R. W.: Remarkable Optical Properties of the Alkali Metals, Phys. Rev. 44, 353 (1933)
35. Oelgart, G., Herrmann, R.: Magnetoplasma effects in semiconducting Bi1−xSbx alloys, phys. stat. sol. (b) 72, 719–727 (1975)
36. Herrmann, R., Goy, P.: Investigation of plasma effects in bismuth-antimony alloys in the submillimeter wave range, phys. stat. sol. 80, 207–213 (1977)
37. Herrmann, R., Oelgart, G., Krüger, H., Haefner, H.: Helicon Waves in Semiconducting Bi1−xSbx Alloys, phys. stat. sol. (b) 63, 491–499 (1974)
38. Oelgart, G., Herrmann, R., Meschter, U.: The lattice dielectric constant in Bi100−xSbx as a function of x, phys. stat. sol. (b) 83, 521–528 (1977)
39. Rudolph, R., Krüger, H., Fellmuth, B., Herrmann, R.: Dielectric Properties of $Bi_{1-x}Sb_x$ Alloys at the Semiconductor-Semimetal Transition, phys. stat. sol. (b) 102, 295–301 (1980)
40. Walsh, W. M., Platzman, Jr., Platzman, P. M.: Excitation of Plasma Waves Near Cyclotron Resonance in Potassium, Phys. Rev. Lett. 15, 784 (1965)
41. Oelgart, G., Edelman, V.S.: JETP Lett 20, 389 (1974)Stegmann, R., Oelgart, G., Herrmann, R.: Propagation of electromagnetic waves in a direction perpendicular to the magnetic field in semiconductive Bi–Sb alloys I. B $\perp$ C3 $\parallel$ k, phys.stat.sol.(b) 92, 133–141 (1979)
42. Zhu, Zengwei et al.: Nernst quantum oscillations in bulk semi-metals, Journal of Physics: Condensed Matter 23, 9 (2011)

Der Quanten-Hall-Effekt 8

In Feldeffekttransistoren erzeugt ein elektrisches Feld senkrecht zur Oberfläche einen Potenzialtopf, in dem sich ein zweidimensionales Elektronengas (2DEG) bildet. Wenn das elektrische Feld so polarisiert wird, dass es die Minoritätsladungsträger an die Oberfläche zieht, dann entsteht eine Inversionsschicht, in der die zweidimensionalen Ladungsträger auf elektrischen Subbändern gequantelt sind. Ein Magnetfeld, senkrecht zur Oberfläche, spaltet die elektrischen Quantenniveaus in Landau-Niveaus auf.

Bei der Analyse des Hall-Effekts an den Landau-Niveaus der elektrischen Subbänder dieses zweidimensionalen Ladungsträgersystems entdeckte Klaus von Klitzing den Quanten-Hall-Effekt. Er beobachtete bei der Messung des Hall-Widerstands Plateaus, die zwischen den Landau-Niveaus lagen und deren genauer Wert $R_{xy} = h/e^2$ allein vom Planck'schen Wirkungsquantum h und der Elementarladung e bestimmt wird. Unsere Untersuchungen des Quanten-Hall-Effekts konzentrierten sich auf Korngrenzen in Halbleitern.

8.1 Die Quantelung des Hall-Widerstands

Zwischen dem Quanten-Hall-Effekt in Feldeffekttransistoren und in den „natürlichen Strukturen" der Korngrenzen in Halbleiterkristallen gibt es zwei wesentliche Unterschiede: In den Inversionsschichten der Feldeffekttransistoren ist meist nur ein elektrisches Subband, in den Korngrenzen hingegen sind immer mehrere Subbänder besetzt. Außerdem kann die Ladungsträgerkonzentration auf den elektrischen Subbändern in den Korngrenzen nicht wie in den Feldeffekttransistoren durch ein von außen angelegtes elektrisches Feld gesteuert werden, sondern die Ladungsträgerkonzentration muss auf anderen Wegen verändert werden. Uns gelang es, diese Konzentration durch hydrostatischen Druck auf die

Halbleiterkristalle zu verändern. Zu Beginn wird kurz auf den Quanten-Hall-Effekt, wie er von Klaus von Klitzing entdeckt wurde, eingegangen.

Abb. 8.1 zeigt einen Metalloxid-Halbleiter-Feldeffekttransistor (MOSFET) für die Messung des Quanten-Hall-Effekts.

In Abb. 8.2a ist der Potenzialtopf, der durch Ladungsinversion in der Halbleiter-Oxid-Grenzschicht entsteht, mit den elektrischen Subbändern skizziert.

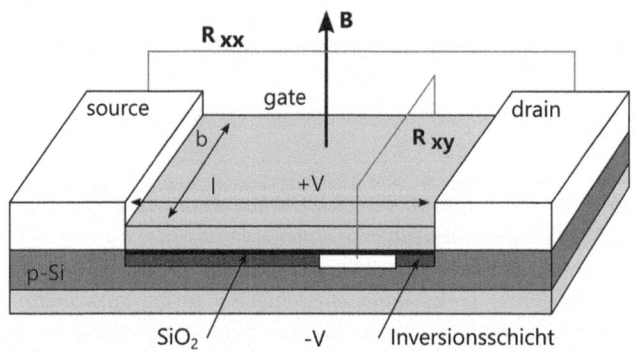

Abb. 8.1 Hall-Struktur zur Messung des Quanten-Hall-Effekts. Gemessen werden der Hall-Widerstand R_{xy} und der Magnetowiderstand R_{xx} mit Erhöhung des Magnetfeldes, das senkrecht zur Oberfläche, der Inversionsschicht, orientiert ist. Zwischen Source und Drain fließt der Strom. L × W ist die Fläche der Inversionsschicht mit dem zweidimensionalen Elektronengas unter dem Gate. Längs der Probe über L wird der Magnetowiderstand gemessen, quer dazu über W die Hall-Spannung. Darüber befindet sich die Gate-Elektrode, deren elektrisches Feld die Inversionsschicht erzeugt, die mit zweidimensionalen Elektronen besetzt ist

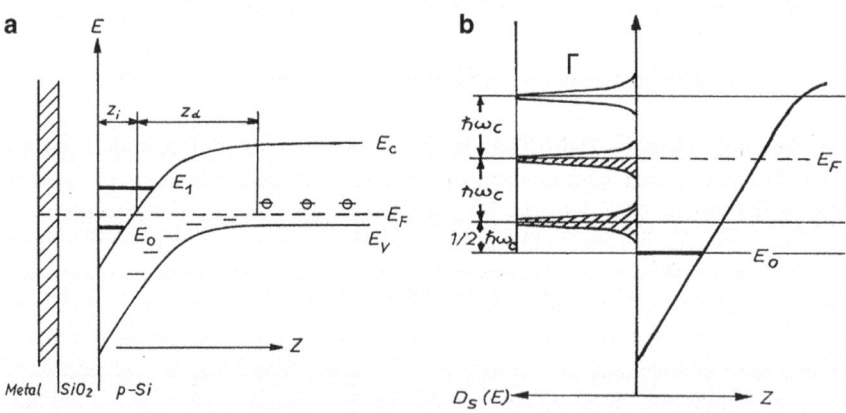

Abb. 8.2 Schematische Darstellung der Inversionsschicht an einer Metall-SiO_2-p-Si-Grenzfläche. Die Metallschicht an der Oberfläche ist das Gate. E_c = das Leitungsband, das die Inversionsschicht begrenzt, E_F = die Fermi-Energie, E_v = das Valenzband, z_i = die Weite der Inversionsschicht, z_d = die Weite der Verarmungsschicht. Γ = Landau-Niveaus

8.1 Die Quantelung des Hall-Widerstands

Der Halbleiter soll ein p-Silizium-Kristall darstellen, an dessen Oberfläche sich unter dem Metall-Gate mit positivem Potenzial eine Inversionsschicht mit zweidimensionalen Elektronen ausbildet. Der Potenzialtopf ist in E_1 und E_2 gequantelt. Die Fermi-Energie liegt zwischen den beiden Energieniveaus, sodass nur das unterste Energieniveau E_1 mit Elektronen besetzt ist. In Abb. 8.2b ist die Aufspaltung des besetzten Energieniveaus im Magnetfeld dargestellt.

Diese Quantelung erfolgt nach der Beziehung

$$E = \left(n + \frac{1}{2}\right)\hbar\omega_c = \left(n + \frac{1}{2}\right)\hbar\frac{B}{em_c} \tag{8.1}$$

mit n = 0, 1, 2, ..., die aus dem Landau'schen Diamagnetismus folgt (Kap. 2). Die Landau-Niveaus (Γ) haben den Energieabstand von $\hbar\omega_c$. Nur das unterste Niveau ist vom Boden des elektrischen Niveaus um ½ $\hbar\omega_c$ entfernt. In Abb. 8.2b ist die Fermi-Energie gegenüber Abb. 8.2a etwas nach oben verschoben. Sie zeigt, dass das untere Landau-Niveau besetzt und das darüberliegende Landau-Niveau halb gefüllt ist.

Bei der Analyse des Hall-Effekts an der Inversionsschicht eines zweidimensionalen Elektronengases machte der Würzburger Physiker Klaus von Klitzing im Hochfeldlabor in Grenoble eine bahnbrechenden Entdeckung: Bei sorgfältigen Messungen des Hall-Effekts und der Shubnikow-de-Haas-Oszillationen fand er heraus, dass die Stufen im Hall-Effekt mit hoher Präzision eine Serie von Plateaus bildeten, die durch die fundamentale Beziehung

$$R_{xy} = \frac{h}{je^2}[\Omega] \tag{8.2}$$

(mit j = 1, 2, 3, ...) bestimmt werden (Abb. 8.3).

Die Werte des Hall-Widerstands sind für jedes j mit einer ungewöhnlich hohen Genauigkeit allein durch die Naturkonstanten h und e bestimmt.

Für dieses grundlegende Phänomen erhielt Klaus von Klitzing 1985 den Nobelpreis für Physik [1]. Dieser Effekt wird heute als integraler Quanten-Hall-Effekt bezeichnet, da später anstelle von ganzzahligen Werten für die Quantenzahl j auch gebrochene Werte gefunden wurden.

Das höchste Plateau hat in starken Magnetfeldern die Quantenzahl j = 1. Und der Hall-Widerstand erreicht auf diesem Niveau den Wert $R_K = h/e^2 = 25{,}8128$ kΩ. Diese Größe h/e^2, die heute als Von-Klitzing-Konstante bezeichnet wird, entspricht dem Kehrwert der Sommerfeld'schen Feinstrukturkonstante α = 137,036, die als dimensionslose, fundamentale Größe den Aufbau der Atome bestimmt.

Die Entdeckung dieses Zusammenhangs, die hohe Genauigkeit des Messwertes und die Tatsache, dass die Plateaus unabhängig vom Material des Halbleiters sind, in dem das zweidimensionale Elektronengas auftritt, unterstreicht den fundamentalen Charakter dieses Effekts.

Aus Abb. 8.2b geht hervor, dass der Quanten-Hall-Effekt und die entsprechenden Schubnikow-de-Haas-Oszillationen auftreten, wenn sich bei Erhöhung des Magnetfeldes die Landau-Niveaus des zweidimensionalen Elektronengases nach der Beziehung (Gl. 8.1) zu höheren Energien bewegen und sich über die Fermi-Energie schieben. Da die Elektronen nur Zustände bis zur Fermi-Energie

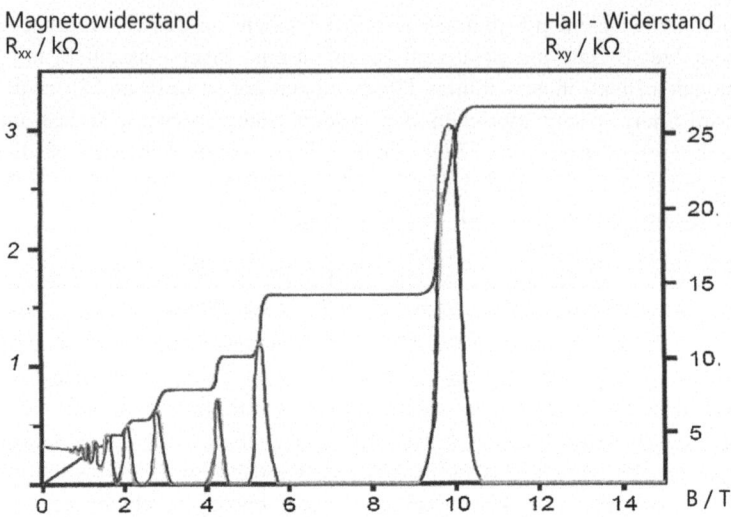

Abb. 8.3 Hall-Plateaus und die entsprechenden Shubnikow-de-Haas-Oszillationen des longitudinalen Magnetowiderstands einer GaAs/GaAlAs-Heterostruktur [2]

besetzen können, müssen sie sich beim Erreichen der Fermi-Energie auf die darunterliegenden Zustände verteilen.

Wenn ein Landau-Niveau genau mit der Fermi-Energie zusammenfällt, wird es vollständig geleert, wobei der Längswiderstand sprunghaft ansteigt. Das ist der Shubnikow-de-Haas-Effekt. Dabei wächst der Hall-Widerstand an und erreicht das nächste Plateau.

Danach befindet sich die Fermi-Energie zwischen zwei Landau-Niveaus. In diesem Zustand sind die Elektronen so lange lokalisiert, bis das nächste Landau-Niveau mit der Fermi-Energie zusammenfällt und es zur nächsten Shubnikow-de-Haas-Oszillation kommt. Dieser Vorgang wiederholt sich, bis das oberste Plateau mit $j=1$ erreicht ist. Dann befinden sich alle Landau-Niveaus über der Fermi-Energie, und der Quantengrenzfall des zweidimensionalen Elektronengases ist erreicht. Durch die Lokalisierung der Ladungsträger zwischen den Shubnikow-de-Haas-Oszillationen kommt es beim Hall-Effekt zur Ausbildung der extrem genauen Plateaus $R_{xy}=h/je^2$. Wenn das letzte Landau-Niveau bei $j=1$ mit der Fermi-Energie zusammenfällt, hat der Hall-Widerstand den Von-Klitzing-Wert von 25,8128 kΩ. erreicht.

Für den Bereich Tieftemperatur-Festkörperphysik der Humboldt-Universität mit der Erfahrung bei der Quantelung der Energiestruktur von unterschiedlichen Metallen und Halbleitern war der Quanten-Hall-Effekt eine große Herausforderung. Nach ersten Versuchen mit Silizium-Inversionsschichten wurden die schmalbandigen Halbleiter Indium-Antimonid (InSb) und später auch Quecksilber-Cadmium-Tellurid ($Hg_{(1-x)}Cd_xTe$) in das Forschungsprogramm des Bereichs aufgenommen, um an Korngrenzen dieser Halbleiter, die natürliche Ladungsinversionsschichten bilden, den Quanten-Hall-Effekt zu untersuchen.

8.2 Das zweidimensionale Elektronengas

So begannen nach der Entdeckung von Klaus von Klitzing auch an der Humboldt-Universität Untersuchungen von zweidimensionalen Elektronengasen (2DEG) in Inversionsschichten an Si-MOSFETs.

Als das Amt für Standardisierung, Messwesen und Warenprüfung der DDR (ASMW) dem Bereich Tieftemperatur-Festkörperphysik die Entwicklung eines Ohm-Standards auf der Grundlage der Von-Klitzing-Konstanten (h/e^2 = 25.812,8025 Ω) übertrug, wurden von Horst Krüger Hall-Strukturen entworfen, die im Halbleiter-Institut der Akademie der Wissenschaften in Frankfurt/Oder gefertigt wurden. Als diese Untersuchungen vertraulich behandelt werden sollten, entstand für die Studentenausbildung eine ungünstige Situation. Um aber mit zweidimensionalen Elektronen weiter Grundlagenforschung zu betreiben, wurde deshalb nach anderen, zweidimensionalen Strukturen gesucht, die für die Studentenausbildung problemlos geeignet waren.

Heterostrukturen aus GaAs-AlGaAs, die von von Klitzing sowie von Tsui und Ando eingesetzt wurden [3], oder zweidimensionale Elektronengase als Wigner-Kristalle auf der Oberfläche von flüssigem Helium, wie sie unsere Kollegen Chaikin und Edelman am Kapitza-Institut erforschten [4], waren für die Humboldt-Universität nicht erreichbar. Eine Molekularstrahl-Epitaxieanlage zur Herstellung der Heterostrukturen konnte wegen des Embargos und der damit verbundenen hohen Kosten nicht beschafft werden. Die Erzeugung und Erforschung von Elektronenschichten auf flüssigem Helium lag auch außerhalb der Möglichkeiten der Universität. So entstand die Idee, die Inversionsschichten von Korngrenzen in Halbleitern als „natürliche zweidimensionale Strukturen" zu untersuchen.

Mit den Eigenschaften der zweidimensionalen Ladungsträger in einer natürlichen Umgebung konnte auch das elektronische Verhalten dieser Umgebung mit erforscht werden. Ein solches Forschungsprojekt war deshalb für Diplom- und Promotionsarbeiten der Studenten gut geeignet. Und es bestand die Hoffnung, dass Korngrenzen leichter zugänglich sind als Heterostrukturen und der Einfluss der Gitterstruktur auf die Korngrenzen zu neuen Effekten führen könnte.

Um jedoch nicht gleich mit mehrkomponentigen Elektronensystemen im Wismut und in den Wismut-Antimon-Legierungen zu beginnen, erschien Indium-Antimonid (InSb) als geeignetes Material. Später kamen Korngrenzen des Halbleiters $(Hg_{(1-x)}Cd_x)Te$ hinzu.

Der Halbleiter InSb ist insofern einfacher zu handhaben, weil er nur eine Ladungsträgersorte hat.

Als es uns gelang, den Quanten-Hall-Effekt an InSb-Korngrenzen nachzuweisen und Systeme von Subbändern an den Korngrenzen beobachtet wurden, besuchte auch Klaus von Klitzing unser Institut.

In Si-MOSFETs und in Heterostrukturen, wie z. B. GaAlAs/GaAs, erfolgt in genügend starken, elektrischen Feldern senkrecht zur Oberfläche Ladungsinversion. So werden in einem p-Si-MOSFET durch das Anlegen eines positiven elektrischen Feldes an das Gate die Löcher aus der Halbleiteroberfläche heraus gedrängt. Elektronen werden an die Oberfläche herangezogen, was zur Verbiegung der Energiebänder und zur Ausbildung eines Potenzialtopfes zwischen dem verbogenen Leitungsband und der SiO_2-Isolationsschicht führt.

Gerät dabei das Leitungsband E_c unter die Fermi-Energie, wird der Potenzialtopf an der Halbleiteroberfläche mit Elektronen gefüllt, die die elektrischen Subbänder E_0, E_1, ... in dem Potenzialtopf besetzen. Ihre Ladungsträgerkonzentration ist die Flächenkonzentration n_S. Die Fermi-Energie des zweidimensionalen Gases $E_F = (\hbar^2/2m_c) k_F^2$ mit dem Fermi-Impuls $k_F = (2 \pi n_S)^{1/2}$ ist der Flächenkonzentration der Ladungsträger n_S direkt proportional:

$$E_F = n_S \pi \frac{\hbar^2}{m_c} \tag{8.3}$$

Mit dem Massentensor (m_1, m_2, m_3) ergibt $m_c = (m_1 m_2)^{1/2}$ die zweidimensionale Masse in der Inversionsschicht. m_3 ist als effektive Masse senkrecht zur Schicht nicht beteiligt.

Die zweidimensionale Zustandsdichte ist

$$D_s(E) = \frac{m_c}{2\pi \hbar^2}, \tag{8.4}$$

sodass für ein linear ansteigendes elektrisches Feld $F(z)$ die elektrischen Subbandniveaus die Energien

$$E_i = \left(\frac{\hbar^2}{2m_3}\right)^{\frac{1}{3}} \left(\frac{2}{3}\pi eF\right)^{\frac{2}{3}} \left(i + \frac{3}{4}\right)^{\frac{2}{3}}, \tag{8.5}$$

(mit $i = 0, 1, 2, 3 ...$) haben.

Dabei ist im Si-MOSFET meist nur ein Subband ($i = 0$) gefüllt.

Die Anforderungen an eine Quantisierung im Magnetfeld mit ausgeprägten Landau-Niveaus Γ sind relativ hohe Magnetfelder und tiefe Temperaturen. Dafür müssen zwei Bedingungen erfüllt sein: Die Breite der Landau-Niveaus Γ muss klein bzw. sehr klein gegenüber dem Abstand der Landau-Niveaus $\hbar \omega_c$, aber wesentlich größer als die thermische Energie sein, d. h.

$$\hbar_c \omega_c = \frac{eB}{m_c} \gg \Gamma \gg k_B T. \tag{8.6}$$

Die erste Bedingung wird umso besser erfüllt, je kleiner die effektiven Massen der Ladungsträger sind, die zweite Bedingung, je tiefer die Temperatur ist.

Die Landau-Niveaus haben die Energien

$$E_l = \left(1 + \frac{1}{2}\right) \hbar \omega_c \tag{8.7}$$

(mit $l = 0, 1, 2, ...$).

Dabei ist $\omega_c = eB/m_c$ jetzt die Zyklotronfrequenz der Ladungsträger in der Oberfläche. Neben der Landau-Quantelung bewirkt das Magnetfeld auch die Aufhebung der Spinentartung der Energieniveaus, $E_s = \pm s\, g\mu_B B$, sodass die Energie der Quantelung in der Inversionsschicht im senkrechten Magnetfeld lautet:

$$E = E_i + E_l + E_s = \left(\frac{\hbar^2}{2m_3}\right)^{\frac{1}{3}} \left(\frac{2}{3}\pi eF\right)^{\frac{2}{3}} \left(i + \frac{3}{4}\right)^{\frac{2}{3}} + (l + 1/2)\hbar\omega_c + sg\,\mu_B B$$
(8.8)

Die Ladungsträger werden auf den Landau-Niveaus zusammengedrängt. Die Zahl der Zustände auf einem Landau-Niveau ist

$$N_S = q_S q_V D_S(E) \hbar\omega_c,$$
(8.9)

wobei qs qv Spin- und Talentartung sind. Jedes Landau-Niveau des zweidimensionalen Elektronengases enthält also unabhängig von der Energie die gleiche Zahl von Zuständen. In starken magnetischen und elektrischen Feldern werden Spin- und Talentartung aufgehoben, wie z. B. für Si-MOSFET in dem von von Klitzing beschriebenen Experiment [1]. Dann gilt für die Flächenladungsdichte $n_s = iN_s = ieB/h$, wobei die Quantenzahl i die Zahl der gefüllten, nichtentarteten Landau-Niveaus angibt.

Der Magnetowiderstand R_{xx} oszilliert mit der Periode

$$\Delta\left(\frac{1}{B}\right) = \hbar\frac{e}{m_c}E_F$$
(8.10)

im inversen Magnetfeld. Mit der Fermi-Energie des zweidimensionalen Elektronengases

$$E_F = n_S\pi\frac{\hbar^2}{m_c}$$
(8.11)

ist die Ladungsträgerkonzentration auf dem Subband

$$n_S = \frac{e}{\pi\hbar\Delta\left(\frac{1}{B}\right)}.$$
(8.12)

Die Ladungsträgerkonzentration kann also aus den Oszillationen des Magnetowiderstands R_{xx} bestimmt werden.

8.2.1 Die Ausbildung der Plateaus des Quanten-Hall-Effekts

Beim klassischen Hall-Effekt werden die Ladungsträger senkrecht zum Magnetfeld und zur Stromrichtung durch die Lorentz-Kraft abgelenkt, sodass quer zur Stromrichtung eine Spannung entsteht. Die Hall-Spannung zum Strom ergibt den Hall-Widerstand, linear mit dem Magnetfeld:

$$R_{xy} = R_H = \frac{U_H}{I} = \frac{B}{Ne}$$
(8.13)

Bei tiefen Temperaturen und hohen Magnetfeldern entstehen im zweidimensionalen Elektronengas im Hall-Widerstand die Plateaus, mit den Werten $R_H = h/j\,e^2$.[1]

Wie oben festgestellt, spaltet das Magnetfeld die elektrischen Subbänder in Landau-Niveaus mit dem Abstand $\hbar\omega_c$ auf. Der Abstand zwischen diesen Niveaus mit $\hbar\omega_c = \hbar eB/m_c$ ist dem Magnetfeld proportional. Wird das Magnetfeld erhöht, wandern die gefüllten Landau-Niveaus über die Fermi-Energie und werden dabei entleert.

Eine Erklärung dieses Phänomens der Plateaubildung geht davon aus, dass aufgrund der realen Struktur der Kristalloberfläche Ladungsträger an Störstellen in der Oberfläche lokalisiert werden können. Das hat zur Folge, dass die Ladungsträger in einem Landau-Niveaus, wenn dieses die Fermi-Energie erreicht, nicht sofort in das darunterliegende Landau-Niveau fallen, sondern durch die lokalisierten Zustände zwischen den Landau-Niveaus wandert.

Dazu bilden die Ränder der Probe, ähnlich der Austrittsarbeit von Metallen, einen Potenzialtopf, denn die Landau-Niveaus werden am Probenrand nach oben gebogen (Abb. 8.4b). Wenn die Fermi-Energie zwischen zwei Landau-Niveaus liegt, kreuzen die Landau-Niveaus, die sich noch unter der Fermi-Energie befinden, am Rand der Probe die Fermi-Energie, sodass sich eindimensionale idealleitende Randkanäle ausbilden (in Abb. 8.4b mit „Randkanäle" bezeichnet).

Zu Beginn, wenn die Fermi-Energie in die lokalisierten Zustände eintritt, wird der longitudinale Strom widerstandslos über die Randkanäle geleitet. Im Inneren der Probe ist durch die Lokalisierung der Ladungsträger kein Strom möglich, die Hall-Spannung und damit der Hall-Widerstand verändern sich nicht und bilden Plateaus. Beim Ansteigen des Magnetfeldes wandert der innere Randkanal in die

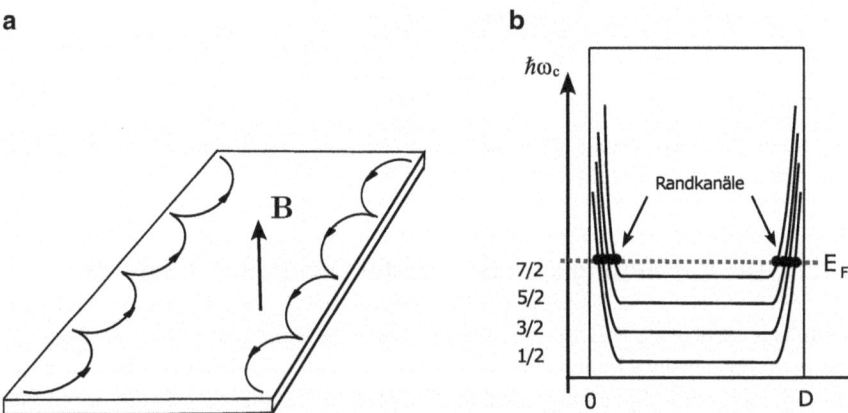

Abb. 8.4 a Das klassische Bild der Randkanäle als Oberflächenzustände bzw. Girlandenbahnen am Rand der Probe. Dort, wo die Fermi-Energie die ansteigenden Landau-Niveaus kreuzt, bilden sich die widerstandslosen Randkanäle aus, durch die Strom fließt, wenn ein Landau-Niveau mit der Fermi-Energie zusammenfällt. b Quer über die Probe von 0 bis D bilden die Landau-Niveaus Potenzialtöpfe. An den Rändern der Proben steigt das Potenzial U(y) bzw. die potenzielle Energie an. An den Schnittstellen der Landau-Niveaus (n+½) $\hbar\omega_c$ mit der Fermi-Energie E_F befinden sich die Randkanäle [2]

Probe, wodurch dort freie Zustände entstehen können, in die Elektronen gestreut werden können.

Wenn die Fermi-Energie mit einem Landau-Niveau zusammenfällt, ist die Streuung der Ladungsträger zwischen den Randkanälen an beiden Seiten der Probe so groß, dass die Hall-Spannung ansteigt und der longitudinale Widerstand ein Maximum erreicht, d. h. eine Shubnikow-de-Haas-Oszillation erfolgt, da das Landau-Niveau jetzt über der Fermi-Energie liegt und leer ist.

Der widerstandslose Strom ist wie der Supraleitungsstrom ein makroskopischer Quanteneffekt. Dieser Strom durch die Randkanäle, der im klassischen Bild durch die Skipping-Bahnen gebildet wird (Abb. 8.4a), bewirkt, dass der Widerstand bis auf null sinkt [5].

Den von Chaikin und Edelman entdeckten magnetischen Oberflächenzustände, die beim Quanten-Hall-Effekt die eindimensionalen Randkanäle bilden, kommt durch den widerstandslosen Strom vermutlich eine grundlegendere Bedeutung zu, als bei ihrer Entdeckung im dreidimensionalen Elektronengas zu erwarten war.

8.2.2 Die Feinstrukturkonstante

Die Von-Klitzing'sche Widerstandskonstante $R_{xy} = h/e^2 = 25812,8$ entspricht der dimensionslosen Sommerfeld'schen Feinstrukturkonstante α mit dem Wert

$$\alpha = \frac{1}{2c\,\varepsilon_0}\frac{e^2}{h} = \frac{1}{137}, \tag{8.14}$$

wobei c die Lichtgeschwindigkeit ist und ε_0 die Elektrizitätskonstante 8,854 10^{-12} As/Vm.

Wenn der klassische Elektronenradius

$$r_0 = \frac{e^2}{4\pi\varepsilon_0 c^2 m_e} = 2.8\, 10^{-15}\ \text{m} \tag{8.15}$$

mit dem Bohr'schen Atomradius

$$a_0 = \frac{4\pi\varepsilon_0^2}{m_e c^2} = 0.53\, 10^{-10}\text{m} \tag{8.16}$$

verglichen wird, folgt

$$\frac{r_0}{a_0} = \left(\frac{e^2}{4\varepsilon_0 \hbar c}\right)^2 = \alpha^2. \tag{8.17}$$

Das Atom ist also 137^2-mal größer als das Elektron. Das heißt, die Leere der Atome wird durch die dimensionslose Feinstrukturkonstante bestimmt. Die Feinstrukturkonstante beschreibt als Kopplungskonstante auch die elektromagnetische Kraft zwischen den Elementarladungen F_m/F_c, mit F_m als magnetischer Kraft und F_c als Coulomb- Kraft. Wenn für den Abstand der Elektronen wieder der Bohr'sche Atomradius a_0 angenommen wird, dann ergibt

$$\frac{F_m}{F_e} = \alpha. \tag{8.18}$$

Das bedeutet, dass die magnetische Wechselwirkung der Elektronen 1/137-mal kleiner ist als die elektrische Wechselwirkung [6].

Vermutungen, ob die Feinstrukturkonstante sich verändern kann, werden heute auf der Grundlage astrophysikalischer Beobachtungen diskutiert, wobei es jedoch Messungen gibt, die dagegensprechen. Es geht dabei um ein prinzipielles Problem, denn schon bei einer sehr kleinen Veränderung der Sommerfeld'schen Feinstrukturkonstante würde unsere Welt auseinanderfallen.

8.3 Der Quanten-Hall-Effekt an Korngrenzen

Korngrenzen beherrschen die mechanischen Eigenschaften der Metalle. Je kleiner die Körner in den Metallen sind, desto besser sind gewöhnlich die mechanischen Eigenschaften von Konstruktionsmaterialien. Diese Eigenschaften werden auch noch heute in der Texturforschung der Metallurgie intensiv untersucht [7].

In bestimmten Halbleitern können sich in Abhängigkeit von der Ladungskonzentration an den Versetzungen in Korngrenzen Ladungsschichten ausbilden. Diese Ladungsträgerschichten wurden zum ersten Mal zu Beginn der 1960er-Jahre untersucht [8]. Dafür wurden Bikristalle mit genau definierten Wachstumsrichtungen und Neigungswinkeln gezüchtet, und als Erstes wurde der Feldeffekt beobachtet [9]. Mit den Untersuchungen des zweidimensionalen Elektronengases in den Inversionsschichten von MOSFETs wurden auch die Korngrenzen in Halbleitern als zweidimensionale Strukturen interessant [10].

Wie schon erläutert, begann in den 1980er-Jahren der Bereich Tieftemperatur-Festkörperphysik der Humboldt-Universität mit Untersuchungen der elektronischen Struktur von Korngrenzen von InSb und später auch am $Hg_{(1-x)}Cd_xTe$. Gemessen wurden der Shubnikow-de-Haas-Effekt und der integrale Quanten-Hall-Effekt [11].

Im Unterschied zu den Grenzflächen in Si-MOSFETs und $Ga_{(1-x)}Al_xAs/GaAs$-Heterostrukturen ist der Potenzialverlauf in Korngrenzen symmetrisch. Durch die kleinen Energielücken und die kleinen effektiven Massen der Ladungsträger im InSb und im $Hg_{(1-x)}Cd_xTe$ sind auch die Zustandsdichten in den elektrischen Subbändern klein, die Beweglichkeiten jedoch groß, was die Beobachtung von Quanteneffekten begünstigt.

Es stellte sich bei den Messungen schnell heraus, dass bereits bei geringen Ladungsträgerdichten an den Korngrenzen bei tiefen Temperaturen mehrere elektrische Subbänder besetzt sind. Weitere Besonderheiten dieser Halbleiter sind die Nichtparabolizität des Leitungsbandes, die Zunahme der effektiven Massen der Elektronen mit zunehmender Energie und der mögliche Unterschied der effektiven Massen der Elektronen in den Inversionsschichten und im Volumen der Kristalle.

8.3.1 Züchtung von Bikristallen für den Quanten-Hall-Effekt

Um geeignete Korngrenzen für die Messungen zu präparieren, wurde die Züchtung von InSb-Bikristallen mit der Präparation von Doppelkeimen begonnen [12]. Für die Doppelkeime wurde einkristallines InSb nach dem Zonenschmelzverfahren mit der Czochralski-Methode hergestellt. Da aber InSb ein polarer Halbleiter ist, sind entgegengesetzte $\langle 111 \rangle$- oder $\langle 112 \rangle$-Richtungen nicht äquivalent. Entsprechend unterscheidet man A-$\langle 111 \rangle$- und B-$\langle 111 \rangle$-Flächen, die durch Anätzen bestimmt werden können. Die Kristalle mit der Ziehrichtung [112] wurden funkenerosiv oder mit Diamantsägen orientiert geschnitten, wobei zwei $\langle 111 \rangle$-Flächen, um den Winkel $\Theta/2$ um die [112]-Richtung gedreht, geschnitten wurden. Nach dem Zusammenkleben der geneigten Kristalle ergibt sich ein Keim für eine Neigungskorngrenze [112](110) mit der Ziehrichtung entlang der [112]-Achse (Abb. 8.5). Konvergieren dabei die [111]-Richtungen, ist das Ergebnis eine α-Korngrenze, divergieren sie, ist es eine β-Korngrenze.

Die Züchtungsanlage für die Korngrenzen bestand aus einem wassergekühlten Rezipienten. Die Heizungsleistung erfolgte mit einem Graphitheizer über einem Thyristorverstärker, der mit einem PID geregelt wurde [12].

Die Keime für die Czochralski-Züchtung hatten die Abmessungen $3 \times 3 \times 25$ mm^3. Für den Züchtungsvorgang wurde der Rezipient mit einem Gemisch aus Reinstwasserstoff und Reinststickstoff im Verhältnis 1:2 bis auf einen

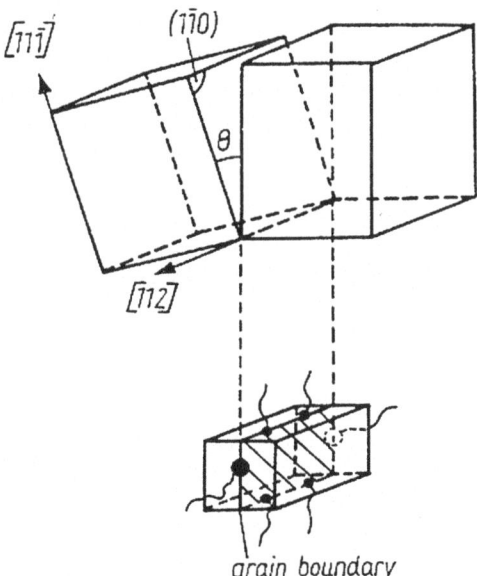

Abb. 8.5 Doppelkeimanordnung für die Züchtung einer InSb-Korngrenze mit dem Neigungswinkel θ um die [112]-Achse, darunter schematisch die kontaktierte Korngrenze

Druck von 0,75 bar gefüllt. Beim Aufschmelzen des Materials erhöht sich der Druck auf 1 bar. Der Keim wurde der Schmelzoberfläche auf 1 mm genähert. Das System wurde in 30 min stabilisiert, dann der Keim 2 mm in die Schmelze getaucht und mit 40 Umdrehungen pro Minute gedreht. Nach 5 min bildet sich ein fester Meniskus an der Grenzfläche fest/flüssig heraus. Der Ziehprozess beginnt bei 2 mm/h und wird über 10 min bis auf 20 mm/h erhöht. Nach Erreichen der Endgeschwindigkeit wird die Temperatur erniedrigt, wodurch der Kristall in die Breite wächst. Für die Herstellung der Korngrenzen wurde p-Typ-InSb gewählt. Schon die ersten Experimente zeigten, dass sich in der Korngrenze eine n-Inversionsschicht ausbildet. Für die Messung der Magnetotransporteigenschaften erwies sich ein Korngrenzenwinkel von 13 als günstig.

8.3.2 Die elektronische Struktur der Korngrenzen

In Korngrenzen ist das Gitter durch ein System von Versetzungen gestört, mit denen die Gitterebenen aufeinanderstoßen. Die Korngrenzen selbst umfassen Bereiche von wenigen Gitterabständen, in denen die Versetzungen in Abhängigkeit vom Neigungswinkel und der Drehachse durch ungesättigte Bindungen Ladungen tragen können. So haben in Korngrenzen vom p-InSb mit einem Neigungswinkel >0 um die ⟨110⟩-Achse offene Bindungen an den Sb-Atomen, die positiv geladen sind und als *dangling bonds* bezeichnet werden. Diese an die Korngrenze gebundenen positiven Ladungen ziehen Elektronen aus dem Volumen des Kristalls an die Korngrenze, was zur Verbiegung von Leitungs- und Valenzband führt. Ist das elektrische Feld der Versetzungen so groß, dass das Leitungsband unter die Fermi-Energie gelangt, dann sammeln sich die Elektronen in diesem Topf, wie im MOSFET, und bilden eine Inversionsschicht. Auch die Akzeptoren, die bei der Bandverbiegung unter die Fermi-Energie gelangen, werden mit Elektronen gefüllt. Im Potenzialtopf ist die Energie in elektrische Energieniveaus gequantelt, die von Elektronen besetzt werden.

Abb. 8.6 zeigt ein schematisches Bild einer Korngrenze als symmetrischen Potenzialtopf. In der Symmetrieebene stehen die Pluszeichen für geladene offene Bindungen, den *danglig bonds*. Leitungsband (E_c) und Valenzband (E_v) sind zum Potenzialtopf gebogen. Das Leitungsband in der Korngrenze reicht unter die Fermi-Energie E_F und bildet im p-InSb eine Inversionsschicht mit Elektronen. Die Akzeptoren an der Valenzbandkante sind mit Elektronen gefüllt und erzeugen eine Verarmungsschicht.

In geneigten Korngrenzen im Diamant- und Zinkblendegitter bilden sich 5-7- und 8-8-Versetzungsringe entlang der ⟨110⟩-Richtung. Im p-InSb mit der ⟨110⟩-Achse als Neigungsachse entstehen auch Korngrenzen neben den 5-7-, 8-8- und 5-7-8-8-Versetzungen. Wichtig sind die 8-8-Ringe, denn nur diese tragen eine Ladung.

Für Untersuchungen der Inversionsschichten in p-InSb-Korngrenzen wurden vorzugsweise Bikristalle mit einem Neigungswinkel von 13° um die Neigungsachse [211] gezüchtet. Die Korngrenzen sind β-Korngrenzen, an denen sich

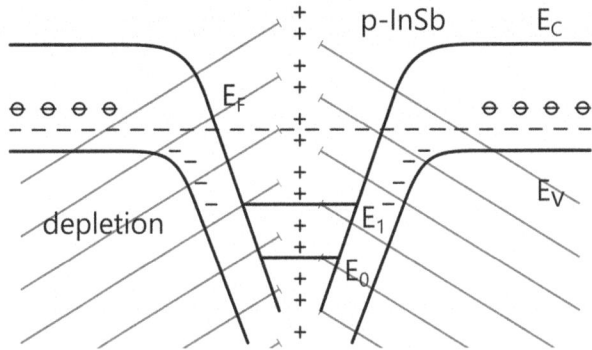

Abb. 8.6 Symmetrischer Potenzialtopf einer β-Korngrenze im p-InSb mit positiven Ladungen (+) in der Korngrenzenebene, bei der sich die *dangling bonds* an den Sb-Atomen befinden. E_0 und E_1 sind die elektrischen Subbänder [9]

Antimonatome mit positiver Ladung befinden. Pro Gitterabstand sind dann 0,82 bis 2,45 Elektronen in der Inversionsschicht.

8.3.3 Der integrale Quanten-Hall-Effekt in Korngrenzen

Leitfähigkeitsmessungen senkrecht zur Korngrenze bei 150 K ergaben eine Tiefe des Potenzialtopfes von ≈200 meV [13]. Dieser Wert ist von der gleichen Größenordnung wie die Energielücke des InSb, die bei 77 K mit 230 meV gemessen wurde, was erwarten lässt, dass bei tiefen Temperaturen Inversion der Ladungsträger auftritt. Hall-Messungen zwischen 77 und 4,2 K ergaben eine Änderung des Ladungstyps vom p- zum n-Typ. Unter 9 K frieren die Ladungsträger im Kristallvolumen aus; und der Strom wird von der Inversionsschicht in der Korngrenze getragen. Die Messungen bei tiefen Temperaturen ergaben eine Flächenladungsdichte von $n_s = 1,6 \cdot 10^{12}$ cm^{-2} und eine Hall-Beweglichkeit von $\mu = 1,1 \cdot 10^4$ cm^2/Vs.

Abb. 8.7 zeigt den integralen Quanten-Hall-Effekt an einer n-Inversionsschicht einer p-InSb-Korngrenze. In der Inversionsschicht sind zwei Subbänder besetzt. Das zeigen die beiden Oszillationsgruppen des Shubnikow-de-Haas-Effekts in der oberen Messkurve. Die ersten beiden Hall-Plateaus des untersten, am stärksten besetzten Subbandes $j=0$ liegen in Magnetfeldern über 14 T. Sie konnten im vorliegenden Experiment nicht beobachtet werden.

In der unteren Kurve treten die Plateaus 3 bis 7 im untersten Subband $j=0$ mit $\rho_{xy} = h/3e^2$ bis $h/7e^2$ auf. Die Flächenladungsträgerkonzentration der Inversionsschicht wurde mit dem Shubnikow-de-Haas-Effekt aus den Oszillationsperioden $\Delta 1(1/B)$ und $\Delta 2(1/B)$ mit $n_S = e/\pi \hbar \, \Delta(1/B)$ zu $n_S = 0,81 \cdot 10^{11}$ cm^{-2} bestimmt.

Bei der Untersuchung der elektronischen Eigenschaften zweidimensionaler Elektronengase in MOSFETs und Heterostrukturen können die Flächenladungsdichte

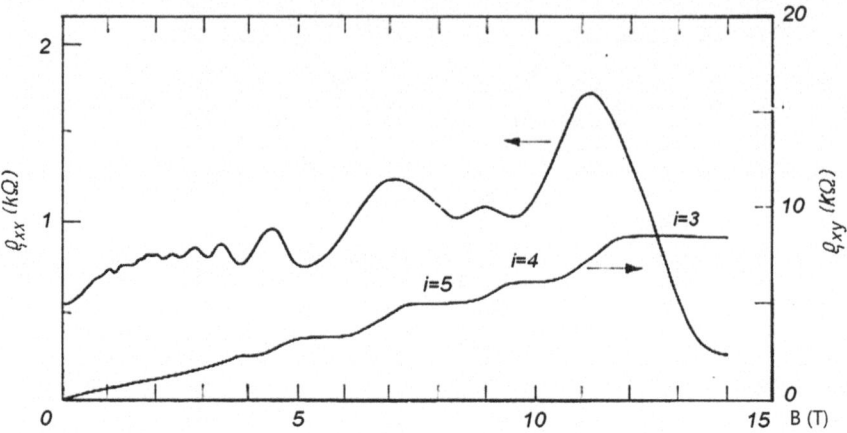

Abb. 8.7 Messkurven des integralen Quanten-Hall-Effekts und des Shubnikow-de-Haas-Effekts bei 1,85 K für eine p-InSb-Korngrenze mit einem Neigungswinkel von 13° um die [211]-Achse [14]. Für diese Messungen wurde die Ladungsträgerkonzentration mit hydrostatischem Druck eingestellt

und damit die Subbandbesetzung und die Subbandenergien in den Inversionsschichten durch die Gate-Spannung gesteuert werden, wodurch die Quanteneffekte und die Struktur der Subbänder und der Landau-Niveaus leicht zugänglich sind. Für die Inversionsschichten in den Korngrenzen besteht diese Möglichkeit nicht. In diesen Fällen kann aber hydrostatischer Druck sehr vorteilhaft als variabler, äußerer Parameter zur Steuerung der Ladungsträgerkonzentration dienen. Nachdem die Flächenladungsdichte der Inversionsschicht bei der Herstellung der Korngrenzen festgelegt wurde, konnte sie mit der von Winfried Kraak im Forschungsbereich entwickelten Drucktechnik gesteuert werden. Diese Hochdrucktechnik war in langjährigen Experimenten erprobt worden und hatte sich als geeigneter Parameter für die Einstellung der Ladungsträgerkonzentration in den Korngrenzen erwiesen. Ähnliche Untersuchungen wurden an Heterostrukturen von $Ga_{(1-x)}Al_xAs/GaAs$ [15] und an Korngrenzen von HgCdMnTe [16] durchgeführt.

Wie schon festgestellt, entsprachen bei 77 K die galvanomagnetischen Eigenschaften der Korngrenzen denen des Volumenmaterials. Bei den Messungen ergab sich als Leitungstyp p-Leitung. Aus Messungen der Ladungsträgerkonzentration im Volumen bei 77 K folgte $N_A - N_D = 5{,}8 \; 10^{15} \, \text{cm}^{-3}$ und für die Beweglichkeit $\mu_{77K} = 4{,}6 \; 10^3 \, \text{cm}^2/\text{Vs}$. Bei Temperaturen <8–9 K wurden die Inversionsschichten n-leitend. Unter hydrostatischem Druck bis $6 \; 10^2$ MPa (= 6 kbar) nahmen der Schichtwiderstand R_{xx} und der Hall-Widerstand R_H (Synonym von ρ_{xy}) der Inversionsschicht schnell zu, wobei aber die Hall-Konstante bei hohem Druck kurz unter $6 \; 10^2$ MPa sprunghaft wieder abnahm, was auf eine Verringerung der Elektronenbesetzung der Inversionsschicht mit dem Druck hinweist.

Die Beweglichkeit der Ladungsträger steigt mit Zunahme der Ladungsträgerkonzentration $\mu \sim n_s^2$. Das ist auch bei Drücken >$5 \; 10^2$ kPa der Fall. Darunter werden mehrere Subbänder besetzt, sodass die Beweglichkeit durch Intersubbandstreuung dominiert wird und die Beweglichkeit geringer ist.

Die Shubnikow-de-Haas-Oszillationen bei Normaldruck ergaben zwei Oszillationsperioden und damit zwei besetzte Subbänder. Mit der Modulation des Magnetfeldes und Messung der ersten Ableitung wurden im Druckbereich von 0,1 10^2–5,5 10^2 MPa vier besetzte Subbänder (j = 0, 1, 2, 3) gefunden

Die Ladungsträgerkonzentration n_{si}, die Lage des Subbandes zur Fermi-Energie E_F–E_i und die effektiven Massen m_{ci}^* sind in Tab. 8.1 dargestellt.

Mit Shubnikow-de-Haas-Oszillationen wurden im modulierten Magnetfeld bei 0,1 10^2 MPa, bei 3,5 10^2 MPa und bei 5 10^2 MPa drei Oszillationsperioden in der Korngrenze für die Subbänder i = 0, 1 und 2 gemessen [18].

Die Untersuchungen des Quanten-Hall-Effekts an den InSb-Korngrenzen unter hydrostatischem Druck, d. h. mit geringerer Ladungsträgerkonzentration und weniger Subbänder, zeigen, dass die Hall-Plateaus ein Ergebnis der Quantisierung entsprechend der Abhängigkeit $\rho_{xy} = h/je^2$ sind.

Die Druckabhängigkeit der Subbandbesetzung und der Subbandenergie hat zur Folge, dass vier Subbänder, die bei Normaldruck besetzt sind, durch Druckerhöhung bis auf ein Band entleert werden können. Das oberste Band (i = 3) liefert nur bei Normaldruck einen Beitrag. Die beiden darunterliegenden Bänder (i = 2 und 1) verschwinden bei Drücken zwischen 4 10^2 und 5 10^2 MPa. Das Gleiche gilt für die Subbandenergie, die als Differenz zur Fermi-Energie bestimmt wurde. Für Druckabhängigkeit der Subbandbesetzung und der Subbandenergie sind in Abb. 8.8 die Messpunkte aufgetragen. Im Druckbereich über 5 10^2 MPa ist nur noch das unterste Band (i = 0) besetzt.

Diese Experimente zeigen den hydrostatischen Druck als einen gut geeigneten Parameter zur Änderung der Ladungsträgerdichte in Inversionsschichten.

Für einem Druck über 4,8 10^2–5,9 10^2 MPa ergeben sich mit einem Schichtstrom von $I_x = 0{,}50$ µA, bei T = 1,47 K Plateaus, die mit dem Widerstandswert des Quanten-Hall-Effekts $\rho_{xy} = 25{,}81288$ kΩ übereinstimmen.

Für das erste Hall-Plateau (j = 1) im untersten Subband (i = 0) wurde eine erstaunliche Abhängigkeit vom Schichtstrom I_x beobachtet. Im mittleren Strombereich

Tab. 8.1 In der Korngrenze werden drei Oszillationsperioden beobachtet, die zu den Subbändern i = 0, 1, und 2 gehören. Die experimentellen Werte der Ladungsträgerkonzentrationen, der Energie der Subbänder und der effektiven Massen stehen neben den theoretischen Werten und zeigen gute Übereinstimmung [17]

Subband Index i	N_{si} (10^{11} cm^{-2})			$E_F - E_i$ (meV)			m^*_{ci}/m_0		
	Exp	Theory		Exp	Theory		Exp	Theory	
		[12]	[24]		[12]	[24]		[12]	[24]
0	10,7 ± 0,2	9,6	8,8	123 ± 6	112	99,1	0,026	0,027	0,027
1	3,5 ± 0,2	4,7	4,2	50 ± 3	63	51,5	0,016	0,021	0,023
2	1,8 ± 0,2	1,6	2,1	26 ± 3	25	28,1	–	0,017	0,020
3	0,4 ± 0,2	–	0,74	6,7 ± 2	–	10,2	–	–	10,18

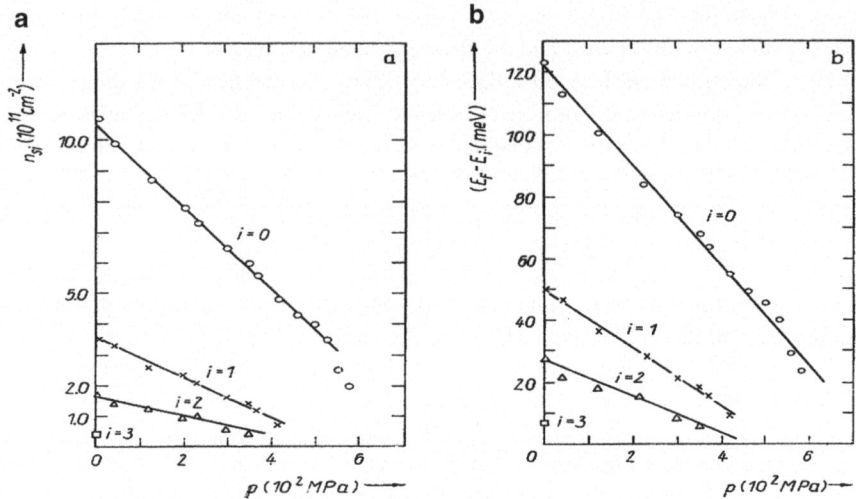

Abb. 8.8 a Ladungsträgerkonzentration in Abhängigkeit vom hydrostatischen Druck auf die Subbänder i = 0, 1, 2, 3 einer n-Inversionsschicht einer p-InSb-Korngrenze. **b** Die Subbandenergie als die Differenz zur Fermi-Energie [19]

zwischen 5 und 15 μA werden sehr genaue Werte des Hall-Widerstands von $\rho_{xy} = 25,81288$ Ω mit $\Delta\rho_{xy} < 0,5$ ‰ gemessen [20]. Die Übereinstimmung mit dem genauen Wert h/e^2 ist nur durch die Messempfindlichkeit der Anlage begrenzt.

8.3.4 Instabilitäten des Quanten-Hall-Effekts

Der Einfluss der Stromstärke auf die Ausbildung des Hall-Plateaus zeigt, dass optimale Bedingungen für die Ausbildung der Hall-Plateaus existieren sollten. Bei einem Strom von 18 μA bildet sich das Plateau nicht vollständig aus und zeigt in der Mitte einen ernsthaften Widerstandsrückgang. Ein ähnliches Verhalten zeigt auch das Plateau mit einem Strom von 20 μA [20].

Eine gründliche Untersuchung der Abhängigkeit der Plateaubildung vom Strom ist in Abb. 8.9 aufgezeichnet. Bei der Erhöhung des Stromes von 0,5 μA bildet sich bis zu einem Strom von 15 μA das Plateau mit hoher Genauigkeit aus. Bei einem Strom von 18 μA bricht das Plateau plötzlich zusammen. Der Hall-Widerstand springt von h/e^2 auf den Wert des zweiten Plateaus $h/2e^2$. Der Einbruch verbreitert sich mit Erhöhung des Stromes, sodass das Plateau bei 50 μA fast völlig verschwunden ist. Wird die Magnetfeldrichtung umgekehrt, entsteht eine Hysterese.

Der Einbruch des Hall-Plateaus erfolgt in der Situation, in der die Fermi-Energie zwischen den Landau-Niveaus 0^+ und 0^- liegt. Bei 15 μA beträgt der Widerstandswert $\rho_{xy} = h/e^2$. Das ist der Wert des ersten Plateaus mit dem Hall-Widerstand von

8.3 Der Quanten-Hall-Effekt an Korngrenzen

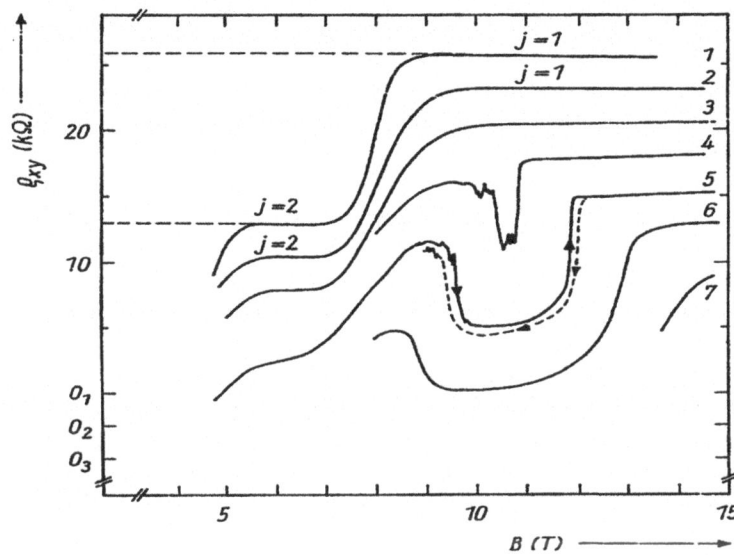

Abb. 8.9 Der Zusammenbruch des ersten Quanten-Hall-Effekt-Plateaus ($j=1$). Die Messung erfolgte bei einem Druck von 5,8 10^2 MPa und einer Temperatur von 1,46 K mit dem Strom I_x als Parameter. Der Strom beträgt für Kurve (1) $j=0,5$ µA, für Kurve (2) 5 µA, für Kurve (3) 15 µA, für die Kurven (4) und (5) 20 µA, für Kurve (6) 25 µA und für Kurve (7) 50 µA. Zur Übersichtlichkeit sind die Kurven (2) bis (7) um 2,5 kΩ nach unten verschoben

25,81288 kΩ. Bei einem gering größeren Strom von 18 µA springt er auf $h/2e^2$, den Wert des zweiten Plateaus.

Interbandstreuung durch die hohe Stromdichte zwischen den Stromkanälen bedingt durch das angrenzende Kristallvolumen könnte ein Grund hierfür sein.

Die umfangreichen Untersuchungen des Quanten-Hall-Effekts in den Inversionsschichten von InSb-Korngrenzen zeigen die Universalität der zweidimensionalen Eigenschaften unabhängig vom konkreten Material und dem experimentellen Herangehen. Der Zusammenbruch des untersten Hall-Plateaus mit dem Widerstandswert $\rho_{xy}=h/e^2$ auf das nächste Niveau mit dem halben Widerstand $h/2e^2$ erscheint als direkte Konsequenz des Nicht-Ohm'schen Verhaltens des longitudinalen Widerstands des zweidimensionalen Elektronengases im Quanten-Hall-Regime.

8.3.5 Quanten-Hall-Effekt in Korngrenzen von Quecksilber-Cadmium-Tellurid

Auch Untersuchungen der Shubnikow-de-Haas-Oszillationen und des Quanten-Hall-Effekts an Korngrenzen von p-$Hg_{(1-x)}Cd_xTe$ (x=0,2–0,3) ergaben, dass in den Korngrenzen dieses Halbleiters Inversion der Ladungsträger auftritt und sich ein zweidimensionales Elektronengas bildet [21]. Wie im InSb sind unter Normaldruck im $Hg_{(1-x)}Cd_xTe$ mehrere Subbänder besetzt. Der Shubnikow-de-Haas-Effekt zeigt im Längswiderstand ρ_{xx} die Überlagerung mehrerer Oszillationsperioden, und der Hall-Widerstand ρ_{xy} ergibt im Magnetfeldbereich von B>10–15 T Plateaus (Abb. 8.10).

Bei Normaldruck sind die Plateaus j=6, 7 und 9 gut aufgelöst. Das Plateau j=8 ist nicht vorhanden. Auch der longitudinale Widerstand bleibt endlich und erreicht Werte >100 Ω, wie es schon an der Korngrenze von InSb beobachtet wurde. Die anomalen Eigenschaften des Hall-Widerstands und der Shubnikow-de-Haas-Oszillationen sind auf die Existenz von mehreren besetzten Subbändern zurückzuführen. Diese Eigenschaften sind typisch für zweidimensionale Strukturen in schmalbandigen Halbleitern mit nichtparabolischen Energiebändern.

Die Besetzung höherer Subbänder ist vorrangig von der Gesamtladungsträgerkonzentration abhängig. Durch die Auswertung der Quantenoszillationen können die charakteristischen Parameter der elektrischen Subbandstruktur wie Ladungsträgerkonzentration n_s, Subbandenergie $E_F - E_S$ und die effektiven Elektronenmassen m_c ermittelt werden. Die effektiven Massen unterscheiden sich deutlich von den Bandkantenmassen des Volumenmaterials. Für das erste Subband ist $m_{c1} = 0{,}037\, m_0$, für das zweite $m_{c2} = 0{,}023$ und das dritte Subband $m_{c3} = 0{,}017\, m_0$.

Die Werte nehmen mit abnehmender Ladungskonzentration ab und konvergieren zu den Volumendaten bei niedrigen Ladungsträgerdichten. Dieses Verhalten stimmt mit den Vorhersagen eines einfachen theoretischen Modells unter Verwendung einer Dreieckspotenzialnäherung und einer ausgeprägten

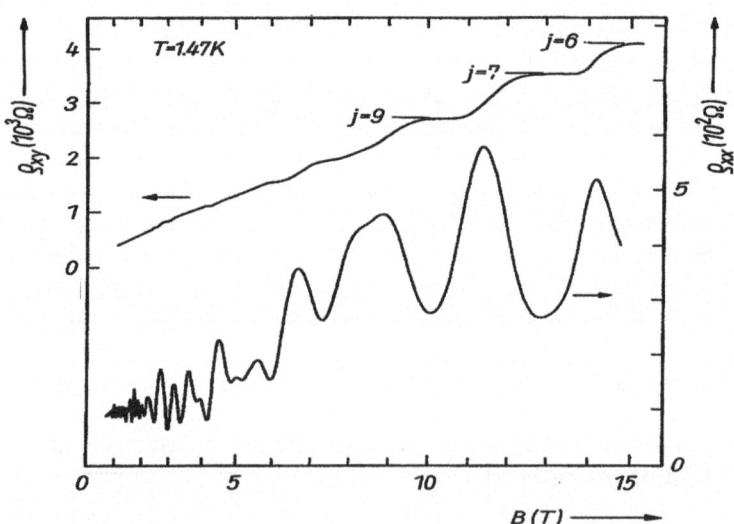

Abb. 8.10 Diagonaler Magnetowiderstand und Hall-Widerstand einer p-$Hg_{(1-x)}Cd_xTe$-Korngrenze in Abhängigkeit vom Magnetfeld bei 1,47 K. In Magnetfeldern >10 T sind Hall-Plateaus zu beobachten

Nichtparabolizität des Leitungsbandes gut überein. In hohen Magnetfeldern (B > 10 T) werden Bedingungen realisiert, bei denen der Hall-Widerstand ganzzahligen Vielfachen von h/e^2 entspricht.

Die Ladungsträgerkonzentration in den Korngrenzen von $Hg_{(1-x)}Cd_xTe$ hängt von der Cd-Konzentration ab und beträgt für $x = 0{,}2$, $n_s = 1{,}4 \cdot 10^{11}$ cm^{-2} und für $x = 0{,}23$, $n_s = 2 \cdot 10^{12}$ cm^{-2}. Die oberen Subbänder verschwinden für $Hg_{(1-x)}Cd_xTe$ erst bei 10 MPa, sodass nur noch das unterste Subband mit Ladungsträgern besetzt ist und die Hall-Plateaus mit $\rho_{xy} = h/ie^2$ in reiner Form auftreten.

8.4 Nernst-Effekt an Korngrenzen

Neben dem Quanten-Hall-Effekt konnte auch gezeigt werden, dass der Nernst-Effekt eine wichtige Methode zur Untersuchung des zweidimensionalen Elektronengases in Inversionsschichten und speziell in Korngrenzen ist [22]. InSb-Korngrenzen zeigen sowohl den Nernst-Effekt als auch den Ettingshausen-Effekt. H. Obloch et al. [23] hatten 1984 den Nernst-Effekt am zweidimensionalen Elektronengas an GaAs-Al_x/$Ga_{(1-x)}$As-Inversionsschichten gemessen.

Bei unseren Messungen wurden die transversalen S_{xy} und longitudinalen Thermokräfte S_{xx} an einer n-Inversionsschicht in einer p-InSb-(111)[112]-Korngrenze mit einer Ladungsträgerkonzentration von $p = 5 \cdot 10^{15}$ cm^{-3} und einem Neigungswinkel von 13° untersucht. Die Ladungsträgerkonzentration und die Hall-Beweglichkeit der Elektronen in der Inversionsschicht waren $n_s = 1{,}6 \cdot 10^{12}$ cm^{-2} und $\mu_H = 1{,}1 \cdot 10^4$ cm^2/Vs. Das zweidimensionale Elektronengas wurde mit vier Kontakten für die Potenzialmessungen versehen. Der Temperaturgradient betrug längs der Korngrenze zwischen $\nabla T = 4$ K/cm und 8 K/cm.

Die Spannung U_{xx} ist der Ettingshausen-Effekt, die Spannung U_{xy} quer zur Inversionsschicht der Nernst-Effekt. Die Thermokräfte S_{xx}, S_{xy} wurden in Abhängigkeit vom Magnetfeld bis zu 15 T gemessen (Abb. 8.11).

Die longitudinale Thermokraft oszilliert mit der Periode $\Delta(1/B) = 0{,}05$ T^{-1}. Das ergibt eine Ladungsträgerkonzentration von $n_s = 1{,}02 \cdot 10^{12}$ cm^{-2} für das unterste Subband.

Der absolute Wert von S_{xx} ist kleiner als der theoretisch erwartete Wert. Auch sagt die Theorie, dass der Wert von S_{xx} für ein ideales zweidimensionales Elektronengas stets negativ oder null ist. S_{xx} verschwindet nicht zwischen den Minima. Das könnte auf einen Einfluss des die Korngrenze umgebenden Volumenmaterials zurückzuführen sein, denn der Temperaturgradient wirkt auch auf das Volumenmaterial. Außerdem sind im zweidimensionalen Elektronengas in der Korngrenze vom InSb mehrere Subbänder besetzt. Beim Nernst-Effekt S_{xy} macht sich auch der Einfluss des Volumenmaterials bemerkbar.

Wesentlich bei diesen Experimenten war, dass dieser Effekt außerordentlich empfindlich auf das Verhalten des zweidimensionalen Elektronengases reagiert. Deshalb wird heute oft anstelle des Shubnikow-de-Haas-Effekts der Nernst-Effekt gemessen.

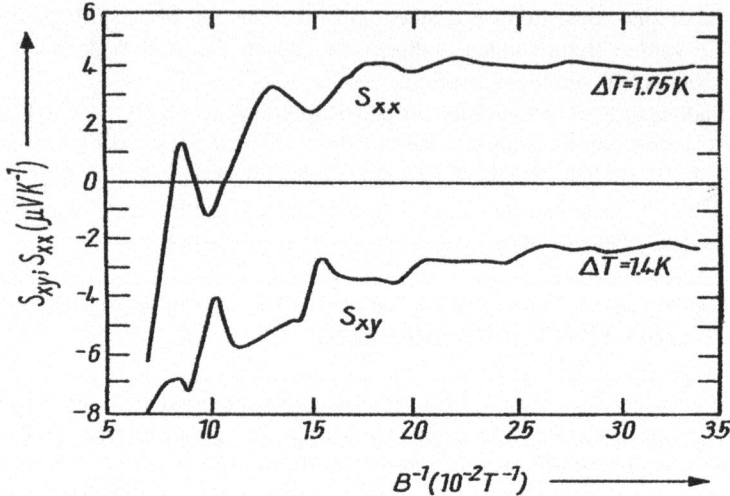

Abb. 8.11 Thermokraft S_{xx} längs und transversal S_{xy} zum Temperaturgradienten in Abhängigkeit vom reziproken Magnetfeld 1/B, oben für S_{xx} mit $\Delta T = 1{,}75$ K, unten für S_{xy} mit $\Delta T = 1{,}4$ K

Literatur

1. von Klitzing, K.: Les Prix Nobel en 1985; von Klitzing, K., Dorda, G., Pepper, M.: New Method for High-Accuracy Determination of the Fine-Structure Constant Based on Quantized Hall Resistance, Phys. Rev. Lett. 45, 494 (1980)
2. Kraak W. (2005). Quanten-Hall-Effekt. In von Ardenne, M., Musiol, G., Klemradt, U.: Effekte der Physik und ihre Anwendungen, 472–477, Verlag Harri Deutsch
3. Baraff, G. A., Tsui, D. C.: Explanation of quantized-Hall-resistance plateaus in heterojunction inversion layers, Phys. Rev. B 24, 2274(R) (1981)Ando, T., Fowler, A. B., Stern, B.: Electronic properties of two-dimensional systems, Rev. Mod Phys. 54, 437 (1982)
4. Edelman, V. S.: Am absoluten Nullpunkt (russ.), Phys.Mat, Moskau (2001), 104
5. Czycholl, G.: Theoretische Festkörperphysik, Springer-Verlag, Berlin (2004)Halperin, B. I., Theory of the quantized Hall conductance, Helvetia Physica Acta 56, 75–102 (1983)
6. Kaganov, M. I.: Elektronen, Phononen, Magnonen, (russ.) (Moskwa "Nauka" 1979)
7. Matthies, S., Vinel, G.W., Helming, K.: Standard Distributions in Texture Analysis, Vol I–III, Akademie-Verlag, Berlin (1987–1990)
8. Mataré, H.F.: Defect Electronics in Semiconductors Wiley-Interscience, New York (1971)
9. Mataré, H.F., Cronemayer, D.C., Beaubien, M.W.: Germanium bicrystal photoresponse – I, Solid-State Electronics 7, 583–588 (1964)
10. Landwehr, G.: Zur Deutung der elektrischen Leitfähigkeit von Korngrenzen in Germanium-Bikristallen, phys. stat. sol. (b) 3, 440–446 (1963)
11. Herrmann, R.: Festkörperprobleme XXV, 437 (1986)
12. Schurig, Th.:Dissertation B, Humboldt-Universität 1989
13. Herrmann, R., Kraak, W., Nachtwei, G.: Electrical Properties of Grain Boundaries in InSb Bicrystals, phys. stat. sol. (b) 128, 337–344 (1985)
14. Herrmann, R., Kraak, W., Nachtwei, G., Schurig, Th.: Quantum properties of the two-dimensional electron gas in the n-inversion layers of InSb grain boundaries under high hydrostatic pressure, phys. stat. sol. (b) 135, 423–435 (1986)

15. Lefebvre, P., Gil, B., Mathieu, H.: Effect of hydrostatic pressure on GaAs-Ga$_{1-x}$Al$_x$As microstructures, Phys. Rev. B 35, 5630 (1987)
16. Grabecki, G. et al.: Quantum transport studies of grain boundaries in p-Hg$_{1-x}$Mn$_x$Te Appl. Phys. Lett. 45, 1214 (1984)
17. Herrmann, R., Kraak, W., Glinski, M.: Quantized Hall Effect in the n-Inversion Layer in InSb Grain Boundaries, phys. stat. sol. (b) 125, K85–K88 (1984)
18. Herrmann, R. Kraak, W. Glinski, M.: phys. stat. sol. (b) 125, K85–K88 (1984)Herrmann, R., Kraak, W., Handschack, S., Schurig, Th., Kusnick, D., Schnackenburg, B.: Magnetotransport Properties and Subband Structure of the Two-Dimensional Electron Gas in the Inversion Layer of InSb Bicrystals under Hydrostatic Pressure, phys. stat. sol. 145, 157–166 (1988)
19. Kraak, W., Nachtwei, G., Herrmann, R.: Quantum hall effect in the inversion layer of p-type InSb bicrystals under high hydrostatic pressure, phys. stat. sol. (b) 133, 403–408 (1986)
20. Kraak, W., Nachtwei, G., Herrmann, R., Glinski, M.: Properties of the Quantum Hall Effect of the Two-Dimensional Electron Gas in the n-Inversion Layer of InSb Grain Boundaries under High Hydrostatic Pressure, phys. stat. sol. (b) 148, 567–578 (1988)
21. Kraak, W., Kaldasch, J., Gille, P., Schurig, Th., Herrmann, R.: Magnetotransport Properties and Subband Structure of the Two-Dimensional Electron Gas in the Inversion Layer of Hg$_{1-x}$Cd$_x$Te Bicrystals, phys. stat. sol. (b) 161, 613–627 (1990)
22. Herrmann, R., Preppernau, U., Glinski, M.: phys. stat. sol. (b) 133, K57 (1986)
23. Obloch, H., von Klitzing, K., Ploog, K.: Thermopower measurements on the two-dimensional electron gas of GaAs-Al$_x$Ga$_{1-x}$As heterostructures, Surface Science 142, 236–240 (1984)
24. Gosch, G., Paasch, G., Übersee, H.: phys. stat. sol. 145, 157–166 (1986)

Supraleitung 9

Nach der Entdeckung der Hochtemperatursupraleitung 1986 durch Johannes Georg Bednorz und Karl Alexander Müller an Lanthan-Barium-Kupferoxid mit einer Sprungtemperatur von 35 K wurde am Forschungsbereich die Supraleitung von $YBa_2Cu_3O_{7-x}$-Keramiken untersucht. Bis zu dieser Zeit hatten wir erste Erfahrungen mit der Supraleitung während der Arbeiten zur Leitfähigkeit von Telluroberflächen und der Erklärung der magnetischen Oberflächenzustände von Tellur als Oberflächensupraleitung gewonnen.

Auch bei den Messungen der Topologie der Fermi-Fläche vom Niobium gab es eine ganze Reihe weiterer Berührungspunkte und wie im vorhergehenden Kapitel gesehen ist der Strom in den Randkanälen beim Quanten-Hall-Effekt eine ähnliche Erscheinung. Es erscheint deshalb sinnvoll, an dieser Stelle einige grundlegende Eigenschaften der Supraleitung kurz zusammenzustellen, denn ohne Kenntnisse der Supraleitung, die heute auch für die Technologie immer wichtiger wird, kann man unabhängig davon, mit welchem Problem der Tieftemperaturforschung man sich befasst, nicht in das Gebiet der Kälte eindringen.

Bei der Beteiligung an der Suche von neuen supraleitenden Keramiken befassten wir uns mit dem Austausch von Atomsorten in den Keramiken und der Dotierung der Keramiken mit Fremdatomen sowie der Züchtung von Whiskern aus diesen Materialien und der Untersuchung ihrer Mikrostruktur.

9.1 Grundlegende Eigenschaften der Supraleitung

Die Supraleitung als grundlegendes Phänomen der Tieftemperaturphysik war ein wesentlicher Teil der Ausbildung unserer Studenten in den Seminaren und in den Spezialvorlesungen.

Die Supraleitung, die Leitung des elektrischen Stromes ohne Widerstand, verbunden mit einem idealen Diamagnetismus (Kap. 1), ist seit der zweiten Hälfte des vorigen Jahrhunderts ein Gebiet der Tieftemperaturphysik, das sich mit völlig neuen technologischen Lösungen befasst. Dazu gehören die supraleitenden Magnetspulen, supraleitenden Kabel, supraleitenden Motoren und Generatoren, Kernspintomographen und die Vielzahl von Teilchenbeschleunigern sowie supraleitenden Strahlungs- und Teilchendetektoren und einer Vielfalt von Anwendungen der Josephson-Effekte, mit denen ein Spannungsstandard, und eine supraleitende Elektronik mit SQUID-Magnetometern und Quantenbits, eine Fülle moderner Technologien hervorgebracht wurde.

Wie in Kap. 1 ausführlich beschrieben, wurde die Supraleitung als erstes makroskopisches Quantenphänomen 1911 von Heike Kamerlingh Onnes bei der Restwiderstandsmessung von Quecksilber durch die Abkühlung von Quecksilber auf die Temperatur des flüssigen Heliums entdeckt. Und wie in Kap. 2 dargelegt, fanden Walther Meißner und Rudolf Ochsenfeld 1925 an der Physikalisch-Technischen Reichsanstalt (PTR) die zweite grundlegende Eigenschaft der Supraleitung neben der idealen Leitfähigkeit, den idealen Diamagnetismus, ohne den die Supraleitung nicht wirklich existiert. Dieser ideale Diamagnetismus besagt aber auch, dass sich das Ladungsträgersystem eines Supraleiters in einem makroskopischen, kohärenten Quantenzustand befindet.

An der Berliner Universität wurde – initiiert durch Max von Laue – vor und auch nach dem Zweiten Weltkrieg an der Theorie „Supraleitung" gearbeitet. An der PTR waren es Meißner und Ochsenfeld, die den tieferen Gehalt dieses Phänomens mit der Entdeckung des idealen Diamagnetismus der Supraleiter erschlossen. Experimentell wurde die Supraleitung in der zweiten Hälfte des 20. Jahrhunderts an der Humboldt-Universität und an der Physikalisch-Technischen Bundesanstalt (PTB) intensiv für die Forschung genutzt: An der Universität mit dem Bau supraleitender Magnete, an der PTB durch die Entwicklung unterschiedlichster SQUID-Technologien. Diese Technologie hat eine traditionelle Bedeutung an den metrologischen Staatsinstituten, da sie eine hochempfindliche Messtechnik aller in magnetischen Fluss umwandelbarer Größen erlaubt, wie etwa im Strahlungsempfang, oder die Messung kleinster Ströme in der Medizintechnik.

Die Begeisterung für die Hochtemperatursupraleitung hat auch die Tieftemperaturphysiker der Berliner Universität für einige Zeit erfasst. Für die Universität war das jedoch ein sehr ungünstiger Zeitpunkt. Die Akademie der Wissenschaften der DDR nutzte ihre Machtstellung in der Forschung und übernahm das Laboratorium des Forschungsbereichs, in dem die Hochtemperatursupraleitung bearbeitet wurde. Da auch die zum Labor gehörigen Wissenschaftler nicht mehr zum Forschungsbereich gehörten, musste die Universität diese Arbeiten abbrechen, obwohl sie den Nobelpreisträger Alexander Müller und einen Teil der europäischen Hochtemperatursupraleitungs-Community zu einer Konferenz eingeladen hatte, was in den letzten Tagen der DDR allen Seiten nicht leichtfiel.

9.1 Grundlegende Eigenschaften der Supraleitung

Supraleitung liegt nur vor, wenn, wie festgestellt, die Bedingungen – das Verschwinden des elektrischen Widerstands und idealer Diamagnetismus – erfüllt sind. Die Existenz beider Eigenschaften ist aber auf bestimmte Temperatur- und Magnetfeldbereiche begrenzt. So existiert die ideale Leitfähigkeit nur unterhalb einer kritischen Sprungtemperatur T_c, und die Supraleiter sind nur unterhalb eines kritischen Magnetfeldes B_c ideale Diamagnete.

Das Verschwinden des elektrischen Widerstands lässt sich eindrucksvoll mit einem Ring aus supraleitendem Material, der in einem äußeren Magnetfeld B unter die Sprungtemperatur abgekühlt wird, demonstrieren. Beim Abschalten des Feldes bleibt der Fluss $\Phi = AB$ in der Ringfläche A erhalten, weil das Magnetfeld aufgrund des Diamagnetismus beim Eintritt in die Supraleitung aus dem supraleitendem Material des Ringes herausgedrängt wird, aber beim Ausschalten des äußeren Magnetfeldes im supraleitenden Ring gefangen bleibt, da es den diamagnetischen Ring nicht durchdringen kann.

Wenn senkrecht zur Querschnittsfläche A eines supraleitenden Ringes im normalleitenden Zustand bei einer Temperatur, die größer als die kritische Temperatur ist, $T > T_c$, ein Magnetfeld angelegt wird, das kleiner als das kritische Magnetfeld B_c des Supraleiters $B < B_c$ ist, entsteht durch die Änderung des Magnetfeldes im Ring ein Strom, der aber wegen des elektrischen Widerstands R im normalleitenden Zustand exponentiell abklingt:

$$\frac{d\Phi}{dt} = L\frac{dI}{dt} = RI \quad (9.1)$$

Wird der Ring unter die kritische Temperatur ($T < T_c$) abgekühlt, geht das Ringmaterial in den diamagnetischen Zustand über und verdrängt das Magnetfeld aus seinem Inneren. Die Verdrängung des Magnetfeldes erzeugt in der Ringoberfläche einen Induktionsstrom j_s, der wegen des Verschwindens des Widerstands $R = 0$ nicht mehr abklingt, denn nach Gl. (9.1) ist keine Änderung des magnetischen Flusses mehr möglich. So wird das Magnetfeld in der Ringfläche durch den Strom aufrechterhalten, und der Diamagnetismus des Ringes verhindert, dass das Feld entweicht. Der Fluss ist eingefroren und erzeugt einen Dauerstrom (Abb. 9.1). Derartige Dauerströme wurden an supraleitenden Ringen über Jahre gemessen, ohne dass Verluste auftraten.

Nach längeren intensivem Bemühen um eine Erklärung dieses erstaunlichen Phänomens gab es für die Supraleitung zwei erste Theorien, mit denen ein Formalismus für die Beschreibung dieses Phänomens geschaffen wurde. Das waren die London-Theorie und die Ginsburg-Landau-Theorie. Es dauerte aber noch viele Jahre, bis mit der Bardeen-Cooper-Schrieffer-Theorie (BCS-Theorie) ein mikroskopisches Bild entstanden war, das die Supraleitung quantenmechanisch begründete.

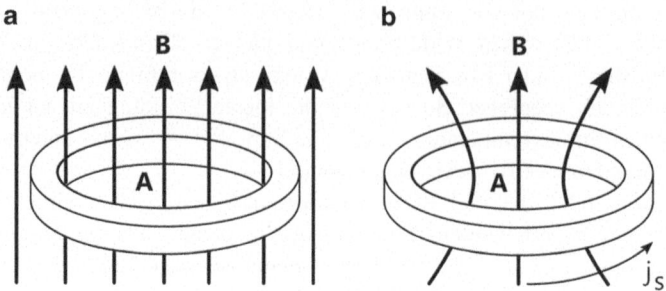

Abb. 9.1 a Supraleitender Ring in einem äußeren Magnetfeld (bei $T > T_c$), das kleiner als das kritische Magnetfeld ist, $B < B_c$. **b** Beim Abkühlen unter die kritische Temperatur T_c wird wegen des Verschwindens des Widerstands im Ring ein Dauerstrom js induziert, der auch beim Anschalten des äußeren Feldes das Magnetfeld im Ring erhält

Die erste phänomenologische Theorie, die London-Theorie, entstand 24 Jahre nach der Entdeckung der Supraleitung durch die Brüder Fritz und Heinz London, nach ihrer Flucht aus Deutschland.

Dabei nahm Fritz London an, dass die Elektronen im Supraleiter ein Bose-Einstein-Kondensat, d. h. einen einzigen Diamagneten, bilden. Wenn der supraleitende Zustand eintritt, erleiden die supraleitenden Elektronen keinen Widerstand und werden im elektrischen Feld E gleichmäßig beschleunigt, d. h., die Kraft, ausgedrückt durch Masse m mal der Beschleunigung dv/dt, ist gleich der Kraft, die das elektrische Feld auf ein Elektron ausübt:

$$m \frac{dv}{dt} = eE \qquad (9.2)$$

Mit der Elektronendichte n_s folgt als Dichte des Supraleitungsstromes

$$j_s = n_s e v_s. \qquad (9.3)$$

Die Geschwindigkeit der supraleitenden Elektronen v_s ergibt mit der Ausgangsgleichung die erste London-Gleichung, die den widerstandslosen Zustand der Elektronen beschreibt, zu

$$\frac{dj_s}{dt} = \left(\frac{n_s e^2}{m}\right) E \text{ (1. London-Gleichung).} \qquad (9.4)$$

Der Meißner-Ochsenfeld-Effekt bewirkt (wie oben am supraleitenden Ring erläutert wurde), dass beim Übergang in den supraleitenden Zustand das Magnetfeld aus einem Supraleiter herausgedrängt und der Supraleiter von einem geschlossenen Suprastrom j_s abgeschirmt wird. Die mathematische Beschreibung dieses Effekts erhielten die London-Brüder durch Anwendung der Maxwell-Gleichung dB/dt = − rotE auf die erste London-Gleichung über $(n_s e^2/m)$ rotE = dj_s/dt zu

9.1 Grundlegende Eigenschaften der Supraleitung

$$\text{rot}\, j_s = -\left(n_s \frac{e^2}{m}\right) B \quad \text{(2. London-Gleichung)}, \tag{9.5}$$

wobei rotj_s der Abschirmstrom ist und B das verdrängte Magnetfeld. Durch weitere Anwendung der Maxwell-Gleichungen ergibt sich die Differenzialgleichung für das Magnetfeld

$$\Delta^2 B = \frac{1}{\lambda_L} B \tag{9.6}$$

mit $\lambda_L = (m/\mu_0\, n_s\, e^2)^{1/2}$ als Eindringtiefe des Magnetfeldes in den Supraleiter. Diese London'sche Eindringtiefe erfasst nur eine dünne Oberflächenschicht, die für die meisten Supraleiter um 50 nm liegt. Der Abschirmstrom fließt deshalb nur in dieser sehr dünnen Oberflächenschicht und nicht über den ganzen Querschnitt des Supraleiters.

Brian Pippard entwickelte eine nichtlokale Verallgemeinerung der London-Gleichungen und führte ähnlich wie Ginsburg und Landau eine Kohärenzlänge ξ für den Abfall der supraleitenden Phase am Rand eines Supraleiters als eine weitere charakteristische Größe neben der London'schen Eindringtiefe λ_L ein.

Die Ginsburg-Landau-Theorie entstand 1955 auf der Grundlage der Landau-Theorie der Phasenübergänge zweiter Ordnung, einer phänomenologischen Theorie der Supraleitung, die fast alle experimentellen Ergebnisse der Supraleiter quantitativ erklärt [1].

Die freie Energie F eines Supraleiters wurde nahe dem Phasenübergang Supraleitung–Normalleitung nach einem komplexen Ordnungsparameter ψ entwickelt. Der Ordnungsparameter ψ beschreibt, inwieweit sich das System im supraleitenden Zustand befindet.

Das Minimum der freien Energie bezüglich des Ordnungsparameters ergibt die Ginsburg-Landau-Gleichungen mit

$$\alpha \Psi + \beta |\Psi|^2 \Psi + \frac{1}{2m^*}\left(\frac{\hbar}{i}\nabla + 2e\mathbf{A}\right)^2 \Psi = 0, \tag{9.7}$$

$$j = -\frac{n_s e}{m^*}\text{Re}\left\{\Psi^*\left(\frac{\hbar}{i}\nabla + 2e\mathbf{A}\right)\Psi\right\}. \tag{9.8}$$

Dabei ist j der Supraleitungsstrom, **A** das Vektorpotenzial (rot A = B) des Magnetfeldes und m* die Masse der supraleitenden Teilchen.

Mit der Lösung dieser Gleichungen für starke Magnetfelder, gelang es Alexei Abrikossow die Entwicklung der Theorie der Supraleiter zweiter Art [2]. Neben den zuerst entdeckten Supraleitern, meist reinen Metallen wie Quecksilber, Zinn und Blei, bei denen die Supraleitung im kritischen Magnetfeld B_c sprunghaft verschwindet und das Magnetfeld in den Supraleiter eindringt, gibt es eine Reihe von Supraleitern, in die das Magnetfeld oberhalb eines kritischen Magnetfeldes

B_{c1} langsam eindringt, bevor die Supraleitung bei einem zweiten kritischen Feld B_{c2} vollständig verschwindet. Mit seiner Theorie entdeckte Abrikosow, dass das Magnetfeld als Flussfäden in Form eines Wirbelgitters in diese Supraleiter eindringt. Es ist ein zweidimensionales Flussfadengitter, das später den Namen „Abrikossow-Gitter" erhielt (Abb. 9.3a). Jeder Flussfaden hat einen Fluss von einem Fluxoid Φ_0 (Gl. 9.16).

Lew Gorkow konnte nachweisen, dass die Ginsburg-Landau-Theorie aus der im Folgenden kurz beschriebenen BCS-Theorie hervorgeht. Oft wird diese phänomenologische Theorie der Supraleitung deshalb auch nach den Namen der Wissenschaftler, die sie gemeinsam geschaffen haben, als GLAG-Theorie (GLAG = Ginsburg, Landau, Abrikossow, Gorkow) bezeichnet.

9.2 Supraleiter erster und zweiter Art

Nach dem Meißner-Ochsenfeld-Effekt verdrängen Supraleiter als ideale Diamagnete Magnetfelder aus ihrem Inneren. Das erfolgt für die zuerst von Heike Kamerlingh Onnes entdeckten Supraleiter, bis bei einem kritischen Magnetfeld B_c die Magnetisierung M ein Minimum erreicht hat und der Diamagnetismus sprunghaft verschwindet (Abb. 9.2a).

1936 fand Lew Shubnikow in Bleilegierungen mit Thallium und Indium, dass der Diamagnetismus in diesen Metallen nach dem Erreichen des Minimums der Magnetisierung M nicht sprunghaft verschwindet, sondern in einem Magnetfeldbereich >B_{c1} erst kleiner wird, bis er bei einem höheren Feld B_{c2} auf null zurückgeht [3]. Diese Supraleiter erhielten zur Unterscheidung von den Supraleitern

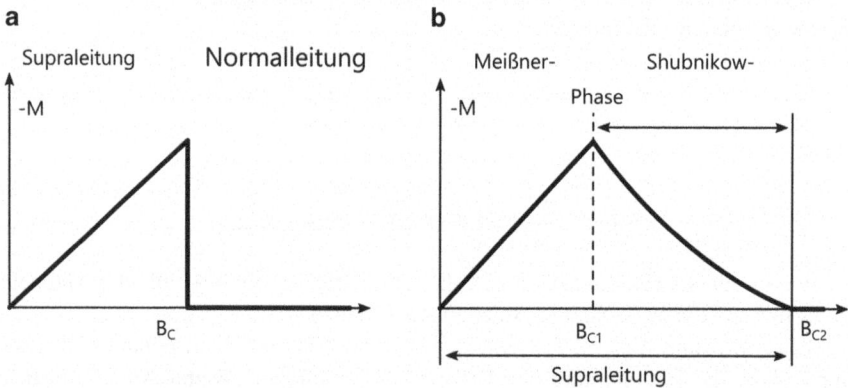

Abb. 9.2 a Magnetisierung der Supraleiter erster Art dargestellt. Sie ist dem Magnetfeld entgegengesetzt gleich. Bei $B_c = B_{th}$ zerstört das Magnetfeld die Supraleitung. b Magnetisierung der Supraleiter zweiter Art. Bei B_{c1} beginnt das Magnetfeld, in Form von Flussfäden in den Supraleiter einzudringen; bei B_{c2} ist das ganze Magnetfeld eingedrungen. Die Supraleitung ist zerstört. Unter B_{c1} wird der Zustand als Meißner-Phase, darüber als Shubnikow-Phase bezeichnet

der ersten Gruppe, in denen der Diamagnetismus bei B_c sprunghaft verschwindet und die als Supraleiter erster Art bezeichnet werden, die Bezeichnung Supraleiter zweiter Art (Abb. 9.2b).

Shubnikow wurde bei einer von Stalins Säuberungsaktionen in Kharkow beschuldigt, ein deutscher Spion zu sein. Ende 1937 wurde er verhaftet und kurz darauf hingerichtet. Erst 1957 wurde seine Exekution öffentlich bestätigt [4].

Nach Abrikossow dringt das Magnetfeld bei B_{c1}, in Form eines zweidimensionalen Flussfadengitters, in den Supraleiter ein. Die Flussfäden sind entlang der Magnetfeldlinien orientiert und tragen je ein Flussquant Φ_0 (Abb. 9.3a). Die Dichte der Flussfäden nimmt mit der Stärke des Magnetfeldes zu, bis bei B_{c2} die Supraleitung verschwindet.

Der Bereich bis B_{c1}, in dem der Diamagnetismus linear zunimmt, d. h. die Magnetisierung ($-M \sim B$) linear abnimmt, wird als Meißner-Phase und der Bereich zwischen B_{c1} und B_{c2} als Shubnikow-Phase bezeichnet.

1957 konnten Bardeen, Cooper und Schrieffer [5] mit einer Vielteilchentheorie, die den Namen „Bardeen-Cooper-Schrieffer-Theorie" (BCS-Theorie) erhielt, den mikroskopischen Mechanismus der Supraleitung klären. Ausgangspunkt ihrer Überlegungen war der Isotopeneffekt. Dieser Effekt wurde 1950 von E. Maxwell [6] und B. Serin [7] an Isotopen supraleitender Elemente entdeckt, die

a

b

Abb. 9.3 a Abrikossow-Gitter, mit dem das Magnetfeld über B_{c1} in einen Supraleiter zweiter Art eindringt. Jeder Wirbel hat einen Fluss von einem Fluxoid: $\Phi_0 = 2{,}07 \cdot 10^{-15}$ As. b Von links nach rechts: Nikolai Jewgenjewitsch Alexejewski, Alexei Alexejewitch Abrikossow und Wassili Michailowitsch Peschkow 1968 bei der Ehrenpromotion von Pjotr Kapitza an der Technischen Universität in Dresden. (Peschkow beobachtete die Phasentrennung von normalem und superfluidem Helium unter 0,8 K. Alexejewski, ein Spezialist für hohe Magnetfelder, war der erste russische Wissenschaftler, der in den letzten Tagen des Zweiten Weltkrieges die Physikalisch-Technische Reichsanstalt aufsuchte.) (Foto vom Autor)

in den Laboratorien in Oak Ridge und Los Alamos im Rahmen der Atombombenentwicklung gewonnen wurden. Der Effekt besagt, dass die Übergangstemperatur eines Supraleiters von der Quadratwurzel der Masse des verwendeten Isotops abhängt. Aufgrund dieses Effekts musste die Wechselwirkung zwischen Elektronen und Gitter Ursache der Supraleitung sein. Herbert Fröhlich [8] hatte schon vorher auf die Bedeutung der Elektron-Phonon-Wechselwirkung aufmerksam gemacht. Auch Max von Laue ging bei seiner Theorie der Supraleitung, die er in den 1950er-Jahren den Studenten in Berlin vorstellte, von der Elektron-Phonon-Wechselwirkung aus. Grundlage der BCS-Theorie ist, wie für die Ginsburg-Landau-Theorie, das Bild der Quasiteilchen der Ladungsträger in Festkörpern. Die Quasiteilchen sind energetische Anregungen der Elektronenzustände aus der Fermi-Kugel über die Fermi-Energie E_F, wo sie Elektronenquasiteilchen erzeugen und unter E_F in der Fermi-Kugel Löcherzustände bzw. Löcherquasiteilchen hinterlassen.

Cooper fand 1956 heraus, dass eine beliebig kleine anziehende Wechselwirkung zwischen Elektronen, die durch Photonen vermittelt wird, zu einer Instabilität der Fermi-Kugel und zur Ausbildung von Elektronenpaaren führt, die an der Fermi-Energie E_F kondensieren und einen makroskopischen, kohärenten Vielteilchen-Quantenzustand aus Elektronenpaaren bilden [9].

Die Elektronenpaare, die nach ihrem Schöpfer als Cooper-Paare bezeichnet werden, haben antiparallele Spins und antiparallele Wellenvektoren $\{k\uparrow, -k\downarrow\}$. Die Summe der Spinmomente in einem Paar ist null. Die Cooper-Paare sind deshalb Bosonen. Energetisch befinden sie sich an der Fermi-Energie, genügen aber aufgrund ihres Spins der Bose-Einstein-Statistik und bilden ein Bose-Einstein-Kondensat, das durch eine einzige Wellenfunktion bzw. eine Materiewelle beschrieben wird. Schrieffer stellte die Wellenfunktion des kohärenten Vielteilchen-Quantenzustands der Cooper-Paare

$$\Psi = n_s^{\frac{1}{2}} e^{i\theta} \tag{9.9}$$

auf und fand im Anregungsspektrum eine Energielücke Δ. Diese Energielücke ist in Abb. 9.5b im Supraleiter dargestellt. $\psi^* \psi = n_S(r)$ ist die Dichte der Cooper-Paare, θ ist ihre Phase. Die Supraleitung beruht wie die Suprafluidität auf den Kondensationen von Bosonen. Diese Bosonen kondensieren jedoch nicht wie normale Bosonen bei der Energie null, sondern über den mit Elektronen besetzten Energiezuständen an der Fermi-Energie.

Die Energielücke trennt die Cooper-Paare von den darüberliegenden freien Zuständen. Je tiefer die Temperatur unter Tc liegt, desto mehr Elektronen gehen in den Paarzustand über. Ein wesentlicher Unterschied zu einem reinen Bose-Einstein-Kondensat liegt in der Wechselwirkung der Elektronen untereinander, die im Supraleiter stärker als im reinen Bose-Einstein-Kondensat ist. Beim Aufbrechen der Cooper-Paare und beim Übergang aus dem Kondensat in freie Zustände muss die Energielücke Δ überwunden werden.

Die durch Gitterschwingungen vermittelte Paarbindung, kann folgendermaßen erklärt werden: Elektronen ziehen die sie umgebenden Gitterbausteine an. Die sich dadurch aufbauende positive Ladungsanhäufung bindet kurzzeitig ein zweites Elektron an das erste, wodurch Paarbildung erfolgt [10].

Da die Cooper-Paare eine räumliche Ausdehnung haben, bricht die supraleitende Phase am Rand eines Supraleiters nicht einfach ab, sondern fällt über einer Länge ab, die der Ausdehnung der Cooper-Paare entspricht. Es existiert demnach eine kleinste Länge, über die die Dichte der Supraleitungsphase auf null abnimmt.

Schon vor der BCS-Theorie haben Pippard sowie Ginsburg und Landau diese Länge als Kohärenzlängen ξ eingeführt, um den Phasenübergang Normalleiter–Supraleiter sowohl an der Sprungtemperatur T_c als auch an der räumlichen Grenze zwischen Normalleiter und Supraleiter zu erklären. Es gibt deshalb, wie oben schon festgestellt, zwei charakteristische Längen der Supraleiter: die Kohärenzlängen ξ und die London'sche Eindringtiefe λ_L.

Die London'sche Eindringtiefe λ_L bestimmt die Eindringtiefe der Magnetfelder, die Kohärenzlänge ξ_{GL} den Abfall der supraleitenden Phase in entgegengesetzter Richtung am Rand eines Supraleiters.

Ob ein Magnetfeld sprunghaft beim kritischen Magnetfeldwert aus dem Supraleiter gedrängt wird oder ob es die Shubnikow-Phase durchläuft, also Supraleiter erster oder zweiter Art ist, hängt vom Verhältnis der Kohärenzlänge ξ zur London'schen Eindringtiefe λ ab. Dieses Verhältnis wird, nach der Ginsburg-Landau-Theorie, mit κ bezeichnet. Wenn

$$\kappa = \frac{\lambda}{\xi} < \frac{1}{\sqrt{2}} \qquad (9.10)$$

ist, dann dringt das Magnetfeld bei $B = B_c$ in den Supraleiter ein. Es liegt also ein Supraleiter erster Art vor.

Wenn aber

$$\kappa = \frac{\lambda}{\xi} > \frac{1}{\sqrt{2}} \qquad (9.11)$$

ist, dann können sich Flussfäden mit dem gequantelten Fluss Φ_0 ausbilden, und es liegt ein Supraleiter zweiter Art vor.

9.3 Die Flussquantelung

Neben den beiden grundlegenden Eigenschaften der Supraleitung, dem Verschwinden des elektrischen Widerstands und dem idealen Diamagnetismus, sollen noch zwei weitere Eigenschaften der Supraleitung kurz erläutert werden, durch die

die Supraleitung die Messtechnik revolutionierte. Das sind die Flussquantelung und die Josephson-Effekte, die auf den Tunneleffekten zwischen Supraleitern beruhen.

Wird für den Ordnungsparameter ψ in der Ginsburg-Landau-Gleichung die Wellenfunktion der Cooper-Paare (Gl. 9.9) eingesetzt, dann ergibt sich als Stromdichte aus der zweiten Ginsburg-Landau-Gleichung

$$j_s = \left(\frac{n_s e}{m^*}\right)(\hbar \nabla \theta(r) - 2e\mathbf{A}). \tag{9.12}$$

Die Geschwindigkeit eines Cooper-Paares ergibt sich aus dem supraleitenden Strom j_s durch Division durch die Ladung zu $v_s = j_s/n_s$ e. Der Impuls ist dann

$$\mathbf{p} = m^* \mathbf{v}_s = m^* \frac{j_s}{n_s e} = \hbar \nabla \theta(r) - 2e\mathbf{A}. \tag{9.13}$$

$\hbar \nabla \theta(r)$ ist der Anteil, der sich durch die Phasenänderung ergibt. Das Vektorpotenzial **A** gibt den Impuls an, der durch ein Magnetfeld beigetragen wird.

Ohne Magnetfeld, d. h. **A**=0, wird $\mathbf{p} = \hbar \nabla \theta(r)$. Im Grundzustand des Paares mit $\{k\uparrow, -k\downarrow\}$ ist der Impuls $p = \hbar(k-k) = 0$, und es gilt auch $\nabla \theta(r) = 0$. Das bedeutet, dass in einem homogenen Supraleiter alle Cooper-Paare die gleiche Phase $\theta(r)$ haben und einen makroskopischen Quantenzustand bilden. Die makroskopische Phase zeigt sich experimentell auch daran, dass sie im Draht einer supraleitenden Spule über eine Länge von Kilometern ausgedehnt ist.

Da der supraleitende Strom nur in der Oberfläche eines Supraleiters fließt, ist der Supraleiter im Inneren stromfrei. Wird der Strom in einem supraleitenden Ring über den stromfreien Bereich $j_s = 0$ über eine geschlossene Bahn im Inneren integriert, folgt aus

$$\hbar \nabla \theta(r) = 2e\mathbf{A}, \tag{9.14}$$

$$\frac{2e}{\hbar} \int \mathbf{A} dr = \int \nabla \theta(r) dr = 2\pi n \tag{9.15}$$

mit n = 0, 1, 2, 3,....

Denn $\int \nabla \theta(r) dr$ ist nur eine Phase, die sich bei einem Umlauf um 2π ändert, d. h., der magnetische Fluss $\Phi = \int \mathbf{A} dr$ im Ring ist quantisiert und ändert sich nur immer um 2π:

$$\Phi = n\frac{h}{2e} = n\, \Phi_0 \tag{9.16}$$

Φ_0 ist das elementare Flussquant, das Fluxoid der Supraleitung. Es hat den sehr kleinen Wert von 2,07 10^{-15} Vs.

9.3 Die Flussquantelung

R. Doll und M. Nährbauer am Institut für Tieftemperaturphysik der Bayerischen Akademie der Wissenschaften konnten mit Unterstützung von Eder [11] mit eindrucksvollen Experimenten die Flussquantelung bestätigen. Unabhängig davon, gelang dieses Experiment Deaver und Fairbank [12].

In einem Bleizylinder mit einem Durchmesser von 10,3 µm und einer Länge von 6 mm, wie in Abb. 9.4a dargestellt, wurde mit einem äußeren Feld B_S versucht, einen magnetischen Fluss einzufrieren, mit der Erwartung, nach Ausschalten des äußeren Feldes B_S, einen kleinen Magneten zu erhalten. Mit sehr kleinen Feldern gelang das jedoch nicht. Sie konnten mit diesen sehr schwachen Feldern keinen magnetischen Fluss einfrieren. Auch in einem etwas größere Messfeld von 10^{-3} T gab es keinen Ausschlag. Dann wurde das induzierende Magnetfeld B_S schrittweise weiter erhöht. Erst als ein Fluss von einem Flussquant Φ_0 eingefroren war, gab es einen Ausschlag im Messfeld B_a. Jetzt war der Ring ein kleiner Magnet geworden. Bei weiterer Erhöhung änderte sich der Ausschlag erst wieder, als zwei Flussquanten eingefroren waren. Das zeigt Abb. 9.4b. Auf der Abszisse ist

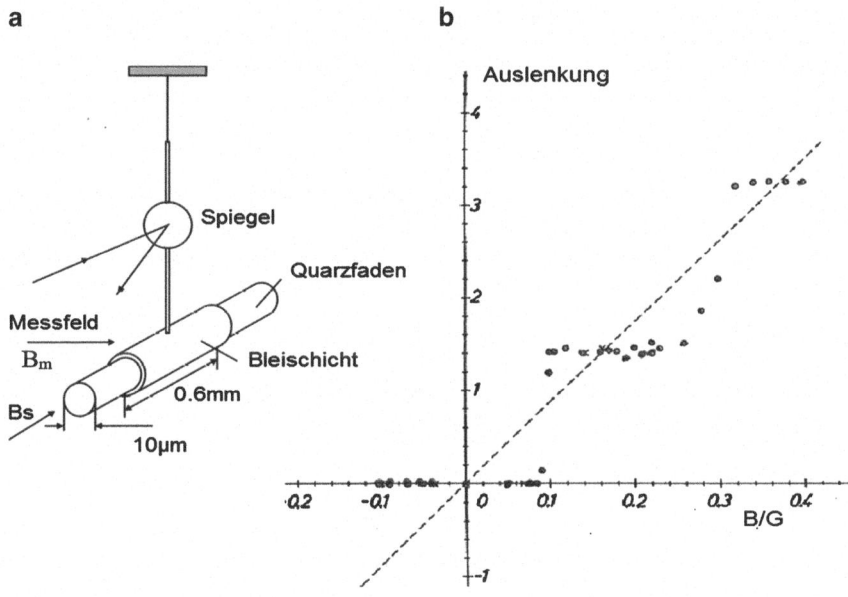

Abb. 9.4 a Die Messanordnung von Doll und Nährbauer enthält für den Nachweis der Quantelung des magnetischen Flusses einen Quarzzylinder mit einem Durchmesser von 10,3 µm, auf dem sich ein Bleizylinder 0,6 mm Länge befindet. Erst mit einem Feld, $B_a > 1\ 10^{-5}$ T wird der erste Flussquant im Ring eingefroren und damit der Ring im äußeren Feld $B_m > 10^{-3}$ T ausgelenkt. b Die Messpunktgruppen zeigen den gequantelten Fluss. (Nach Ibach H, Lüth, H, Festkörperphysik, 2. Aufl., Springer 1988, S. 220)

das den flusserzeugende Magnetfeld aufgetragen und auf der Ordinate der Ausschlag im Messfeld B_a. Die Messpunkte demonstrieren sehr eindrucksvoll die Quantelung des magnetischen Flusses, wie sie in Gl. (9.16) berechnet wurde.

9.3.1 Tunneleffekte

Als Meißner und Ochsenfeld 1925 den Diamagnetismus der Supraleiter entdeckten, machte Einstein den Vorschlag, Kontakte von Supraleitern mit normalen Metallen zu untersuchen [13]. Erst Anfang der 1960er-Jahre gelang es dann Ivar Giaevers [14], mit Tunnelkontakten zwischen Supraleitern und normalen Metallen (Abb. 9.6), die Energielücke Δ von Supraleitern auszumessen.

Beim Tunneln von Elektronen zwischen normalen Metallen gilt das Ohm'sche Gesetz. Der Tunnelstrom über eine Isolationsbarriere zwischen einem Supraleiter und einem normalen Metall wird durch die Energielücke Δ des Supraleiters bestimmt.

Im supraleitenden Zustand kondensieren die Cooper-Paare an der Fermi-Energie. Das ist die niedrigste Energie, die sie einnehmen können, denn die darunterliegenden Zustände sind mit Elektronen besetzt, die sich nicht bewegen können. Über der Fermi-Energie hat der Supraleiter eine Energielücke Δ. Diese Energielücke können die Cooper-Paare nur durch Energieaufnahme von der Größe der Lücke überwinden. Dabei werden sie aufgebrochen und gelangen in die über der Lücke liegenden freien Zustände.

In Abb. 9.5a liegt der positive Pol am Supraleiter. Abb. 9.5b zeigt die Bandstruktur des Supraleiters und des Normalleiters im Kontakt. Im Kontakt Supraleiter–Normalleiter wird diese Energie durch die Spannung am Kontakt bereitgestellt.

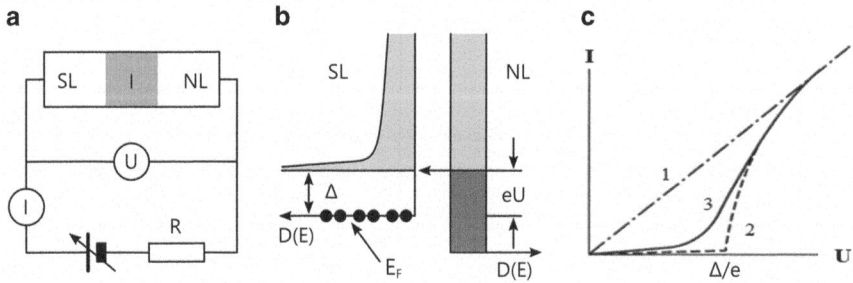

Abb. 9.5 **a** Tunnelstruktur aus einem Supraleiter (SL), einem Isolator (I) und einem Normalleiter (NL). **b** Energiebandstruktur SL-NL mit den Cooper-Paaren. Die Cooper-Paare befinden sich (auf der Achse der Zustandsdichte als angedeutete Paare) an der Fermi-Energie E_F im Supraleiter. **c** Strom-Spannungs-Kurve des Tunnelkontakts. 1 = Ohm'scher Kontakt für den Supraleiter oberhalb der Sprungtemperatur NL-NL, 2 = Strom über dem SL-NL-Kontakt bei T = 0 K, 3 = SL-NL-Kontakt bei endlicher Temperatur T < T_c

9.3 Die Flussquantelung

Erst wenn die Spannung U den Wert der supraleitenden Energielücke erreicht hat und $Ue = \Delta$ ist, beginnt sprunghaft ein Strom zu fließen (Abb. 9.5c, Kurve 2). Der Spannungswert, bei dem der Strom sprunghaft einsetzt, bestimmt die supraleitende Energielücke Δ, denn dann haben die Elektronen im Normalleiter die Energie, um über den Isolator in die freien Zustände des Supraleiters zu tunneln (Abb. 9.5b).

9.3.2 Cooper-Paar-Tunneln

Brian Josephson [15] wurde durch die Tunnelexperimente von Ivar Giaevers angeregt, das Tunneln von Cooper-Paaren zwischen Supraleitern theoretisch zu untersuchen. Die von ihm 1962 entdeckten Tunneleffekte führten dazu, dass die Phase des makroskopischen Quantenzustands der Supraleitung eine messbare Größe in der Physik wurde.

Experimentell wird das Tunneln von Cooper-Paaren mit der Kopplung von zwei Supraleiterschichten über eine dünne Oxidschicht von 100–200 nm realisiert. Durch diese dünne Oxidschicht sind die Supraleiter sehr schwach gekoppelt. Die supraleitende Phase reicht schwach durch die Isolationsschicht in den anderen Supraleiter, was ein Tunneln der Cooper-Paare ermöglicht.

Zur Messung des Tunneleffekts wird der Tunnelkontakt mit einem äußeren Widerstand R in Reihe geschaltet und über diesen Widerstand mit der Batterie ein äußerer Strom eingestellt (Abb. 9.6). Sind die kontaktbildenden Supraleiter aus dem gleichen Material ($n_{s1} = n_{s2} = n_s$), dann unterscheiden sie sich nur durch die zufälligen eingestellten, makroskopischen Phasen ihrer Wellenfunktionen $\psi = \frac{1}{2} n_s e^{i\theta}$:

$$\theta_1(r) \neq \theta_2(r) \tag{9.17}$$

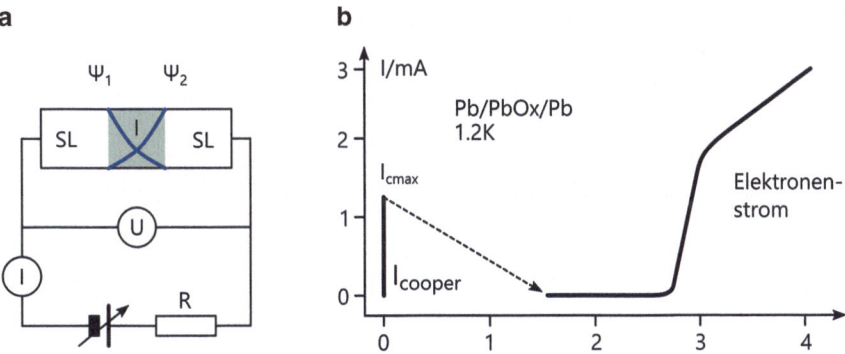

Abb. 9.6 a Schaltung eines SL-SL-Kontakts zur Messung des Tunnelns von Cooper-Paaren. Mit dem Spannungsabfall über dem Widerstand R wird die Spannung über den Kontakt variiert. b Strom-Spannungs-Kurve des Cooper-Paar-Tunnelns

Über der Oxidschicht der Dicke x ergibt sich so ein Phasensprung von

$$\frac{[\theta_1(r) - \theta_2(r)]}{x} = \nabla \theta(r). \tag{9.18}$$

Die Wellenfunktionen der beiden Supraleiter sind dann

$$\Psi_1(r) = n_1^{\frac{1}{2}} e^{i\theta_1(r)} = n_s^{\frac{1}{2}} e^{i\theta_1(r)}, \tag{9.19}$$

$$\Psi_2(r) = n_2^{\frac{1}{2}} e^{i\theta_2(r)} = n_s^{\frac{1}{2}} e^{i\theta_2(r)}. \tag{9.20}$$

Die Kopplung der beiden Wellenfunktionen über die Isolationsschicht erfolgt in den Schrödinger-Gleichungen durch die Kopplungskonstante k. Da die Wellenfunktionen ψ Lösungen der Schrödinger-Gleichungen sind, nehmen die Gleichungen für eine symmetrische Spannung U über den Kontakt folgende Form an:

$$i\hbar \frac{\delta \Psi_1}{\delta t} = eU\Psi_1(r) + k\Psi_2(r) \tag{9.21}$$

$$i\hbar \frac{\delta \Psi_2}{\delta t} = eU\Psi_2(r) + k\Psi_1(r) \tag{9.22}$$

Die Energie in den Supraleitern wird gegeneinander um 2eU verschoben.

Werden die Wellenfunktionen $\psi_1(r)$ und $\psi_2(r)$ in diese Gleichungen eingesetzt, Real- und Imaginärteil getrennt, so ergeben sich die beiden Josephson-Gleichungen zu

$$\frac{\delta n_s}{\delta t} = \left(\frac{2k}{\hbar}\right) n_s \sin(\theta) \tag{9.23}$$

bzw.

$$I_s = I_c \sin(\theta)$$

$$\hbar \frac{\delta \theta(r)}{\delta t} = 2eU. \tag{9.24}$$

Auch wenn die Spannung über dem Kontakt null ist, kann nach Gl. (9.26) ein Strom über den Tunnelkontakt fließen. Das ist in Abb. 9.6b dargestellt. Wird in der Schaltung in Abb. 9.6a der Strom über den Widerstand R erhöht, dann fließt über dem Tunnelkontakt ein Cooper-Paar-Strom I_{CP}, ohne dass eine Spannung abfällt, d. h. U = 0 V.

Das ist der Josephson-Gleichstrom-Effekt.

9.3 Die Flussquantelung

Bei einem maximalen Wert I_{cp}^{max} bricht der Cooper-Paar-Strom zusammen, am Tunnelkontakt fällt eine Spannung U ab, und der Strom springt in den Zustand des Einzelteilchentunnelns. Außerdem bewirkt diese Spannung noch zusätzlich eine Phasenänderung. Das zeigt sich durch Integration von Gl. (9.24). Für $U \neq 0$ wird die Phase zeitabhängig

$$\theta(t) = \theta(0) + \left(\frac{2e}{\hbar}\right) Ut. \qquad (9.25)$$

Für den Strom über dem Kontakt bedeutet das die Erzeugung eines Wechselstromes. Das ist der Josephson-Wechselstrom-Effekt mit dem Strom

$$I = I_C \sin\left(\theta(0) + \left(\frac{2e}{\hbar}\right) Ut\right). \qquad (9.26)$$

Dieser Wechselstrom führt zur Abstrahlung einer Mikrowelle mit der Frequenz

$$\omega = 2\pi \nu = \frac{U}{\left(\frac{\hbar}{2e}\right)} = 2\pi \frac{U}{\Phi_0}. \qquad (9.27)$$

Daraus ergibt sich eine Spannungsabhängigkeit der Frequenz der Mikrowelle von $\nu = U/\Phi_0 = 484$ THz/V, d. h., bei einer Spannung von z. B. 1 µV hat die Mikrowelle eine Frequenz von 484 MHz.

An den Josephson-Kontakten kann man auch die Umkehrung dieses Effekts beobachten. Wird ein Josephson-Kontakt mit einer Mikrowelle bestrahlt, dann stellen sich über dem Kontakt diskrete Spannungswerte entsprechend der Beziehung $U = n\nu \Phi_0$ ein, mit $n = 1, 2, 3, \ldots$

Die Darstellung der Spannung nur durch die Naturkonstanten e und h und der Frequenz einer eingestrahlten Mikrowelle, die sehr genau gemessen und gut stabilisiert werden kann, ermöglichte es, ein Spannungsnormal zu realisieren. An metrologischen Staatsinstituten wird der Josephson-Effekt zur Darstellung von Referenzspannungen genutzt. Dafür werden integrierte Schaltungen mit einigen Zehntausend Josephson-Kontakten benutzt, die es gestatten, mit Mikrowellenfrequenzen von typisch 70 GHz Gleichspannungen von bis zu 10 V darzustellen. Derartige supraleitende Schaltungen, wie sie z. B. in der PTB in Braunschweig oder dem NIST (National Institute of Standard and Technology) in den USA hergestellt werden, sind Bestandteil moderner Josephson-Spannungsnormale.

9.3.3 Supraleitende Quanteninterferometer

Ein SQUID (**S**uperconducting **Qu**antum **I**nterference **D**evice) besteht aus einem supraleitenden Ring oder einer supraleitenden Schleife, in dem bzw. in der sich eine oder zwei schwache Verbindungen oder Josephson-Kontakte befinden, durch den bzw. durch die Cooper-Paare tunneln können.

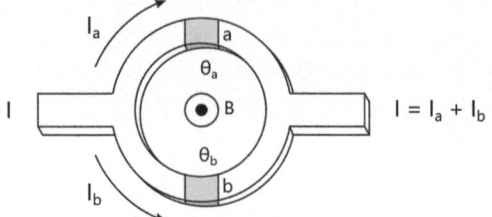

Abb. 9.7 Supraleitender Ring mit zwei Josephson-Kontakten a und b mit den zufälligen Phasen θ_a und θ_b, durch den ein Strom fließt. Das Magnetfeld ruft auf der einen Seite des Ringes eine positive, auf der anderen Seite eine negative Phasenänderung hervor

Solch ein supraleitender Ring mit zwei Josephson-Kontakten, der in Abb. 9.7 dargestellt ist, wird als dc-SQUID bezeichnet.

Fließt durch den Ring ein Strom I, so teilt sich der Strom über die beiden Äste mit den Teilströmen $I_a = I_c \sin\theta_a$ und $I_b = I_c \sin\theta_b$ auf, wobei angenommen wird, dass die kritischen Ströme I_c der beiden Josephson-Kontakte identisch sind.

Wird ein Magnetfeld angelegt, beginnt ein Abschirmstrom I_s im Ring zu zirkulieren, der auf einem Ast des Ringes den angelegten Strom I auf $(I/2 - I_s)$ verringert und auf dem anderen Zweig $(I/2 + I_s)$ verstärkt. Übersteigt dieser Strom in einem Zweig des Ringes den kritischen Strom I_c, des Josephson-Kontakts, wird dieser normalleitend, und es entsteht an dem entsprechenden Kontakt ein Spannungsabfall.

Da sich der Fluss im Ring immer nur um ein Flussquant Φ_0 ändern kann, ist es für den Fluss energetisch günstiger, wenn er ½ Φ_0 erreicht hat, nicht den Abschirmstrom weiter zu erhöhen, sondern weiter bis auf Φ_0 anzusteigen, was eine Verringerung des Abschirmstromes bis Φ_0 bedeutet. In diesem Fall strömt der Abschirmstrom in entgegengesetzte Richtung. Durch diese Richtungsänderung wird der kritische Strom unterschritten, und der Kontakt ist wieder supraleitend. Dadurch oszilliert der Abschirmstrom (typisch einige Zehn Mikroampere) mit dem anwachsenden Fluss mit einer Periode von Φ_0. Entsprechend fällt am SQUID eine Spannung ab, die periodisch vom extern angelegten Fluss Φ mit der Periode von Φ_0 abhängt. Abb. 9.8 zeigt eine typische Strom-Spannungs-Kennlinie und die resultierende Fluss-Spannungs-Charakteristik eines dc-SQUID.

Will man ein dc-SQUID für messtechnische Zwecke verwenden, so betreibt man das Bauelement in einer Schaltung, die schematisch in Abb. 9.9 dargestellt ist und als „Flussregelschleife" (*flux-locked loop*) bezeichnet wird. Die Ausgangsspannung des SQUID, die typischerweise einige Zehn Mikrovolt beträgt, wird mit einem rauscharmen Verstärker verstärkt und integriert. Das Ausgangssignal des Integrators wird über einen Rückkoppelwiderstand und eine Rückkoppelspule

9.3 Die Flussquantelung

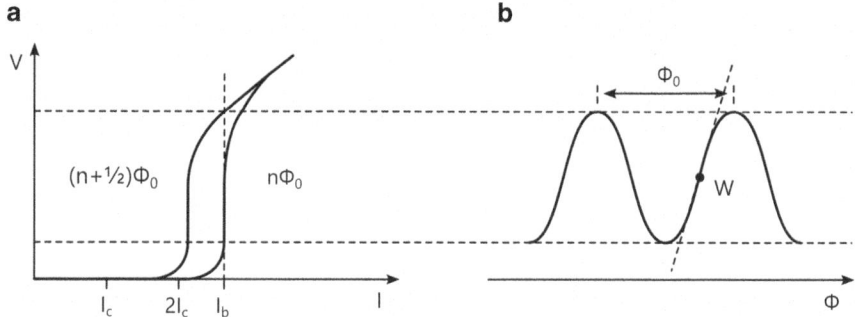

Abb. 9.8 a Strom-Spannungs-Kennlinie eines dc-SQUID mit den beiden Ästen für das Anliegen eines magnetischen Flusses mit einer ganzzahligen Anzahl von Flussquanten und einer ungeraden Anzahl halber Flussquanten. b Periodische Abhängigkeit der Spannung V(Φ) vom magnetischen Fluss, wenn das SQUID mit einem konstanten Biasstrom Ib betrieben wird. Die Periode der Kennlinie beträgt ein magnetisches Flussquant Φ_0. Bei messtechnischer Verwendung des SQUID stellt man den Arbeitspunkt W ein

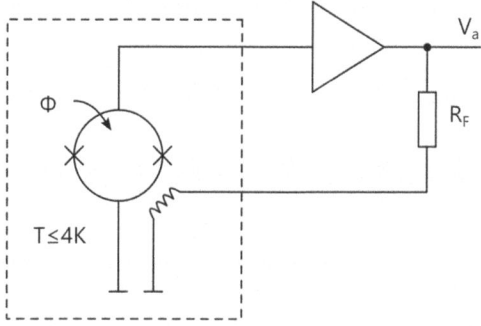

Abb. 9.9 Betrieb eines SQUID in einer Flussregelschleife. Das SQUID mit der Rückkoppelspule wird dabei bei tiefer Temperatur (typisch T ≤ 4 K bei Niobium-SQUIDs) betrieben. Die Verstärkerschaltung arbeitet bei Raumtemperatur

als magnetischer Fluss in das SQUID rückgekoppelt, sodass der Fluss im SQUID konstant bleibt. Dadurch werden eine lineare Abhängigkeit der Ausgangsspannung V_a vom Fluss und ein größerer Dynamikbereich realisiert. Mit aktuellen SQUIDs und SQUID-Magnetometern sowie geeigneten Elektroniken erzielt man spektrale Rauschdichten für den magnetischen Fluss von unter $1 \times 10^{-6}\,\Phi_0/\sqrt{\text{Hz}}$ und für die magnetische Feldrauschwerte unter $1 \times 10^{-15}\,\text{T}/\sqrt{\text{Hz}}$.

Will man mit dem SQUID magnetische Felder vermessen, wie z. B. in der Geophysik oder bei biomagnetischen Experimenten, so muss die Feldaufnahmefläche des SQUID eine an das Experiment angepasste Größe haben, die bis auf Anwendungen im Mikro- und Nanobereich viel größer als ein typischer SQUID-Ring mit Durchmessern von einigen Zehn bis Hundert Mikrometern sind. Deshalb versieht man das SQUID meist mit einer induktiv angekoppelten supraleitenden

Abb. 9.10 SQUID-Magnetometer, bestehend aus SQUID, Einkoppelspule und Feldaufnahmespule

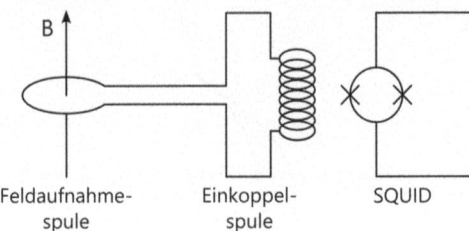

Einkoppelspule (Abb. 9.10). An diese kann dann eine supraleitende Feldaufnahmespule mit geeignetem Durchmesser angeschlossen werden, die als Magnetfeldantenne dient. Ein SQUID mit einer derartigen Einkoppelspule kann auch als empfindlicher Stromsensor verwendet werden, wenn der zu messende Strom in die Einkoppelspule eingespeist wird [16].

9.4 Die Hochtemperatursupraleiter

9.4.1 Ungewöhnlich hohe Sprungtemperaturen in Keramiken

Im Frühjahr des Jahres 1986 wurde von Johannes Georg Bednorz und Karl Alexander Müller [17] von der IBM in Rüschlikon in der Schweiz bei der Untersuchung der elektrischen Leitfähigkeit der oxidischen Keramik BaLaCuO das Verschwinden des elektrischen Widerstandes bei ungewöhnlich hohen Temperaturen entdeckt .

Bednorz und Müller beobachteten an der Verbindung $Ba_xLa_{(5-x)}Cu_5O_{5(3-y)}$ (x = 1, 0,75, y > 0) im Temperaturbereich oberhalb von 30 K einen starken Abfall und bei tieferen Temperaturen das Verschwinden des elektrischen Widerstands.

Supraleitung ist aber, wie mehrmals betont, nicht allein das Verschwinden des elektrischen Widerstands, sondern das Material muss gleichzeitig diamagnetisch werden. Dieser Diamagnetismus konnte von Bednorz und Müller im Oktober 1986 nachgewiesen werden, und schon im Dezember erfolgte die Bestätigung ihrer Entdeckung der Supraleitung in dieser Keramik durch japanische Wissenschaftler der Universität in Tokio [18]. Noch im selben Jahr wurde durch den Austausch von Ba^{2+} durch Sr^{2+} für die Keramik $La_{(2-x)}Sr_xCuO_4$ eine Übergangstemperatur in den supraleitenden Zustand von 38 K gemessen [19].

Unter Druck erhöht sich die kritische Temperatur in diesem Material. Um anstelle eines äußeren Druckes einen inneren Druck zu erzeugen, wurde von M. K. Wu et al. von der Universität Houston in Texas das Lanthan durch das kleinere Ion Yttrium ersetzt. So konnte zu Beginn des Jahres 1987 mit der Keramik

9.4 Die Hochtemperatursupraleiter

YBa$_2$Cu$_3$O$_{(7-x)}$ eine Übergangstemperatur von T$_c$ = 92 K erreicht werden [20]. Das gleiche Resultat wurde zur selben Zeit von Z. X. Zhao und Mitarbeitern in Peking erzielt [21]. 1988 entdeckten H. Maeda et al. in Tsukuba in Japan [22] mit Bi$_2$Sr$_2$Ca$_{(n-1)}$Cu$_n$O$_{(2n+4)}$ eine ganze Familie von oxidischen Supraleitern.

Bi$_2$Sr$_2$Ca$_2$Cu$_3$O$_{10}$ erreicht eine Übergangstemperatur von 110 K. A. M. Hermann et al. von IBM Almaden in Arkansas [23] fanden die Familie Tl$_2$Ba$_2$Ca$_{(n-1)}$Cu$_n$O$_{(2n+4)}$ und konnten am Tl$_2$Ba$_2$CaCu$_3$O$_{10}$ ein T$_c$ von 125 K messen. Die höchste kritische Temperatur mit T$_c$ = 138 K wurde 1994 mit Hg$_{0,8}$Tl$_{0,2}$Ba$_2$Ca$_2$Cu$_3$O$_8$ von C. W. Chu et al. erreicht [24]. Unter Druck erhöht sich T$_c$ für diese Verbindung sogar auf 162 K (Tab. 9.1).

Seit der Entdeckung der Supraleitung des Quecksilbers 1911 durch Kamerlingh Onnes, mit einer kritischen Sprungtemperatur von T$_c$ = 4,15 K, hatten sich die Physiker ständig um neue Supraleiter mit höheren Übergangstemperaturen bemüht, diese aber hauptsächlich in Metallen und Metallverbindungen gesucht. Bis zum Beginn der 1970er-Jahre wurde so ein Anstieg der Sprungtemperatur bis zu 23,2 K für die metallische Verbindung Nb$_3$Ge erreicht.

Die Entdeckung der Supraleitung in den oxidischen Keramiken mit sehr hohen kritischen Temperaturen, die bald erheblich über der Siedetemperatur von Stickstoff (77 K) lagen, kam deshalb unerwartet. Diese damit verbundenen hohen Sprungtemperaturen führten zur Bezeichnung „Hochtemperatursupraleiter".

Die Entdeckung der Hochtemperatursupraleitung mit einer Erhöhung der Sprungtemperatur, die bald mehr als 100 K betrug, war so verblüffend, dass unter den Physikern, den Chemikern und den Materialwissenschaftlern eine Begeisterung ausbrach, die auch den Forschungsbereich Tieftemperatur-Festkörperphysik erfasst hatte. Es wurde aber recht schnell klar, dass es sich bei diesem neuen Forschungsgebiet vor allem um Materialwissenschaft handelt.

Hierbei geht es nicht mehr um Physik bei sehr tiefen Temperaturen, sondern um einen völlig neuen Aspekt der Supraleitung, der für die theoretische Physik zu einer ernsthaften Herausforderung wurde.

Tab. 9.1 Die wichtigsten keramischen Hochtemperatursupraleiter

Verbindung[a]	Bezeichnung	Sprungtemperatur (Tc) (K)
Ba$_{xLa(5-x)}$Cu$_5$O$_{5(3-y)}$		
YBa$_2$Cu$_3$O$_7$	Y-123	92
Bi$_2$Sr$_2$Ca$_2$Cu$_3$O$_{10}$	Bi-223	110
Tl$_2$Ba$_2$CaCu$_3$O$_{10}$	Tl-223	125
Hg$_{0,8}$Tl$_{0,2}$Ba$_2$Ca$_2$Cu$_3$O$_8$	Hg-12223	162
H$_2$S (flüssig, bei einem Druck von 106 bar)		203

[a] Zur Abkürzung der Strukturformeln der Supraleiter wird oft nur das erste Element, das die Keramik charakterisiert, angegeben, dahinter in Klammern oder mit Bindestrich die Zusammensetzung der weiteren Elemente, wobei der Sauerstoffgehalt weggelassen wird; so steht Hg(1223) für HgBa$_2$Ca$_2$Cu$_3$O$_8$

Deshalb sollen die wichtigsten Eigenschaften der supraleitenden Keramiken — ideale Leitfähigkeit und idealer Diamagnetismus — und die Schlüsselexperimente zum Nachweis der Supraleitung in den Keramiken kurz dargelegt werden, obwohl der Bereich Tieftemperatur-Festkörperphysik seine ersten Versuche auf diesem Gebiet kurzfristig abbrechen musste.

Das Verschwinden des Widerstands der Keramik $Ba_xLa_{(5-x)}Cu_5O_{5(3-y)}$ bei Temperaturen um 30 K, wie von Bednorz und Müller beobachtet, erfolgt nicht, wie bei den meisten metallischen Tieftemperatursupraleitern sprunghaft, sondern der Abfall des Widerstands erstreckt sich oft über einen Temperaturbereich von mehreren Kelvin. Dieser Übergang ist durch die Mischung verschiedener supraleitender und normalleitender Phasen, Materialinhomogenitäten und innere Korngrenzen in dieser Keramik bedingt.

Der Übergang in den supraleitenden Zustand ist jedoch umso schärfer, je reiner die supraleitende Phase synthetisiert wird, wie in Abb. 9.11 eine Messung der Temperaturabhängigkeit des Widerstands von $YBa_2Cu_3O_{9-\delta}$ von Bednorz und Müller zeigt [17]. Je homogener die Proben in Bezug auf ihren Sauerstoffgehalt und ihre Ordnung sind, umso einkristalliner sind sie. Auch die Magnetisierung zeigt einen Übergang in den diamagnetischen Zustand. Dabei muss jedoch unterschieden werden, ob der Supraleiter im äußeren Magnetfeld abgekühlt wird oder ob die Abkühlung ohne äußeres Magnetfeld erfolgt. Bei einer Abkühlung im Magnetfeld (*field cooling*, FC) durchdringt das Magnetfeld das gesamte Volumen des Materials.

Bei T_c wird das Magnetfeld aus den homogenen supraleitenden Gebieten verdrängt (Abb. 9.12). Jedoch wird das Magnetfeld in Form von magnetischen Wirbeln teilweise in Inhomogenitäten eingeschlossen und an Kristallstörungen verankert (*field cooling*, FC). Das Magnetfeld wird also nicht völlig verdrängt.

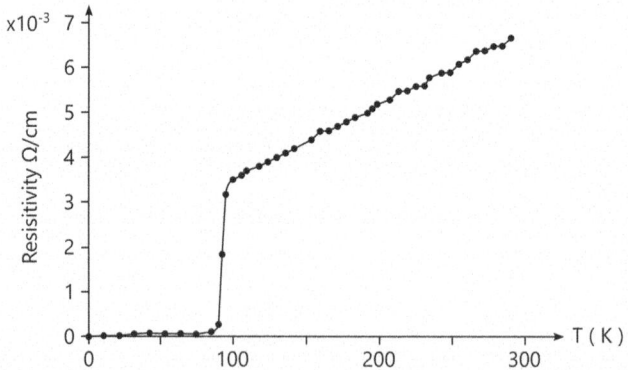

Abb. 9.11 Messkurve der Temperaturabhängigkeit des spezifischen Widerstands von einphasigem $YBa_2Cu_3O_{9-\delta}$

9.4 Die Hochtemperatursupraleiter

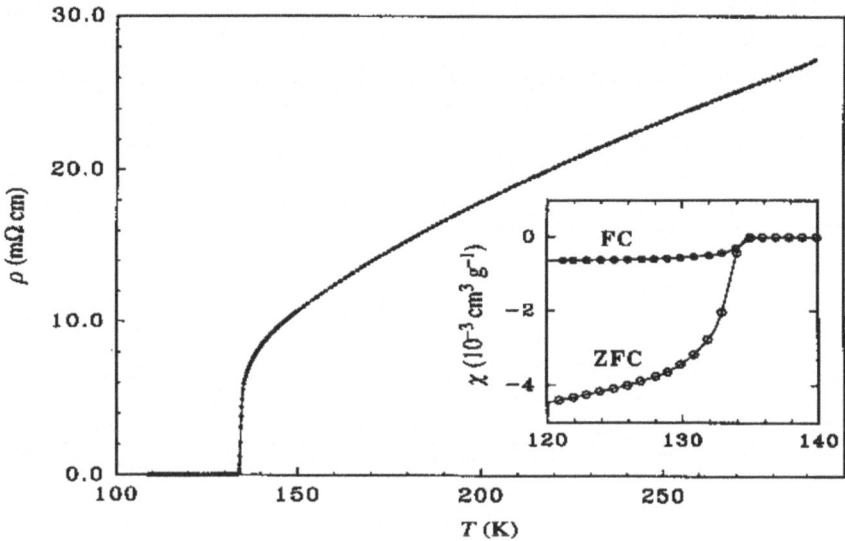

Abb. 9.12 Messungen des Übergangs von $HgBa_2Ca_2Cu_3O_8$ in den supraleitenden Zustand von C. W. Chu et al. [24]. In der Einfügung ist die Suszeptibilität für die Abkühlung im Magnetfeld (*field cooling*) und ohne Magnetfeld mit nachträglicher Magnetisierung (*zero field cooling*) dargestellt

Wird dagegen der Supraleiter erst unter T_c abgekühlt und danach das Magnetfeld angelegt (*zero field cooling*, ZFC), dann wird das gesamte Volumen abgeschirmt, und das Feld kann nicht in den Supraleiter eindringen (kleines Bild in Abb. 9.12).

9.4.2 Schlüsselexperimente zum Nachweis der Supraleitung in den Keramiken

- Josephson-Tunnelexperimente mit den keramischen Supraleitern verschiedener Autoren [25] zeigten, dass die Ladung der Träger der Supraleitung $q = 2|e|$ beträgt. Die Stromträger sind also Cooper-Paare.
- Untersuchungen der Flussquantisierung von Gough et al. [26] an $YBa_2Cu_3O_{7-x}$ ergab ein Flussquant von $\Phi_0 = (0{,}97 \pm 0{,}04)\, h/2e$.
- Tunnelexperimente, Andrejew-Reflexionsmessungen, Untersuchungen der Raman-Streuung sowie Photoemissionsmessungen und auch die NMR-Spektroskopie zeigen, dass die Hochtemperatursupraleiter genauso wie die Tieftemperatursupraleiter eine Energielücke haben.

Aus Untersuchungen der Andrejew-Reflexion [27] folgt, dass diese Lücke für Bi-2212 ($Bi_2Sr_2CaCu_2O_5$) $2\Delta = 72–82$ meV breit ist. Daraus ergeben sich für die charakteristische Größe $2\Delta/k_BT_c$ Werte von 9–11. Tunnelexperimente von Maeda et al. [28] an $YBa_2Cu_3O_{7-x}$ zeigten, dass $2\Delta/k_BT_c$ Werte >6 erreichen.

Neben den hohen kritischen Temperaturen haben die Hochtemperatursupraleiter extrem hohe kritische Magnetfelder. Für $YBa_2Cu_3O_{7-x}$ wurde für Temperaturen nahe 0 K parallel zu den CuO_2-Ebenen ein kritisches Magnetfeld $B_{c2} = 240$ T aus Messungen bei höheren Temperaturen abgeschätzt. Senkrecht dazu ergaben entsprechende Abschätzungen ein kritisches Feld von $B_{c2} = 68$ T [28].

Diese starke Anisotropie wirkt sich jedoch nicht nur auf B_{c2}, sondern auch auf die für die Anwendung wichtige kritische Stromdichte j_c aus, die parallel zu den CuO_2-Ebenen wesentlich größer ist als senkrecht zu den Ebenen.

Für hohe Stromdichten sind jedoch viele Pinning-Zentren (normalleitende Ausscheidungen, Korngrenzen oder Kristalldefekte) notwendig, die eine effektive Verankerung der Flusswirbel und damit verbunden einen verlustlosen Stromfluss ermöglichen.

Da aber die Kohärenzlänge ξ, die die Ausdehnung der supraleitenden Phase bestimmt, dem kritischen Magnetfeld umgekehrt proportional ist, wird sie in den Hochtemperatursupraleitern sehr klein. In $YBa_2Cu_3O_{7-x}$ beträgt sie senkrecht zur CuO_2-Ebene 0,3–0,5 nm, in der Ebene 2–3 nm. Typische metallische Supraleiter wie z. B. Sn haben im Vergleich dazu eine Kohärenzlänge von 230 nm. Die Flusswirbel können sich deshalb durch ihre Temperaturbewegung leicht von den Pinning-Zentren losreißen, was ein thermisch aktiviertes Kriechen zur Folge hat.

Deshalb bewegen sich die Flusswirbel, die bei tiefen Temperaturen ein Gitter bilden, ab einer bestimmten Temperatur $T_{irr}(B) < T_c$ voneinander weitgehend unabhängig. Das Flussliniengitter schmilzt. Ein verlustloser Stromtransport (Supraleitungsstrom) ist zwischen $T_{irr} < T < T_c$ nicht mehr möglich. T_{irr} wird als Irreversibilitätslinie bezeichnet [29].

9.5 Whisker aus Hochtemperatursupraleitern

Von uns wurden in der Hochtemperatursupraleitung zwei Themen bearbeitet: zum einen die Änderung der Zusammensetzung der Komponenten, insbesondere Veränderungen des Sauerstoffgehalts, und die Dotierung mit Blei und Antimon [30] und zum anderen Whisker aus Bi–Sr–Ca–Cu–O-Supraleitern [31]. In Abb. 9.13a ist die Morphologie eines aus der Schmelze gezüchteten Whiskers und in Abb. 9.13b eine typische Konfiguration von Versetzungen parallel zur Kante eines Bi–Sr–Ca–Cu–O-Whiskers dargestellt.

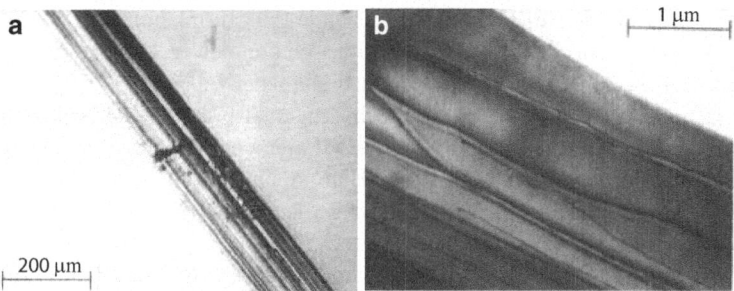

Abb. 9.13 **a** Morphologie eines aus der Schmelze gezüchteten Bi–Sr–Ca–Cu–O-Whiskers. **b** Typische Konfiguration von Versetzungen parallel zur Kante eines Bi–Sr–Ca–Cu–O-Whiskers (Aufnahmen mit einem HV-Elektronenmikroskop mit 1 MV)

Die Whisker sind hochelastisch und können bis auf einen Radius von 0,02 mm gebogen werden. Sie zeigen ein Einphasenverhalten im Temperaturverhalten des elektrischen Widerstands mit einer kritischen Temperatur von 81,5 K.

9.6 Fortsetzung der Tieftemperaturphysik in Berlin-Adlershof

Nach 1989 gab es von Wissenschaftlern der Humboldt-Universität den Versuch, die langjährigen Erfahrungen auf dem Gebiet der Tieftemperaturphysik, die an der Universität gesammelt worden waren, außeruniversitär neu zu gestalten, was aber unter konkreten Herausforderungen der technologischen Anwendung nicht bis zur industriellen Reife gebracht werden konnte. Nach der Wende gingen einige Tieftemperaturphysiker von der Humboldt-Universität und vom Amt für Standardisierung, Material und Warenprüfung der DDR (ASMW) zum Berliner Institut der Physikalisch-Technischen Bundesanstalt und bereicherten die Tieftemperaturforschung, ähnlich wie schon in der ersten Hälfte des Jahrhunderts.

Sie beteiligen sich in der Arbeitsgruppe „Tieftemperaturskala" an der weltweit einzigartigen Realisierung der vorläufigen Tieftemperaturskala PLTS-2000 im gesamten Definitionsbereich.

Im Fachbereich Kryophysik und Spektrometrie arbeiten sie an der Entwicklung komplexer hochempfindlicher SQUID-Sensorschaltungen und deren Anwendungen in verschiedensten Bereichen der Metrologie und Grundlagenforschung, der Metrologie elektrischer Größen, für biomagnetische Untersuchungen, für kryogene Strahlungsdetektoren und für andere messtechnische Anwendungen wie die magnetische Kernresonanz. Für ungestörte Messungen kleinster Magnetfelder müssen alle äußeren Magnetfelder möglichst gut abgeschirmt werden. Hierfür besitzt die PTB entsprechende Abschirmkammern, die jegliche Störfelder fernhalten. Durch Kompensationsschaltungen gelingt es aber auch, hochempfindliche Messungen ohne Abschirmung zu realisieren.

Die Bemühungen, unter Industriebedingungen Tieftemperaturgeräte zu entwickeln, traf am Ende des 20. Jahrhunderts auf eine unerwartete Wendung bei den Tieftemperaturtechnologien. Das flüssige Helium als Kühlmittel für Temperaturen nahe dem absoluten Nullpunkt wurde schrittweise durch Kühlmaschinen, die mit thermodynamischen Prozessen arbeiten, ersetzt.

Auf die Entwicklung von Kühlsystemen von Wissenschaftlern der Humboldt-Universität im Forschungszentrum Berlin-Adlershof wird in Kap. 12 und 13 eingegangen. Diese Arbeiten führten die ehemaligen Tieftemperaturphysiker der Humboldt-Universität im Forschungszentrum Berlin-Adlershof mit denen der PTB in gemeinsamen Forschungsprojekten zur Detektorkühlung, an denen auch Wissenschaftler der DLR teilnahmen, wieder zusammen.

Literatur

1. Ginsburg, V. L. Landau, L. D.: On the Theory of superconductivity (russ.), Zh. Exsp. Theor. Phys. 20, 1064–1082 (1950)
2. Abrikosov A.A.: On the Magnetic Properties of Superconductors of the Second Group, JETP 5, 1174 (1957)
3. Shubnikow, L.W., Schotkewitch, W.I. J.P. Schepelew, J.N. Rjabinin, Phys. Z. Soviet, 10 (1936); Zh. Exper. Theor. Fis.(USSR) 7, 221 (1937)
4. Shepelev, A., Larbalestier, D.: Die vergessene Entdeckung. Bereits vor 75 Jahren entdeckte Lew Wassiljewitsch Schubnikow die Typ-II-Supraleitung, Physik Journal 10, 51–53 (2011)
5. Bardeen J., Cooper L. N., Schrieffer J. R.: Theory of Superconductivity, Phys. Rev. 108, 1175 (1957)
6. Maxwell, E.: Isotope Effect in the Superconductivity of Mercury, Phys. Rev. 78, 477, (1950)
7. Reynolds, A., Serin, B., Wright, W. H., Nessbitt, L. B.: Superconductivity of Isotopes of Mercury, Phys. Rev. 78, 487 (1950)
8. Fröhlich, H.: Proc. Phys. Soc. (London), Section A, 63, 778 (1950)
9. Joas, C., Waysand, G.: Theorie der Supraleitung, Physik Journal 10, 23–28, (2011)
10. Zieman, J. M.: Principles of the Theory of Solids, Cambridge University Press (1964)
11. Doll, R., Näbauer, M.: Experimental Proof of Magnetic Flux Quantization in a Superconducting Ring, Phys. Rev. Lett. 7, 51 (1961)
12. Deaver, B. S., Fairbank, W. M.: Experimental Evidence for Quantized Flux in Superconducting Cylinders, Phys. Rev. Lett. 7, 43 (1961)
13. Huebener, R., Lubbig, H.: Die Physikalisch-Technische Reichsanstalt, Vieweg+Teubner Verlag, Wiesbaden (2011)
14. Giaever, I.: Energy Gap in Superconductors Measured by Electron Tunneling, Phys. Rev. Lett. 5, 147 (1960)
15. Josephson, B. D.: Possible new effects in superconductive tunneling, Phys. Lett. 1, 251–253 (1962)
16. Drung, D., Aßmann, C., Beyer, J., Kirste, A., Peters, M., Ruede, F., Schurig, Th.: Highly sensitive and easy-to-use SQUID sensors, IEEE Trans. Appl. Supercond. 17, 699–704 (2007)
17. Bednorz, J. G., Müller, K. A.: Perovskite-type oxides – The new approach to high-Tc superconductivity, Rev. Mod. Phys. 60, 585 (1988)
18. Takagi, H., Uchhida, S., Kitazawa, K., Tanaka, S.: High-Tc Superconductivity of La-Ba-Cu Oxides. II. – Specification of the Superconducting Phase, Jap. J. Appl. Phys. 26, L123 (1987)

19. van Dover, R. B., Cava, R. J., Batlogg, B., Rietman, E. A.: Composition-dependent superconductivity in $La_{(2-x)}Sr_xCuO_{(4-\delta)}$, Phys. Rev. B 35, 5337(R) (1987)
20. Wu, M. K., Ashburn, J. R., Torng, C. J., Hor, P. H., Meng, R. L., Gao, L., Huang, Z. J., Wang, Y. Q. Chu, C. W.: Superconductivity at 93 K in a new mixed-phase Yb-Ba-Cu-O compound system at ambient pressure, Phys. Rev. Lett. 58, 908–910 (1987)
21. Zhao, Z.X.: Int. J. Mod. Phys. B1, 187 (1987); Mai, Z., Chen, L., Chu, X., Dai, D., Ni, Y., Huang, Y., Xiao, Z. Ge, P., Zhao, Z.X.: Phys. Lett. A 127, 297 (1988)
22. Maeda, H., Tanaka, Y., Fukotomi, M., Asano, T.: A New High-Tc Oxide Superconductor without a Rare Earth Element, Jap. J. Appl. Phys. 27, L209 (1988)
23. Sheng, Z. Z., Hermann, A. M.: Bulk superconductivity at 120 K in the Tl–Ca/Ba–Cu–O system, Nature 332, 138–139 (1988)
24. Chu, C. W., Gao, L., Chen, F., Huang, Z. H., Meng, R. L., Xue, Y. Y.: Superconductivity above 150 K in $HgBa_2Ca_2Cu_3O_{8+\delta}$ at high pressures, Nature 365, 323–325 (1993)
25. Gough, C. E.: Flux quantisation and SQUID magnetometry using ceramic superconductors, Physica C: Superconductivity 153–155, 1567–1573 (1988)
26. Gough, C. E. et al.: Flux quantization in a high-Tc superconductor, Nature 326, 855 (1987)
27. Hoevers, H. F. C. et al.: Determination of the energy gap in a thin $YBa_2Cu_3O_{7-x}$ film by Andreev reflection and by tunneling, Physica C: Superconductivity 152, 105–110 (1988)
28. Maeda, A., Tajima, S., Kitazawa, K.: Experimental Indications on the Superconducting Gap of Oxide Superconductors, Material Science Forum 137–139, 1–58 (1993)
29. Buckel, W.: Supraleitung, Wiley-UCH, (1990) S. 186
30. W. Kraak, A. Krapf, G. Nachtwei, H.-U. Müller, H. Scholz,H. Dwelk, R. Herrmann P. Vasek und .P Swoboda, Preparation, Structure and physical Properties of Bi-Sr-Ca-Cu-O superconducting ceramics, phys. stat. sol. (a)120,185,(1990)
31. A. Krapf, G. Lacayo, G. Kästner, W. Kraak, N.Pruss, H.Thiele, H. Dwelk and R. Herrmann, Supercond. Sci. Technol. 4,(1991) 237

Teil IV
Hin zu den topologischen Isolatoren

Die Topologie der Energiebandstruktur von Festkörpern

10

Die in Teil III dargestellten Experimente mit Wismut, Wismut-Antimon-Legierungen und dem Halbleiter Tellur werden in diesem Teil IV aus der Sicht des heutigen Standes der Untersuchungen der elektronischen Strukturen von Festkörpern betrachtet, die mit einer dem Shubnikow-de-Haas-Effekt und der Zyklotronresonanz weit überlegenen Untersuchungsmethode, der winkelaufgelösten Photoelektronenspektroskopie (ARPES), erfolgt und die zu der Entdeckung der topologische Isolatoren geführt hat. Dafür ist es notwendig, auf die Eigenschaften der untersuchten Festkörper, die durch die Entdeckung ihrer Topologie zu einer völlig neuen Klasse von Materialien geworden sind, einzugehen.

Die Entdeckung des Quanten-Hall-Effekts durch Klaus von Klitzing 1980 an MOSFETs und $Ga_xAl_{1-x}As$-GaAs-Heterostrukturen in sehr starken Magnetfeldern >10 Tesla bei sehr tiefen Temperaturen $\leq 4,2$ K, bei denen im Hall-Widerstand sehr robuste, gequantelte Plateaus auftraten, die mit hoher Genauigkeit gemessen werden konnten [1], entstand die Frage, woher die Plateaus, ihre Stabilität und die hohe Genauigkeit, mit der sie gemessen werden, kommen.

Zwei Jahre nach der Entdeckung des Quanten-Hall-Effekts zeigten theoretische Untersuchungen von Thouless, Kohmoto, Nightingale und den Nijs [2], dass die Ursache dieses ungewöhnlichen Verhaltens die Topologie des zweidimensionalen Elektronengases in den Inversionsschichten dieser Hall-Strukturen ist. Berechnungen der Topologie der Elektronenstruktur von David J. Thouless von der University of Washington, F. Duncan, M. Haldane und J. Michael Kosterlitz von der Princeton University führten dann zur Entdeckung der topologischen Isolatoren, wofür die drei Theoretiker im Jahr 2016 den Nobelpreis für Physik erhielten [3]. Die topologischen Isolatoren, in denen die Topologie der Elektronenstruktur die physikalischen Eigenschaften beherrscht, stellen einen neuen Quantenzustand der Materie dar, der durch besondere Rand- oder Oberflächenzustände gekennzeichnet ist, die sich durch Phasenübergänge aufgrund der Topologie der Brillouin-Zonen ergeben.

Bis zu dieser Erkenntnis wurden nach den Vorstellungen von Landau und Ginsburg Phasenübergänge durch Zustände charakterisiert, bei denen die Symmetrie gebrochen wird, wie z. B. der Phasenübergang vom festen Eis zum flüssigen Wasser, der durch den Bruch der Translations- und der Rotationssymmetrie der Eismoleküle erfolgt.

Diese Entdeckung führte zu der Erkenntnis, dass nicht nur die Symmetrie, sondern die Symmetrie und die Topologie die Geometrie der Elektronenstruktur der Festkörper bestimmen.

Der Quanten-Hall-Effekt mit den robusten Plateaus und deren hoher Genauigkeit unabhängig vom Material, in dem er gemessen wird, zeigt, als Funktion des angelegten Magnetfeldes hochentartete Landau-Niveaus, in denen die Ladungsträger in den Zuständen am Rand der Landau-Niveaus lokalisiert sind.

Thouless, Kohmoto, Nightingale und den Nijs haben die Quantisierung des Hall-Widerstands in zweidimensionalen Elektronengasen mit einer topologischen Invarianten, der Chern-Zahl χ, in Verbindung gebracht, wobei der Kehrwert des Hall-Widerstands $\sigma_{xy} = \chi e^2/h$ durch diese Zahl bestimmt wird.

Die Chern-Zahl ist eine topologische Invariante, eine ganze Zahl, deren Berechnung nicht von experimentellen Details der Probe, sondern nur von der Energiebandstruktur im Magnetfeld abhängt. Die Quantelung in Plateaus gehört mit der Bandinversion, der Spin-Bahn-Wechselwirkung und der Zeitumkehrsymmetrie zu einer Klassifizierung von Festkörpern, die auf einer topologischen Ordnung beruht [4].

Ein topologischer Isolator ist im Inneren ein Isolator, dessen Topologie am Rand zweidimensionaler und an der Oberfläche dreidimensionaler Elektronenstrukturen zu einem quantenmechanischen Übergang von einem Isolator zu einer fast idealen, metallischen Leitung in Oberflächenzuständen beziehungsweise Randkanälen führt. Diese Randkanäle im Zweidimensionalen und die entsprechenden Oberflächenzustände im Dreidimensionalen sind lückenlose Energiezustände, die durch Zeitumkehrsymmetrie und Spin-Bahn-Wechselwirkung geschützt werden, wobei die energetische Struktur der topologischen Isolatoren, wie bei allen Festkörpern, durch das Bändermodell im Rahmen des Bloch'schen Theorems bestimmt wird.

Die topologischen Isolatoren sind neben den Metallen und Isolatoren eine völlig neue Materialform, die Isolator und Metall vereint.

10.1 Die Ausgangssituation – Zyklotronresonanz und die magnetischen Oberflächenzustände

Der Entdeckung der toplogischen Isolatoren vorausgegangen waren Arbeiten zur Zyklotronresonanz, zum Radiofrequenz-Größeneffekt, zum Shubnikow-de-Haas-Effekt, zu den magnetischen Oberflächenzuständen in Metallen und zum Quanten-Hall-Effekt. Die Zyklotronresonanz, der Radiofrequenz-Größeneffekt und die magnetischen Oberflächenzustände in Metallen wurden in Kap. 7 und der Quanten-Hall-Effekt in Kap. 8 betrachtet. Als Grundlagen für das Verhalten der toplogischen Isolatoren werden die dafür notwendigen charakteristischen Eigenschaften der Zyklotronresonanz und der magnetischen Oberflächenzustände konkretisiert.

10.1.1 Die Zyklotronresonanz

Wie in Kap. 7 ausgeführt, erfolgt die Zyklotronresonanz in Festkörpern bei tiefen Temperaturen $\leq 4{,}2$ K in relativ starken Magnetfeldern. Die quasifreien Elektronen des Elektronengases an der Fermi-Fläche im Festkörper werden durch die Lorentz-Kraft auf zirkulare Bahnen gezwungen, auf denen sie in Abhängigkeit vom Magnetfeld mit der Zyklotronfrequenz $\omega_c = eB/m^*$ rotieren. Aus der sich dabei ergebenden Resonanz mit einem Mikrowellenfeld mit der Frequenz $\omega = \omega_c$ können die effektiven Massen der Ladungsträger m^* aus der Größe des Resonanzmagnetfeldes bestimmt werden (Kap. 7).

Voraussetzungen dafür, dass die Elektronen diese Bahnen durchlaufen, ist eine hohe Lebensdauer τ der Elektronen gegenüber ihrer Umlaufszeit T, $\tau \gg T = 2\pi/\omega_c$. Sie besagt, dass die Elektronen eine Bahn mehrmals durchlaufen, bevor sie gestreut werden. Die Mikrowellenfrequenzen liegen für Resonanzen in Metallen bei Magnetfeldern um 0,5 T im Gigahertzbereich. Außerdem müssen die Energieniveaus, in die das Elektronengas durch das Magnetfeld gequantelt wird, klein gegenüber der Fermi-Energie sein, $\hbar\omega_c \ll E_F$, sowie die Wärmeenergie klein gegenüber den Energieniveaus $k_B T \ll \hbar\omega_c$. Wie in Kap. 7 festgestellt wurde, sinkt die Elektron-Phonon-Streuung durch die Abkühlung von Zimmertemperatur auf Heliumtemperaturen von 4,2 K um den Faktor 10^5, wodurch die Bandstrukturparameter durch scharf aufgelöste Resonanzen bestimmt werden können.

Bei der Zyklotronresonanz in Metallen dringen Mikrowellen nur in die Skin-Schicht von einigen Zehn Nanometern in die Oberfläche ein und erzeugen in dieser Schicht einen Hochfrequenzstrom. Im äußeren Magnetfeld werden die Elektronen durch die Lorentz-Kraft auf Zirkularbahnen gelenkt, wobei die Elektronen nur in der Skin-Schicht beschleunigt werden. Sie bewegen sich ein kurzes Stück in der Skin-Schicht auf der Zirkularbahn, um im Inneren des Metalls ohne Hochfrequenzfeldeinfluss den größeren Teil der Bahn zu durchlaufen. Wenn die vom Magnetfeld erzeugte Zyklotronfrequenz ω_c die Frequenz der Mikrowelle erreicht, kommt es zur Resonanz. Beim Wiedereintritt der Elektronen in die Skin-Schicht werden sie von Neuem beschleunigt. Durch die Bewegung der Elektronen im Inneren des Metalls, ohne Einfluss der Mikrowelle, kommt es aber auch zur Resonanz, wenn die Elektronen erst nach zwei, drei oder noch höheren Perioden der Mikrowelle wieder in die Skin-Schicht zurückkehren. Diese Bahnen, auf denen die Elektronen nach einer Periode, nach zwei Perioden und erst nach mehreren Perioden durch Verkleinerung des Magnetfeldes in die Skin-Schicht zurückkehren, sind in Abb. 10.1a schematisch dargestellt. Die Bedingung für die entsprechende Resonanzfolge wurde für eine Mikrowellenfrequenz ω in Kap. 7 mit der Beziehung

$$\omega = n\omega_c = n\frac{eB}{m^*} \tag{10.1}$$

angegeben. Diese Bedingung ist immer erfüllt, wenn das abnehmende Magnetfeld B Werte erreicht, für die $n\omega_c$ mit (n = 1, 2, ...) gleich der Mikrowellenfrequenz ω ist, wobei die Radien der Elektronenbahnen entsprechend größere diskrete Werte annehmen.

Mit dieser nach ihren Entdeckern benannten Asbel-Kaner-Zyklotronresonanz [6] werden wie mit der diamagnetischen Resonanz [7] die effektiven Massen der Ladungsträger bestimmt. Aus der Anisotropie dieser Massen und entsprechenden Modellen ergibt sich die Bandstruktur der Fermi-Flächen der Metalle in der Brillouin-Zone. Heute werden die Fermi-Flächen mit der wesentlich eleganteren winkelaufgelösten Photoelektronenspektroskopie (ARPES) (Abschn. 10.5) bestimmt. In der Monographie (Abb. 10.1b) wird die Asbel-Kaner-Resonanz im Rahmen der Bloch'schen Quantentheorie behandelt.

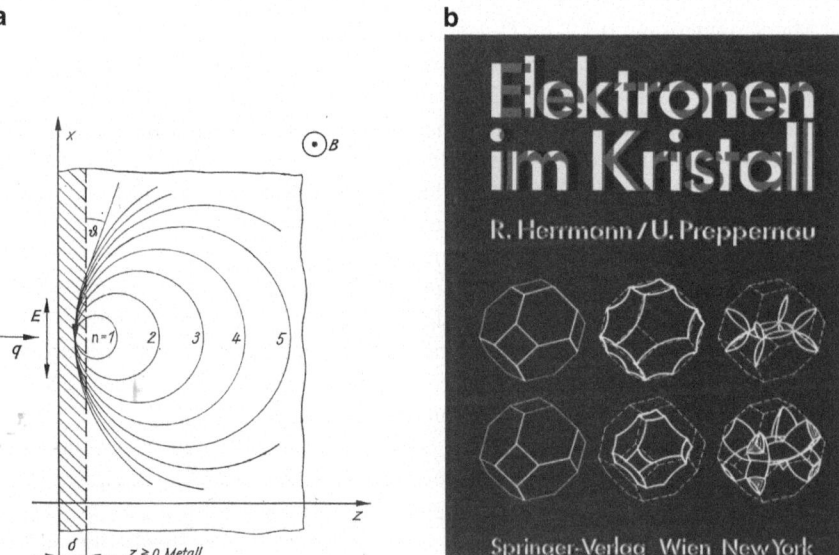

Abb. 10.1 a Durch ein Mikrowellenfeld $\mathbf{E}_\sim \perp \mathbf{q}$, mit fester Frequenz ω in der Skin-Schicht δ beschleunigt, durchlaufen die Elektronen unter der Bedingung (7.6) mit abnehmendem Magnetfeld bei Resonanz immer größer werdende Zyklotronbahnen, wobei sie das mikrowellenfreie Innere des Metalls durchfliegen. Beim Wiedereintritt in die Skin-Schicht werden sie wieder beschleunigt. b Monographie von 1979, in der die Grundlagen der Bloch'schen Quantentheorie und der elektronischen Bandstruktur von Festkörpern ausführlich dargestellt sind [5].

10.1.2 Das quantenmechanische Bild der Zyklotronresonanz

In Kap. 7 wurde die Quantelung der Energie der quasifreien Elektronen im Festkörper in einem äußeren Magnetfeld in Landau-Niveaus, auf der die Zyklotronresonanz beruht, dargestellt. Diese Quantelung der Energie von Ladungsträgern im Magnetfeld wurde von Landau 1930 in der Arbeit „Diamagnetism" [8] entwickelt. Die Quantelung in Landau-Niveaus ist durch die Beziehung (7.2) gegeben:

$$E_n(p, B) = \left(n + \frac{1}{2}\right)\hbar\omega_c + \frac{p^2}{2m^*}. \tag{10.2}$$

Die Rotation der Elektronen erfolgt jedoch nicht auf allen möglichen Kreisbahnen, sondern nur auf energetisch stabilen Extremalbahnen, deren Form durch die Bandstruktur des Festkörpers bestimmt wird.

In Halbleitern dringen die Mikrowellen in das ganze Volumen der Kristalle ein, sodass es bei beliebiger Orientierung des Magnetfeldes zur Resonanz kommen kann. Wenn in Halbleitern die Energielücke E_g zwischen Valenzband und Leitungsband zu groß ist und von den Ladungsträgern bei den tiefen Messtemperaturen nicht überwunden werden kann, können die Ladungsträger durch Licht über die Energielücke angeregt werden.

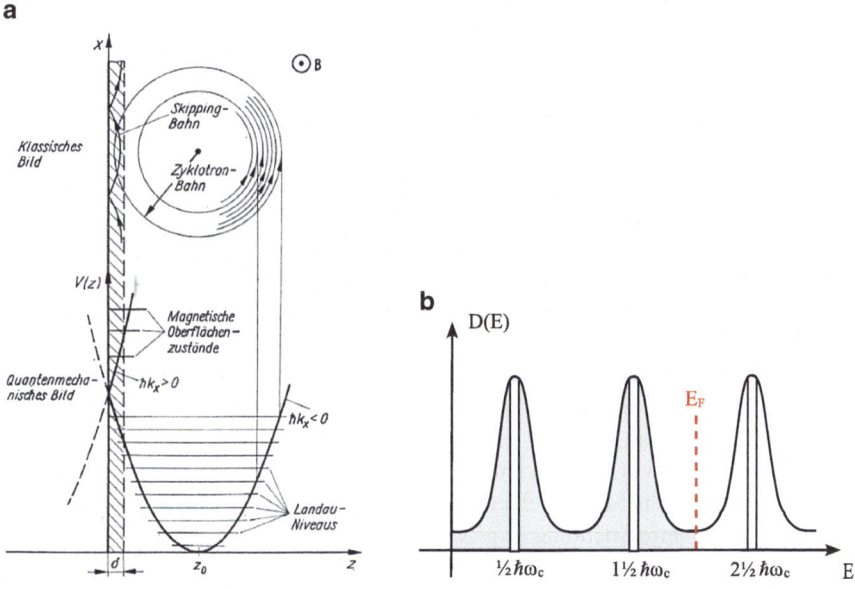

Abb. 10.2 a Oben: Zusammenhang zwischen der Bewegung der Elektronen auf den Zyklotronbahnen und den Skipping-Bahnen in der Skin-Schicht δ und auf Kreisbahnen im Inneren des Metalls. Unten: Die Landau-Niveaus im Potenzialverlauf V(z) und die magnetischen Oberflächenzustände. b Zustandsdichte D(E) der Landau-Niveaus mit der Fermi-Energie E_F zwischen dem zweiten und dritten Landau-Niveau in Abhängigkeit von der Energie. $\hbar\omega_c$ gibt den Abstand zwischen den Landau-Niveaus in Abhängigkeit vom Magnetfeld an. Nur die Elektronen im gekennzeichneten Zentrum der besetzten Landau-Niveaus sind frei beweglich

Das quasiklassische und das quantenmechanische Bild der Asbel-Kaner-Zyklotronresonanz ist in Abb. 10.2a dargestellt. Der obere Teil der Abbildung zeigt schematisch die Zyklotron- und die Skipping-Bahnen. Der untere Teil zeigt die Landau-Niveaus in der Energieparabel quasifreier Elektronen und die magnetischen Oberflächenzustände im Potenzial eines Elektronengases V(z).

Der Abstand der Landau-Niveaus $\hbar\omega_c = \hbar eB/m^*$ vergrößert sich kontinuierlich mit dem Magnetfeld, sodass sich die Landau-Niveaus über die Fermi-Energie schieben. Wenn dabei ein Landau-Niveau mit der Fermi-Energie zusammenfällt, beginnt sich das Landau-Niveau zu entleeren, die Zahl der besetzten Landau-Niveaus nimmt ab, und die Entartung der energetisch tiefer liegenden Landau-Niveaus nimmt zu. Das ist in Abb. 10.2b mit der Zustandsdichte der Elektronen in den Landau-Niveaus veranschaulicht. Unter der Femi-Energie sind die Landau-Niveaus mit Elektronen besetzt. Das über der Fermi-Energie liegende Niveau ist leer.

Wie in Abb. 10.2b dargestellt, sind aufgrund von Kristallstörungen die eigentlich δ-förmigen Landau-Niveaus Gauß-förmig verbreitert. In diesen Störstellen, die auch den ganzen Bereich zwischen den Landau-Niveaus beherrschen, sind die Elektronen lokalisiert und nehmen nicht am Ladungstransport teil. Durch diese Störstellen ist die Energie der Landau-Niveaus quer über die Probe nicht konstant, sondern hat lokale Abweichungen, an denen die Fermi-Energie zwischen den Landau-Niveaus lokalisiert ist. Nur dann, wenn die Fermi-Energie mit dem Zentrum eines Landau-Niveaus zusammenfällt, sind Elektronen frei beweglich.

10.1.3 Die magnetischen Oberflächenzustände in Metallen

Zu Beginn der 1960er-Jahre wurden im Wismut in sehr schwachen Magnetfeldern, die um vier Größenordnungen kleiner sind als die Magnetfelder, in denen die Zyklotronresonanz auftritt, von Michael S. Chaikin vom Kapitza-Institut Oszillationen der Oberflächenimpedanz entdeckt, die sich als magnetische Oberflächenzustände herausstellten [9, 10]. Außer im Wismut wurden diese magnetischen Oberflächenzustände von ihm auch im Zinn, im Indium und in anderen niedrigschmelzenden Metallen gefunden. Neben den Arbeiten von Chaikin wurden die Oszillationen der Oberflächenimpedanz in den Arbeiten von Koch und Kuo [11] sowie von Kip [12] an weiteren Metallen wie Cadmium, Aluminium, Kupfer und von uns am Wolfram [13] gefunden.

In den schwachen Magnetfeldern werden die zirkularen Bahnen der Elektronen um die Magnetfeldrichtung so groß, dass sie nicht mehr in den Kristall hineinpassen. Mit der Annahme, dass die Elektronen, deren Bahnmittelpunkt außerhalb des Kristalls liegt, an der inneren Oberfläche reflektiert werden können, führten Asbel und Chaikin [14] Girlandenbahnen ein, auf denen sich die Elektronen an der inneren Oberfläche bewegen. Damit waren die Skipping-Bahnen entdeckt, die im quantenmechanischen Bild magnetische Oberflächenzustände sind.

Diese magnetischen Oberflächenzustände wurden von Lifschitz, Asbel und Kaganow [15] theoretisch begründet. In sehr schwachen Magnetfeldern erzeugt

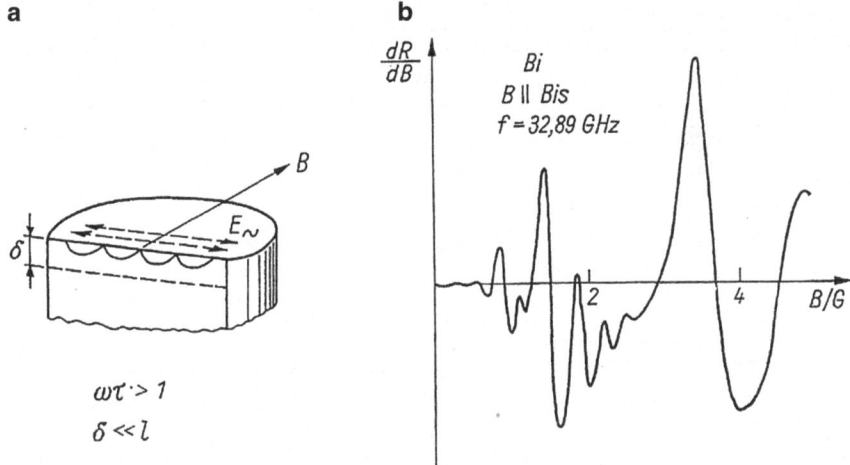

Abb. 10.3a a Schematische Darstellung der magnetischen Oberflächenzustände als Skipping-Bahnen. b Spektrum der Oberflächenzustände von Wismut in Richtung der Bisektrix-Achse nach Koch und Kuo [11], im Magnetfeldbereich bis 0,5 mT, gemessen bei einer Temperatur von 1,7 K mit 32,89 GHz

eine Mikrowelle in der Skin-Schicht eines Metalls einen Strom der Elektronen auf Skipping-Bahnen. Dabei kommt es wie bei der Zyklotronresonanz immer zur Resonanz, wenn die Frequenz der Hochfrequenzwelle mit der Skipping-Frequenz übereinstimmt. Da die Periode der Hochfrequenzwelle konstant ist, kommt es zu einer Resonanzserie, wenn die Periode der Skipping-Bahn zwei, drei oder mehreren Perioden der Hochfrequenzwelle entspricht. Diese Resonanzen auf den Skipping-Bahnen werden als Oszillationen der Oberflächenimpedanz der Mikrowellen gemessen (Abb. 10.3a). Abb. 10.3b zeigt die Überlagerung von zwei Resonanzen mit unterschiedlichen Perioden.

Das Resonanzspektrum der Skipping-Bahnen an der Oberfläche von Wismuteinkristallen wird in der Monographie *Elektronen im Kristall* ausführlich diskutiert. Mit der Erklärung der magnetischen Oberflächenzustände durch Skipping-Bahnen wurde der Randstrom entdeckt, der zum Randkanalmodell des Quanten-Hall-Effekts führte.

10.2 Der Quanten-Hall-Effekt

Der Quanten-Hall-Effekt des zweidimensionalen Elektronen Gases (2DEG) wurde in Kap. 8 als Bewegung der Elektronen auf Skipping-Bahnen beschrieben (Abb. 8.4). Dabei wurde auch auf die Quantelung der zweidimensionalen Ladungsträger in der Inversionsschicht von MOSFETs und Heterostrukturen wie z. B. GaAlAs/GaAs in elektrischen Subbändern sowie auf die Aufspaltung dieser Bänder in Landau-Niveaus eingegangen. Der Quanten-Hall-Zustand tritt auf, wenn sich ein zweidimensionales Elektronengas in der Inversionsschicht eines Halbleiters bei sehr tiefen Temperaturen in einem sehr starken Magnetfeld befindet. In Abb. 10.4 ist der experimentelle Aufbau einer Quanten-Hall-Struktur dargestellt.

Die Inversionsschicht bildet einen Potenzialtopf mit elektronischen Quantenniveaus. Diese Niveaus werden durch das Magnetfeld *zusätzlich* in Landau-Niveaus quantisiert. Wenn die Fermi-Energie mit einem der Landau-Niveaus zusammenfällt, sind die Elektronen frei beweglich. Wenn sich die Fermi-Energie zwischen den Landau-Niveaus befindet, sind die Elektronen lokalisiert.

Die Besetzung der Landau-Niveaus mit Elektronen kann experimentell mit zwei unterschiedlichen Methoden geändert werden. Die erste Möglichkeit die Erhöhung des Magnetfeldes. Wenn das Magnetfeld erhöht wird, wird der Abstand zwischen den Landau-Niveaus größer (Abb. 10.2b), wobei sich das oberste, gefüllte Landau-Niveau über die Fermi-Energie schieben kann und die Elektronen

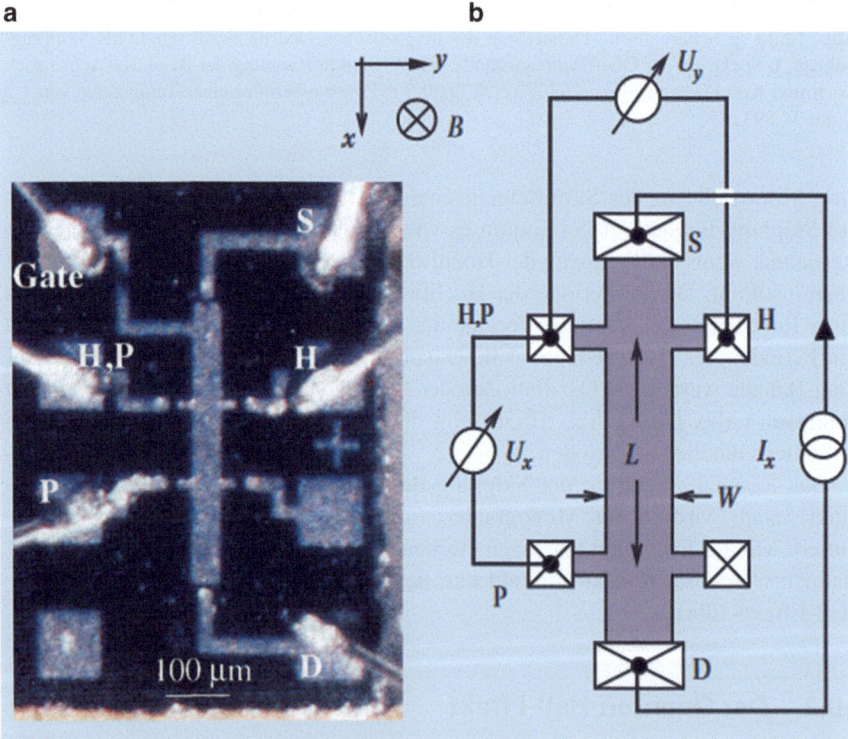

Abb. 10.4 Die MOS-Quanten-Hall-Struktur aus der Arbeit „25 Jahre Quanten-Hall-Effekt" von Klaus von Klitzing et al. [16]. **a** Reale Quanten-Hall-Struktur der Breite 100 μm mit den Stromkontakten Sources (S) und Drain (D), den Hall-Kontakten H, H und den Kontakten für die longitudinale Spannung P, P (in Draufsicht). **b** Struktur mit den Abmessungen der Länge L und der Breite W. Die Bezeichnung ist wie die in **a** mit den Kontakten S und D für die Stromquelle I_x, P, P für die longitudinale Spannung sowie H, H für die Hall-Spannung U_y. Das Magnetfeld steht senkrecht auf der Oberfläche der Struktur (© Ernst & Sohn GmbH. Reproduced with permission)

10.2 Der Quanten-Hall-Effekt

in das Landau-Niveau darunterfallen. Die zweite Möglichkeit ist die Änderung der Gate-Spannung an der MOS-Struktur, die die Elektronen in der Inversionsschicht kontrolliert. Bei Erhöhung der Gate-Spannung wird die Zahl der Elektronen erhöht, sodass weitere Landau-Niveaus aufgefüllt werden können. Entsprechend wird bei Erniedrigung der Gate-Spannung die Zahl der Elektronen verringert, wodurch sich Landau-Niveaus entleeren.

Eine sehr wichtige Eigenschaft der Landau-Niveaus ist ihr Verhalten am Rand der Proben. Wie in Abb. 10.5 dargestellt, ist das elektrische Potenzial an den Rändern der Probe in der Inversionsschicht nach oben gebogen, und entsprechend verhalten sich auch die Landau-Niveaus. Sie kreuzen am Rand die Fermi-Energie. An diesen Kreuzungsstellen entstehen Oberflächenzustände, die Randkanäle bilden.

Wenn ein Landau-Niveau mit der Fermi-Energie zusammenfällt, können sich die Elektronen in den Randkanälen frei bewegen. Im Inneren der Inversionsschicht werden die Elektronen durch das Magnetfeld auf geschlossene Zyklotronbahnen gezwungen (Abb. 10.6a) wodurch sie dort lokalisiert sind und nicht zum Transport beitragen.

In den Randtransportkanälen können die Elektronen jedoch keine vollständige Kreisbahn durchlaufen. Sie bewegen sich durch Reflexion an der inneren Oberfläche auf den Skipping-Bahnen. Der Ladungstransport erfolgt somit in einem Randkanal (Abb. 10.6a), der durch Oberflächenzustände gebildet wird, die zwischen Leitungs- und Valenzband liegen (Abb. 10.6b, rot).

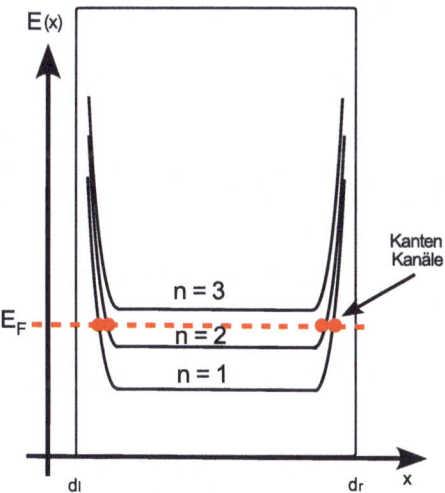

Abb. 10.5 In einer Quanten-Hall-Struktur sind die Landau-Niveaus an den Rändern der Probe (d_l und d_r) nach oben gebogenen. Dadurch liegen die Landau-Niveaus an den Rändern eng zusammen und bilden an der Fermi-Energie die rot gekennzeichneten Transportkanäle. Da die Transportkanäle topologisch geschützt sind und Rückstreuung der Elektronen kaum möglich ist, entsteht trotz geringer Ladungsträgerkonzentrationen eine sehr hohe, fast widerstandslose Leitfähigkeit in den Kanälen

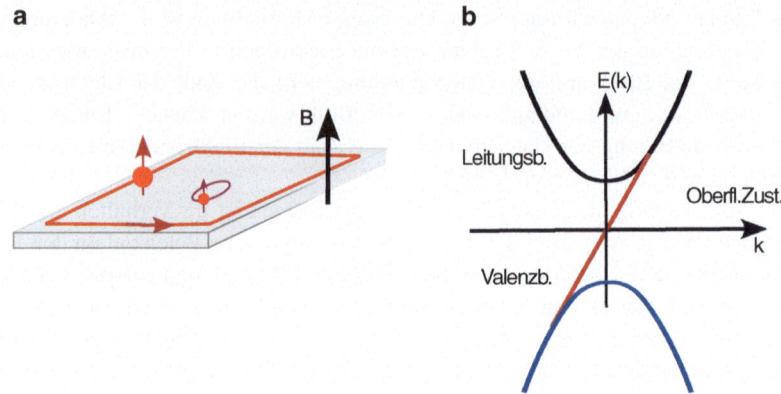

Abb. 10.6a Der Randstrom des Quanten-Hall-Effekts in den Oberflächenzuständen im zweidimensionalen Elektronengas. **b** In der Bandstruktur liegen die Oberflächenzustände (rot) in der Energielücke zwischen Leitungsband und Valenzband

Wie bereits festgestellt, werden die eigentlich δ-förmigen Landau-Niveaus an ihren Rändern aufgrund von Streuprozessen an Kristalldefekten und Verunreinigungen verbreitert (Abb. 10.2b). Die Elektronen in diesen Störstellen sind lokalisiert und nehmen nicht am Ladungstransport teil.

Infolge der lokalisierten Zustände zwischen den Landau-Niveaus bleibt der Hall-Widerstand R_{xy} konstant, wenn sich die Fermi-Energie zwischen den Landau-Niveaus befindet, was durch die kleine Kugel in Abb. 10.7a angedeutet ist.

Mit der Vergrößerung des Magnetfeldes vergrößert sich der Abstand der Landau-Niveaus $\hbar\omega_c = \hbar eB/m^*$. Die lokalisierten Randzustände des zweiten oberen Landau-Niveaus in Abb. 10.7a bewegen sich über die Fermi-Energie, und es folgen die lokalisierten Zustände zwischen den Landau-Niveaus. Da in den lokalisierten Zuständen kein Strom fließen kann, durchläuft der zugehörige Hall-Widerstand R_{xy}, in Abb. 10.7b mit dem blauen Punkt gekennzeichnet, das dritte Hall-Plateau, bis das Landau-Niveau die Fermi-Energie erreicht, die Ladungsträger frei beweglich sind und zwischen den Plateaus Shubnikow-de-Haas-Oszillationen R_{xx} entstehen. Bei weiterer Erhöhung des Magnetfeldes entleert sich das Landau-Niveau, wodurch sich die Zahl der besetzten Niveaus und damit j verringert und der Widerstand

$$R_{xy} = \left(\frac{1}{j}\right) R_K = \frac{h}{je^2} \qquad (10.3)$$

(mit j = ..., 3, 2, 1) ansteigt, bis das letzte Plateau mit j = 1 bei $R_{xy} = R_K = h/e^2$ erreicht ist. Die Zunahme des Hall-Widerstands mit dem Magnetfeld erfolgt zwischen den Hall-Plateaus nach der Beziehung (8.2) mit einem ganzzahligen Bruchteil der Von-Klitzing-Konstante R_K.

Diese Quanten-Hall-Struktur stellt unter den Festkörpern eine neue, durch ein starkes Magnetfeld erzeugte quantenmechanische Phase dar, die zwischen den

10.2 Der Quanten-Hall-Effekt

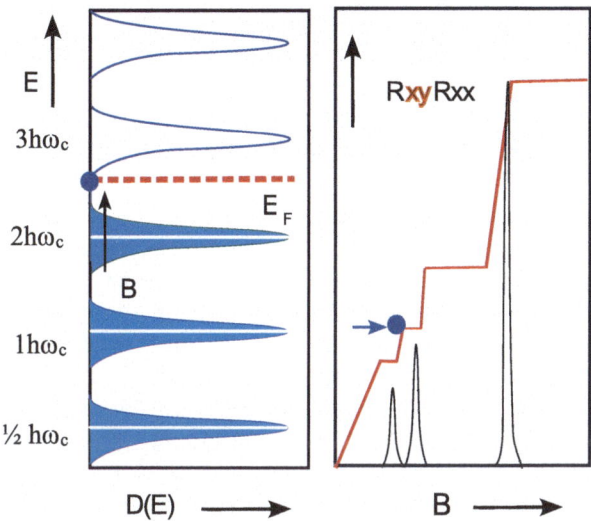

Abb. 10.7 **a** Zustandsdichte der Elektronen in den Landau-Niveaus in Abhängigkeit von der Lage der Fermi-Energie. **b** Verhalten des longitudinalen R_{xx} und des Hall-Widerstands R_{xy} in Bezug auf die Bewegung der Landau-Niveaus im Magnetfeld in **a**

Shubnikow-de-Haas-Oszillationen konstante Hall-Plateaus bildet, die durch die Von-Klitzing-Konstante $R_K = h/e^2$ bestimmt werden.

Die Übergänge zwischen den Plateaus hängen mit quantenmechanischen Phasenübergängen zusammen. Wenn Phasen der Materie, wie bereits festgestellt, üblicherweise nach Landau und Ginsburg durch ihre Symmetriebrechung charakterisiert werden, ist der Quanten-Hall-Effekt eine völlig neuartige Form der Materie, die sich nicht durch Symmetriebrechung beschreiben lässt und sich von allen bisher bekannten Zuständen unterscheidet. Die Robustheit und extrem präzise Quantisierung, die trotz Unordnung und Störstellen im Festkörper eine Genauigkeit von 10^{-9} besitzt, beruhen auf der Topologie der Energiebandstruktur des zweidimensionalen Elektronengases in der Inversionsschicht der Hall-Struktur und wird durch eine topologische Invariante, die Chern-Zahl χ, die die energetischen Zustände der Elektronen in der Inversionsschicht charakterisiert, bestimmt. Nach Thouless, Kohmoto, Nightingale und den Nijs [2] stellt die Chern-Zahl für den integralen Quanten-Hall-Effekt einen direkten Zusammenhang zwischen der Topologie und der elektronischen Bandstruktur her und legt die Hall-Leitfähigkeit fest.

Die Chern-Zahl entspricht in ihrer geometrischen Bedeutung dem Satz von Gauß-Bonnet, der die Energieflächen in der Brillouin-Zone von Festkörpern charakterisiert und besagt, dass das Integral über der Krümmung einer geschlossenen Fläche durch die Anzahl der Löcher gegeben ist, die der Körper besitzt, den die Fläche umschließt. Ihr Wert hängt nicht von der genauen Geometrie der Fläche ab, solange die Anzahl der Löcher bei einer stetigen Deformation gleich bleibt. Analog leitet sich die Chern-Zahl aus der Zahl besetzter Landau-Niveaus ab.

Das Magnetfeld verändert beim Quanten-Hall-Effekt die Bloch-Wellenfunktionen der Elektronen, wodurch eine magnetische Brillouin-Zone entsteht [17].

10.3 Grundlagen der Topologie der Bandstruktur

Die topologischen Isolatoren enthalten in einem Potenzialtopf ein zweidimensionales Elektronengas in einer Inversionsschicht, wobei der Potenzialtopf aus einem Isolator und einem Metall oder aus zwei Isolatoren mit unterschiedlichen Energielücken gebildet wird. Dies geschieht in ähnlicher Weise wie bei einem Feldeffekttransistor, in dem in einem p-Siliziumkristall Elektronen an die Oberfläche gezogen werden, oder in einer Heterostruktur, z. B. $Al_xGa_{1-x}As/GaAs$. In einem Magnetfeld, senkrecht zur Inversionsschicht, werden die elektrischen Energieniveaus in dem Potenzialtopf, wie beim Quanten-Hall-Effekt, in Landau-Niveaus gequantelt. Die Inversionsschichten sind Isolatoren mit einem metallischen Rand, der Oberflächenzustände bildet, die den Strom fast widerstandslos leiten. Die Randzustände in solchen Systemen sind topologisch vor Streuung geschützt. Sie können weder im Festkörper streuen, da ihre Energie in der Bandlücke liegt, noch können sie rückwärts streuen, weil rückwärts propagierende Randzustände entweder nicht existieren oder nicht an die vorwärts propagierenden Zustände gekoppelt sind.

Der Zustand der topologischen Isolatoren, der zu den topologisch geschützten Randzuständen führt, beruht auf drei physikalischen Eigenschaften: der Bandinversion im Inneren des Isolators, auf der Zeitumkehrinvarianz der Randzustände und der Spin-Bahn-Kopplung der Ladungsträger in den Randzuständen.

10.3.1 Die Bandinversion

Bei einer Bandinversion liegt das Valenzband im Inneren eines Isolators über dem Leitungsband, wie in Abb. 7.15 für die Wismut-Antimon-Legierungen mit einem Antimongehalt zwischen 4 und 23 % dargestellt ist. Im Außenraum, Vakuum oder trivialen Isolator liegt das Leitungsband immer über dem Valenzband. Dadurch wird die Bandinversion am Rand eines Isolators mit Inversion aufgehoben. Die Bänder berühren und kreuzen sich am Rand, und es entstehen metallische leitende Oberflächenzustände. Bandinversion ist wie bei den Wismut-Antimon-Legierungen entweder von vornherein vorhanden oder entsteht durch eine Veränderung der Kristallgitterstruktur. Sie kann aber auch, wie bei den topologischen Isolatoren Bi_2Se_3 oder Bi_2Te_3, durch die Spin-Bahn-Kopplung induziert werden, ohne dass ein Magnetfeld angelegt werden muss.

In Abb. 10.8 ist die Bandinversion mit der Energielücke E_g gegenüber dem Außenraum, der als Vakuum oder als trivialer topologischer Isolator, in dem das Leitungsband LB über dem Valenzband VB liegt, angesehen werden kann, dargestellt. Die invertierten Bänder kreuzen sich an der Fermi-Energie, wobei sich die

10.3 Grundlagen der Topologie der Bandstruktur

Abb. 10.8 In der Mitte der Abbildung ist die Bandinversion eines topologischen Isolators dargestellt. Auf der linken Seite schließt sich die Energielücke zum Außenraum als Vakuum mit sehr großer Energielücke, und auf der rechten Seite schließt sich die Energielücke im Kontakt mit einem trivialen Isolator an der Fermi-Energie

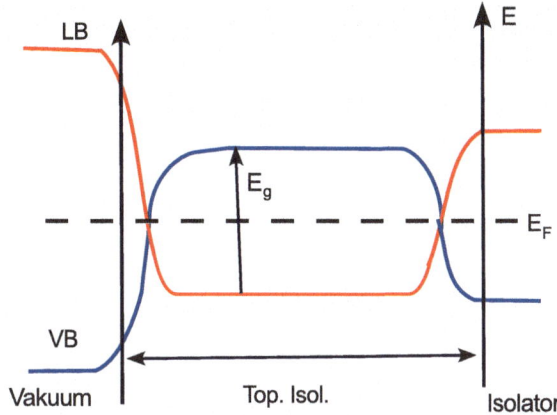

Energielücke E_g in der Oberfläche schließt und fast widerstandslose metallische leitende Schichten entstehen.

10.3.2 Die Zeitumkehrsymmetrie

Gegenüber einer Umkehrung der Zeit von t zu –t sind die meisten physikalischen Gesetze invariant oder symmetrisch. Sie laufen in beiden Richtungen gleich ab. Im übertragenen Sinne bedeutet Zeitumkehrsymmetrie für eine Umkehr der Bewegungsrichtung, dass beide Vorgänge gleichwertig sind. In schweren Atomen, in denen die Spins mit dem Drehimpuls gekoppelt sind, kehrt sich entsprechend mit der Umkehr der Bewegungsrichtung eines Elektrons aus positiver Richtung **k** in die entgegengesetzte Richtung –**k** auch der Eigendrehimpuls des Elektrons, der Spin, um. Daher folgt für die Energie der Elektronen in einem zeitumkehrsymmetrischen System:

$$E(k, \uparrow) = E(-k, \downarrow) \tag{10.4}$$

Da die Oberflächenzustände der topologischen Isolatoren zeitumkehrsymmetrisch sind, bestehen die Oberflächenzustände, die das Leitungsband mit dem Valenzband verbinden, aus zwei Bändern, die sich an k = 0 spiegeln (Abb. 10.9). Die Zustände mit Spin-up beginnen im positiven k-Bereich. Die Zustände mit Spin-down im negativen. Da eine Rückstreuung an normalen, nichtmagnetischen Störstellen nicht möglich ist, ist die Oberfläche fast ideal leitend.

10.3.3 Die Spin-Bahn-Kopplung

Die Dispersion der topologischen Oberflächenzustände ergibt sich aus der Spin-Bahn-Kopplung. Auf die Elektronen, die im elektrischen Feld des Atomkerns kreisen, wirkt ein magnetisches Feld. Aus der Sicht der Elektronen wird eine kreisende

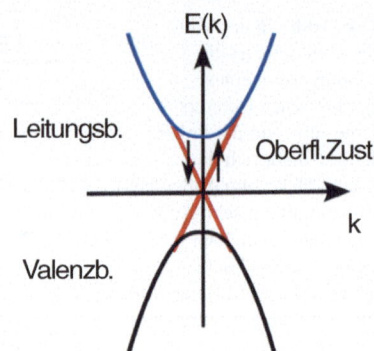

Abb. 10.9 Schematische Darstellung der sich durch die Spin-Bahn-Kopplung ergebenden Bandstruktur am Rand bzw. in der Oberfläche eines topologischen Isolators. Das Valenzband unten und das Leitungsband oben sind durch spinpolarisierte Oberflächenzustände in der Energielücke des Volumenmaterials verbunden

Bewegung des Kerns wahrgenommen, die mit dieser Rotation ein Magnetfeld parallel zum Bahndrehimpulsvektor erzeugt. In Festkörpern aus schweren Atomen wird dadurch ein starkes Magnetfeld induziert, das mit den Spins des Elektrons koppelt.

Die schweren Elemente, die dafür infrage kommen, befinden sich im Periodensystem der Elemente unten auf der rechten Seite bei den Elementen Wismut und Tellur. Durch diese Kopplung haben die Spins der Elektronen auch den gleichen Drehsinn wie die Bahndrehimpulse. Dies führt pro Kante einer Inversionsschicht zu zwei Randkanälen mit entgegengesetztem Spin. Die sich daraus ergebende Bandstruktur und die Orientierung der Spins sind in Abb. 10.10 dargestellt.

Das Potenzial, welches das Elektronengas auf zwei Dimensionen einschließt, ist asymmetrisch. Das wurde bisher in Feldeffekttransistoren und Halbleiterheterostrukturen auf der Basis von InGaAs/InAlAs bei tiefen Temperaturen auch beobachtet [18].

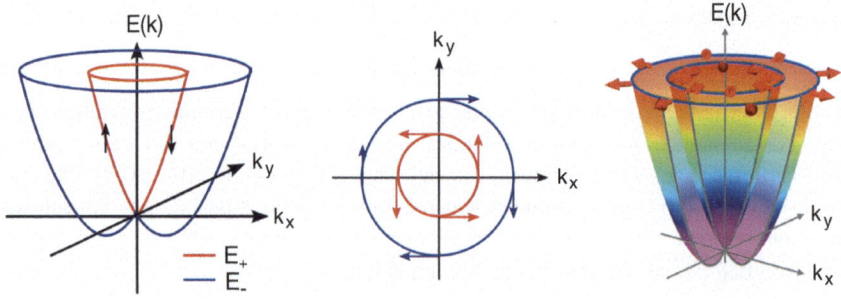

Abb. 10.10 Schematische Darstellung der Dispersion der metallischen Rand- bzw. Oberflächenzustände. **a** Durch die Rashba-Spin-Bahn-Kopplung erzeugten Energiebänder über der k_x-k_y-Ebene mit den entsprechenden Spinpolarisationen (↑, ↓). **b** Spinpolarisation senkrecht zur Oberfläche. Die Spinpolarisationen der beiden Zustände sind tangential ausgerichtet und einander entgegengesetzt. **c** Energiedispersion E(k) und eine igelförmige Spintextur eines Weyl-Knotens (Abb. 10.20) nahe der Leitungsbandkante beim H-Punkt in der Brillouin-Zone von Tellur [20]

10.3 Grundlagen der Topologie der Bandstruktur

Da der Spin des Elektrons zu seinem magnetischen Moment antiparallel ist, ergibt sich für eine Spinrichtung parallel zum Feld eine höhere Energie und für die entgegengesetzte eine niedrigere. Ein einzelnes Energieniveau wird in zwei Niveaus aufgespalten, und es gibt für die Kopplung zwei Zustände, zwischen denen die Dispersion E($\mathbf{k}$) = $\hbar^2\mathbf{k}^2/2$ m* um $\pm\alpha|\mathbf{k}|$ verschoben ist (Abb. 10.10a):

$$E^{\pm}(\mathbf{k}) = \frac{\hbar^2 \mathbf{k}^2}{2m^*} \pm \alpha_R |\mathbf{k}| \qquad (10.5)$$

Diese Verschiebung wird als Rashba-Effekt bezeichnet und die Stärke der Spin-Bahn-Kopplung α_k als Rashba-Koeffizient [19].

Der Rashba-Effekt führt zu einer wirbelartigen Spinstruktur der Oberflächenbänder, bei der der Spinvektor parallel zur Oberfläche und senkrecht zum Impuls $\hbar\mathbf{k}$ und dem induzierten Magnetfeld zeigt. In der Form

$$E_{\pm} = (\frac{\hbar^2}{2m})(k \pm \left(\frac{m}{\hbar^2}\right)\alpha_k)^2 - (\frac{m}{2\hbar^2})\alpha_k^2 \qquad (10.6)$$

besteht die Bandstruktur aus zwei um (m/$\hbar^2$)α_k gegeneinander verschobenen Dispersionskurven, wobei $\mathbf{k} = \sqrt{(k_x^2 + k_y^2)}$ ein beliebiger Vektor in der k_x-k_y-Ebene ist, sodass die Bandstruktur über der Ebene rotationssymmetrisch ist (Abb. 10.10b).

Die Spin-Bahn-Kopplung verschiebt die Bänder gegeneinander auf der k-Achse, was zu spinpolarisierten elektronischen Zuständen führt. Die Dispersionskurve ist auf der k-Achse aufgespalten und um (m/$\hbar^2$)α_k nach links (positives Vorzeichen) sowie um den gleichen Wert (negatives Vorzeichen) nach rechts verschoben, und die Energie E$_\pm$ ist um (m/2$\hbar^2$)α_k^2 nach unten verschoben. Die sich daraus ergebende Bandstruktur und die Orientierung der Spins zeigt Abb. 10.10a.

Bis zur Entdeckung der topologischen Isolatoren waren Festkörper entweder Metalle, Halbleiter oder Isolatoren. Im einfachen Bandschema von Valenz- und Leitungsband, die durch eine Energielücke getrennt sind, liegt ein Metall vor, wenn die Fermi-Energie in einem Band liegt oder sich Bänder überlappen. Liegt die Fermi-Energie in der Bandlücke, dann handelt es sich um einen Halbleiter, ist die Lücke sehr groß, dann ist das ein Isolator.

Die Entdeckung der topologischen Isolatoren hat dieses Spektrum um eine ungewöhnliche Materialklasse erweitert. Ein topologischer Isolator ist ein Isolator mit fast idealer Rand- bzw. Oberflächenleitfähigkeit, die durch die Invarianz der Zeitumkehrsymmetrie, der Bandinversion und der Spin-Bahn-Kopplung topologisch geschützt ist. Wie mit dem Namen ausgedrückt wird, werden diese Eigenschaften aufgrund von topologischen Symmetrien und Quanteneffekten im Inneren des Isolators erzeugt. Die Topologie der elektronischen Struktur bewirkt mit der Spin-Bahn-Kopplung in den Rändern bzw. den Oberflächen die Polarisation der Spins der Elektronen und ihre Kopplung an die Bewegungsrichtung der Elektronen.

10.4 Die topologischen Isolatoren

Topologische Isolatoren sind im Inneren Isolatoren mit einer metallischen, fast ohne Widerstand leitenden Oberfläche. Die Quanten-Hall-Leitfähigkeit eines zweidimensionalen Elektronengases ist bei tiefen Temperaturen im starken Magnetfeld in Stufen von e^2/h gequantelt. Wie schon festgestellt, zeigt die hohe Genauigkeit, mit der die Stufen gemessen werden, dass die zugrunde liegende Physik nicht von Details abhängt, sondern prinzipiell neue Eigenschaften aufweist. Diese neuen Eigenschaften werden von der Topologie der Energiebandstruktur E(k) im Impuls- bzw. k-Raum in Festkörpern erzeugt.

Die Grundlage dieser Topologie ist die Euler'sche Polyederformel für Körper und Flächen, die allgemein lautet:

$$E + S - K = 2 - 2g \tag{10.7}$$

Dabei sind E die Ecken, S die Flächen und K die Kanten eines Körpers oder einer Oberfläche. Die Größe g bezeichnet die Zahl der Löcher im Körper oder in der Oberfläche und bestimmt die Euler'sche Charakteristik:

$$2 - 2g = \chi, \tag{10.8}$$

mit der Chern-Zahl χ.

Die Euler'sche Charakteristik eines Körpers lässt sich mithilfe der Krümmung seiner geschlossenen Oberfläche mit dem Satz von Gauß-Bonnet berechnen. Dabei ist das Integral über die Krümmung einer geschlossenen Fläche durch die Anzahl der Löcher gegeben, die der Körper besitzt. Dieser Satz zeigt, dass die Topologie eines Körpers, und damit die Euler'sche Charakteristik, untrennbar mit seiner Geometrie, konkret der Oberflächenkrümmung, verbunden ist. Die Euler'sche Charakteristik bzw. die Chern-Zahl von Körpern mit glatten Oberflächen ohne Ecken und Kanten kann durch Zerlegen in zusammenziehbare Teile eindeutig charakterisiert werden.

Analog leitet sich die Chern-Zahl aus der Zahl der besetzten Landau-Niveaus ab. Wenn sich die Zahl der besetzten Landau-Niveaus ändert, kann ein topologischer Phasenübergang stattfinden, wodurch auch die Chern-Zahl beeinflusst werden kann [18].

10.4.1 Die Topologie

Die Entdeckung der Topologie als eine fundamentale Eigenschaft der elektronischen Struktur von Festkörpern, die in äußeren und inneren Magnetfeldern ein erstaunliches physikalisches Verhalten zeigt, machte früher nicht gekannte, die Festkörperphysik revolutionierende Materialeigenschaften bewusst, die zwar in Experimenten schon gefunden worden waren, aber nicht erklärt werden konnten und von uns als Oberflächensupraleitung betrachtet wurden. Auch wurden diese Effekte durch die benutzten Untersuchungsmethoden teilweise verdeckt, denn

10.4 Die topologischen Isolatoren

beim Einsatz der von uns benutzten Radiofrequenzstrahlung und Mikrowellen stand von vornherein die Oberfläche von Metallen und Halbmetallen durch den Skin-Effekt im Vordergrund. Dabei wurde, wie in Kap. 7 dargestellt, die hohe Leitfähigkeit von Tellur als Oberflächensupraleitung hingenommen, ohne eine Erklärung dafür zu haben.

Die Wirkung der Topologie der Energiezustände in der Brillouin-Zone der Oberfläche wurde mit dem Quanten-Hall-Effekt zuerst im zweidimensionalen Elektronengas des Quanten-Hall-Effekts gefunden, zeigte sich dann aber auch bei dreidimensionalen Festkörpern, wobei die Wismut-Antimon-Legierungen immer besondere Aufmerksamkeit fanden.

Diese Energiezustände werden im Magnetfeld in Landau-Niveaus gequantelt und unterliegen bei Änderung des Magnetfeldes durch Wechselwirkung mit der Fermi-Energie quantenmechanischen Phasenübergängen, die zu den Plateaus im Quanten-Hall-Effekt und zu den Spinströmen im Quanten-Spin-Hall-Effekt führen (Abschn. 10.4.2). Diese topologischen Phasen in den metallischen Oberflächen und Randzuständen mit ihren besonderen Eigenschaften sind durch die Bandinversion, die Spin-Bahn-Kopplung und die Zeitumkehrsymmetrie geschützt.

Topologie ist ein Teilgebiet der Mathematik, das sich mit den grundlegenden Eigenschaften von Strukturen beschäftigt, die unter stetigen Verformungen erhalten bleiben. Hier soll nur auf einige Eigenschaften der Topologie eingegangen werden, um den Hintergrund der topologischen Isolatoren etwas zu verdeutlichen.

So wird das topologische Verhalten von Festkörpern durch die Euler'sche Charakteristik (10.8) bestimmt, die den Zusammenhang zwischen der Zahl der Löcher g in einem Objekt und der Chern-Zahl χ herstellt. Körper mit gleicher Euler'scher Charakteristik haben die gleiche Topologie und sind damit homöomorph (gleichgestaltig) und können stetig ineinander überführt werden. Eine Kugel topologisch betrachtet ist etwa dasselbe wie eine Schale, da die Kugel nur eingedrückt werden muss, um eine Schale zu erhalten, ohne dabei die Zahl der Löcher, $g=0$, zu ändern. Eine Tasse mit einem Henkel, die topologisch in einen Torus verformt werden kann, unterscheidet sich dagegen von einer Schale grundlegend, da ihr Henkel, wie der Torus, ein Loch in der Struktur hat, das in einer Schale nicht vorhanden ist (Abb. 10.11).

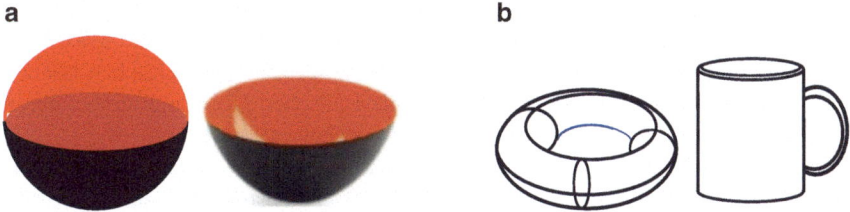

Abb. 10.11a **a** Eine Kugel ohne Loch ($g=0$) kann durch Eindrücken, ohne dass sich die Topologie ändert, in eine Schale umgewandelt werden. **b** Eine Tasse mit einem Loch im Henkel ($g=1$) kann in einen Torus umgewandelt werden. Dadurch unterscheiden sich die Topologie beider geometrischer Formen und ihre Chern-Zahlen

Wie in Abschn. 10.2 festgestellt, stellt die topologische Invariante, die Chern-Zahl χ, für den integralen Quanten-Hall-Effekt einen direkten Zusammenhang zwischen der Topologie und der elektronischen Bandstruktur her und legt die Hall-Leitfähigkeit

$$\sigma_{xy} = \chi \frac{e^2}{h} \tag{10.9}$$

fest. Sie ist eine ganze Zahl, deren Berechnung nicht von experimentellen Details der Probe, sondern nur von der Energiebandstruktur im Magnetfeld abhängt. Sie entspricht in ihrer geometrischen Bedeutung dem Satz von Gauß-Bonnet.

Der Satz von Gauß-Bonnet behandelt das Zusammenspiel zwischen der geometrischen Phase γ und der globalen Topologie von Flächen und besagt, dass das Integral der Krümmung über die gesamte Fläche S durch die Anzahl der Löcher g gegeben ist, die der die Fläche umschließende Körper besitz, sodass die geometrische Phase γ und die Chern-Zahl lauten:

$$\gamma = 2\pi \chi = \oint \boldsymbol{K} d\boldsymbol{A} \tag{10.10}$$

$$\chi = \frac{1}{2\pi} \oint \boldsymbol{K} d\boldsymbol{A} = 2 - 2g \tag{10.11}$$

Dabei wird g die Zahl der Löcher als Geschlecht bezeichnet. **K** ist die Flächenkrümmung und d**A** das Flächenelement. Dieses Integral ist die geometrische Phase

$$\gamma = 2\pi(2 - 2g), \tag{10.12}$$

die für eine abgeschlossene Fläche, unabhängig von ihrer genauen Form, durch die Euler'sche Charakteristik χ bestimmt wird.

Die Euler'sche Charakteristik gilt in der Form (10.8) für Flächen, die orientierbar sind. Nach dieser Beziehung ist für eine Kugel mit g=0 die Chern-Zahl χ=2. Für einen Torus ist g=1 und χ=0.

Für nichtorientierbare Flächen wie das Möbiusband [21] gilt hingegen die Gleichung χ=2 − g, wodurch sich für das Möbiusband die Chern-Zahl χ=1 ergibt (Abb. 10.12).

Bei einem Umlauf der Flächennormale um die Zylinderoberfläche von 360° kehrt diese in ihren Ausgangszustand zurück. Bei einem Umlauf auf dem Möbiusband dreht sich die Flächennormale um 180°. Erst nach zwei Umläufen wird der Ausgangszustand wieder erreicht. Mit Möbius-Nanostreifen aus Graphen können magnetische topologische Materialien mit magnetischen Übergangstemperaturen oberhalb der Raumtemperatur hergestellt werden [22].

Die geometrische Phase γ kann auf einer geschossenen Fläche durch eine Parallelverschiebung eines Vektors auf der Oberfläche bestimmt werden, zum Beispiel, indem ein Vektor auf einer Kugel vom Äquator zu einem Pol bewegt wird, dann seitlich wieder zurück zum Äquator und auf diesem bis zum Ausgangspunkt (Abb. 10.13). Bei diesem Umlauf ändert sich seine Phase um 90°. Sie wird als Berry-Phase bezeichnet [23]. Über alle acht Teilflächen der Kugel ergibt sich

10.4 Die topologischen Isolatoren 225

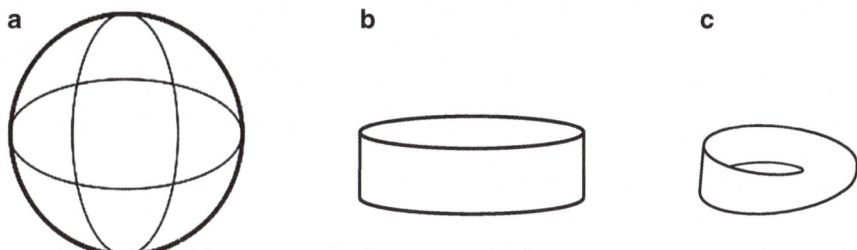

Abb. 10.12 a Eine Kugel hat die Chern-Zahl $\chi = 2$. b Ein Zylindermantel mit zwei Rändern hat wie ein Torus die Chern-Zahl $\chi = 0$. c Das Möbiusband als nichtorientierbare Fläche mit nur einem Rand hat die Chern-Zahl $\chi = 1$

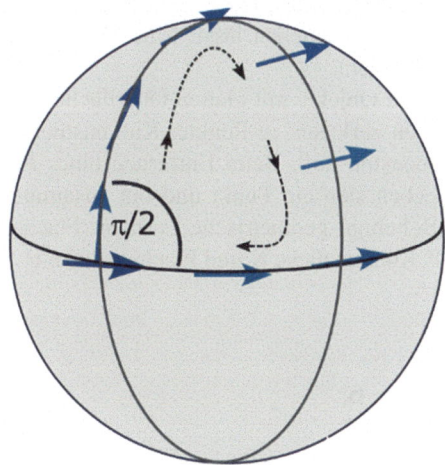

Abb. 10.13 Parallelverschiebung eines Vektors auf einer Kugel um ein Achtel der Kugelfläche vom Äquator zum Pol, seitlich zum Äquator zurück und auf dem Äquator zurück zum Ausgangspunkt. Dabei dreht sich der Vektor um die Phase 90° bzw. $\pi/2$

eine Phase von $\gamma = 360°$ bzw. 4π. Daraus folgt mit Gl. (10.7) für die Chern-Zahl $\chi = \gamma/2\pi = 2$.

Die Chern-Zahl χ leitet sich analog aus der Zahl besetzter Landau-Niveaus ab und lässt sich nicht durch stetige Veränderung des Hamilton-Operators ändern, wodurch der Quanten-Hall-Effekt und die topologischen Isolatoren in ihrer Struktur so robust sind. Ändert sich aber die Anzahl besetzter Landau-Niveaus, kann ein topologischer Phasenübergang stattfinden, der die Chern-Zahl modifiziert.

Für die Topologie beliebiger geometrischer Formen, Flächen F oder Körper V, ergibt sich nach der Euler'schen Polyederformel (10.7) und der Euler'schen Charakteristik (10.8) die Chern-Zahl χ als Summe der Ecken E plus der zusammenziehbaren Flächen F minus der Kanten K zu

$$\chi = EckenE - KantenK + FlächenF \qquad (10.13)$$

Damit folgt für pythagoreische Körper, die sich aus der Verformung einer Kugel ergeben, wie den Würfel, oder $\chi = 8-12+6 = 2$, dem Pentagondodekaeder $\chi = 20-30+12 = 2$.

Die Werte für diese Zahl ergeben sich auch für die unterschiedlichsten Formen, wenn sie in zusammenziehbare Objekte zerlegt werden. Dabei ist ein Objekt zusammenziehbar, wenn es bis auf einen Punkt verkleinert werden kann. Die Lage eines Punktes kann dabei auf einer Kurve durch den Abstand vom Nullpunkt bestimmt werden.

Geschlossene Kurven sind nicht zusammenziehbar. Um eine geschlossene Kurve auf einen Punkt zusammenzuziehen, muss man sie zerschneiden. Um eine Hohlkugel auf einen Punkt zusammenzuziehen, muss sie ein Loch bekommen, denn mit einem Loch kann die Hohlkugel in eine Scheibe verformt werden, die sich auf einen Punkt zusammenziehen lässt. Eine Volumenkugel ist zusammenziehbar, ein Volumentorus nicht.

Jedoch lassen sich auch Objekte mit glatten Oberflächen in jeder Dimension in zusammenziehbare Zellen zerlegen: in Punkte, Kurvenstücke und Flächenstücke. Der Punkt hat die Dimension null. Beim Entfernen eines Punktes aus einer geschlossenen Kurve ergeben sich ein Punkt und ein zusammenziehbares Kurvenstück (Abb. 10.14a). Beliebige geometrische Formen, Flächen F oder Körper V lassen sich in Punkte P, Kurvenstücke K und Flächenstücke F zerlegen, sodass sich die Chern-Zahl χ mit

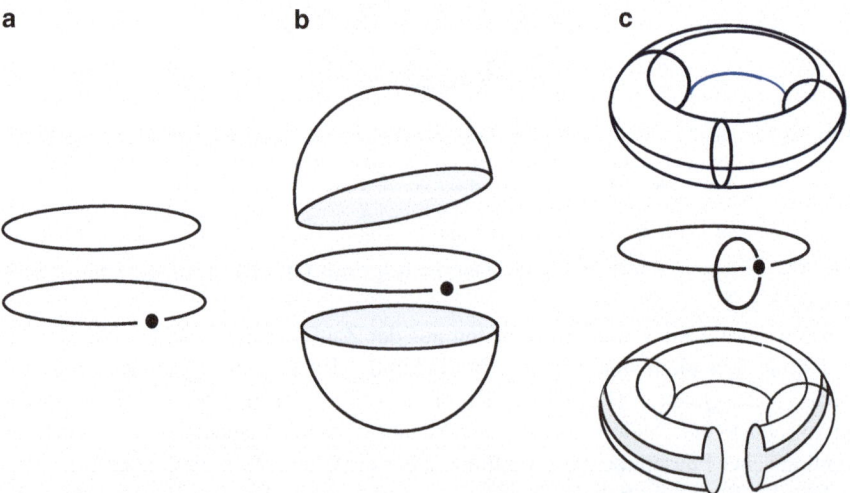

Abb. 10.14 **a** Zerlegung einer geschlossenen Kurve in einen Punkt und eine zusammenziehbare Kurve. **b** Zerlegung einer Kugel in einen Punkt, eine zusammenziehbare Kurve und zwei Flächen. **c** Zerlegung eines Torus in einen Punkt, zwei zusammenziehbare Kurven und eine Fläche [24]

10.4 Die topologischen Isolatoren

$$\chi = PunkteP - KurvenstückeK + FlächenstückeF \quad (10.14)$$

ergibt.

So lässt sich eine Kugel (Abb. 10.14b) in zwei Kugelkalotten (F = 2) und ein Kurvenstück (K = 1), das durch einen Punkt (P = 1) getrennt ist, zerlegen, mit dem Ergebnis $\chi = 2$. Bei einem Torus (Abb. 10.14c) geht das mit einem Punkt und zwei Kurvenstücken und einem Flächenstück, die zusammen $\chi = 0$ ergeben.

Die hier dargestellten topologischen Eigenschaften gelten auch für zwei- und dreidimensionale quantenmechanische Systeme. Dies bedeutet für die Energiebandstrukturen von Festkörpern, dass unter bestimmten Bedingungen auch topologisch aktive elektronische Strukturen wirksam werden. Daraus ergab sich die Erkenntnis, dass der Quanten-Hall-Effekt eine neue Festkörperphase darstellt, die sich nicht durch eine Symmetriebrechung ergibt, sondern durch die Topologie ihrer elektronischen Struktur, solange die Zeitumkehrinvarianz erhalten bleibt.

10.4.2 Der Quanten-Spin-Hall-Effekt

Auf der Grundlage der Arbeiten von F. D. M. Haldane [25] zum Graphen sowie von Bernevig und Zhang [26] wurde von Kane und Mele 2005 [4] ein Quanten-Spin-Hall-Effekt (QSHE) vorhergesagt, der im Unterschied zum Quanten-Hall-Effekt ohne ein äußeres Magnetfeld auskommt [27].

Voraussetzung für die Existenz eines nichttrivialen topologischen Isolators ist, wie schon in der Einleitung dieses Kapitels festgestellt, dass eine Bandinversion im Inneren des Isolators vorliegt. Diese Bandinversion wird am Rand des topologischen Isolators in Kontakt zu einem normalen Isolator oder zum isolierenden Außenraum aufgehoben, und die Bandlücke verschwindet am Rand des topologischen Isolators in einem metallischen Zustand (Abb. 10.8).

Ein Quanten-Hall-Effekt ohne ein äußeres Magnetfeld wurde von Kane und Mele in einem 2-D-Modell von Graphen mit Spin-Bahn-Kopplung vorhergesagt. Die Spin-Bahn-Kopplung in Graphen ist dafür jedoch nicht stark genug.

Wenn neben der Bandinversion Zeitumkehrsymmetrie und eine starke Spin-Bahn-Kopplung wirken, dann ist das Material ein nichttrivialer topologischen Isolator. Spin-Bahn-Kopplung vorausgesetzt, bedeutet die Zeitumkehrsymmetrie nach Gl. (10.4), dass bei Umkehr des Bahndrehimpulses und damit der Bewegungsrichtung eines Elektrons von **k** nach −**k** auch der Spin umklappen muss. Da nach dem Kramers-Theorem jeder Zustand eines zeitumkehrinvarianten Systems mindestens zweifach entartet sein muss und das auch der Fall ist, besitzen die Elektronen in beiden Spinorientierungen (Spin-up und Spin-down) die gleiche Energie.

Die Zeitumkehrsymmetrie in den Oberflächen der topologischen Isolatoren erzeugt so den Schutz gegen Streuungen an Störstelle und Verunreinigungen.

Als Bernevig und Zhang erkannten, dass HgTe-Quantentöpfe die vom Kane-Mele-Modell geforderten Bedingungen für topologisches Verhalten erfüllen, kamen sie auf die Idee, Quantentopfstrukturen aus HgTe, und damit aus den schweren Elementen Hg und Te, mit starker Spin-Bahn-Wechselwirkung als einen potenziellen topologischen Isolator zu untersuchen.

Die Herstellung derartiger Telluride als potenzielle topologische Isolatoren und Messungen der winkelaufgelösten Photoemission führten 2007 zum ersten experimentellen Nachweis der Existenz der Quanten-Spin-Hall-Isolator-Phase in HgTe-Quantentöpfen durch die Gruppe um Molenkamp in Würzburg [28].

Die Gruppe um Hasan fand 2008 [29] Quanten-Hall-artige Effekte in einer Wismut-Antimon-Legierung, ohne dass ein externes Magnetfeld angelegt werden musste. Diese Wismut-Antimon-Legierungen sind typische Beispiele für topologische Isolatoren. Die Spinströme konnten jedoch nur indirekt mit der Synchrotron-Photoelektronenspektroskopie gemessen werden [30].

Die Spin-Bahn-Kopplung in den schweren Elementen erzeugt ohne ein äußeres Magnetfeld für eine Hälfte der Elektronen Spin-up-Polarisation und für die andere Hälfte Spin-down-Polarisation, wobei sich aber die durch die Spin-Bahn-Kopplung entstehenden, gegeneinander gerichteten Magnetfelder nach außen kompensieren. Anschaulich ist das eine Überlagerung von zwei Quanten-Hall-Strukturen, die zwei Oberflächenströme hervorrufen, die in entgegengesetzter Richtung fließen. Dieser Zustand wird als Quanten-Spin-Hall-Effekt bezeichnet [18]. Das ist in Abb. 10.15 dargestellt.

In der oberen Hall-Struktur in Abb. 10.15, die die Überlagerung von zwei Quanten-Hall-Systemen zeigt, ist das Magnetfeld im oberen Teil nach oben und im unteren Teil nach unten gerichtet. In dem resultierenden System kompensieren sich die beiden Magnetfelder, und die Randkanalströme beider Quanten-Hall-Systeme ergeben zwei entgegengerichtete, widerstandslose Ströme mit entgegengerichteter Spinpolarisation. Im Unterschied zum Quanten-Hall-Effekt benötigen die Quanten-Spin-Hall-Zustände kein Magnetfeld, da die Magnetfelder durch innere Felder erzeugt werden. Diese inneren Magnetfelder wurden 1974 von uns an der Humboldt-Universität entdeckt und werden in Abschn. 11.6 und 11.7 diskutiert.

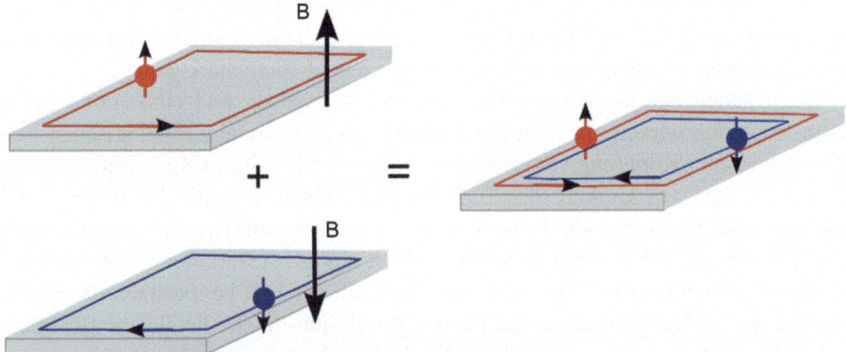

Abb. 10.15 Quanten-Spin-Hall-Effekt (QSHE). Die Überlagerung von zwei Quanten-Hall-Systemen mit entgegengesetzten Magnetfeldrichtungen, mit gegeneinander gerichteten Randkanalströmen und entgegengerichteter Spinpolarisation ergeben eine Quanten-Spin-Hall-Phase. (Adaptiert nach Murakami [31])

10.4 Die topologischen Isolatoren 229

Die Quanten-Spin-Hall-Zustände sind zeitumkehrsymmetrieinvariant, und die Spinströme fließen ohne äußere Einwirkung aufgrund der inneren Struktur des Materials, selbst bei leichten Verunreinigungen. In diesen Materialien ist die Spin-Bahn-Kopplung stark genug, um ohne Magnetfeld die Quanten-Spin-Hall-Phase zu erzeugen. Daher ist es naheliegend, dass sich einige Materialien in der Natur ohne jegliche Einwirkung in der Quanten-Spin-Hall-Phase befinden.

Aufgrund der in Abschn. 10.4.1 angesprochenen topologischen Eigenschaften der Energiebandstruktur haben die Quanten-Spin-Hall-Systeme am Rand lückenlose Oberflächenzustände, die topologisch geschützt und immun gegen geringe Verunreinigungen oder Gitterstörungen sind. Im Unterschied zum Quanten-Hall-Effekt benötigt der Quanten-Spin-Hall-Effekt auch kein Magnetfeld, das die Zeitumkehrsymmetrie bricht, denn die Quanten-Spin-Hall-Zustände sind zeitumkehrsymmetrieinvariant, und die Spinströme fließen ohne äußere Einwirkung aufgrund der inneren Struktur des Materials.

10.4.3 Spinströme

Beim klassischen Spin-Hall-Effekt werden die Elektronen durch ein Magnetfeld in Abhängigkeit ihrer Spinorientierung quer zum Strom in entgegengesetzten Richtungen abgelenkt, sodass an gegenüberliegenden Seiten die Spins entgegengesetzt polarisiert sind.

Beim Quanten-Spin-Hall-Effekt fließt ein Spinstrom in dem durch den Drehimpuls verursachten Magnetfeld, ohne dass sich ein elektrisches Feld aufbaut. Die Spinaufteilung erfolgt allein aufgrund der Spin-Bahn-Kopplung der Elektronen. Der Spinstrom

$$j = \sigma_{sH} E_{xx} \qquad (10.15)$$

ist proportional zum longitudinalen elektrischen Feld E_{xx}, wobei σ_{sH} die Spinleitfähigkeit ist.

Der Quanten-Spin-Hall-Effekt ist die Umwandlung eines unpolarisierten Ladungsstromes in einen reinen Spinstrom, d. h. in einen Nettospinstrom ohne Ladungsfluss.

Dieses Ergebnis wurde von der Gruppe um Zhaid Hasan [29] an Wismut-Antimon-Kristallen herausgefunden. Die daraus resultierenden Spinströme wurden erst nur mit Synchrotron-Photoelektronenspektroskopie indirekt gemessen. Durch die bevorzugte Ausrichtung der Spins beim Quanten-Spin-Hall-Effekt treten durch die Asymmetrie der Spinverteilung zwei effektive Spinströme auf. Nach der theoretischen Klärung der Spinströme ist es Wissenschaftlern der Princeton University und der Universität Zürich mit dem Quanten-Spin-Hall-Effekt an der Schweizerischen Synchrotronstrahlungsquelle am Paul Scherrer Institut gelungen, die fließenden Spins nachzuweisen [30]. In einem spinauflösenden Photoelektronenspektrometer konnten erstmals zwei gegeneinander laufende Spinströme an der Oberfläche einer Wismut-Antimon-Legierung gemessen werden, die ohne Energiezufuhr existieren [29].

Obwohl die Elektronen neben der elektrischen Ladung auch mit dem Spin ein magnetisches Moment haben, mitteln sich die Spinmomente in normalen Festkörpern durch Kompensation statistisch heraus. Dagegen sind die Spins der Ströme in den beiden Randkanälen des Quanten-Spin-Hall-Effekts, mit entgegengesetzten Stromrichtungen, wie Abb. 10.16 zeigt, auch entgegengesetzt polarisiert.

Da Rückwärtsstreuung verhindert wird, treten keine Verluste auf, selbst wenn das Material Unregelmäßigkeiten aufweist. Die Ursache dieses erstaunlich robusten Oberflächenphänomens ist, wie schon mehrmals betont, wie beim Quanten-Hall-Effekt die Topologie der elektronischen Struktur. Da die Spinströme elektrisch beeinflusst werden können, der Strom der Elektronen jedoch kompensiert und dadurch der Energieverbrauch minimiert wird, könnten sie für die Spintronik – eine Elektronik, die die Spinmomente der Elektronen nutzt – sehr wichtig werden, denn die Spintronik wäre eine Technologie, in der die Spinströme fast ohne elektrischen Widerstand fließen. Sie ermöglicht dann eine elektrische Steuerung von schnellen Spinströmen ohne Ladungstransport und damit fast ohne Energieverbrauch. Das wäre für die menschliche Gesellschaft, die immer größere Energiemengen für die Digitalisierung einsetzt, auch dringend notwendig.

Wie schon festgestellt, gelang 2009 einem internationalen Team vom Forschungszentrum Jülich die direkte Messung von Spinströmen in BiSb-Legierungen [30]. Die Spinströme fließen ohne äußeren Einfluss aufgrund der inneren Struktur des Materials.

Die Temperatur, bei der diese Topologie in Erscheinung tritt, hängt von der Energielücke der topologischen Isolatoren ab. Da schon topologische Isolatoren mit einer Energielücke von 0,8 eV und größer beobachtet wurden [32], ist zu vermuten, dass entsprechende topologische Strukturen nicht nur bei tiefen Temperaturen, sondern auch bei Zimmertemperatur realisiert werden können.

Neben dem Quanten-Spin-Hall-Effekt, der durch einen Strom längs der Probe entsteht, wird beim Quanten-Spin-Nernst-Effekt ein Spinstrom mit einem Wärmegradienten längs der Probe durch eine Magnon-Phonon-Wechselwirkung erzeugt [33]. Diese Erscheinung zeigt, dass der quantenmechanische Quanten-Spin-Nernst-Effekt nicht nur auf das zweidimensionalen Elektronengas wirkt, sondern auch Spinströme erzeugen kann.

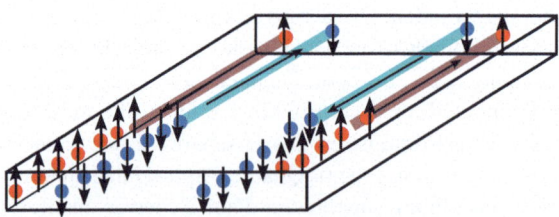

Abb. 10.16 Schematische Darstellung von zwei gegeneinander laufenden Spinströmen (rot und blau) am Rand der Inversionsschicht eines zweidimensionalen topologischen Quanten-Spin-Isolators. Die Spinströme werden durch die Spin-Bahn-Kopplung erzeugt, wobei sich die Magnetfelder und die Ladungsströme kompensieren

10.4.4 Die Dirac-Halbmetalle

Der Ansatz von D. J. Thouless, M. Kohmoto, M. P. Nightingale und M. den Nijs [2] für die Beschreibung des Quanten-Hall-Effekts bestand darin, die Änderung des Füllfaktors der Landau-Niveaus bei Erhöhung des Magnetfeldes mit einem topologischen Phasenübergang zu identifizieren. Dieser Phasenübergang führt zu einer sprunghaften Änderung der Anzahl der elektronischen Zustände am Rand der Probe.

Durch den Phasenübergang haben manche dreidimensionalen topologischen Isolatoren in der Oberfläche, wo die Bänder invertieren, topologisch geschützte, metallische Randzustände mit linearer Dispersion. Diese lineare Beziehung ist in der Hochenergiephysik eine Lösung der Dirac-Gleichung für Teilchen mit Geschwindigkeiten nahe der Lichtgeschwindigkeit. Die Bloch-Elektronen im Kristallgitter bewegen sich jedoch mit der Fermi-Geschwindigkeit, die um Größenordnungen kleiner ist als die Lichtgeschwindigkeit.

Trotzdem zeigt die Anwendung der Dirac-Gleichung auf Graphen, den zweidimensionalen Graphitkristallen, dass die Wechselwirkung der Elektronen mit dem periodischen Potenzial des Kristallgitters zu einer Energiedispersionen führt, die durch eine Dirac-Gleichung beschrieben werden kann. An den symmetrischen K-Punkten in der Brillouin-Zone von Graphen kreuzen sich Valenz- und Leitungsband, wobei die Energiedispersion in der Nähe der Kreuzungspunkte näherungsweise linear und die Masse näherungsweise null ist. Ein solches Material wird als Dirac-Halbmetall bezeichnet und der Kreuzungspunkt als Dirac-Punkt (Abb. 10.17). Für das Auftreten von Dirac-Punkten müssen sowohl Zeitumkehrsymmetrie als auch Inversionssymmetrie gelten.

Bei Bandinversion an Punkten niedriger Symmetrie in der Brillouin-Zone tritt eine Energielücke auf. An den sechs K-Punkten mit hoher Symmetrie entsteht im Graphen jeweils ein Dirac-Punkt.

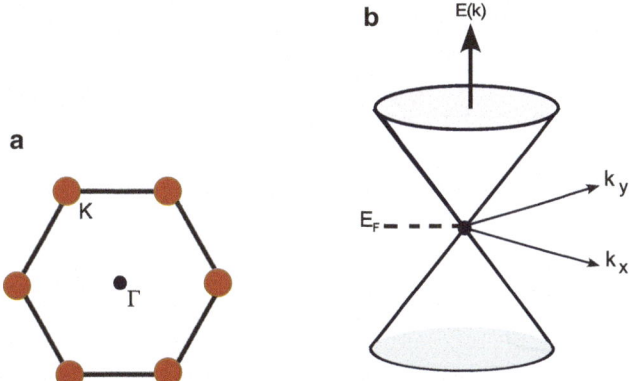

Abb. 10.17 a Brillouin-Zone von Graphen mit den sechs K-Punkten um das Zentrum im Γ-Punkt. b Einer der sechs Dirac-Kegel aus Valenzband und Leitungsband mit dem Dirac-Punkt an der Fermi-Energie über der k_x-k_y-Ebene

Auf dem Dirac-Kegel im topologischen Isolator sind die Elektronen in den Oberflächenzuständen in der k_x-k_y-Ebene in allen Richtungen beweglich, wobei ihr Spin an die Bewegungsrichtung gekoppelt ist. Der erste Nachweis der Existenz von Dirac-artigen Oberflächenbändern in einem dreidimensionalen topologischen Isolator mit einer Wismut-Antimon-Legierung mittels winkelaufgelöster Photoelektronenspektroskopie (ARPES) gelang 2009 Hsieh et al. [30]. Die lineare Dispersionsbeziehung besteht zwischen der Energie und den beiden Komponenten des Kristallimpulses k_x und k_y. Die Kegel sind sowohl zeitumkehr- als auch inversionssymmetrisch.

Wenn die Bandüberlappung eines Halbmetalls aufgrund der Spin-Bahn-Wechselwirkung durch Inversion aufgehoben wird, entstehen an Punkten niedriger Symmetrie Bandlücken und an Punkten hoher Symmetrie topologische Isolatoren, die in zwei Dirac-Punkte aufspalten (Abb. 10.18).

Der Halbleiter (Abb. 10.18a) ist ein trivialer topologischer Isolator. Durch die Spin-Bahn-Kopplung beteiligter schwerer Elemente entsteht aus der Bandüberlappung in einem Halbmetall (Abb. 10.18b) ein topologischer Isolator (Abb. 10.18c), dessen Topologie der eines Möbiusbandes entspricht. Die Oberflächenbänder überschneiden sich am Dirac-Punkt, der innerhalb der Volumenbandlücke des Isolators liegt. Die Kristallimpulse der Elektronen liegen auf der Zylinderoberfläche an der Fermi-Fläche. Ein Beispiel der Dirac-Halbmetalle ist nach Kane und Moore neben den $Bi_{(1-x)}Sb_x$-Legierungen auch Wismut-Calcium-Selenid, $Bi_{(2-x)}Ca_xSe_3$.

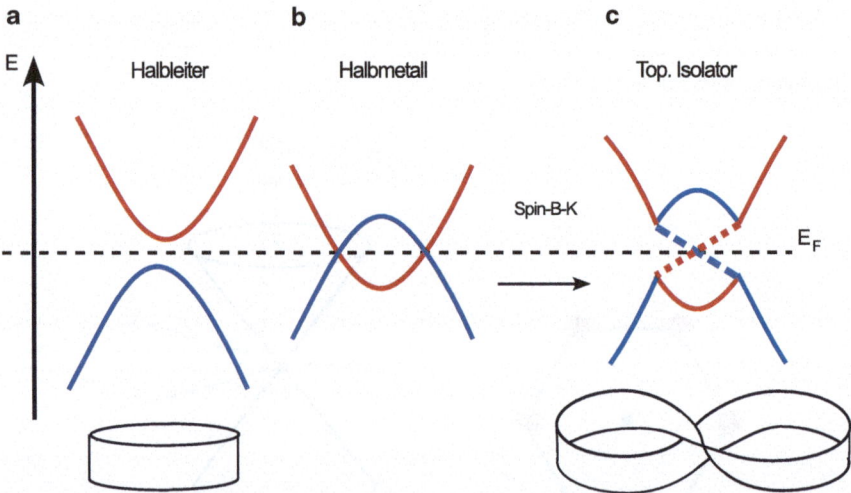

Abb. 10.18 a Valenz- und Leitungsband eines Halbleiters. **b** Bandüberlappung eines Halbmetalls. **c** Durch die Spin-Bahn-Kopplung führt das zu einem topologischen Isolator. Unter den Energiebändern des Halbleiters und des topologischen Isolators sind die entsprechenden Topologien dargestellt. (Adaptiert nach Felser [34])

10.4 Die topologischen Isolatoren

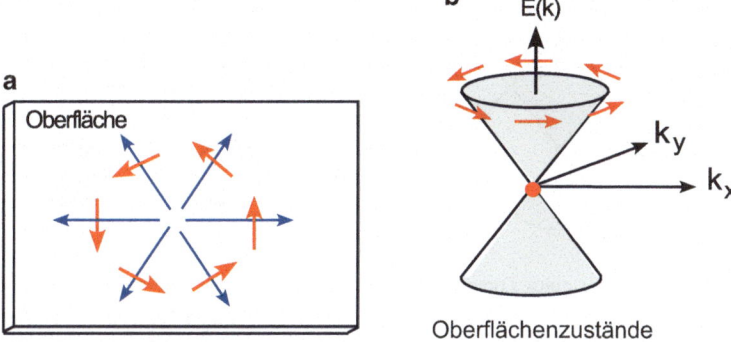

Abb. 10.19 a Elektronenimpulse (blau) und die Spinrichtungen (rot) in der Kristalloberfläche. b Orientierung der Spins am Dirac-Kegel [35]

Abb. 10.19a zeigt die Kristallimpulse und die Polarisation der Spinmomente in der k_x-k_y-Ebene. Bei entgegengerichteten k-Werten sind auch die Spins entgegengerichtet. In Abb. 10.19b treffen sich das Valenzband und das Leitungsband im Dirac-Punkt und bilden eine metallische Oberfläche. Die Spinmomente präzessieren an der Fermi-Fläche um den Dirac-Kegel entsprechend dem Strom in den Randkanälen.

10.4.5 Die Weyl-Halbmetalle

Wie schon bei der Beschreibung des Dirac-Kegels festgestellt, bewegen sich in Materialien mit schweren Elementen wie Wolfram, Molybdän, Tantal und Niobium die Elektronen mit hohen Geschwindigkeiten, sodass relativistische Effekte wichtig werden, obwohl die Geschwindigkeit der Elektronen im Kristall die Fermi-Geschwindigkeit ist, die etwa ein Tausendstel der Lichtgeschwindigkeit beträgt. 2015 wurden sogenannte Weyl-Halbmetalle wie NbP, TaAs, WTe und weitere Verbindungen theoretisch vorhergesagt [36]. Diese neue Klasse von Materialien mit neuen topologischen Eigenschaften wurde nach dem deutschen Physiker Hermann Weyl benannt, der 1929 die Weyl-Fermionen vorhergesagt hat. Wesentlich sind in diesen topologischen Isolatoren, die als Weyl-Halbmetalle bezeichnet werden, die schweren Elemente, deren elektronische Struktur an der Humboldt-Universität in der zweiten Hälfte des 20. Jahrhunderts intensiv untersucht wurde (Kap. 7)

Die Chiralität kommt aus dem Inneren des Kristalls. Die Aufspaltung eines Dirac-Halbmetalls zu einem Weyl-Halbmetall mit den beiden links- und rechtshändigen, chiralen Elektronensystemen erfolgt, wenn die Inversionssymmetrie oder die Zeitumkehrsymmetrie gebrochen wird. Die chiralen Weyl-Fermionen sind fast masselose Ladungsträger, die theoretisch wie die Dirac-Fermionen durch die relativistische Dirac-Gleichung behandelt werden. Sie haben ähnlich wie die

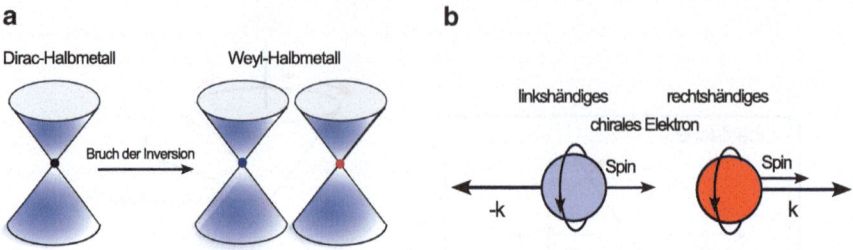

Abb. 10.20 a Übergang eines Dirac-Halbmetalls zu einem Weyl-Halbmetall mit zwei chiralen Elektronensystemen und den Weyl-Punkten, einem blauen und einem roten für die beiden Chiralitäten. b Orientierungen von Bewegungsrichtung und Spin der links- und rechtshändigen chiralen Elektronen. (Adaptiert nach Felser [34] und Nieman et al. 37])

Dirac-Halbmetalle lineare Bänder, die sich an den Weyl-Punkten kreuzen. Der wichtigste Unterschied zu den Dirac-Halbmetallen ist jedoch, dass sich die beiden Weyl-Kegel in ihrer Chiralität unterscheiden. Die in diesen Materialien als Quasiteilchen auftretenden Weyl-Fermionen kommen in den beiden Chiralitäten vor, wie zwei Schrauben mit Links- und Rechtsgewinde. Diese links- und rechtshändigen Elektronen sind in Abb. 10.20b mit ihren Bewegungsrichtungen ±k und ihren Spinorientierungen dargestellt. In den Weyl-Halbmetallen fließen in den Oberflächenzuständen zwei Ströme, die sich durch ihre links- und rechtshändigen Chiralitäten unterscheiden, mit entgegengesetztem Spin in entgegengesetzten Richtungen.

10.5 Die winkelaufgelöste Photoelektronenspektroskopie (ARPES)

Die physikalischen Techniken, die der Entdeckung der topologischen Isolatoren zugrunde liegen, sind die Molokularstrahlepitaxie und die winkelaufgelöste Photoelektronenspektroskopie (ARPES, Angel-Resolved Photo Electron Spectroscopy). Die ARPES ist den Messtechniken, die früher zur Bestimmung der elektronischen Bandstruktur eingesetzt wurden, wie dem Shubnikow-de-Haas-Effekt, dem Radiofrequenz-Größeneffekt und der Zyklotronresonanz, weit überlegen, insbesondere da diese Technik auch bei Zimmertemperatur eingesetzt werden kann, die anderen Methoden hingegen sehr tiefe Temperaturen benötigen. Und die Molekularstrahlepitaxie ist mit ihren Möglichkeiten, Kristallstrukturen bis in den atomaren Bereich mit hoher Genauigkeit herzustellen und dabei einmalige Materialzusammensetzungen zu realisieren, für die Herstellung topologischer Isolatoren an die Stelle der Kristallzüchtung getreten.

Mit der winkelaufgelösten Photoelektronenspektroskopie, die den äußeren Photoeffekt nutzt, wird mit der eingestrahlten Photonenenergie E_{Ph} und der Austrittsenergie Φ_{sp} durch die Messung der kinetischen Energie der ausgelösten Photonen E_{kin} nach der Beziehung

10.5 Die winkelaufgelöste Photoelektronenspektroskopie (ARPES)

$$E_{kin} = E_{Ph} - E_B - \Phi_{sp} \qquad (10.16)$$

die Bindungsenergie E_B bestimmt und daraus die Zustandsdichte D(E) der Elektronen in einem Festkörper ermittelt.

Die winkelaufgelöste Photoelektronenspektroskopie erfolgt mit einem breiten Spektrum elektromagnetischer Strahlung, mit der die Elektronen aus ihren Energiezuständen gelöst werden. Konkret werden die Elektronen in einem Festkörper durch einfallende Photonen angeregt. Dabei werden sie an der Oberfläche des Festkörpers in einer Tiefe im Nanometerbereich erfasst, aus der sie den Festkörper durch die Oberfläche verlassen.

Mit dem Spektrometer wird nicht nur die kinetische Energie der Photoelektronen, sondern auch der Winkel, unter dem sie die Probe verlassen, gemessen. Der Analysator wird so angeordnet, dass er vorwiegend Elektronen, die um die Normale der Probenoberfläche austreten, detektiert (Abb. 10.21).

Dabei erreichen die Analysatoren eine Winkelauflösung von weniger als 0,2° bei einer Energieauflösung von 1–2 meV. Da die Translationssymmetrie senkrecht zur Oberfläche gestört ist, parallel zur Oberfläche aber erhalten bleibt, bleibt auch die Komponente des Kristallimpulses parallel zur Oberfläche k∥ erhalten. Mit

$$k_{\|} = \frac{(2mE)^{\frac{1}{2}}}{\hbar sin\Theta} \qquad (10.17)$$

wird der Impuls der Kristallelektronen $p = \hbar k$ mit der kinetischen Energie E_{kin} bestimmt (Abb. 10.21). Durch die gleichzeitige Messung von Energie E_{kin} und Winkel Θ, unter dem die Elektronen die Oberfläche verlassen, können über die Verbindung des Impulses eines austretenden Elektrons mit dem Wellenvektor des entsprechenden Kristallelektrons die Dispersionsbeziehung der Valenzbandstruktur und speziell für Metalle die Fermi-Flächen meist in der ersten Brillouin-Zone ermittelt werden. Das erhaltene Spektrum zeigt die Intensität der Verteilung der besetzten Elektronenzustände in der Brillouin-Zone der Festkörper, was zu einer beeindruckenden Vielfalt von Zustandsverteilungen führt und insbesondere Abbildungen von den Oberflächenzuständen in den Energiebereichen zwischen Valenzband und Leitungsband von Festkörpern liefert.

Die winkelaufgelöste Photoelektronenspektroskopie hat gegenüber den Tieftemperaturmethoden den großen Vorteil, dass sie bei Raumtemperatur durchgeführt werden kann. Ein Nachteil ist jedoch, dass die Messungen im Hochvakuum durchgeführt werden müssen.

Abb. 10.22a zeigt ein ARPES-Spektrum eines $Bi_{(1-x)}Sb_x$-Films mit x = 0,09 in der k_x-k_y-Ebene der Brillouin-Zone. Oben sind die Volumenzustände und unten die Oberflächenzustände S1 und S2 dargestellt. An der Fermi-Energie bei 0 eV sind die ellipsoidalen Oberflächenzustände in den M-Punkten und im Γ-Punkt der Brillouin-Zone zu sehen. Die S1-Zustände haben drei Schnittpunkte und die S2-Zustände zwei Schnittpunkte mit der Fermi-Energie.

Abb. 10.22b zeigt die Oberflächenzustände SS zwischen dem Leitungsband und dem Valenzband von Bi_2Se_3. Unter −0,3 eV sind die Volumenzustände des Valenzbandes zu sehen, darüber die Oberflächenzustände und oben zwischen

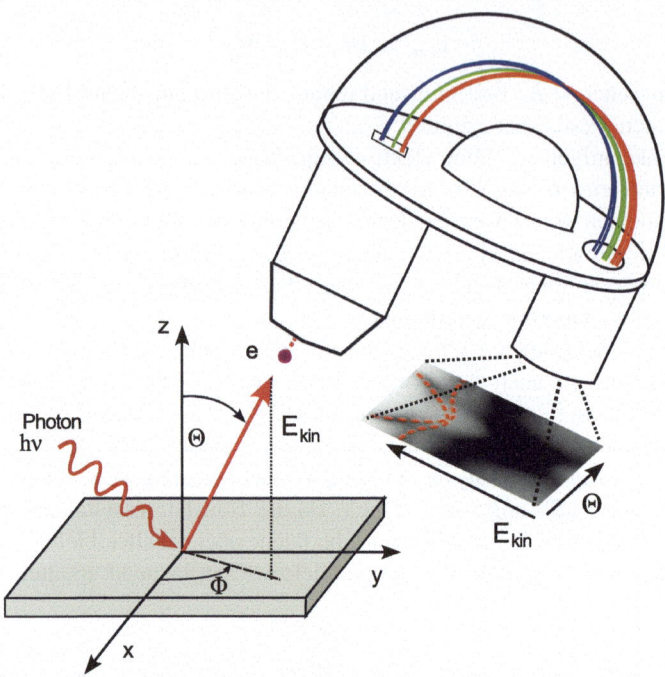

Abb. 10.21 ARPES-Anlage mit einem Halbkugelanalysator. $h\nu$ = eingestrahlte Photonenenergie, E_{kin} = Energieverteilung, Θ = Winkelauflösung. Der Halbkugelanalysator löst das Energiespektrum in den k-Koordinaten der Brillouin-Zone $E(\Theta) = E(k_x, k_y)$ auf und erzeugt so ein Bild der Zustandsverteilung im k-Raum

diesen das Leitungsband über $-0{,}1$ eV, zwischen den M-Punkten und dem Γ-Punkt als intensive gelbe Bereiche. Der Dirac-Punkt befindet sich im Γ-Punkt bei $-0{,}3$ eV. In dem Oberflächenzustandszylinder ist mit den gelben Streifen der intensive Bereich der Oberflächenzustände, die bis zur Fermi-Energie bei 0 eV besetzt sind, hervorgehoben.

10.6 Die neuen Materialklassen

Es gibt zwei- und dreidimensionale topologische Isolatoren. Zu den experimentell als topologische Isolatoren nachgewiesenen zweidimensionalen Systemen gehört HgTe, das mit Molekularstrahlepitaxie als Schichtsystem zwischen zwei CdTe-Schichten in der Form CdTe/HgTe/CdTe hergestellt wird. Auch das System InAs/GaSb, welches zwischen zwei AlSb-Schichten als Schichtsystem AlSb/InAs/GaSb/AlSb hergestellt wird, ist ein zweidimensionaler topologischer Isolator.

Zu den dreidimensionalen topologischen Isolatoren gehören die $Bi_{(1-x)}Sb_x$-Legierung, die Verbindungen Bi_2Te_3, Bi_2Se_3 und weitere Telluridsysteme. Und es gibt eine ganze Reihe von Verbindungen und Schichtsystemen, an denen

10.6 Die neuen Materialklassen

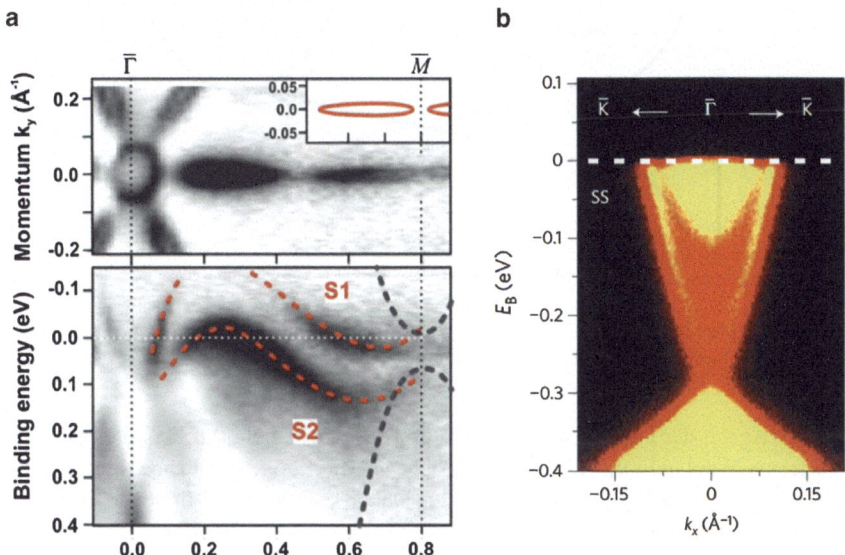

Abb. 10.22 a ARPES-Spektrum eines $Bi_{(1-x)}Sb_x$-Films mit $x=0{,}09$ in der (111)-Ebene. Kristallimpuls und Bindungsenergie sind über den Wellenvektor in der Brillouin-Zone dargestellt. **b** Dispersionsverlauf der Oberflächenzustände (SS) von Bi_2Se_3 zwischen dem Γ-Punkt und den K-Punkten in der Brillouin-Zone. Die gelben Bereiche weisen auf eine hohe elektronische Zustandsdichte hin. (**a**: Nach Benia et al. [38], **b**: nach Xia et al. [39])

topologische Eigenschaften untersucht bzw. in denen topologische Eigenschaften vermutet werden, wobei Bi_2Te_3, Bi_2Se_3 zu den bisher sehr umfassend untersuchten topologischen Materialien gehört.

10.6.1 Die zweidimensionalen topologischen Isolatoren

Der erste zweidimensionale nichttriviale topologische Isolator wurde von der Gruppe um Laurens W. Molenkamp 2007 in Würzburg an einem Schichtsystem von Cadmium-Quecksilber-Tellurid in der Form eines Quantentopfes entdeckt [28].

Dabei wurde mit der Molekularstrahlepitaxie auf eine CdTe-Schicht eine HgTe-Schicht aufgebracht und auf diese noch eine weitere CdTe-Schicht. Die CdTe-Schichten können sich aufgrund ihres ähnlichen Kristallgitters gut an das HgTe anpassen. Die Spin-Bahn-Kopplung von CdTe ist jedoch wesentlich kleiner als die von HgTe. Eine HgTe-Schicht mit einer Dicke unter 6,5 nm ist ein trivialer Isolator. Übersteigt die Schichtdicke jedoch 6,5 nm, dann zeigt das HgTe eine erstaunliche Eigenschaft. Leitungsband und Valenzband invertieren unter der Wirkung der starken Spin-Bahn-Kopplung zu einem nichttrivialen topologischen Isolator. In Abb. 10.23 ist die Invertierung bei 6,5 nm schematisch dargestellt.

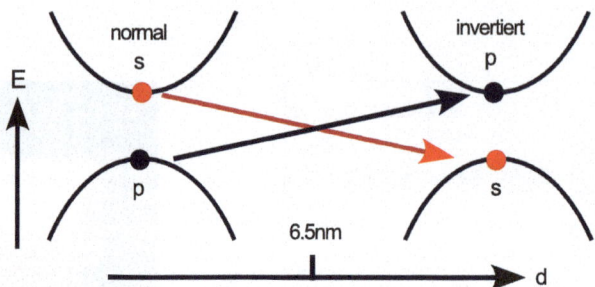

Abb. 10.23 Inversion von Leitungsband und Valenzband in Abhängigkeit von der Dicke d der HgTe-Schicht eines CdTe/HgTe/CdTe-Quantentopfes

In der Arbeit der Gruppe um Molenkamp [28] wurde bei 30 mK und einer mittleren freien Weglänge der Elektronen größer als die Länge der Probe, die Quantisierung des Leitwerts $G = 1/R$ beobachtet. Dabei konnte die Gruppe für den longitudinalen Widerstand zeigen, dass aufgrund der perfekt leitenden Randzustände der invertierte Quantentopf ein quantisiertes Widerstandsplateau von $R = h/2e^2$ aufweist. Damit wurde mit dem Schichtsystem CdTe/HgTe/CdTe erstmals ein zweidimensionaler topologischer Isolator experimentell nachgewiesen. HgTe realisiert eine Bandinversion, CdTe hingegen nicht. HgTe ist ein gutes Ausgangsmaterial für die Entwicklung topologischer Phasen.

Im Jahr 2014 sagten Qian et al. [40] und andere Forscher voraus, dass Übergangsmetalldichalkogenide MX_2 mit den Übergangsmetallen M = Mo, W und den Chalkogeniden X = S, Se, Te Quanten-Spin-Hall-Isolatoren bilden könnten. Diese Materialien wären für eine Anwendung wichtig, da die zu erwartenden Energielücken dieser topologischen Isolatoren viel größer als die der HgCdTe-Quantentöpfe sein sollten, wodurch sie auch bei Temperaturen über Raumtemperatur als nichttriviale topologische Isolatoren existieren und ihre topologischen elektronischen Eigenschaften deshalb durch ein externes elektrisches Feld gut steuerbar sein sollten.

Auch das Telluren, die zweidimensionale Form von Tellur, ist ein zweidimensionaler topologischer Isolator. Es hat eine Bandlücke wie herkömmliche Halbleiter. In der Nähe der Kanten von Valenz- und Leitungsbad befinden sich Weyl-Fermionen als quasi masseloses Teilchen [20]. Dabei ist ein Weyl-Halbleiter ein Festkörper, in dem Fermionen mit geringer Energie angeregt werden. Diese Weyl-Fermionen sind Lösungen der Dirac-Gleichung für masselose Teilchen mit Spin ½, die auch bei Raumtemperaturen elektrische Ladung tragen.

Telluren bildet eine topologisch nichttriviale Phase der Materie, der bei $E = 0$ Weyl-Knoten in der Brillouin-Zone entsprechen. Abb. 10.24 zeigt den Quanten-Hall-Effekt in dem zweidimensionalen Elektronengas von Telluren.

Die Daten von 0–12 T wurden mit einer Hall-Struktur bei 30 mK in einem supraleitenden Magnetsystem, die Werte im Feld von 12–45 T bei 300 mK mit demselben supraleitenden Magnetsystem in einem hybriden Magnetsystem gemessen.

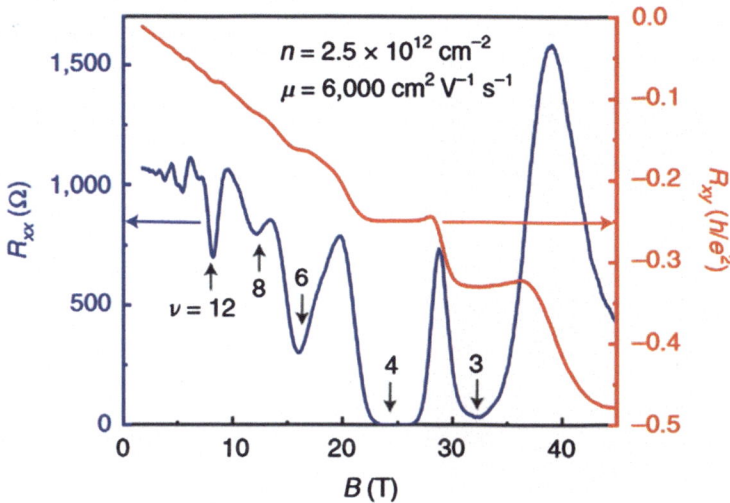

Abb. 10.24 Quanten-Hall-Effekt im zweidimensionalen Elektronengas von Telluren mit dem Längswiderstand (R_{xx}, blau) und dem Querwiderstand (R_{xy}, rot) als Funktion des Magnetfeldes im Bereich von 0–45 T, bei Temperaturen von 30 und 300 mK an einem SiO_2-Gate von 90 nm [20]

10.6.2 Die dreidimensionalen topologischen Isolatoren

10.6.2.1 Wismut und das System Wismut-Antimon

Wie in Abb. 7.15 dargestellt, befindet sich in den Legierungen der Halbmetalle Wismut und Antimon mit einem Antimongehalt zwischen 4 und 23 % eine invertierte Energielücke, die sich bis auf 25 meV öffnet. Valenzband L_a und Leitungsband L_s vom Wismut invertieren bei 4 %, und da die Überlappung mit dem Valenzband in T bei 6,5 % Antimon aufgehoben wird, sind die Legierungen von 6,5–23 % Antimon Halbleiter. Bei 23 % Antimonanteil wird das Leitungsband durch ein weiteres Valenzband Σ überlappt, und die Legierungen mit höherer Antimonkonzentration sind wieder Halbmetalle.

Aus theoretischer Sicht wurden die Wismut-Antimon-Legierungen mit ihrer starken Spin-Bahn-Kopplung als dreidimensionale topologische Isolatoren mit ungewöhnlicher Hall-Phase gesehen [39]. Die ARPES-Spektren liefern umfassende Abbildungen der lückenlosen Oberflächenmoden dieser topologischen Dirac-Isolatoren, wobei neben den topologischen Isolatoren auch metallische Phasen gefunden wurden.

Abb. 10.25a zeigt an der Fermi-Energie die Oberflächenzustände SS. In Abb. 10.25b sind oben die Brillouin-Zone von $Bi_{0,9}Sb_{0,1}$ und darunter die Bandstruktur der Legierungen in Abhängigkeit von der Antimonkonzentration mit den sich bei 4 % Antimon invertierenden Bändern und dem absinkenden Band im T-Punkt dargestellt, wodurch über 6,5 bzw. 7 % Antimon eine Lücke entsteht.

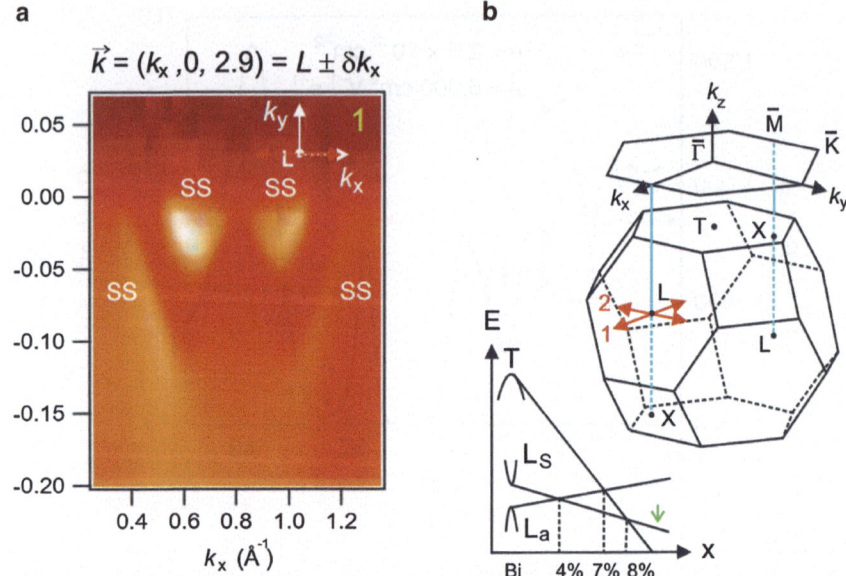

Abb. 10.25 Dirac-ähnliche Dispersion von Oberflächenzuständen (SS, Surface State) von $Bi_{0,9}Sb_{0,1}$ in der Nähe des L-Punktes in der Brillouin-Zone. **a** Kantenzustände SS in der Verteilung der ARPES-Intensität entlang der k_x-Richtung durch den L-Punkt aus der dritten Brillouin-Zone mit $L_z = 2,9$ °A^{-1} bei einer Photonenenergie von 29 eV. **b** Im oberen Teil ist die Brillouin-Zone die Messstelle mit roten Pfeilen bezeichnet, in denen die Oberflächenzustände gemessen wurden [29]

Abb. 10.26 zeigt im E_B-k_y-Diagramm fünf Oberflächenzustände (1, 2, 3, 4, 5) an der Fermi-Energie auf der Linie, die die Punkte Γ und M in der Oberflächen-Brillouin-Zone (Abb. 10.25b) verbindet.

Hsieh et al. [29] untersuchten mit ARPES sowohl die elektronische Struktur von $Bi_{0,9}Sb_{0,1}$ als auch die Verteilung der Energiezustände an der quasi supraleitenden Oberfläche der Kristalle. So zeigt Abb. 10.26 im ARPES-Spektrum die Energie der besetzten Oberflächenzustände entlang der Verbindungslinie zwischen Γ und M in der projizierten (111)-Oberfläche der Brillouin-Zone, die eine nahezu lineare dreidimensionale Dirac-ähnliche Dispersion haben. In denselben Experimenten wurden mehrere Oberflächenzustände beobachtet, die die Energielücke im Volumen überspannen.

In Abb. 10.27 ist die Entwicklung der experimentell gemessenen Oberflächenbandstruktur in der verbotenen Zone als Funktion der Sb-Konzentration in der Nähe des L-Punktes längs von k_x abgebildet. Die rot gestrichelten Linien auf den Oberflächenzuständen sind Orientierungshilfen für das Auge. Die Sb-Konzentration x ist für Messungen bei 100 K in Schwarz und bei 300 K in Rot angegeben. Die Fermi-Energie liegt bei der Bindungsenergie von 0 eV.

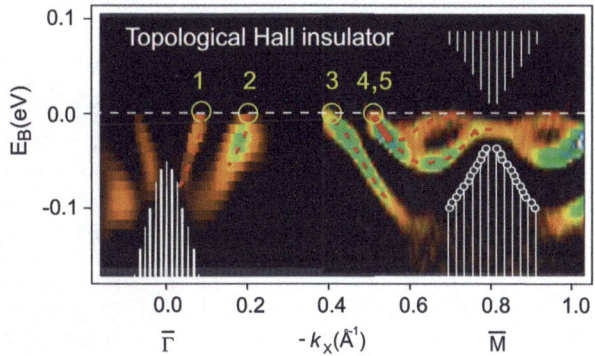

Abb. 10.26 Topologische Oberflächenzustände in $Bi_{0,9}Sb_{0,1}$. ARPES-Spektrum der Oberflächenzustände auf der (111)-Oberfläche. Diese Zustände befinden sich als Funktion der Kristallimpulse auf der Linie, die die zeitinvarianten Punkte Γ und M in der Oberflächen-Brillouin-Zone verbindet. Die Oberflächenbänder kreuzen die Fermi-Energie wie in Abb. 10.22 fünfmal [29]

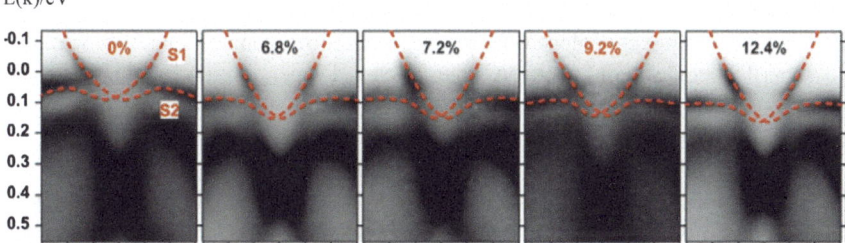

Abb. 10.27 Abhängigkeit der Oberflächenbandstruktur von der Antimonkonzentration von $x = 0$ bis 0,124 von $Bi_{(1-x)}Sb_x$ in der (111)-Fläche in k_x-Richtung in der Nähe des L-Punktes der Oberfläche. (Benia et al. [38])

10.6.2.2 Die topologischen Isolatoren Bi_2Se_3 und Bi_2Te_3

In stöchiometrisch gewachsenen Bi_2Se_3- und Bi_2Te_3-Kristallen zeigt sich aufgrund geladener Se/Te-Fehlstellen eine intrinsische n-Dotierung. Die Fermi-Energie liegt oberhalb des Dirac-Punktes und im Fall von Bi_2Se_3 typischerweise im Leitungsband.

Bi_2Se_3 und Bi_2Te_3 sind dreidimensionale topologische Isolatoren, deren Bandstrukturen und Fermi-Energie in Abb. 10.28a schematisch dargestellt sind. Zwischen Leitungsband und Valenzband im Inneren des Isolators befinden sich die beiden Oberflächenzustände mit Spin-up und Spin-down ($\uparrow$, $\downarrow$). In Abb. 10.28b sind die Fermi-Energie auf dem Dirac-Kegel mit dem zugehörigen Wellenvektor k_1 und dem dazu senkrechten Spinvektor dargestellt.

Der Spinvektor steht in beiden Isolatoren, Bi_2Se_3 und Bi_2Te_3, immer senkrecht zum Wellenvektor k_1. Dagegen kann der Fermi-Geschwindigkeitsvektor

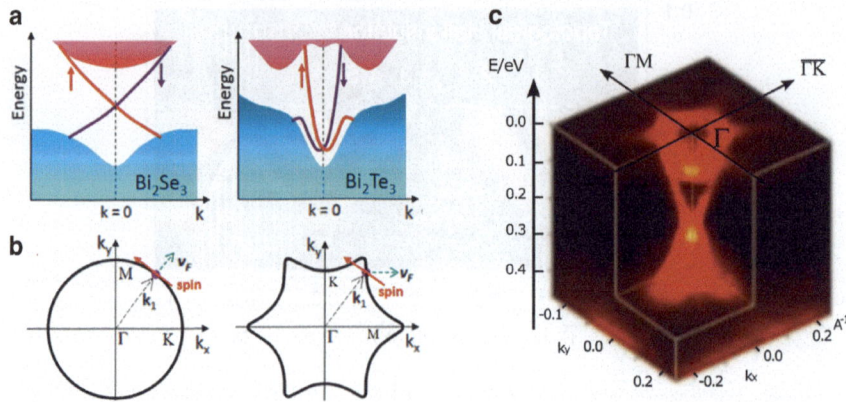

Abb. 10.28 **a** Bandstruktur von Bi_2Se_3 und Bi_2Te_3 mit den Oberflächenzuständen. Der Spinvektor steht zum Kristallimpuls k_1 senkrecht. **b** Fermi-Energie als Kreis für Bi_2Se_3 und als sechseckig verformte Struktur für Bi_2Te_3. **c** Anisotropie der topologischen Oberflächenzustände von BiTeCl, dessen Energiebandstruktur der von Bi_2Te_3 ähnlich ist. (**a**: Ando [41], **c**: Chen et al. [42])

v_F aufgrund der hexagonalen Verformung nicht orthogonal sein (Abb. 10.28b). Die Oberflächenzustände besitzen eine lineare Dispersion und treten in dreidimensionalen topologischen Isolatoren in Form eines Dirac-Kegels am Γ-Punkt auf.

Abb. 10.28 zeigt neben dem Modell der Bandstruktur von Bi_2Se_3 und Bi_2Te_3 die hochaufgelöste ARPES-Darstellung der topologischen Oberflächenzustände zwischen dem Leitungsband und dem Valenzband von BiTeCl um den Γ-Punkt der Oberflächen-Brillouin-Zone über der $k_{\|x}$-$k_{\|y}$-Ebene.

Neben Bi_2Se_3, Bi_2Te_3 und ihren Verbindungen gehört auch Sb_2Te_3 zu den wichtigsten Prototypen von dreidimensionalen topologischen Isolatoren. Im Grundzustand sind die topologischen Oberflächenbänder von Bi_2Se_3 und Bi_2Te_3 bis zum Dirac-Punkt besetzt. Im Gegensatz dazu ist der Dirac-Kegel in Sb_2Te_3 nahezu vollständig unbesetzt. Alle drei Materialien besitzen mit etwa 300 meV die größten Bandlücken der bekannten dreidimensionalen topologischen Isolatoren [41].

Die topologischen Zustände in der Bandlücke von BiTeCl sind in Abb. 10.29 über der k_x-k_y-Ebene zwischen dem Leitungsband und dem Valenzband dargestellt. Die Fermi-Energie liegt im Leitungsband, und die Oberflächenzustände liegen zwischen den Bändern (SSB); die Bänder BCB und BVB sind bis zur Fermi-Energie mit Ladungsträger gefüllt. Der Dirac-Punkt liegt zwischen den Oberflächenzuständen über dem Valenzband und zeigt mit der gelben Farbe eine besonders hohe Ladungsträgerdichte. Die Energielücke von BiTeCl mit 220 meV entspricht der von Bi_2Se_3 und Bi_2Te_3

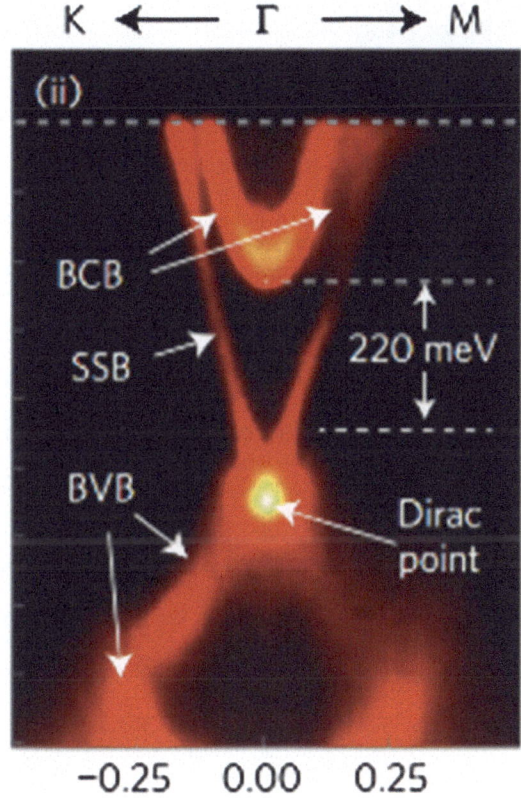

Abb. 10.29 Querschnitt durch die Oberflächenzustände (SSB) und die Energiebänder, dem Leitungsband (BCB) und dem Valenzband (BVB) von BiTeCl mit dem Dirac-Punkt über dem Valenzband

Literatur

1. K. von Klitzing, Rev. Mod. Phys. 58, 519 (1986)
2. D. J. Thouless, M. Kohmoto, M. P. Nightingale, and M. den Nijs, Quantized Hall Conductance in a Two-Dimensional Periodic Potential, Phys Rev Lett. 49.405, (1982)
3. R. Thomale, Ihrer Zeit vorausgeeilt, Physik Journal 15 Nr. 12, 24, (2016)
4. Kane, C.L. & Mele, E.J.Z., Topological order and the quantum spin Hall effect. Phys. Rev. Lett 95, 246802 (2005)
5. A. Sommerfeld, H. Bethe, Elektronentheorie der Metalle, Handbuch der Physik Bd. 24/2, Springer Verlag, Berlin 1933, R. Herrmann und U. Preppernau, Elektronen im Kristall, Springer Verlag, 1979
6. M. Y. Azbel and E. A. Kaner, Zh. Eksp. Teor. Fiz. 30, 811 (1956), Sov. Phys. JETP 3, 772 (1956)
7. *G. Dresselhaus, A. F. Kip,* and *C. Kittel,* Observation of Cyclotron Resonance in Germanium Crystals, Phys. Rev. 92, 827 (1953)
8. L. Landau, Diamagnetism, Z. Phys. 64, 629 (1930)
9. M.S. Chaikin, Sov. Phys. JETP 12, 152. (1961)
10. M.S. Chaikin, Zh. Eper.Theor.Phys.39, 212 (1961)
11. J.F. Koch and C.C. Kuo, Phys.Rev.143, 470, (1966)
12. A.F. Kip, Phys. Rev. 127, 356, (1966)
13. R. Herrmann, phys. stat. sol. 21, 703 (1967)

14. M.S. Chaikin, Letter to Sov. Phys. JETP 4, 113 (1966); M.S. Chaikin, Uspechi Phys. Nauk 56, 409, (1968)
15. I.M. Lifschitz, M. J. Asbel und M.I. Kaganow, Elektronentheorie der Metalle, Akademie Verlag Berlin 1975, Herausgeber R. Herrmann
16. Klaus von Klitzing, Rolf Gerhardts und Jürgen Weis, 25 Jahre Quanten-Hall-Effekt, Physik Journal 4 (2005) Nr. 6 40
17. G.I. Watson, Hall conductance as a topological invariant https://doi.org/10.1080/00107519608230340, Corpus ID: 122407180]
18. Martin Stehno, Hartmut Buhmann und Laurens W. Molenkamp, Eine neue Materialklasse, Physik Journal16 (2017) Nr.8/9Nr. 39
19. Akari Takayama, Anomalous Rashba Effect of Bi Thin Film Studied by Spin-Resolved ARPES, https://doi.org/10.5772/66278, (2017)
20. G. Qiu, C. Niu, Y. Wang, M. Si, Z. Zhang, W. Wu, P. D. Ye, Quantum Hall effect of Weyl fermions in n-type semiconducting tellurene, *Nat. Nanotechnol.* 1515, 585–591 (2020)
21. Klaus Möbius, Martin Plato, and Anton Savitsky, The Möbius Strip Topology, Jenny Stanford Publishing Pte. Ltd. 2023
22. B. Andrei Bernevig, Claudia Felser, and Haim Beidenkopf, Progress and prospects in magnetic topological materials, Nature 603 (7899), 41–51 (2022)Binghai Yan, Claudia Felser, Topologische Weyl-Semimetalle, Forschungsbericht 2015 des Max-Planck-Instituts für Chemische Physik fester Stoffe
23. P. Gehring und M. Burghard, Topologische Isolatoren, Phys. Unserer Zeit 6/2014 (45), 299]
24. J.-P. Petit, Das Topologikon, Wiley VCH Verlag GmbH, 1987
25. F.D.M. Haldane, Phys. Rev. Lett. 61, 2015 (1988)
26. A. Bernevig, S. Zhang, Quantum Spin Hall Effect, Physical Review Letters, Band 96, 2006, S. 106802
27. C.L. Kane und G. Mele, Quantum Spin Hall Effect in Graphene, Physical Review Letters, Band 95, 2005, S. 22608
28. M. König, S. Wiedmann, C. Brüne, A. Roth, H. Buhmann, L. W. Molenkamp, X.-L. Qi, S.-C. Zhang, Quantum Spin Hall Insulator State in HgTe Quantum Wells, Science, 318, 766 (2007)
29. D. Hsieh, D. Qian, L. Wray, Y. Xia, Y. S. Hor, R. J. Cava & M. Z. Hasan, A topological Dirac insulator in a quantum spin Hall phase, *Nature* volume 452, pages 970–974 (2008) https://doi.org/10.1038/nature06843
30. D. Hsieh, Y. Xia, L. Wray, D. Qian, A. Pal, J. H. Dil, J. Osterwalder, F. Meier, G. Bihlmayer, C. L. Kane, Y. S. Hor, R. J. Cava, M. Z. Hasan: Observation of Unconventional Quantum Spin Textures in Topological Insulators, Science, Vol 323, issue 5916, (2009) https://doi.org/10.1126/science.1167733
31. Shuichi Murakami 2007, New J. Phys. 9 356
32. Felix Reis, Gang Li, Lenart Dudy, Maximilian Bauernfeind, Stefan Glass, Werner Hanke, Ronny Thomale, Jörg Schäfer, Ralph Claessen: Wismuthene on a SiC substrate: A candidate for a high-temperature quantum spin Hall material. In: Science, Band 357, Nr. 6348, (2017), S. 287–290
33. Sungjoon Park, Naoto Nagaos, and Bohm-Jung Yang, Thermal Hall Effect, Spin Nernst Effect, and Spin Density Induced by a Thermal Gradient in Collinear Ferrimagnets from Magnon-Phonon Interaction, Nano Lett. 2020, 20, 4, 2741–2746
34. Claudia Felser, Vortrag für die Preisträgerin der Liebig-Denkmünze 2022 der GDCh, Prof. Dr. zum Thema „Topologie und Chiralität" (als Video)
35. C. Kane and J. Moore, Topological Insulators, Phys. World 24, 32 (2011)
36. Binghai Yan, Claudia Felser, Topologische Weyl-Semimetalle, Forschungsbericht 2015 des Max-Planck-Instituts für Chemische Physik fester Stoffe
37. A.C. Nieman et al. Physik unserer Zeit 19 (2018) 168–175
38. Hadj M. Benia, Carola Straßer, Klaus Kern, and Christian R. Ast, Surface band structure of $Bi_{(1-x)}Sb_x$ (111), Phys. Rev. B 91, 161406(R), 2015

39. Y. Xia, D. Qian, D. Hsieh, L. Wray, A. Pal, H. Lin, A. Bansil, D. Grauer, Y. S. Hor, R. J. Cava and M. Z. Hasan, Observation of a large-gap topological-insulator class with a single Dirac cone on the surface, Nature Physics volume 5, pages 398–402 (2009)
40. X. Qian, J. Liu, L. Fu, J. Li, Quantum Spin Hall Effect in Two-dimensional Transition Metal Dichalcogenide, Science, 346, 1344 (2014)
41. Yoichi Ando, Topological Insulator Materials, Journal of the Physical Society of Japan, 82, 102001 (2013)
42. Y. L. Chen et al., Discovery of a single topological Dirac fermion in the strong inversion asymmetric compound BiTeCl, Nature Physics Letters, Published online: 6. October 2013| https://doi.org/10.1038/NPHYS2768

Die Tieftemperaturexperimente an der Humboldt-Universität zu Berlin aus der Sicht der Topologie

11

In Kap. 10 wurde eine Reihe wichtiger Eigenschaften der topologischen Festkörper zusammengestellt, um die Tieftemperaturexperimenten an der Humboldt-Universität der 1960- und 1970er-Jahre aus der Sicht des heutigen Standes der Forschung zu betrachten.

Die damaligen Untersuchungen wurden mit Hochfrequenz- und Mikrowellen durchgeführt, die aufgrund des Skin-Effekts nur in die Oberfläche der elektrisch leitenden Festkörper eindringen. Entsprechend standen die Oberflächen, in denen der Strom fließt, auch immer im Mittelpunkt der Untersuchungen. Dabei gab es eine Reihe von Ergebnissen, die nicht erklärt werden konnten. Für die Oberflächen wurde ein supraleitungsähnliches Verhalten gefunden, ohne dass es eine Erklärung dafür gab. Es kamen auch keine Hinweise von der Theorie, obwohl sich diese mit den von Chaikin entdeckten magnetischen Oberflächenzuständen befasste [1].

Tellur war lange Zeit Forschungsschwerpunkt des II. Physikalischen Instituts der Humboldt-Universität mit umfangreichen galvanomagnetischen und Kristallzüchtungsexperimenten. Ergebnisse der Untersuchungen der elektronischen Eigenschaften des Halbleiters Tellur wurden 1968 auf der Internationalen Halbleiterkonferenz in Moskau vorgestellt [2]. An der Diskussion zum Vortrag war auch Professor Gottfried Landwehr von der Julius-Maximilians-Universität Würzburg beteiligt, dessen Forschungsgruppe international führend bei der Erforschung des Halbleiters Tellur war.

Neben den Messungen der effektiven Massen mit der Zyklotronresonanz und der Bestimmung der Energieflächen von Tellur überraschten vor allem sehr scharfe Resonanzkurven in sehr schwachen Magnetfeldern und Resonanzfolgen an der Oberfläche, die sich nicht erklären ließen.

Mit dem zweiten Thema, der Untersuchung von reinem Wismut und den Wismut-Antimon-Legierungen, wurde an die Untersuchungen von Gantmacher und Chaikin am Kapitza-Institut angeknüpft. Es wurden umfangreiche Kenntnisse über *dieses Material zusammengetragen, die jedoch international wenig Beachtung fanden. So wurde unsere Arbeit „Spektroskopie von Ladungsträgern in Festkörpern im Hochfrequenz-, Mikrowellen- und Submillimeterbereich"* [3], *die in der Zeitschrift Experimentelle Technik der Physik (Nr. 5, 97) 1974 erschienen ist, in einer Zeitschrift, die von Walther Meißner und Franz Xaver Eder als gesamtdeutsche Zeitschrift gegründet wurde, kaum beachtet. Auch die Veröffentlichungen in der Zeitschrift Physica Status Solidi (phys. stat. sol.) hatten in der damals geteilten Welt nicht genügend Ausstrahlung.*

Mit der hier vorliegenden Analyse der Tieftemperaturexperimente an der Humboldt-Universität aus der Sicht der Topologie ergibt sich, dass die verschwindend kleine effektive Masse im Tellur und das Verschwinden der effektiven Masse in den Wismut-Antimon-Legierungen, genauso wie die Existenz eines inneren magnetischen Feldes im Wismut, durch die Topologie der Bandstruktur dieser Festkörper eine Erklärung finden können.

11.1 Einkristalle und epitaktische einkristalline Schichten

Die für die Untersuchung der Elektronenstruktur vom Wismut und Wismut-Antimon-Legierungen notwendigen hochreinenEinkristalle wurden mit dem Zonenschmelzverfahren und mit der Formzüchtung hergestellt. Neben massiven Einkristallen (von denen noch Legierungen mit 1, 2, 3, 4, 5, 6, 8, 10 und 13 % Antimon, jeder Kristall mit einer Masse um 9 g, noch vorhanden sind) wurden orientierte Einkristalle in Quarzformen durch Vorgabe der Orientierung mit Kristallkeimen gezüchtet (Abb. 11.1a). Auch die in der Abbildung dargestellten formgezüchteten, kristallographisch orientierten Einkristalle sind noch vorhanden.

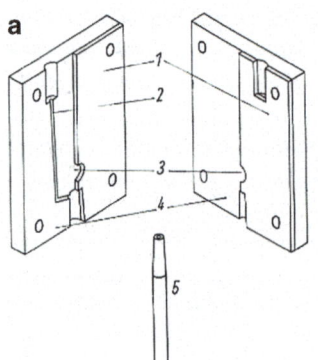
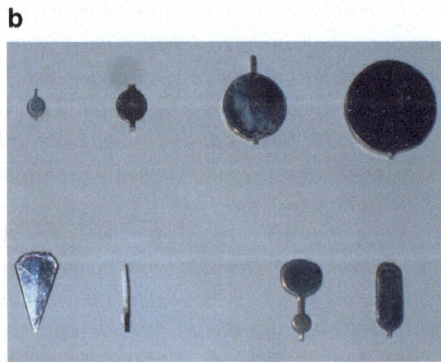

Abb. 11.1 Kistallzüchtungsform für kristallographisch exakt orientierte Einkristalle aus Wismut und $Bi_{(1-x)}Sb_x$. **a** Quarzform mit den Forminnenplatten 1, dem Einfüllkanal 2, der Kristallform 3, den Deckplatten 4 und der Halterung für den orientierten Keim 5. **b** Unterschiedliche orientierte, formgezüchtete Einkristalle aus Wismut

In der oberen Reihe von Abb. 11.1b befinden sich (von links nach rechts) Kreisscheiben mit einem Durchmesser von 3 mm und einer Höhe von 1 mm, von 5 mm und einer Höhe von 1 mm, von 10 mm und einer Höhe von 2 mm sowie von 15 mm und einer Höhe von 2 mm. Die untere Reihe zeigt Einkristalle mit unterschiedlichen Geometrien [4].

Im Vergleich dazu bestehen die meisten topologischen Isolatoren aus Schichtsystemen, die mit der Molekularstrahlepitaxie hergestellt werden. Das ist ein Aufwachsen von Kristallschichten auf kristalline Substrate bei Mitnahme von einer oder mehreren Orientierungen des kristallinen Substrats, wobei die Kristalle eine ununterbrochene Schicht bilden. Die Züchtung erfolgt in einer Ultrahochvakuum-Wachstumskammer mit Effusionszellen, die mittels mechanischer Shutter abgedeckt werden können, womit die Zusammensetzung der aus unterschiedlichen Materialien aufwachsenden Kristalle gesteuert werden kann. Die Oberflächenanalyse der gewachsenen Schichten erfolgt mit einem RHEED-System (RHEED = Reflection High Energy Electron Diffraction). Mit der Epitaxie können Kristallschichten mit einem weitaus höheren Reinheitsgrad erreicht werden als bei der Züchtung von Volumenkristallen, die mit den klassischen Schmelzverfahren hergestellt werden. Wesentlich sind jedoch die exakte Kristallstruktur und die genaue Zusammensetzung von Legierungskomponenten sowie, wenn notwendig, genaue Dotierungsprofile. So werden topologischen Isolatoren als dünne Kristallschichten bis hinunter zu Strukturen mit einer Ausdehnung von wenigen Atomlagen hergestellt.

Obwohl die Hochfrequenz- und die Mikrowellen nur in der Skin-Schicht und nicht auf das Volumen von Wismut und den Wismut-Antimon-Legierungen wirken, ist die Ausdehnung der Skin-Schicht größer als die der leitenden Oberfläche der topologischen Isolatoren.

11.2 Die Oberflächenzustände von Tellur

Einige der in den 1960er-Jahren erhaltenen Ergebnisse der Untersuchungen das Halbleiters Tellur sind in Abb. 7.9 und 7.10 dargestellt. Die Linien der Zyklotronresonanzen an der Valenzbandkante in der Brillouin-Zone sind in Abb. 7.9 und 11.2b mit ZR bezeichnet. In 10- bis 100-mal kleineren Magnetfeldern als die Felder der Zyklotronfrequenz an der Valenzbandkante zeigen sich scharfe Resonanzlinien, die in Abb. 11.2b mit einem roten Pfeil gekennzeichnet sind. In Abb. 11.2c ist die Anisotropie dieser Resonanzlinien in der $(10\bar{1}0)$-Ebene dargestellt. Es wurden zwei Gruppen von Resonanzen gemessen: eine Gruppe bei 20 mT (2000e) und eine Gruppe bei 2 mT. Die Anisotropie dieser Resonanzen unterscheidet sich von der Anisotropie der Resonanzen der Ladungsträger im Volumen der Kristalle. Bei den Anisotropiemessungen wird das Magnetfeld aus der Oberfläche heraus in die Normale parallel zur [0001]-Achse gedreht.

Diesen ausgeprägten Resonanzen bei 20 mT in Abb. 10.2b entsprechen effektive Massen von $m^* = 0{,}019\, m_0$. Sie sind um das Zehnfache kleiner als die effektiven Massen an der Bandkante im Volumen des Kristalls. Den Resonanzen um

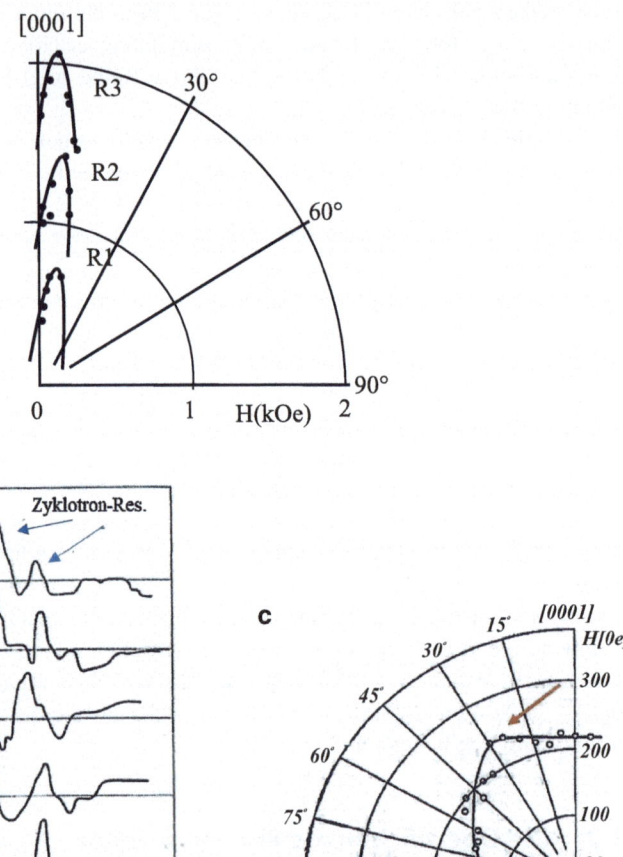

Abb. 11.2 a Serie äquidistanter, ellipsenförmiger Signale, die in Abb. 7.9 mit R bezeichnet sind, mit dem Magnetfeld senkrecht zur zentralen [0001]-Achse auf der (1010)-Seitenfläche der Elementarzelle von Tellur. **b** Stark ausgeprägte, scharfe Resonanzlinien, die wesentlich schärfer sind als die darüberliegenden Resonanzen der Energiebandstruktur an der Valenzbandkante. **c** Anisotropiediagramm der scharfen Resonanzen um 20 mT aus **b** sowie eine zweite Resonanzgruppe in sehr kleinen Magnetfeldern um 2 mT, die zehnmal kleiner als die in **b** dargestellten Resonanzen sind [2, 5]

2 mT in Abb. 11.2c entsprechen effektiven Massen von m* = 0,002 m_0, die 100-mal kleiner sind als die effektiven Massen an der Bandkante.

Die R-Signale in Abb. 11.2a treten auf, wenn das Magnetfeld in der Umgebung der [0001]-Achse fast senkrecht zur Kristalloberfläche orientiert ist.

Wie schon betont, sind die Resonanzlinien in den schwachen Feldern in Abb. 11.2b teilweise wesentlich schärfer als die Resonanzen mit den effektiven Massen (ZR) an der Valenzbandkante, denen eine transversale effektive Masse $m_t = 0{,}12\, m_0$ und eine longitudinale effektive Masse $m_l = 0{,}25\, m_0$ entsprechen [2]. Diese Resonanzen werden vermutlich von Weyl-Fermionen oder ähnlichen Quasiteilchen erzeugt. Die 10- bis 100-mal kleineren effektiven Massen entsprechen auch den Vorstellungen, „dass sich in den Weyl-Semimetallen einige Elektronen verhalten, als seien sie nahezu masselos" [6]. So könnten diese Resonanzen mit den kleinen und sehr kleinen effektiven Massen als Quasiteilchen in der Oberfläche der Tellureinkristalle durch die Topologie eine Erklärung finden.

Obwohl sich die massiven Einkristalle von den gezielt gezüchteten sehr dünnen Tellurschichten, dem Telluren, unterscheiden, gehören die kleinen Massen vermutlich zu den niedrigenergetischen Anregungen, wie sie von Qiu et al. [7] gemessen wurden. Dass Telluren ein topologischer Isolator ist und deshalb auch Tellur topologische Eigenschaften haben sollte, zeigt der Quanten-Hall-Effekt in starken Magnetfeldern zwischen 0 und 45 T (Abb. 10.24).

Die äquidistanten, ellipsoidalen Resonanzen bei 76 mT, 148 mT und 212 mT der Serie R1, R2, R3 aus Abb. 7.10 bzw. Abb. 11.2a haben einen Abstand von etwas mehr als 7 0 mT, dem eine Energie von $\hbar\omega_c = 0{,}04$ meV entspricht. Da sie an der Oberfläche in Form von lang gestreckten Ellipsoiden auftreten, könnten auch sie aus Quasiteilchen in topologischen Zuständen der Oberfläche bestehen. Die genaue Ursache dieser Serie äquidistanter Resonanzen ist jedoch noch unklar.

11.3 Dirac-Fermion in den Wismut-Antimon-Legierungen

Wie in Abb. 10.17 dargestellt, sind Dirac-Fermionen Elektronen mit linearer Dispersion, deren E(k)-Abhängigkeit an den Kanten von Valenzband und Leitungsband ein Kegelpaar bildet. Im metallischen Zustand berühren sich die Kegel an der Fermi-Energie im Dirac-Punkt, in dem die effektive Masse null wird (Abb. 11.5b).

Aus heutiger Sicht zeigte eine Reihe charakteristischer Eigenschaften, die von uns an Wismut und den Wismut-Antimon-Legierungen gewonnen wurden, topologischen Charakter. Um herauszufinden, wie diese Eigenschaften mit Kenntnis der Rolle der Topologie interpretiert werden können, werden sie noch einmal kurz dargestellt.

Die Abhängigkeit der effektiven Massen der Wismut-Antimon-Legierungen von 0–18 % Antimon in Abb. 7.17 wurde in zwei Konzentrationsbereichen untersucht. Zum einen wurden die effektiven Massen der halbmetallischen Legierungen mit x = 0 bis 3,3 % Antimonanteil im Wismut gemessen [8] und zum anderen die effektiven Massen der halbleitenden Legierungen zwischen 5 und 18 % Antimon [9].

In Tab. 11.1 sind die effektiven Massen der halbmetallischen Legierungen zusammengestellt und in Abb. 11.3 die effektiven Masen m_{ce}/m_0 in Abhängigkeit von der Antimonkonzentration aufgetragen. Sie zeigen, dass die Massen nicht, wie von den damals vorhandenen Modellen erwartet, linear mit der Antimonkonzentration abnahmen, sondern wesentlich schneller. Dabei sind die C_2- und die

Tab. 11.1 Zusammenstellung der effektiven Massen in C_1- und C_2-Richtung im Bereich von 0–3,3 % Antimon im Wismut

x	$\dfrac{m_{ce}}{m_0}$ $(B \parallel C_2)$	$\dfrac{m_{ce}}{m_0}$ $(B \parallel C_1)$
0 [1]	0.0093 ± 0.0001	0.0081 ± 0.0001
0*)	0.0094 ± 0.0002	0.0082 ± 0.0002
0.23	0.0095 ± 0.0003	0.0082 ∓ 0.0003
0.7	0.0094 ± 0.0003	
1.05	0.0093 ± 0.0003	0.0080 ± 0.0003
2.1	0.0086 ± 0.0004	0.0076 ± 0.0004
2.2	0.0086 ± 0.0004	
2.3		0.0070 ± 0.0003
2.6		0.0060 ± 0.0003
2.9	0.0064 ± 0.0003	0.0056 ± 0.0003
3.3	0.0063 ± 0.0003	0.0055 ± 0.0003

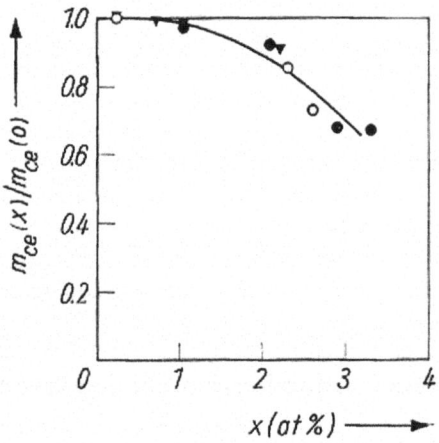

Abb. 11.3 Effektive Massen der Elektronen an der Fermi-Fläche in Abhängigkeit von der Antimonkonzentration [8]

C_1-Achsen die Achsen der Energieellipsoide an der Fermi-Energie im L-Punkt der Brillouin-Zone (Abb. 7.13).

Tab. 11.2 enthält die effektiven Massen der halbleitenden Wismut-Antimon-Legierungen zwischen 7,7 und 18 % Antimon im Wismut in allen drei Richtungen C_1, C_2 und C_3 der Ellipsoide im L-Punkt [9]. Bei 18 % beträgt die Masse $m_{c1} = 4 \cdot 10^{-3}\, m_0$, und bei 4 % geht die effektive Masse gegen null. Die lineare Abhängigkeit der effektiven Massen von der Antimonkonzentration und das Verschwinden der effektiven Masse bei 4 % Antimonkonzentration weisen auf lineare Dispersion hin, ohne dass jedoch damals weder für die lineare Abhängigkeit noch für das Verschwinden der effektiven Masse eine Erklärung gefunden wurde.

Abb. 11.4 zeigt die effektiven Massen m_{c1} in C_1-Richtung im Bereich der Antimonkonzentration im Wismut von 4–18 % [9].

Als 1975 die effektiven Massen über den Gesamtbereich der Zusammensetzung der Legierungen von 0–22 % Antimon veröffentlicht wurden (Abb. 11.5a) [12], gab es eine Reihe von Diskussionen über die doch sehr kleine effektive Masse,

11.3 Dirac-Fermion in den Wismut-Antimon-Legierungen

Tab. 11.2 Übersicht über die gemessenen effektiven Massen von 13 Wismut-Antimon-Legierungen $Bi_{(1-x)}Sb_x$ mit $x = 0{,}077$ bis $0{,}17$ und ihren Ladungsträgerkonzentrationen in allen drei christallographischen Richtungen C_1, C_2 und C_3, zusammen mit den Fermi-Energien

sample	x	N (10^{-14} cm^{-3})	$\frac{m_{c,1}}{m_0} \times 10^3$	$\frac{m_{c,2}}{m_0} \times 10^2$	$\frac{m_{c,3}}{m_0} \times 10^2$	ε_F (meV)
(XVI)2	0.077	1.0	0.95	—	0.70	—
(XVI)1	0.078	10.0	1.7	—	1.6	1.6
(XI)1	0.079	6.0	1.3	1.3	0.90	0.9
(XVI)3	0.088	0.9	1.5	1.6	—	—
(XV)6	0.095	85.0	2.4	2.5	1.9	1.9
(IV)1	0.100	1.0	1.9	1.9	1.1	—
(XIII)1	0.110	20.0	2.5	3.2	—	1.0
(X)6	0.112	—	3.0	3.2	—	—
(II)2	0.114	160.0	3.5	4.3	3.4	3.0
(XVII)1	0.129	6.4	2.8	4.2	3.7	—
(VIII)1	0.132	0.4	2.8	4.6	3.8	—
(XIX)1	0.138	13.0	3.0	4.7	—	0.8
(VII)2	0.17	6.4	4.0	6.35	5.5	—

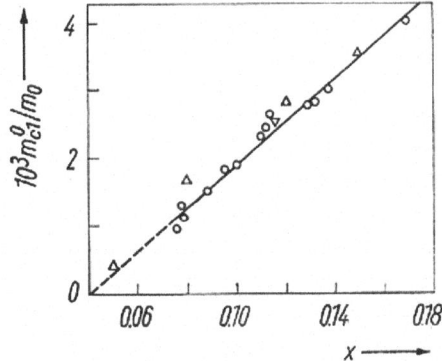

Abb. 11.4 Effektive Massen m_{c1} der Elektronen an der Fermi-Fläche der Elektronenellipsoide in C_1-Richtung im Bereich der Antimonkonzentration von 4–18 %. Die mit o bezeichneten Werte stammen aus eigenen Messungen, die Werte $\triangle$ aus Tichowolsky und Mavroides [10] und die Werte $\triangledown$ aus McCombe [11]

die bei 4 % Antimon gegen null ging, jedoch war eine verschwindende effektive Masse nicht vorstellbar und wurde auch seitens der Theorie nicht weiter diskutiert.

Aus heutiger Sicht wurde mit diesen Messungen für die Legierungen mit einem Antimonanteil über 5 % ein kritischer Quantenpunkt und damit der erste Dirac-Isolator gefunden, wobei die Messungen in Abb. 11.4 und 11.5a klar zeigen, dass die Masse im Bereich unter 5 % gegen null geht, ohne dass damals eine Einordnung möglich war.

Die Messkurve in Abb. 11.5a wurde 1975 veröffentlicht [12]. Die schematische Darstellung der Bandstruktur ist aus der Dissertation von Winfried Kraak von 1990 [13]. Diese Form der Bandstruktur wurde seit Beginn der Untersuchungen der Wismut-Antimon-Legierungen für die Interpretation der Messergebnisse genutzt.

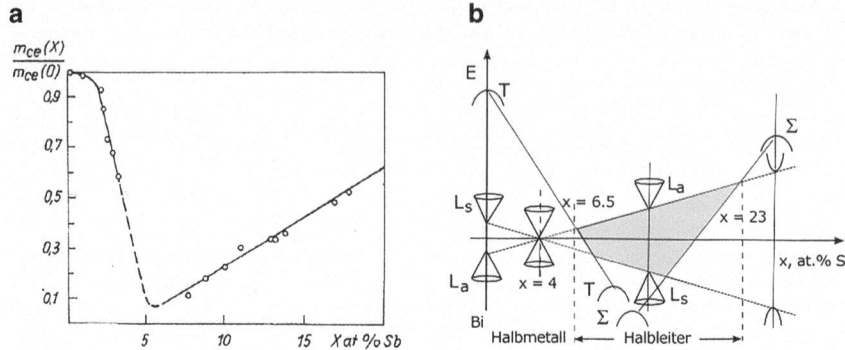

Abb. 11.5 a Effektive Massen der Elektronen in den L-Punkten und der Löcher im T-Punkt der Brillouin-Zone der Wismut-Antimon-Legierungen mit einem Antimonanteil zwischen 0 und 18 %. Die effektiven Massen der halbleitenden Legierungen gehen für eine Antimonkonzentration von 4 % Sb gegen null. (Die rote, punktierte Linie wurde nachträglich eingefügt.) **b** Bandstruktur der Wismut-Antimon-Legierungen in Abhängigkeit vom Antimonanteil. [a: [12]]

Abb. 11.5b zeigt die Veränderung der Bandstruktur der Wismut-Antimon-Legierung aus der Sicht der topologischen Eigenschaften der heute als neue Materialklasse erkannten Legierungen. Im Bereich von 0–4 % Antimon sind die Legierungen topologische Halbmetalle und im Bereich von 6,5–23 % topologische Isolatoren.

Wenn von Hsieh et al. [14] festgestellt wurde, dass mit ihrer Arbeit zum ersten Mal ein masseloser dreidimensionaler Dirac-Punkt realisiert wurde und es vorher noch keine Hinweise darauf gegeben hat, so ist das wohl eher auf die Nichtbeachtung der Literatur zurückzuführen, obwohl die Zeitschrift *Physica Status Solidi*, in der die Ergebnisse veröffentlicht wurden, auch damals international Beachtung fand.

11.4 Der Radiofrequenz-Größeneffekt

Neben den Untersuchungen der Zyklotronresonanz wurde, wie in Kap. 7 bereits kurz dargestellt, zur Klärung der Energiebandstruktur von Wismut der Radiofrequenz-Größeneffekt (RFSE, Radio Frequency Size Effect), auch Gantmacher-Effekt genannt, eingesetzt [15, 16]. Auch diese Ergebnisse sollen unter dem Gesichtspunkt, dass Wismut ein topologischer Isolator ist [17, 18], analysiert werden. Der RFSE ist ein mit der Zyklotronresonanz verwandter Effekt, der der Geometrie der zu untersuchenden Messproben unterworfen ist.

Mit diesem Größeneffekt wurde von uns im Wismut ein inneres Magnetfeld gefunden, das sich mit der Amplitude der Radiofrequenz vergrößert, und es ist zu vermuten, dass dieses innere magnetische Feld auf einer Orientierung von Spins beruht, die aufgrund der starken Spin-Bahn-Kopplung im Wismut zu einem ferromagnetisch ähnlichen Zustand führt.

11.4 Der Radiofrequenz-Größeneffekt

Wismut wurde erst als toplogisch trivial eingestuft. Es hat sich aber gezeigt, dass Wismut in höherer Ordnung topologisch ist [17]. Wie schon ausführlich dargestellt, fließt im Wismut als Halbmetall der Hochfrequenzstrom in der Skin-Schicht. Für Wismut als topologischer Isolator sind im Energiespektrum am Rand der Proben Lücken geöffnet, sodass Oberflächenzustände den Strom tragen [19].

Der Radiofrequenz-Größeneffekt wurde 1968 von Gantmacher [16] am Halbmetall Wismut entdeckt. Dabei erzeugt eine senkrecht auf die Skin-Schicht der Oberfläche einfallende Radiofrequenzstrahlung einen Hochfrequenzstrom, der mit der Impedanz ($Z = R + iX$) gemessen wird.

Wenn in einem Metalleinkristall mit planparallelen Oberflächen, der sich in einem Magnetfeld parallel zu den Oberflächen befindet, der Durchmesser der Zyklotronbahn gleich der Dicke des Kristalls ist, wird bei der Bestrahlung mit einem Radiofrequenzfeld die Skin-Schicht der Oberfläche durch die Zyklotronbewegung der Elektronen in die Unterseite der Probe transportiert. Dabei werden die Elektronen in der Skinschicht an der Oberfläche auf Zyklotronbahnen beschleunigt. Sie durchlaufen den hochfrequenzfeldfreien Innenraum des Kristalls und reproduzieren die Skin-Schicht an der Unterseite (Abschn. 7.4.1 und Abb. 11.6a). Wenn eine Zyklotronbahn mit dem Durchmesser d in den Probenquerschnitt a passt, ist in

$$a = nd = n\frac{2p_F}{eB} \quad (7.8)$$

$n = 1$.

Wenn das Magnetfeld erhöht wird, passen bei doppeltem Magnetfeld zwei Zyklotronbahnen in den Kristallquerschnitt, und es kommt zu einer zweiten Resonanz (Abb. 11.6), was mit Erhöhung des Magnetfeldes auch zu immer höheren Resonanten, $n = 2, 3, \ldots$, führen kann.

Mit der Beziehung (7.8) wurden so die Kristallimpulse der Ladungsträger p_F auf der Fermi-Fläche von Wismut in den Brillouin-Zonen im L-Punkt bestimmt und ergaben an der Fermi-Energie in allen drei Hauptachsen der Ellipsoide 1, 2, und 3 (Abb. 7.13) folgende Werte:

$p_1 = (5,45 \pm 0,10) \times 10^{-22}$ gcm/s

$p_2 = (79,5 \pm 0,30) \times 10^{-22}$ gcm/s

$p_3 = (7,54 \pm 0,25) \times 10^{-22}$ gcm/s

Außerdem wurde die Anisotropie der Quasiimpulse gemessen, die in Abb. 7.12 an der Fermi-Fläche von Wismut für die C_3- und C_2-Flächen dargestellt ist [20, 21].

In Abb. 11.6a sind die Messgeometrien noch einmal für die beiden Fälle, $n = 1$ und 2, für eine Zyklotronbahn sowie für zwei Zyklotronbahnen im Probenquerschnitt dargestellt.

Abb. 11.6b zeigt die beiden RFSE-Signale. Das zweite Signal tritt, wie erwartet, beim doppelten Magnetfeld auf.

Die Grundresonanz, bei der die Elektronen von der oberen Oberfläche auf die Unterseite der Probe transportiert werden ($n = 1$), liegt bei $B_1 = 1,24$

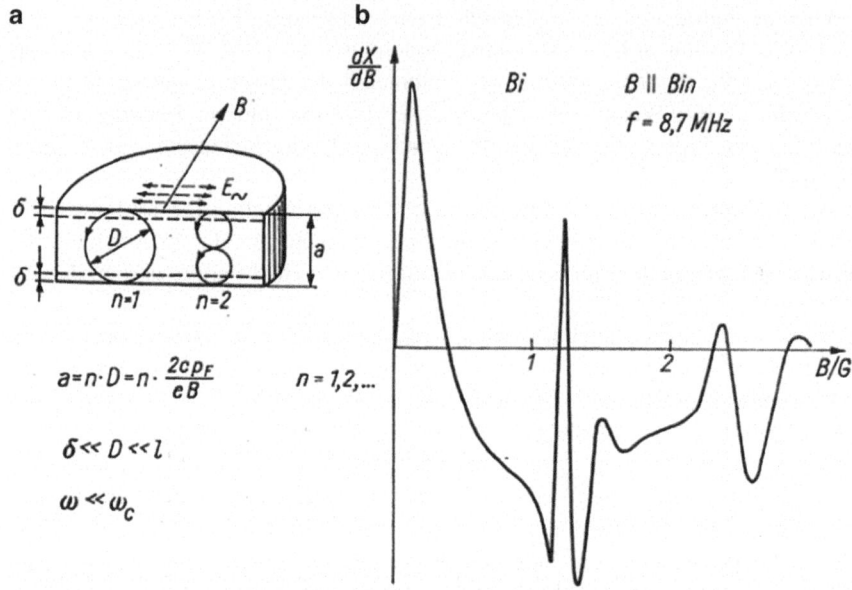

Abb. 11.6 a Querschnitt einer kreisrunden Probe mit den Skin-Schichten und den Zyklotronbahnen und darunter die Resonanzbedingungen (wobei für den Bahndurchmesse nur in dieser Abbildung anstelle von d ein großes D steht). **b** Die beiden Signale für eine Kreisbahn d = a und für zwei Kreisbahnen d = a/2 im Probenquerschnitt. Die Messung erfolgte bei einer Temperatur von 1,7 K [3]

G bzw. 0,124 mT. Die zweite Resonanz (n = 2), bei der zwei Zyklotronbahnen in die Probe passen, entsteht bei $2B_1 = 2{,}48$ G bzw. 0,248 mT. Zwischen den beiden Zyklotronbahnschichten in den Kristalloberflächen entsteht in der Mitte des Kristalls eine neue Skin-Schicht bzw. wird ein Stromkanal erzeugt.

Die bei dieser Messung untersuchte Probe war eine runde, formgezüchtete Wismutprobe mit einem Durchmesser von 5 mm und einer Dicke a = 0,8 mm. Sie wurde senkrecht zur Oberfläche mit einer Radiofrequenzwelle 8,7 MHz bestrahlt, wobei das Hochfrequenzfeld $E_\sim$ und das Magnetfeld senkrecht zueinander in der Oberfläche lagen. Gemessen wurde die Ableitung der Impedanz nach dem Magnetfeld $\delta X/\delta B$ als Funktion des angelegten Magnetfeldes.

11.5 Oberflächen und Volumenzustände von Wismut

Wenn für den Radiofrequenz-Größeneffekt bei Verdopplung des Magnetfeldes zwei Zyklotronbahnen in die Breite der Probe passen, wird, wie schon festgestellt, die obere Skin-Schicht δ_o erst in die Mitte der Probe, in eine mittlere Skin-Schicht δ_m, transportiert und dann in die darunterliegende Zyklotronbahn δ_u, in die Rück-

11.5 Oberflächen und Volumenzustände von Wismut

seite der Probe. Im quasiklassischen Bild des Radiofrequenz-Größeneffekts fließt der Strom in allen drei Fällen durch Volumenzustände, wobei er durch die Impedanz des Wismuts bestimmt wird. Sind jedoch im Wismut als topologischer Isolator die Spin-Bahn-Kopplung, die Inversionssymmetrie und die Zeitumkehrsymmetrie topologisch geschützt, dann kann der Strom auf beiden Seiten der Probe widerstandslos durch topologische Kanäle fließen. Erfolgt der Strom in der mittleren Skin-Schicht durch Volumenzustände, müsste zwischen den Strömen ein Phasenübergang zwischen den Oberflächenzuständen und den Volumenzuständen stattfinden. Es könnte jedoch auch sein, dass die topologischen Oberflächenzustände, die den Strom fast widerstandslos leiten, in die mittlere Skin-Schicht transportiert werden.

Dabei sind es beim Radiofrequenz-Größeneffekt im quasiklassischen Bild anstelle der Skipping-Bahnen Skimming-Bahnen, die vom Hochfrequenzstrom unter der Wirkung des äußeren Magnetfeldes B in der Skin-Schicht erzeugt werden, wie das im Querschnitt der Messprobe in Abb. 11.7 dargestellt ist.

Ob jedoch in den drei Stromschichten, deren Durchmesser durch die Dicke der Probe gegeben ist, die Fermi-Energie mit einem Landau-Niveau zusammenfallen kann, hängt von der Dicke der Probe und dem Abstand zwischen den Landau-Niveaus ab. Die Skin-Schicht ist zwar aufgrund des schwach anomalen Skin-Effekts wesentlich größer als die fast idealleitenden topologischen Schichten an den Oberflächen, was jedoch nicht für die Bildung von topologischen Oberflächenzuständen in der mittleren Schicht ausreichen muss.

Zwischen den Oberflächenzuständen ist in Abb. 11.8 ein mittler Stromkanal (leerer Kreis) angedeutet. Darunter sind die Skimmig-Bahnen von zwei Zyklotronumläufen an den beiden Rändern der Probe und die Skin-Schicht in der Mitte des Querschnitts mit ihrer Stromrichtung dargestellt.

Sollten jedoch topologische Zustände in die mittlere Skin-Schicht δ_m getragen werden, dann könnte, wie in Abb. 11.7 dargestellt, bei doppelter Magnetfeldstärke durch alle drei Stromkanäle ein fast widerstandsloser Strom fließen. Neu wären

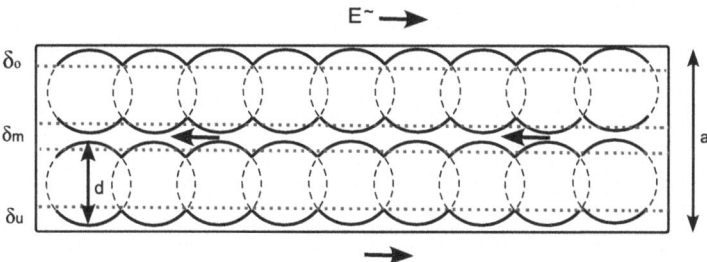

Abb. 11.7 Ausbildung der Skimming-Bahnen für ein Magnetfeld parallel zur Probenoberfläche mit $\mathbf{B} \perp \mathbf{E}_\sim$. Im Querschnitt a befinden sich zwei Zyklotronbahnen mit dem Durchmesser $d = a/2$. Das Magnetfeld ist senkrecht zur Abbildungsoberfläche gerichtet. Der Strom fließt erst durch die Skin-Schicht δ_o der Oberfläche, dann durch die Schicht in der Mitte der Probe δ_m und gelangt dann in die Skin-Schicht δ_u der unteren Oberfläche

Abb. 11.8 Im oberen Teil sind die Landau-Niveaus mit den Stromkanälen (rote Punkte) über den Probenquerschnitt dargestellt. Das oberste Landau-Niveau ist leer. Das mittlere Landau-Niveau ist an der Fermi-Energie mit frei beweglichen Elektronen in den Oberflächenzuständen (rote Punkte) besetzt. Das untere Landau-Niveau befindet sich in den besetzten Zuständen

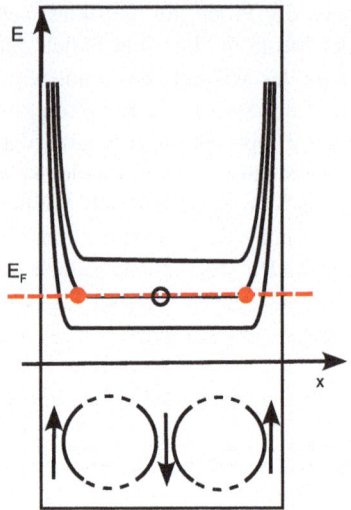

dann aber topologische Zustände im Volumen von Wismut, die in Abb. 11.8 oben an der Fermi-Energie angedeutet sind.

Unklar bleibt jedoch, ob sich beim Radiofrequenz-Größeneffekt durch die geometrische Beschränkung für den Bahndurchmesser durch die Probendicke überhaupt topologische Oberflächenzustände ausbilden können, denn es muss nicht nur ein Landau-Niveau mit der Fermi-Energie zusammenfallen, damit topologische Zustände für den Gesamtstromfluss vorhanden sind, sondern das dafür notwendige Magnetfeld muss auch an die Probendicke angepasst sein. Dieses Anpassungsproblem und der Charakter der mittleren Bahn müssten noch geklärt werden.

11.6 Ein permanentes Magnetfeld im Wismut

Zum Abschluss soll noch die Beobachtung eines inneren Magnetfeldes im Wismut mit dem Radiofrequenz-Größeneffekt im Wismut eingegangen werden [22], das mit der Spin-Bahn-Kopplung und entsprechend auch mit der Topologie zusammenhängen sollte.

Bei der Messung der Abhängigkeit des Radiofrequenz-Größeneffekts von der Intensität der Hochfrequenzstrahlung $B^\sim$ verschiebt sich die Resonanz linear bis zu 10 % zu stärkeren Magnetfeldern (Abb. 11.9b).

In Abb. 11.9a sind diese Verschiebungen über dem äußeren Magnetfeld mit der Amplitude der Hochfrequenzstrahlung als Parameter und in Abb. 11.9b ihre Abhängigkeit von der Amplitude der Hochfrequenzwelle $B^\sim$ dargestellt.

Die Verschiebung des Radiofrequenz-Größeneffekt-Signals mit der Amplitude der Hochfrequenzwelle resultiert aus einem permanenten inneren Magnetfeld, das

11.6 Ein permanentes Magnetfeld im Wismut

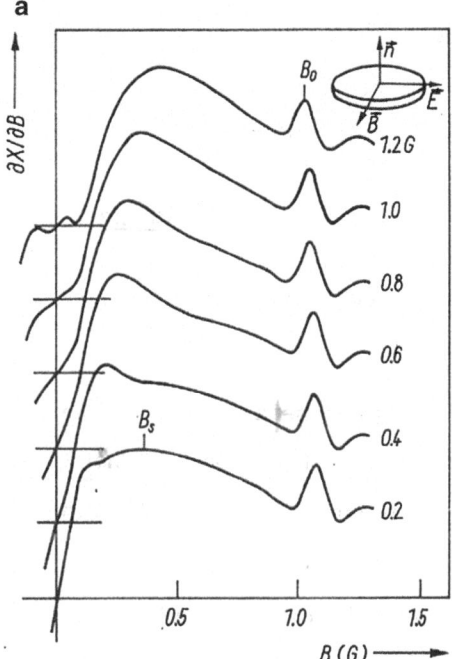
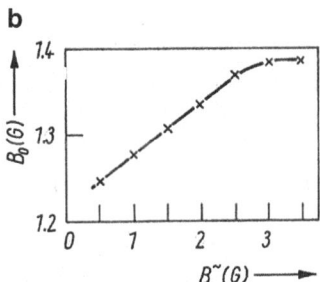

Abb. 11.9 a Radiofrequenz-Impedanzmessung $\delta X/\delta B$ über dem äußeren Magnetfeld B bei einer Temperatur von 1,7 K und einer Frequenz zwischen 2 und 20 MHz in Abhängigkeit von der Amplitude der einfallenden Hochfrequenzwelle $B^\sim$. Oben rechts ist die Messgeometrie dargestellt. **b** Verschiebung des Radiofrequenz-Größeneffekt-Signals mit der Amplitude $B^\sim$ der Hochfrequenzwelle. Der Winkel zwischen dem Magnetfeld und der bisektrischen Achse des Wismutkristalls beträgt 45°

sich in Abhängigkeit vom Hochfrequenzintensität verringert und zusammen mit dem äußeren Feld auf die Ladungsträger in der Probe wirkt.

Um die Existenz des inneren magnetischen Feldes nachzuweisen, wurde das äußere magnetische Feld um 180° gedreht. Im Ergebnis zeigt sich, wie in Abb. 11.10 dargestellt, eine Verschiebung des Radiofrequenz-Größeneffekt-Signals und damit die Existenz eines inneren Magnetfeldes im Wismut [22].

Bei der Zunahme der Intensität der Radiofrequenzstrahlung, hier durch die Amplitude des Magnetfeldes der Strahlung $B^\sim$ dargestellt, muss das äußere Magnetfeld vergrößert werden, damit es zur Resonanz kommt. Das bedeutet, dass entweder ein inneres Magnetfeld, das dem äußeren Feld entgegenwirkt, vergrößert wird, wodurch das äußere Magnetfeld vergrößert werden muss, bis der Durchmesser der Zyklotronbahn den Durchmesser der Probe wieder erreicht hat, oder ein inneres Magnetfeld, das parallel zum äußeren Feld orientiert ist und durch die Radiofrequenzwelle verkleinert wird.

Abb. 11.10 Verschiebung des Radiofrequenz-Größeneffekt-Signals bei der Umkehr des äußeren Magnetfeldes um 180°. Parameter ist die Amplitude der Magnetfeldkomponente B⁻ der Radiofrequenzwelle

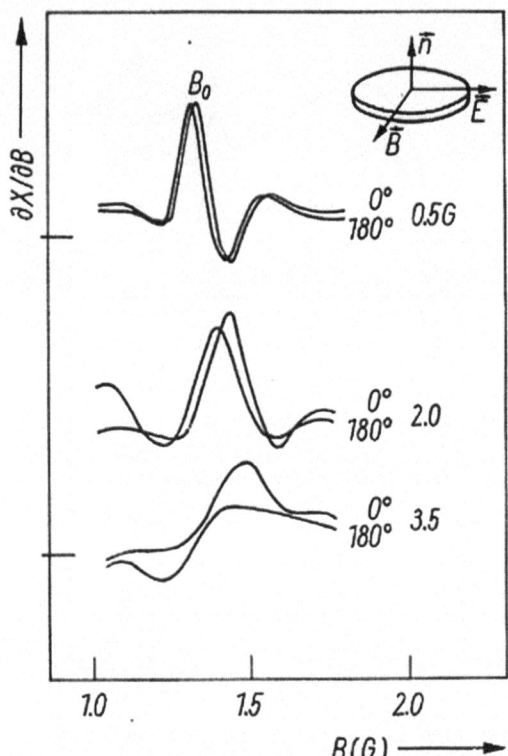

Dieses innere Magnetfeld entsteht wahrscheinlich dadurch, dass die vollständige Kompensation der beiden Magnetfelder im Quanten-Spin-Hall-Zustand durch das Magnetfeld des Radiofrequenz-Größeneffekts aufgehoben wird. Die beiden Magnetfelder sind somit nicht mehr exakt gleich groß. Ihre Differenz ist das innere Magnetfeld. In diesem Fall ist die Topologie die Ursache dieses inneren Magnetfeldes.

11.7 Die topologischen Eigenschaften der Einkristalle

Abschließend kann festgestellt werden, dass sowohl bei den in den 1960er- und 1970er-Jahren an der Humboldt-Universität bei tiefen Temperaturen $\leq 4{,}2$ K durchgeführten Untersuchungen der Elektronenstruktur von Tellur, Wismut und den Wismut-Antimon-Legierungen Resultate erzielt wurden, die heute durch die topologischen Eigenschaften dieser Materialien erklärt werden können.

Im Tellur wurden mit der Zyklotronresonanz Quasiteilchen gefunden, deren effektiven Massen bis zu 100-mal kleiner sind als die effektiven Massen der Elektronen an der Valenzbandkante im Volumen der Kristalle. Mit einer gewissen

Wahrscheinlichkeit handelt es sich bei diesen Quasiteilchen um Weyl-Fermionen ähnliche Anregungen. Die Anisotropie dieser Quasiteilchen weicht von der Anisotropie der Volumenbandstruktur ab und könnte wohl eher topologischen Zuständen in der Oberfläche der Kristalle zugeordnet werden.

Die Resonanzserie R_i (i = 1, 2, 3) mit den quasiäquidistanten Magnetfeldern 72mT, 148mT und 212mT tritt nahe der Oberfläche auf. Auch sie sind wahrscheinlich topologischen Zuständen in der Oberfläche des Kristalls zuzurechnen. Welche Rolle jedoch ihr äquidistanter Abstand spielt, bliebt unklar. Er könnte, wie beim Radiofrequenz-Größeneffekt eine geometrische Ursache haben.

Die Resultate, die wir mit den Wismut-Antimon-Legierungen erzielt haben, wie die Abhängigkeit der effektiven Massen der halbleitenden Legierungen von der Antimonkonzentration und das Streben der effektiven Masse m* bei 4 % Antimongehalt gegen null, zeigen die Wirkung der Topologie.

Da jedoch zu der Zeit, als diese Ergebnisse erzielt wurden, verschwindend kleine effektive Massen im Tellur und ein Verschwinden der effektiven Masse wie in den Wismut-Antimon-Legierungen nicht vorstellbar waren, konnten erst mit der Entdeckung, dass neben der Symmetrie die Topologie als zweite Säule der Elektronenstruktur der Festkörper existiert, diese physikalischen Erscheinungen eingeordnet werden.

Besondere Bedeutung kommt wohl dem Entdeckung des inneren Magnetfeldes im Wismut zu, das wir 1974 mit dem Radiofrequenz-Größen-Effekt entdeckt haben [22]. Dieses innere Magnetfe erklärt sich am ehesten durch die Magnetfelder, die sich beim Quanten-Spin-Hall- Effekt kompensieren.

Literatur

1. I.M. Lifschitz, M.Ja. Asbel M.I. Kaganow, Elektronentheorie der Metalle, Akademie Verlag Berlin1 1975
2. R. Herrmann and K. Herrmann Cyclotronresonance an Impedance Oscillation in Tellurium, IX. International Conference on the Physics of Semiconductors, Moscow July 23–29 1968),
3. R. Herrmann, H. Krüger, H.-U. Müller, G. Oelgart, W. Braune, Spectroscopy of carriers in solids in the radiofrequency, microwave and submillimeter range, Experimentelle Technik der Physik Nr. 5, 97, (1974)
4. R. Herrmann, J. Vogt, und H. Haefner, Preparation of Homogenous Bismut-AntimonySingle Cristals with Given Shapeand Orientation, phys. stat. sol. (a) 24,131, (1974)
5. R. Herrmann and Karin Herrmann, Zyklotronresonanz im Tellur, phys. stat. sol.25 655 (1968)
6. Claudia Felser, Vortrag der Preisträgerin der Liebig-Denkmünze 2022 der GDCh, Prof. Dr. zum Thema „Topologie und Chiralität" (Video)
7. G. Qiu, C. Niu, Y. Wang, M. Si, Z. Zhang, W. Wu, P. D. Ye, Quantum Hall effect of Weyl fermions in n-type semiconducting tellurene, *Nat. Nanotechnol.* **15**15, 585–591 (2020).
8. R. Herrmann, W. Braune, and G. Kuka, Cyklotron Resonance of Electrons in Semimetallic Bismuth-Antimony Alloys, phys. stat. sol. 68, 233, (1975)
9. G. Oelgart and R. Herrmann, Cyclotron Masses in Semiconducting $Bi_{(1-x)}Sb_x$lloys, phys. stat. sol. 75, 1890 (1976)]
10. E.J. Tichowolsky and J.G. Mavroides, Solid State Commun. 7, 927 (1969)

11. D.C. McCombe, R.J. Wagner and J.S. Lannin, Proc. XII Conf. Semicond., Stuttgart 1974, p. 1974
12. R. Herrmann, Resonanzen und Plasmaeffekte in Wismut-Antimonlegierungen, Reinststoffprobleme, Band V, Internationales Symposium: Reinststoffe in Wissenschaft und Technik, 14.–17. Oktober 1975 in Dresden, Akademie Verlag Berlin
13. W. Kraak, Habilitationsschrift, Humboldt-Universität,1990
14. D. Hsieh, D. Qian, L. Wray, Y. Xia, Y. S. Hor, R. J. Cava & M. Z. Hasan, A topological Dirac insulator in a quantum spin Hall phase, Nature volume 452, pages 970–974 (2008)
15. V.F. Gantmacher, Progr. Low Temp. 5 191 (1967)
16. V.F. Gantmacher, Zh. exper. teor. Phys. Pisma 2 557 (1965)
17. Frank Schindler et all., „Higher-order topology in bismuth"; Nature Physics volume 14, pages 918–924 (2018)
18. Yue Pang et al.; Synthesis and isolation of a triplet bismuthine with a quenched magnetic response; Science; 18 May 2023
19. Thouless, D. J., M. Kohmoto, M. P. Nightingale and M. den Nijs, 1982, Phys. Rev. Lett. 49, 405
20. R. Herrmann, S. Hess, H.-U. Müller, Radio Frequency Size Effect, phys. stat. sol.(b) 48 K151 (1971),
21. H.-U. Müller, S. Hess and R. Herrmann, Radio Frequence Size Effect in Bismuth, phys. stat. sol. (b) 68 507(1975)
22. S. Hess, R. Herrmann, and J. Schmidt, Investigation of Surface Impedance of Bi in radiofrequency Range as the Function of the Excitation Amplitude. phys. stat. sol. (b) 63 K43 (1974)

Teil V
Neue Kühlmethoden – Technische Lösungen und neue Physik

Tiefe Temperaturen ohne tiefsiedende Flüssigkeiten

12

Der wirtschaftliche und industrielle Einsatz von tiefen Temperaturen war mit der Gasverflüssigung und der Entwicklung geschlossener Gaskühlkreisläufe erreicht. Damit waren die Konservierung von Nahrungsmitteln und die Klimatisierung von Lebensräumen mit abgesenkten Temperaturen abgeschlossen. Für Bereiche tieferer Temperaturen, die nur mit flüssigem Stickstoff und flüssigem Helium erreicht werden konnten, insbesondere für Strahlungsdetektoren auf beweglichen Objekten und in Produktionsprozessen, war der Umgang mit den Kühlflüssigkeiten hinderlich oder überhaupt nicht möglich. So kam es zur Entwicklung von Kühlsystemen, die ohne Flüssigkeiten auskamen. Die dabei erzeugten mechanischen Störungen behinderten jedoch den Strahlungsempfang. Sehr empfindliche Detektoren konnten mit diesen Geräten nicht gekühlt werden. Das führte zur Entwicklung der Pulsrohrkühler, die ohne Bewegung mechanischer Teile arbeiten. Mit diesen Kühlern konnten mechanische Störungen und Vibrationen weitgehend überwunden werden. Diese Entwicklung ermöglichte der Astrophysik einen neuen Blick in das Universum.

Der Anschluss der DDR an die Bundesrepublik und der damit verbundene gesellschaftliche Umbruch am Anfang der 1990er-Jahre des 20. Jahrhunderts waren mit einem Wechsel des Gesellschaftssystems verbunden. Das betraf auch den Bereich der Bildung und insbesondere die Hochschulen. Dabei kam es an der Berliner Humboldt-Universität als bekannteste Bildungsstätte Deutschlands zu besonders starken Verwerfungen.

Während der Umstrukturierung der Wissenschaftslandschaft im Ostteil Berlins suchten vor allem Naturwissenschaftler der Humboldt-Universität gemeinsam mit den Kollegen aus der ehemaligen Akademie der Wissenschaften im Wissenschafts- und Wirtschaftsstandort Berlin-Adlershof, der aus den Forschungsinstituten der Akademie der Wissenschaften der DDR entstand, einen Neuanfang. Unter ihnen war auch eine ganze Reihe Physiker, die in den Bereichen der Sektion Physik gearbeitet hatten und neben ihrer Lehrtätigkeit stark in der Forschung eingebunden waren.

Ausgehend von den damals aktuellen Anforderungen der Materialforschung, der Astrophysik und der Informationstechnik an Röntgen-, Infrarot- und Terahertzdetektoren, wandten sich Wissenschaftler des Bereichs Tieftemperatur-Festkörperphysik der Weiterentwicklung von Kühlmethoden für Strahlungsdetektoren zu. Röntgendetektoren müssen für die Materialanalyse mindestens auf Stickstofftemperaturen gekühlt werden. Für den Nachweis von leichten Elementen und für die Astrophysik müssen sie, wie auch die Infrarot- und Terahertzdetektoren auf Temperaturen unter 1 K abgekühlt werden. Allein das Abkühlen durch die Verdampfung von flüssigem Helium reichte hierfür nicht mehr aus.

Hinzu kam, dass der kontinuierliche Einsatz gekühlter Detektoren und der damit verbundene Umgang mit Kryoflüssigkeiten bei der Entwicklung von Hochtechnologien zu einem Hindernis wurden. Auch ist Helium auf der Erde nur in begrenzten Mengen vorhanden. Es wird heute immer schwerer, es zu beschaffen, und es geht auch beim Umgang im flüssigen Zustand in nicht unerheblichen Mengen verloren. Entsprechend wird es auch immer teurer.

Ein Ausweg ergab sich in den 1990er-Jahren mit der Entwicklung von Kältemaschinen, welche die notwendigen tiefen Temperaturen im geschlossenen Kreislauf erreichen. Dadurch konnte der Einsatz tiefsiedender Flüssigkeiten, insbesondere von flüssigem Helium, nahe dem absoluten Nullpunkt stark reduziert werden.

12.1 Stirling-Kühler

12.1.1 Der Stirling-Prozess

In der zweiten Hälfte des 20. Jahrhunderts hatten sich leistungsfähige Gasverflüssigungsanlagen für die wissenschaftlichen Arbeiten bei tiefen Temperaturen und für die technische Anwendung der Tieftemperaturphysik, insbesondere für den nicht mehr aus der Hochtechnologie wegzudenkenden Einsatz der Supraleitung, etabliert. Dazu gehörten insbesondere Heliumverflüssiger, die mit den von Kapitza entwickelten Prinzipien arbeiten.

Doch für eine ganze Reihe von Anwendungen wurde der Umgang mit tiefsiedenden Flüssigkeiten bald hinderlich, da die Flüssigkeiten relativ schnell verdampften und ständig nachgefüllt werden mussten. Besonders schwierig war ihr Einsatz bei der Kühlung von Infrarotdetektoren in der Astrophysik und für zielsuchende Lenkwaffen. So war es nicht zuletzt das Militär, das die flüssigkeitsfreien Kühlmethoden förderte. Aber auch in der Kosmosforschung kamen immer stärker Gaskältemaschinen zur notwendigen Detektorkühlung auf der Erde und auf Satelliten zum Einsatz.

Die Entwicklung begann mit Kolbenmaschinen, die das Prinzip des Stirling-Motors ausnutzten. Das sind Carnot-Maschinen, die gegen den Uhrzeiger laufen. Es wird nicht wie beim normalen Carnot-Prozess Arbeit durch den Aufwand von Wärme erzeugt, sondern durch Arbeit wird Abkühlung erreicht.

Das Grundprinzip dieser mechanischen Kühler beruht darauf, dass ein Kompressor einen Kolben antreibt, der durch Kompression und Expansion eines Arbeitsgases die Arbeit des Kompressors in eine Kühlleistung umsetzt. Um die Kühlung kontinuierlich zu gestalten, durchläuft ein Arbeitsgas bei allen derartigen Kühlprozessen einen geschlossenen Kreislauf.

Das Grundprinzip der Kühlung wurde in Abschn. 1.3 als Entropieverringerung (Abb. 1.5) mit dem rückwärtslaufenden Carnot-Kreislauf beschrieben und anhand der Arbeitsweise des Philips-Heliumverflüssigers in Abschn. 6.4 als Stirling-Kühlprozess erläutert.

Wie beim Philips-Verflüssiger gezeigt wurde, arbeitet dieser Stirling-Kühler mit einem Kolben, der im ersten Schritt unter Aufwand der Arbeit W ein Gas komprimiert. Die Kompressionswärme Q_h wird im zweiten Schritt abgeführt. Im dritten Schritt wird das Gas entspannt, wobei es sich abkühlt. Dieses kalte Gas wird im vierten Schritt genutzt, um ein Objekt abzukühlen. Diese Abkühlung erfolgt dadurch, dass vom kalten Gas vom zu kühlenden Objekt eine Wärmemenge Q_c aufgenommen wird.

Diese Gaskältemaschinen erzeugen jedoch durch ihre Kolbenbewegung mechanische Schwingungen und Vibrationen, die die Funktionen der zu kühlenden Bauelemente und insbesondere hochempfindliche Detektoren stark in ihrer Funktion beeinträchtigen können, wenn nicht gar den Strahlungsempfang zunichte machen. Deshalb wurden Lösungen gesucht, bei denen die Kühler ohne mechanischen Kolben auskommen. Das gelang mit den sogenannten Pulsrohrkühlern, in denen keine mechanische Kolben, sondern nur eine Gassäule bewegt wird.

12.1.2 Pulsrohrkühler

In diesen Kühlern tritt an die Stelle des Kolbens eine Gassäule. Es gibt zwei Typen von Pulsrohrkühlern. Beide arbeiten nach dem Stirling-Prinzip. Sie entsprechen den mit Kolben arbeitenden Stirling-Kühlern sowie den auch mit Kolben arbeitenden Gifford-McMahon-Kühlern.

Stirling-Kühler und die Gifford-McMahon-Kühler unterscheiden sich durch die Art der Gaskompression. Im Stirling-Pulsrohrkühler arbeitet der Kompressor wie ein Blasebalg, ohne Ventile. Im Gifford-McMahon-Kühler erfolgen der Gaseinlass vom Kompressor in den Kühler und der Gasauslass aus dem Kühler zum Kompressor durch ein Drehventil. Die Stirling-Pulsrohrkühler arbeiten im Frequenzbereich von 20–60 Hz. Die typischen Frequenzen liegen bei 50 Hz. Die Kompressorleistung liegt zwischen 50 und 200 W. Die Kühlleistungen erreichen bei Stickstofftemperaturen bis zu einige Watt. Sie können Temperaturen bis zu 30 K erreichen.

Die Pulsrohrkühler vom Gifford-McMahon-Typ arbeiten im Frequenzbereich von 1–2 Hz. Sie werden von Kompressoren bis zu 10 kW betrieben. Bei Heliumtemperaturen haben sie eine Kühlleistung um 1 W.

Die Entwicklung dieser Kühler begann 1964 durch die Arbeiten von Gifford und Longsworth [1] und wurde durch Günter Thummes und Christian Heiden an der Universität Gießen zur technologischen Reife gebracht [2]. Die Pulsrohrkühler vom Gifford-McMahon-Typ arbeiten mit einer Stufe, zwei Stufen und auch mit drei Stufen. Dabei wird die nachfolgende Stufe von der vorgehenden Stufe vorgekühlt. Die Stirling-Pulsrohrkühler sind einstufig.

Mit ^{4}He erreichte Matsubara 1993 mit einem dreistufigen Pulsrohrkühler 3,6 K, mehr als 0,5 K unter dem Siedepunkt von flüssigem Helium. 1996 wurden an der Julius-Liebig-Universität in Gießen mit einem zweistufigen Pulsrohrkühler mit ^{4}He 2,23 K und 2003 mit ^{3}He 1,27 K erreicht [3]. An diesen Erfolgen schloss sich eine intensive Entwicklungsarbeit in der Universität Gießen an, mit der die Ablösung der Flüssigkeitskühlung auf Temperaturen unter dem Siedepunkt des Edelgases Helium mit thermodynamischen Kältemaschinen begann [4]. Die zyklische Kompression und Expansion von Heliumgas erfolgen in den Pulsrohrkühlern ohne bewegliche Kolben oder bewegliche Regeneratoren in einem halboffenen Pulsationsrohr. Der Regenerator befindet sich unbeweglich zwischen dem Kompressor und dem Pulsationsrohr. Er ist ein mit Metallsieben gefülltes Rohr, in dem die im Pulsationsrohr erzeugte Kälte gespeichert wird. Die Kompression und die Entspannung erfolgen im Idealfall adiabatisch. An dem geschlossenen Ende des Rohres (in Abb. 12.1a im rechten Rohr) tritt bei der Kompression eine Erwärmung Q_h auf, die durch einen Wärmetauscher, den warmen Wärmetauscher (warmer WT), abgeführt wird. Die offene Seite, durch die das Gas bei der Entspannung wieder ausströmt, kühlt den angeschlossenen kalten Wärmetauscher (kalter WT) bei der Entspannung ab.

In Abb. 12.1a befindet sich links oben der Kompressor. In der ersten Druckphase wird Heliumgas durch den Regenerator in das Pulsationsrohr gedrückt. Es bildet sich ein Gaskolben, der am Ende des Rohres komprimiert wird. Die dabei entstehende Wärme wird über den warmen Wärmetauscher (warmer WT) an die Umgebung abgegeben. In der zweiten Druckphase, beim Zurückströmen des Gaskolbens, entspannt sich das Gas und nimmt am kalten Wärmetauscher (kalter WT) Wärme aus der Umgebung auf und strömt über den Regenerator zum Kompressor zurück.

In der nächsten Phase wird das Gas wieder durch den Regenerator gedrückt, gibt schon an den Regenerator Wärme ab, kühlt sich am kalten Wärmetauscher weiter ab und gibt bei der Entspannung im Pulsationsrohr weitere Wärme ab.

Die Druckumschaltung wird durch das Rotationsventil mit einer Frequenz meist knapp über 1 Hz realisiert. Das Ventil ist wie der Kompressor über flexible Druckleitungen mit dem Pulsationsrohr verbunden, wodurch es vom Kompressor entkoppelt wird.

Bei der Kompression des Gases am warmen Wärmetauscher strömt ein geringer Teil des Gases über ein Ventil in ein Volumen (Reservoir). Diese Anordnung wirkt wie ein „RC-Glied" [5]. Außerdem erfolgt eine Rückkopplung des Gasstromes durch eine Überbrückung vom warmen Wärmetauscher zum Eingang des Regenerators direkt zum Kompressor [6]. Beide Maßnahmen bewirken eine Phasenverschiebung zwischen Gasstrom und Druckwelle, die die Kühlung bewirkt. Mit dem „RC-Glied" wird die Kühlleistung eingestellt. Durch die Rückkopplung wird sie optimiert.

12.1 Stirling-Kühler

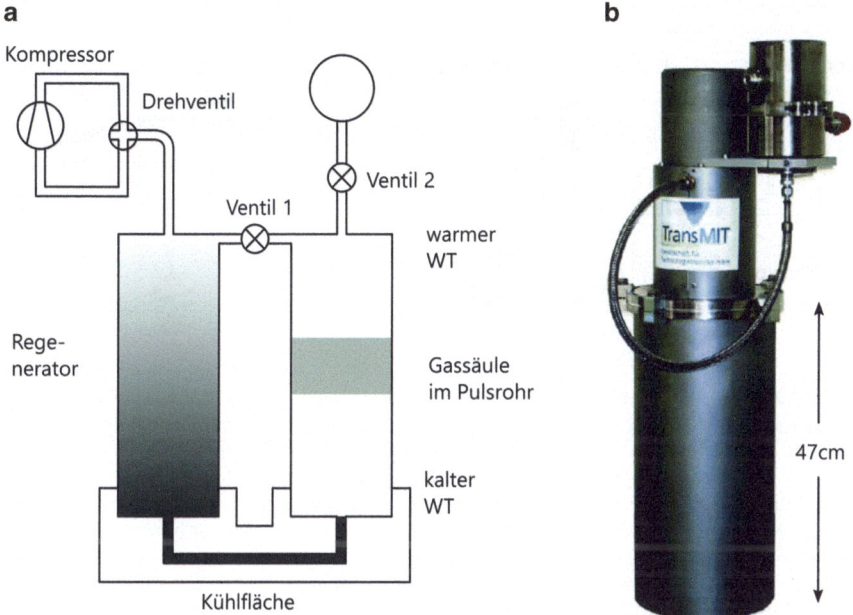

Abb. 12.1 **a** Prinzipskizze eines Gifford-McMahon-Pulsrohrkühlers. Ganz links oben befindet sich der Kompressor mit einem Rotationsventil, das den Gasein- und -ausfluss mit einer Frequenz von ca. 1 Hz steuert. Es folgt der Regenerator mit einem Temperaturgradienten zwischen Raumtemperatur und der Kühltemperatur (warm – kalt), daran schließt sich das Pulsrohr mit dem Phasenglied (Reservoir, Ventil 1, Ventil 2) an. **b** Zweistufiger Gifford-McMahon-Pulsrohrkühler (Modell PTD 4200 der TransMIT GmbH, Gießen). In dem 47 cm hohen Vakuumgefäß befinden sich die beiden Kühlstufen darüber rechts oben, mit einem flexiblen Schlauch verbunden, das Rotationsventil. (Mit freundlicher Genehmigung der TransMIT GmbH)

Stirling-Pulsrohrkühler haben zwischen dem Kompressor und dem Regenerator kein Ventil. Der Kompressor ist direkt mit dem Pulsationsrohr über den Regenerator verbunden, sodass die Druckwelle allein vom Kompressor gesteuert wird. Die Phasenverschiebung zwischen Druck- und Gaswelle wird durch den Aufbau des Kühlkopfes erreicht.

Detektoren, die mit Pulsrohrkühlern gekühlt werden, haben hoch aufgelöste Spektrallinien. Eine Linienverbreiterung durch Vibrationen wird weitgehend durch das Fehlen von beweglichen mechanischen Teilen verhindert, da sich anstelle der Kolben oder Regeneratoren nur eine Gassäule im Pulsationsrohr bewegt.

Für die Kühlung der Detektormatrizen in astrophysikalischen Teleskopen werden Gifford-McMahon-Pulsrohrkühler mit großer Kühlleistung eingesetzt. Für die Kühlung von Infrarotdetektoren sind die Stirling-Kühler mit Linearmotoren als Verdichter besonders gut geeignet (Abb. 12.2).

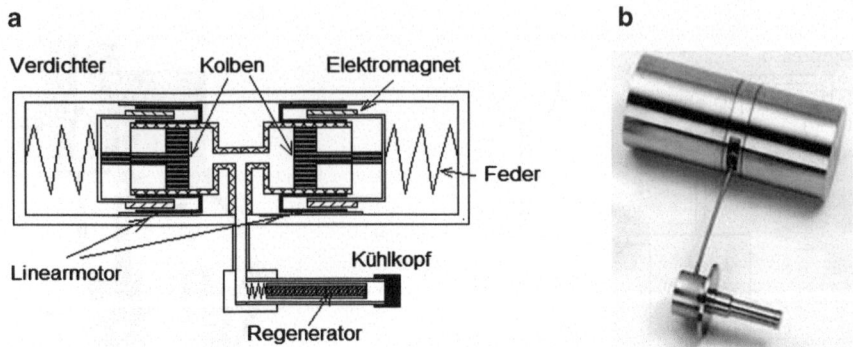

Abb. 12.2 a Stirling-Kühler mit Verdichter. Zwei Linearmotoren als Kompressoren arbeiten symmetrisch gegeneinander, wodurch Schwingungen vermieden werden. Die Kompression erfolgt mit einem Magneten, die Rückführung durch Federn. Der Kühler mit Kühlkopf und Regenerator befindet sich unter dem Kompressor. (Bei diesem Stirling-Kühler gehört der Kompressor mit zum Kühler. Die Schwingungsdämpfung liegt im symmetrischen Aufbau des Kompressors. Im Kühler wird bei dieser Konstruktion noch der kleine Regenerator bewegt. Der Kühler kann aber auch ohne bewegliche Teile aufgebaut werden und über einen flexiblen Schlauch mit einem ungedämpften Kompressor arbeiten. [Ein derartiges Gerät wurde vom Autor zusammen mit der Universität Jena für Stickstofftemperaturen entwickelt]). b Typischer Stirling-Pulsrohrkühler der Firma AIF Heilbronn. Oben der Kompressor, unten rechts die kalte Stirn des Kühlkopfes. Der Kühlkopf ist vom Verdichter durch ein dünnes Rohr getrennt. (Mit freundlicher Genehmigung der AIM Infrarot-Module GmbH, Heilbronn)

12.2 Temperaturen unter 1 K

12.2.1 Sorptionskühlung

Der wissenschaftliche Kontakt zum Kapitza-Institut war auch in der Wendezeit nicht abgebrochen. So entstand bei der Entwicklung von Kühlsystemen für den Millikelvinbereich wieder eine enge Zusammenarbeit mit Valerian Edelman und Iwan N. Khlyustikow aus diesem Institut.

Wie schon Kamerlingh Onnes herausgefunden hatte, können bei der Dampfdruckerniedrigung von ^{4}He Temperaturen knapp unter 1 K erreicht werden. Neben dem Isotop ^{4}He, das in der Natur vorherrscht, existiert noch das Isotop ^{3}He. Dieses Isotop (Siedetemperatur $T_s = 3{,}19$ K) kühlt sich bei der Dampfdruckerniedrigung bis auf 0,3 K ab.

In Abb. 12.3 sind Verdampfungskühler mit einer ^{4}He-Wanne für 1 K und einer ^{3}He-Wanne für 0,3 K dargestellt. Mit der Temperatur der ^{4}He-Wanne wird das ^{3}He auf 1 K abgekühlt und verflüssigt und danach durch Verdampfen auf 0,3 K abgekühlt.

In Abb. 12.3a befinden sich im oberen Teil Kohleadsorptionspumpen für den ^{3}He- und den ^{4}He-Adsorber in Kupferzylindern, darunter die ^{4}He- und ^{3}He-Wannen. (In der Abbildung ist die Pumpe für das ^{3}He durch die vordere Pumpe

12.2 Temperaturen unter 1 K

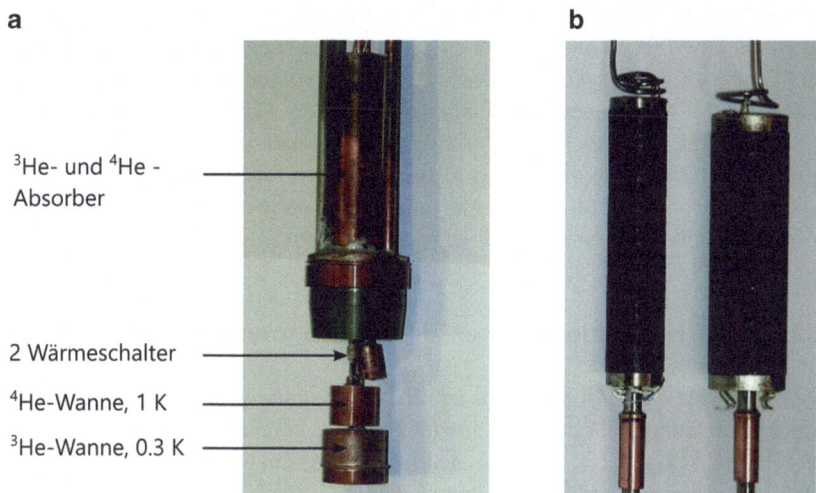

a

^{3}He- und ^{4}He - Absorber

2 Wärmeschalter
^{4}He-Wanne, 1 K
^{3}He-Wanne, 0.3 K

b

Abb. 12.3 a ^{4}He- und ^{3}He-Sorptionskühler (Entwicklung des Instituts für angewandte Photonik e. V. Berlin, 2008). Im oberen Teil befinden sich die Adsorptionspumpen, im unteren Teil die Flüssigkeitsbäder und Wärmeschalter. Die mit Aktivkohle gefüllten Adsorber befinden sich jeweils in einer Vakuumhülle aus Kupfer. Wenn die Vakuumhülle mit Heliumgas geflutet wird und die Aktivkohle Kontakt mit dem äußeren ^{4}He-Bad mit 4,2 K oder einem Pulsrohrkühler hat, erfolgt Sorption der Pumpen. Die ^{4}He- und ^{3}He-Bäder werden abgepumpt und ihre Temperaturen erniedrigt. Danach werden die Adsorber regeneriert, indem sie vom äußeren Bad getrennt und bei 80 K ausgeheizt werden. **b** Mit Heizern umwickelte Adsorber. Links: ^{3}He-Adsorber, rechts: ^{4}He-Adsorber (^{4}He- und ^{3}He-Sorptionkühler, Entwicklungen von V. S. Edelman)

für das ^{4}He verdeckt.) Unter dem grünen Schliff für den Vakuummantel, der die Kühlstufen umschließt (hier nicht zu sehen), befindet sich ganz unten die ^{3}He-Wanne, darüber die ^{4}He-Wanne. Zwischen den Adsorbern und den Wannen sind zwei Wärmeschalter zu sehen, mit denen die Adsorber gesteuert werden.

Das ^{4}He-Bad kühlt das ^{3}He-Bad vor. Die Verdampfung wird, wie in Abb. 12.3 beschrieben, mit den Adsorptionspumpen realisiert. Die Temperaturen in den ^{4}He- und ^{3}He-Bädern bei 1 K und 0,3 K bleiben über 6 h stabil, bevor die Adsorber regeneriert werden müssen.

Die Kühlung auf wenige Hundertstel Kelvin und darunter auf Millikelvintemperaturen erfolgt mit ^{3}He/^{4}He-Mischkühlung, wobei der Mischkühler mit den ^{4}He- und ^{3}He-Sorptionskühlern vorgekühlt wird [7]. Die Mischkühlung wird, wie in Abschn. 3.1 beschrieben, zur Vorkühlung bei der magnetischen Kühlung von Kernspins eingesetzt.

Dieser Temperaturbereich von einigen Millikelvin, der mit der Mischkühlung erreicht wird, ist auch durch die magnetische Kühlung mit paramagnetischen Salzen zugänglich. Die Handhabung der paramagnetischen Salze als Technologie ist jedoch nicht einfach zu beherrschen, und die Abkühlung mit der Entmagnetisierung erfolgt diskontinuierlich. Dagegen arbeiten ^{3}He/^{4}He-Mischkühler kontinuierlich, weshalb beim Einsatz von Detektoren für astrophysikalische Experimente, wo eine kontinuierliche Kühlung wünschenswert ist, meist ^{3}He/^{4}He-Mischkühler eingesetzt werden. Diese Anlagen kommen auch ohne magnetische Störfelder aus, was insbesondere beim Einsatz von SQUID-Vorverstärkern und bei der Kühlung von Detektoren vorteilhaft ist. Deshalb wurde mit ^{4}He- und ^{3}He-Sorptionskühlung ein miniaturisierter, kontinuierlich arbeitender Mischkühler für die Kühlung von Infrarot-, Terahertz- und Röntgendetektoren entwickelt und ein transportables, flexibel einsetzbares Detektionssystem aufgebaut.

12.2.2 ^{3}He/^{4}He-Lösungskühler für Millikelvintemperaturen

Für den Einsatz von Mischkühlern ist eine Vorkühlung auf eine Temperatur von 0,3–0,8 K notwendig, die, wie beschrieben, mit der Verdampfungskühlung der Isotope ^{4}He und ^{3}He erfolgt. Dann können mit der Mischkühlung Temperaturen von 100–3 mK erreicht werden, die für die Kühlung unterschiedlichster Detektoren ausreichend sind. Diese Methode wurde 1962 von H. London, G. R. Clarke und E. Mendoza [8] vorgeschlagen und 1965 erstmals in der Universität in Leiden mit einer Endtemperatur von 220 mK realisiert [9].

Von Peschkow und Zinovjewa [10] wurde das Verhalten der beiden Isotope sehr gründlich untersucht und das Phasendiagramm bestimmt. Unterhalb von 0,83 K haben die Isotope eine Mischungslücke. Das leichtere Isotop ^{3}He schichtet sich für T < 0,83 K über das schwerere ^{4}He, wie Abb. 12.4b zeigt.

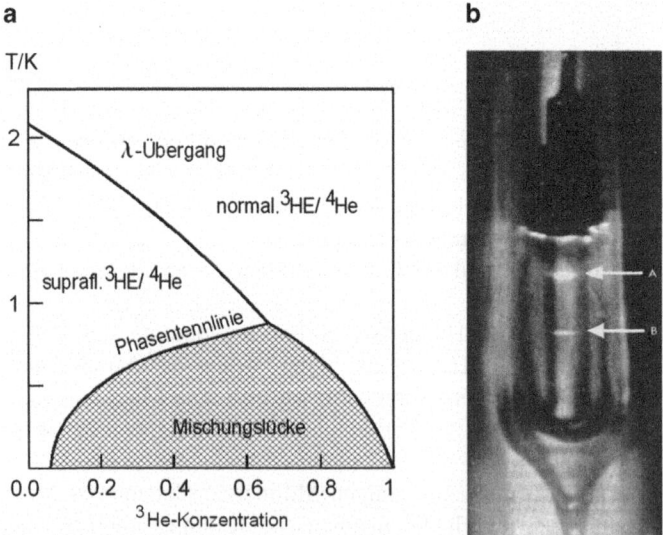

Abb. 12.4 **a** Phasendiagramm der Mischung von ^{3}He in ^{4}He unterhalb von 2 K. Bei T → 0 K lösen sich nur noch 6,48 % ^{3}He in ^{4}He. Unter 0,83 K entmischen sich die Isotope. **b** Die Minisken beider Flüssigkeiten sind klar zu erkennen. (Foto von Peshkow und Zinovjewa aus dem Kapitza-Institut 1957)

Dass sich die superfluide Mischung der Isotope unterhalb der λ-Linie beim Erreichen der Phasenseparationsgrenze entmischt, zeigt das Phasendiagramm in Abb. 12.4a. Stabile Mischungen existieren nur bis zu 6–7 at.-% von ^{3}He in ^{4}He. Auf der Phasenseparationsgrenze entmischen sich die Isotope und schichten sich übereinander, wie in Abb. 12.4b deutlich zu erkennen ist.

In dem Kühler befindet sich in der Kammer, die in Abb. 12.5a als „Mischer" bezeichnet ist, eine Schichtung von flüssigem ^{3}He über flüssigem ^{4}He, in dem 6 at.-% ^{3}He (dunkelblau) gelöst sind. Die Kammer ist damit halb gefüllt. Der Mischer ist über einem Wärmetauscher mit einem Verdampfer verbunden, der das Gemisch auf ≈0,7 K erwärmt, wodurch das leichter flüchtige ^{3}He aus dem Gemisch verdampft. Dieses ^{3}He-Gas kondensiert an einer „kalten Wand" mit der Temperatur von 0,4 K (rosa) und wird wieder flüssig. Es fließt durch den Wärmetauscher, in dem es durch das entgegenströmende, kalte Gemisch wieder abgekühlt wird, in die Mischkammer zurück und schichtet sich über das ^{4}He-Gemisch. Da die Mischung durch die Verdampfung stark an ^{3}He verarmt, wird das über der Mischung geschichtete ^{3}He gezwungen, sich zu lösen. Beim Lösen von ^{3}He in superfluides ^{4}He muss aber Energie aufgewandt werden, wodurch der Lösung Wärme

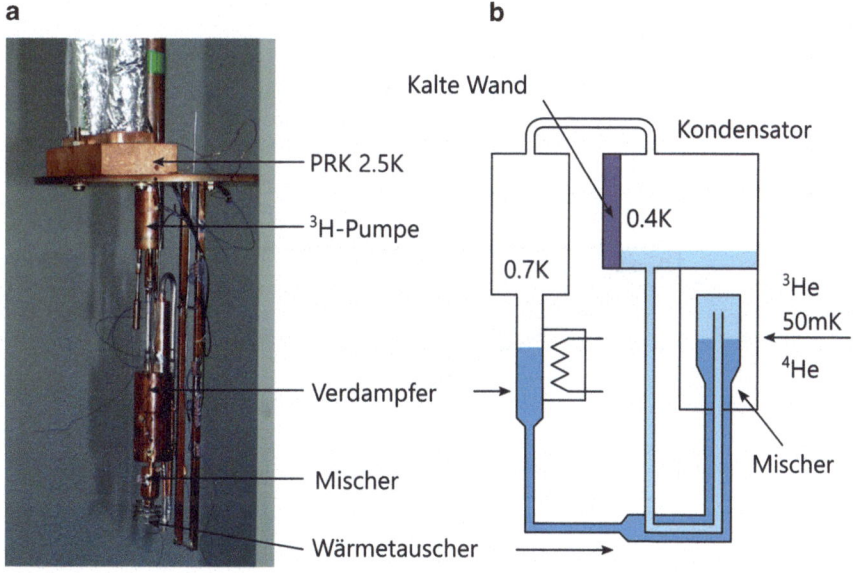

Abb. 12.5 **a** Verdünnungskühler mit 0,4-K-Vorkühlung, ^{3}He-Verdampfer (bei 0,7 K), ^{3}He-Kondensator (kalte Wand, 0,4 K), Mischer und Wärmetauscher (nach V. S. Edelman und I. Khlyoustikov). Er befindet sich am 2,5-K-Flansch eines McMahon-Pulsrohrkühlers von der TransMIT GmbH, Gießen. Der Mischer erreicht in dieser Anordnung eine Temperatur von 0,05 K. **b** Schema des Verdünnungskühlers am 2,5-K-Flansch eines McMahon-Pulsrohrkühlers von der TransMIT GmbH, Gießen. Der Mischer erreicht in dieser Anordnung eine Temperatur von 0,05 K

entzogen wird und sie sich auf wenige Millikelvin abkühlt. So können im Prinzip bis zu 3 mK erreicht werden.

Aufgrund der tiefen Temperaturen von 2,5 K, die der Pulsrohrkühler von der TransMIT GmbH erreicht, konnte auf die ^{4}He-Stufe verzichtet werden. So wurde die ^{3}He-Wanne direkt vom Pulsrohrkühler abgekühlt [11].

In Abb. 12.5b befindet sich am 2,5 K-Flansch des Pulsrohrkühlers die ^{3}He-Sorptionspumpe, darunter nur eine ^{3}He-Wanne, die mit dem Mischkühler über eine gemeinsame Wand verbunden ist. An dieser Wand wird das ^{3}He des Verdünnungskühlers wieder kondensiert und gelangt durch den Wärmetauscher in den Mischer. Dort schichtet es sich über das ^{4}He, wo es unter Energieaufwand das ^{4}He verdünnt. Der Energieverbrauch kühlt den Mischer weiter ab.

Das Kühlsystem wurde für den Temperaturbereich unter 100 mK auch für einen Tauchkühler für flüssiges Helium entwickelt, d. h., die drei Stufen ^{3}He-Sorption, ^{4}He-Sorption und Mischkühlung wurden zur Vorkühlung in ein Dewar mit flüssigem Helium getaucht. Dabei wurden Temperaturen zwischen 40 und 100 mK erreicht, mit denen SQUIDs und Terahertzdetektoren erfolgreich abgekühlt werden konnten.

Abb. 12.6 zeigt den zeitlichen Verlauf der Abkühlung der einzelnen Komponenten des Mischkühler nach dem Einschalten der Anlage.

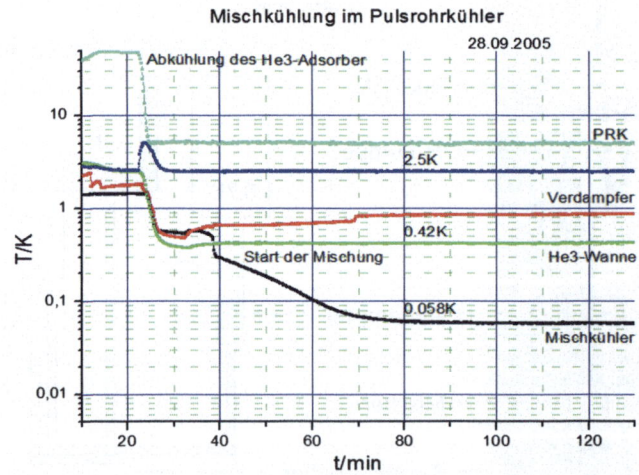

Abb. 12.6 Temperaturverlauf der Mischkühlung. Die grüne Kurve ist die Temperatur von 0,42 K der ^{3}He-Wanne, die durch die Dampfdruckerniedrigung mit der Adsorptionspumpe erreicht wird. Die rote Kurve ist die Temperatur des Verdampfers, der die Mischkühlung in Gang setzt. Die schwarze Kurve zeigt die Temperatur des Mischers vom Start der Mischung bis zum Erreichen der stabilen Temperatur von 0,058 K [11]

12.3 Ablösung der Heliumkühlung durch Gaskältemaschinen

Typische Gaskältemaschinen für Temperaturen nahe dem absoluten Nullpunkt sind zweistufige Gifford-McMahon-Pulsrohrkühler. Wie in den Experimenten beschrieben, wurden von der TransMIT GmbH Pulsrohrkühler für Temperaturen zwischen 3 und 2,4 K realisiert. Der Pulsrohrkühler für die Vorkühlung unseres Sorptionssystems, ein zweistufiger McMahon-Pulsrohrkühler mit einem 6-kW-Kompressor, der mit einem supraleitenden 5-T-Magnet ausgerüstet war, ist in Abb. 12.7a zu sehen [2]. Die erste Stufe des Kühlers erreichte nach 1 h 35,8 K und die zweite Stufe nach 95 min eine Temperatur von 2,5 K und nach 120 min 2,217 K. Den für diesen Pulsrohrkühler entwickelten Sorptionskühler zeigt Abb. 12.7b, der in das Rohr des Pulsrohrkühlers, der sich im supraleitenden Magneten befindet, eingesetzt wird.

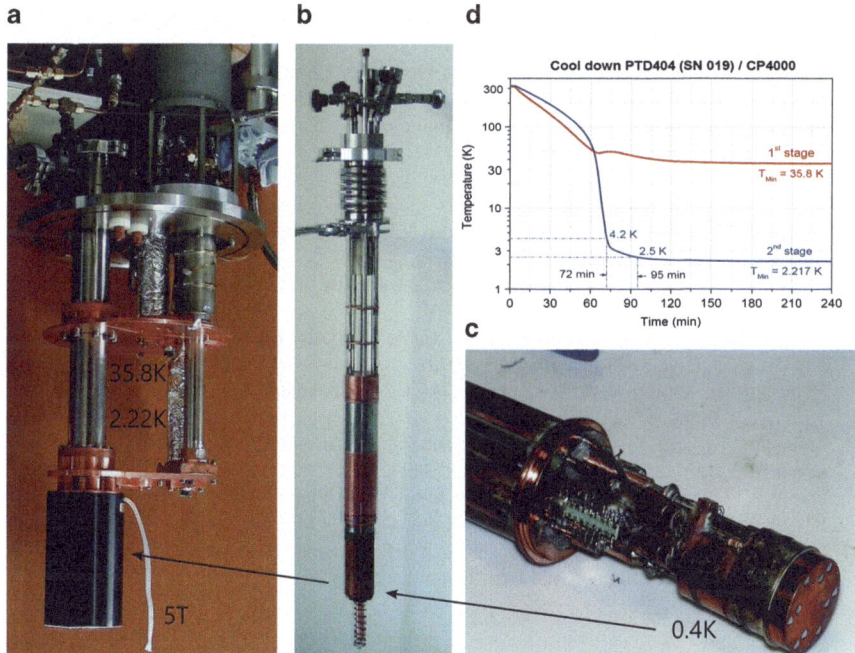

Abb. 12.7 **a** Die Kühlstufen des Pulsrohrkühlers mit 35,8 K (erste Stufe) und 2,22 K (zweite Stufe) mit dem supraleitenden 5-T-Magneten. **b** Adsorptionskühler für 400 mK, der in das sich auf der linken Seite befindliche Rohr mit dem Magneten eingeschoben wird. Die silberglänzenden Bereiche werden von innen an die Kühlstufen mit leitenden Federn angeflanscht. **c** Geöffneter Vakuumraum des Adsorptionskühlers mit der ^{4}He-1-Kelvin-Wanne über der ^{3}He-0,4-Kelvin-Wanne. **d** Abkühlkurven der beiden Kühlstufen des Pulsrohrkühlers über der Zeit. (**a**: Mit freundlicher Genehmigung der TransMIT GmbH.)

Der Sorptionskühler enthält im oberen Teil die Eingänge für das Steuerprogramm der Adsorber sowie die Ausgänge der Messleitungen. Im mittleren Teil befinden sich die Adsorptionspumpen zwischen den beiden silberglänzenden Bereichen, die zur Kühlung der Adsorber auf die Pulsrohrtemperaturen im Arbeitsrohr des Pulsrohrkühlers mit Federn angeflanscht sind.

Heute werden von unterschiedlichen Firmen computergesteuerte Kühlsysteme mit gleichem Aufbau angeboten. Die finnische Firma Blue Force Cryogenics, eine Ausgründung aus der Helsinki University of Technology, bietet das kryogenfreie Lösungskühlersystem „DU7 dilution units" an. Die Kühlleistung des Systems DU7 beträgt 500 µW bei 100 mK und 15 µW bei 20 mK als Standard.

Eine ähnliche Anlage wird mit dem Kühler TritonXL 1000 von Qxford Instruments angeboten. Der Kühler hat eine Kühlleistung von 25 µW bei 20 mK und 5 µW bei 10 mK. Nachteil dieser Anlagen sind Abkühlzeiten, die bis 24 h betragen.

Literatur

1. Gifford, W. E., Longsworth, R. C.: Pulse-Tube Refrigeration, J. Eng. Ind. 86(3), 264–268 (1964)
2. Thummes, G.: Pulse Tube Cryocoolers: An Option for Cooling without Cryogenic Liquids, TransMIT, SE@NSF Workshop, Villard de Lans, May 26–28 (2008)
3. Jiang, N., Lindemann, U., Giebeler, F., Thummes, G.: A 3He pulse tube cooler operating down to 1.3 K Cryogenics 44, 809–816 (2004)
4. Thummes, G., Giebeler, F., Heiden C. (1995): Effect of Pressure Wave Form on Pulse Tube Refrigerator Performance. In: Cryocoolers 8, 383–393, Springer, Boston, MAWang, C., Thummes, G., Heiden, C.: A Two-Stage Pulse Tube Cooler Operating below 4 K, Cryogenics 37, 159–164 (1997)
5. Mikulin, E. I., Tarasov, A. A., Shkrebyonock, M. P.: Adv. in Cryogenic Engineering 12, 608 (1967)
6. Shaowei, Zhu, Peiyi, Wu, Zhongqi, Chen: Double inlet pulse tube refrigerators: an important improvement, Cryogenics 30, 514–520 (1990)
7. Herrmann, R., Ofitserov, A. V., Khlyustikov, I. N., Edelman, V. S.: Instruments and Exp. Techniques 48, 693–702 (2005)
8. London, H., Clarke, G.R., Mendoza, E.: Osmotic Pressure of He3 in Liquid He4, with Proposals for a Refrigerator to Work below 1 K, Phys. Rev. 128, 1992 (1962)
9. Das, P. et al.: Proc. 19th Int. Conf. on Low Temp. Phys., Plenum Press, London 1196 (1965)
10. Peschkow, V. P., Zinovjewa, K. N. (1957) Kapitza-Institut für Physikalische Probleme
11. Herrmann, F., Herrmann, R., Edelman V. S.: A 3He Cryostat Inserted into a Refrigerator with an Impulse Tube, Instruments and Exp. Techniques 52, 758–761 (2009)

13 Röntgen- und Terahertzdetektoren

Für die Detektion von Röntgen-, Infrarot- und Terahertzstrahlung können kryogene Detektoren vorteilhaft eingesetzt werden. Hier finden Halbleiterdetektoren aus mit Lithium dotiertem Silizium, Si(Li), supraleitende Kantenbolometer, magnetische Kalorimeter, supraleitende Tunnelkontakte (STJ) und supraleitende Nanodrähte Verwendung.

Die Photonen der Strahlung erzeugen in den Detektoren sehr kleine Wärmeimpulse, die in den Detektoren Widerstandsänderungen, Strom- oder Magnetisierungssignale hervorrufen. Diese Signale werden mit den in Abschn. 9.4 über Supraleitung beschriebenen SQUID-Stromsensoren bei tiefen Temperaturen verstärkt, wodurch sie extrem hohe Empfindlichkeiten erreichen.

13.1 Supraleitende Kantenbolometer

Für weiche Röntgenstrahlung sind besonders gut supraleitende Kantenbolometer (TES, Transition Edge Sensor) geeignet. Diese Kryodetektoren bestehen typischerweise aus einem Goldabsorber, einem supraleitenden Phasenübergangsthermometer und einem Substrat als Wärmesenke (Abb. 13.1). Zwischen dem Thermometer und dem Substrat wird ein definierter thermischer Leitwert eingestellt. Die thermische Ankopplung wird so dimensioniert, dass sie die Energie der einzelnen Photonen in kürzester Zeit vom Absorber übernimmt.

Da die Energiemenge eines Röntgenphotons sehr klein ist, muss der Absorber so wenig Energie enthalten, dass der Energieeintrag durch ein Photon signifikant wird. Das erfordert die Kühlung des Absorbers auf Temperaturen ≤ 300 mK. Dann erzeugt das Photon eine noch genügend große Temperaturerhöhung, aus der seine Energie bestimmt werden kann [1].

Die Sprungtemperatur des Supraleiters für das Thermometer wird so gewählt, dass der Übergang vom Normalleitungszustand in den supraleitenden Zustand

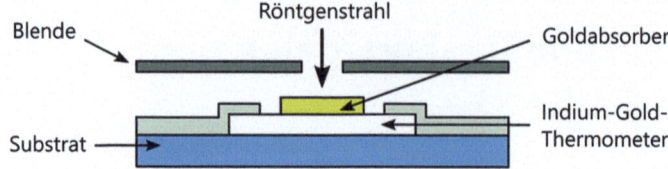

Abb. 13.1 Schematische Darstellung eines auf dem Mikrokalorimeterprinzip beruhenden TES- bzw. Kantenbolometers (ca. $250 \times 250 \times 0{,}5$ nm^3). In der Mitte befindet sich ein Absorber aus Gold, darunter befinden sich der Supraleiter, ein Thermometer aus golddotiertem Indium und das Substrat als Wärmesenke [1]. Der Übergang vom supraleitenden Phasenübergangsthermometer zum Substrat ist als thermischer Link ausgebildet, der die dynamischen Eigenschaften des Bolometers bestimmt

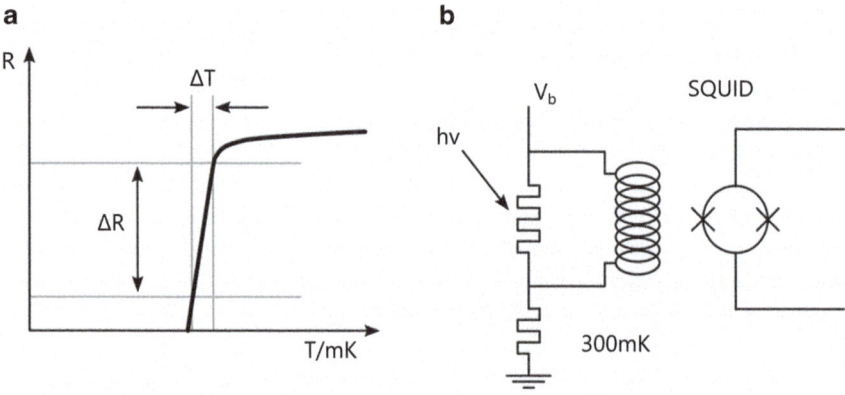

Abb. 13.2 Kantenbolometer. **a** Widerstand eines supraleitenden Sensors in Abhängigkeit von der Temperatur im Übergang vom supraleitenden Zustand (SL, links der Widerstandskurve) in den normalleitenden Zustand (rechts der Widerstandskurve) Zustand. Die Temperaturerhöhung ΔT erzeugt die Widerstandsänderung ΔR, die in **b** mit einem SQUID-Stromsensor gemessen wird (Kap. 9), wobei das Kantenbolometer mit einer konstanten Biasspannung V_b betrieben wird

auf der Mitte der Übergangskurve liegt (Abb. 13.2). Dann hat eine Temperaturerhöhung durch die Photonenenergie eine Widerstandsänderung des Thermometers zur Folge, die der Energie des einfallenden Röntgenquants proportional ist.

Da die Energieauflösung eines Detektors durch die effektive Anregungsenergie der Photonen und die daraus resultierende Gesamtanzahl von angeregten Ladungsträgern bestimmt ist, zeigt sich, dass Kantenbolometer den Proportionalzählern und auch den Halbleiterdetektoren gegenüber überlegen sind. Die resultierende Energieauflösung bei einer Anregungsenergie von 6 keV und die dabei möglichen Anregungen sind in Tab. 13.1 zusammengestellt. Auch bei niedriger Anregungsenergie ist die Anzahl der erzeugten Anregungen in einem supraleitenden Kryodetektor um den Faktor 1000 größer als in einem Halbleiterdetektor.

Tab. 13.1 Anzahl der Anregungen bei einer 6-keV-Einstrahlung und die theoretische Energieauflösung für drei Detektortypen

Detektortyp	Effektive Anregungsenergie (eV)	Anzahl der Anregungen bei 6 keV	Energieauflösung bei 6 keV (eV)
Proportionalzähler	30	200	420
Halbleiter	3	2000	≈120
Kryodetektor	10^{-5}–10^{-3}	>10^6	<6

Die thermisch angekoppelte Wärmesenke wird so dimensioniert, dass sie die Energie der einzelnen Photonen in kürzester Zeit vom Adsorber übernimmt.

13.2 Magnetische Kalorimeter

Magnetische Kalorimeter werden wie die supraleitenden Kantenbolometer für die Messung weicher Röntgenstrahlung mit Energien zwischen 1 und 100 keV eingesetzt. Der Sensor des Detektors besteht aus einem paramagnetischen Metall, meist Gold, das mit Erbium dotiert ist. Die Röntgenphotonen werden von einem Absorber eingefangen, der thermisch mit dem Sensor eng verbunden ist. Beim Einfall eines Röntgenphotons auf den Absorber wird die Temperatur des Absorbers und damit auch die Temperatur des Sensors erhöht. Diese Temperaturerhöhung ist der Energie des Photons δE direkt und der Wärmekapazität des Systems C umgekehrt proportional,

$$\delta T = \frac{\delta E}{C}, \tag{13.1}$$

sodass die Größe des Temperatursignals bei kleiner Wärmekapazität groß ist. Das thermische Rauschen wird durch die tiefen Temperaturen, auf die der Detektor abgekühlt wird, fast vollständig unterdrückt.

Der magnetische Sensor wird in einem schwachen äußeren Magnetfeld B magnetisiert, wobei die magnetischen Momente des paramagnetischen Metalls nach dem Curie-Gesetz $M \sim 1/T$ umso stärker im Feld ausgerichtet werden, je tiefer die Temperatur ist. Entsprechend arbeiten die magnetischen Kalorimeter besonders gut bei Temperaturen unter 100 mK.

Bei der Temperaturerhöhung durch ein Photon wird die Magnetisierung verringert. Für kleine Temperaturerhöhungen δT ergibt sich die Magnetisierungsänderung

$$\delta M \sim \frac{dM}{dT} \delta T. \tag{13.2}$$

Die damit verbundene Flussänderung wird mit einem SQUID-Magnetometer gemessen.

Die Möglichkeit, einzelne Photonen zu messen und zu zählen, hängt vom Material des Sensors ab. So bewirkt das Erbium im Gold eine starke Kopplung zwischen den magnetischen Momenten der Erbiumionen und den Leitungselektronen des Goldes. Die sich daraus ergebende schnelle Relaxation führt zu sehr kurzen Anstiegszeiten des Messsignals, wobei die Wärme von einer mit dem Sensor verbundenen Wärmesenke aufgenommen wird. Nach einer Abschätzung von Fleischmann [2] erfolgt die Thermalisierung für einen Gold-Erbium-Detektor (Au:Er) in 10^{-7} s.

13.3 Supraleitende Terahertzdetektoren

Mit den von uns im Institut für angewandte Photonik entwickelten Kühlern für den Millikelvinbereich wurden gemeinsam mit dem Deutschen Zentrum für Luft- und Raumfahrt e. V. in Berlin-Adlershof und der Abteilung Temperatur und Synchrotronstrahlung der Physikalisch-Technischen Bundesanstalt in Berlin supraleitende IR-Einzelphotonendetektoren mit einem ^{4}He/^{3}He-Sorptionskühler bei Temperaturen zwischen 0,3 und 0,5 K getestet.

Abb. 13.3a zeigt die Terahertz-Photonendetektoranordnung mit einem Einzelphotonendetektor. Der Detektor wurde direkt an die ^{3}H-Wanne angeflanscht. In der Mitte der Detektorhalterung ist die Glasfaser zu sehen, mit der die Strahlung auf den Detektor gelangt. In Abb. 13.3b ist der Pulsrohrkühler dargestellt, in dem

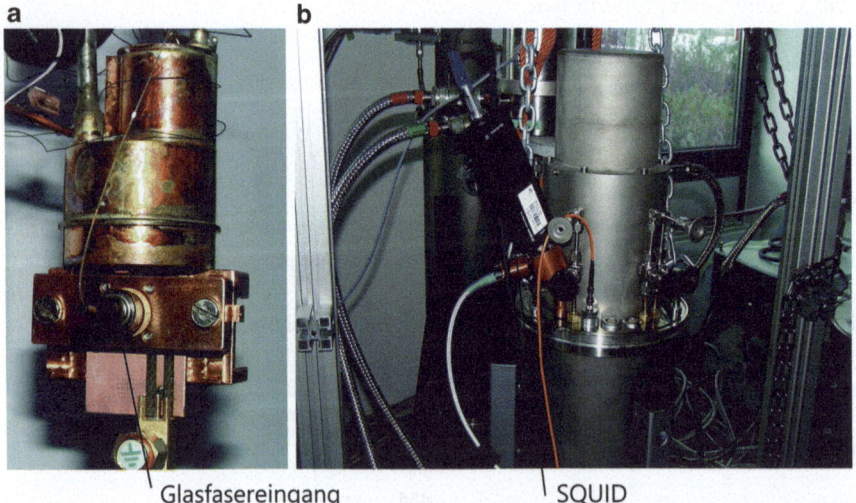

Abb. 13.3 **a** Der Detektor befindet sich unter dem Glasfasereingang. Er ist mit der ^{3} He-Wanne des Kühlers thermisch verbunden. Darüber befindet sich die ^{4}He-Wanne. **b** Im roten Isolationsschlauch befindet sich die Glasfaser, darüber der Detektorausgang mit Koaxialkabel und SQUID-Verstärker (schwarz). Die Druckschläuche, oben links, führen zum Kompressor des Pulsrohrkühlers, der unten links steht

13.3 Supraleitende Terahertzdetektoren

sich der mK-Kühler befindet. Das Messsignal wird mit einem SQUID-Verstärker verstärkt. Während der SQUID-Stromsensor auf der Kaltplattform des Kühlers montiert ist, befindet sich die SQUID-Ausleseelektronik in dem schwarzen Gehäuse am Pulsrohrkühler bei Zimmertemperatur. Das verstärkte Signal des Kalorimeters gelangt dann zur Datenerfassung.

Für die Messungen wurden hochempfindliche, energiedispersive Quantendetektoren für IR-Photonen [3] mit einer Energieauflösung <19 eV eingesetzt. Ähnlich wie die Kantenbolometer nutzen diese supraleitenden Nanodraht-Einzelphotonendetektoren (SNSPD, Superconducting Nanowire Single Photon Detector, oder auch Hot Spot Detector) den Übergang vom supraleitenden zum normalleitenden Zustand.

In einer vereinfachten Modellbetrachtung eines SNSPD erzeugt ein einzelnes einfallendes Photon in einem supraleitenden Niobium-, Niobiumnitrid- oder Tantal-Steg von nur einigen 10–150 nm Breite ein kleines normalleitendes Gebiet, das auch als Hot Spot bezeichnet wird. Die Entstehung des Hot Spots beruht darauf, dass das einfallende Photon ein Cooper-Paar aufbricht und neben einem niederenergetischen Elektron ein hochangeregtes Elektron erzeugt. Dieses höherenergetische Elektron und Phononen brechen weitere Cooper-Paare auf. Der Nanodraht wird mit einem Biasstrom betrieben, der im supraleitenden Nanodraht eine Stromdichte knapp unterhalb der kritischen Stromdichte j_c der supraleitenden Dünnschicht erzeugt. Durch die Ausdehnung des normalleitenden Hot Spots im Bereich der Photonabsorption wird der verbleibende supraleitende Bereich im Nanodraht, in den der Biasstrom verdrängt wird, enger und die kritische Stromdichte des Supraleiters auch in diesem Bereich überschritten ($j > j_C$). Damit wird der gesamte Drahtquerschnitt an dieser Stelle resistiv, und es entsteht ein Spannungsabfall über dem Draht. Die bei diesem Prozess entstehende Joule'sche Wärme wird durch die Kühlung des Bauelements abgeführt, und der Draht wird wieder supraleitend und kann erneut ein Photon detektieren (Abb. 13.4).

In einem SNSPD wird der Nanodraht mäanderförmig möglichst dicht über die Detektorfläche geführt. Die Länge des Drahtes kann dabei bis zu einige

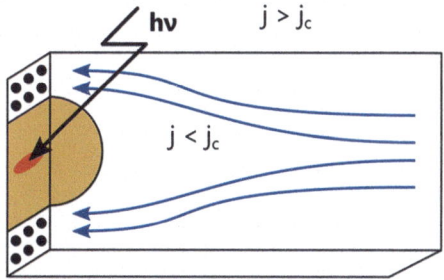

Abb. 13.4 Supraleitender Steg. j_c ist die kritische Stromdichte eines Supraleiters aus Nb, NbN oder Tantal. Die Bildung einer normalleitenden Domäne ist farblich angedeutet, auch die Verdrängung des Stromflusses aus dieser Domäne an den Rand des Steges nach Absorption eines Photons. Dieser Detektor ermöglicht den Zugang zum langwelligen IR-Bereich bis zu 75 µm

Millimetern betragen, sodass relativ große Detektorflächen von mehreren 10 mm^2 erzielt werden.

Mit derartigen Detektoren können Terahertz- und IR-Photonen sehr empfindlich detektiert werden [4], wobei die Detektionseffektivität für die untersuchten Materialien Nb und NbN von der Wellenlänge abhängig ist [5]. Im Ergebnis war die Energieauflösung des untersuchten SNSPD für den Terahertzbereich wesentlich besser als die der Mikrokalorimeter.

Terahertzstrahlung fand eine erste öffentlich wirksame Anwendung mit den Nacktscannern, mit denen Waffen und explosives Material an Personen auf Flughäfen nachgewiesen werden können. Unter dem Titel „Terahertz-Technologie an der Schwelle von wissenschaftlichen Anwendungen zu kommerzieller Nutzung" [6] hat das Deutsche Luft- und Raumfahrtzentrum, Berlin-Adlershof, das Potenzial der Terahertzstrahlung für Anwendungen analysiert. J. Beyer und C. Monte [7] befassten sich mit Terahertzdetektoren auf der Basis spezieller Kantenbolometer, die jedoch für eine Betriebstemperatur von 4,2 K optimiert wurden. Bei diesem TES-Bolometer mit SQUID-Verstärker war nicht die Empfindlichkeit der ausschlaggebende Parameter, sondern hier sollte die hohe Linearität der Sensoren für eine metrologische Anwendung in der Fourier-Transformspektroskopie im FIR/THz-Bereich genutzt werden.

Literatur

1. Hettl, P. et al. High resolution X-ray spectroscopy with superconducting tunnel junctions. Proceedings of the European Conference of Energy Dispersive X-Ray Spectrometry (1998), EDXRS-98, (Bologna 1999) ed. Fernandez, J.E. Tartari, A.
2. Fleischmann, A.: Diss. Ruprecht-Karls-Universität Heidelberg 2003.
3. Semenov, A.D. Gol'tsman G.N. Korneev, A.A. Quantum detection by current carrying superconducting film. Physica C 351 (2001) 349–356.
4. Semenov, A. et al. Eur. Phys. J. AP 21 (2003) 171
5. Lipatov, A. et al.: Supercond. Sci. Techn. 15, 1 (2002)
6. Hübers, H.-W.: Terahertz-Technologie an der Schwelle von wissenschaftlichen Anwendungen zu kommerzieller Nutzung, PTB-Mitteilungen, 120 Heft 3 (2010) 187.
7. Beyer, B. Monte, C.: PTB-Mitteilungen 120 Heft 3 (2010) 203.

Kalte Augen, kalte Bosonen 14

Mit der Entwicklung einer neuen Kühlmethode, Laserkühlung oder auch optische Kühlung genannt, wurde die Bose-Einstein-Kondensation realisiert. Es wurde das Kondensat hergestellt, das Fritz London für die Suprafluidität von Helium II verantwortlich gemacht hatte. Mit dieser Kühlmethode entstand eine neue Physik bei Temperaturen 1000-mal kleiner als die µ-Kelvin-Temperaturen, die mit der Mischkühlung und der magnetischen Kühlung erreicht werden.

14.1 Die kalten Augen der Radioteleskope

Die Entwicklung der Pulsrohrkühler macht es möglich, sehr empfindliche Detektorsysteme wie Bolometer für astrophysikalische Teleskope auf Millikelvintemperaturen zu kühlen, wodurch die Detektoren zeitlich unbegrenzt arbeiten können. Teleskope, die mit diesen Detektorsystemen ausgerüstet sind, können bisher nicht erreichbare Gebiete des Universums erforschen. So gelang es, die Radioteleskope Atacama Pathfinder Experiment (APEX) und das Riesenteleskop Atacama Large Millimeter/submillimeter Array (ALMA) für die Beobachtung sehr kalter kosmischer Objekt zu entwickeln. Diese Geräte sind mit Detektoren ausgerüstet, die durch die Kombination von McMahon-Pulsrohrkühlern und ^{3}He/^{4}He-Sorptionskühlern, wie im vorhergehenden Kapitel beschrieben, auf Temperaturen um 250 mK gekühlt werden (Abb. 14.1a).

Die Kühlung der Detektoren ist notwendig, um die geringe Energie der Millimeter- und Submillimeterstrahlung, die von den kalten kosmischen Objekten ausgesendet wird, mit dem Detektor aufzulösen. Die Temperaturerhöhung der Bolometer durch die Strahlung muss signifikant über der Temperatur des Detektors liegen.

Im AP-EXperiment wird eine Detektormatrix mit 295 Bolometern eingesetzt, wobei jeder Detektor 5×5 µm^2 groß ist. Den äußeren Aufbau dieser Matrix zeigt

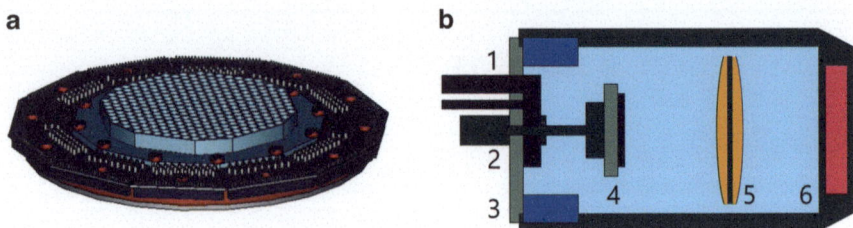

Abb. 14.1 Das Auge des Teleskops. **a** Bolometermatrix, die als LABOCA (Large Bolometer Camera) bezeichnet wird [1]. **b** Bolometerkamera im APEX-Teleskop. 1 = Kühlplattform des Pulsrohrkühlers, 2 = ^{3}He-Sorptionskühler, 3 = SQUID-Ausleseelektronik, 4 = Bolometermatrix, 5 = Siliziumlinse, 6 = Vakuumfenster, nach [2]

Abb. 14.2 Das 12 m Teleskop von APEX in der Atacama-Wüste. (© ESO)

Abb. 14.1a. Ihre Anordnung mit dem Kühlsystem, wie sie im Auge des Teleskops eingesetzt wird, ist in Abb. 14.1b dargestellt.

Das AP-EXperiment mit einem Radioteleskop von 12 m Durchmesser wurde 2005 in der Atacama-Wüste im Norden Chiles in 5107 m Höhe auf dem Chajnantor-Hochplateau vom Max-Planck-Institut für Radioastronomie, der Europäischen Südsternwarte und dem schwedischen Onsala Space Observatory in Betrieb genommen (Abb. 14.2). Das Teleskop arbeitet im Submillimeter- und Millimeterwellenbereich von 0,2–2,0 mm Wellenlänge. Mit Mischkühlern auf einzelnen Teleskopen werden zukünftig auch Temperaturen bei µ-Kelvin erreichbar sein.

Dichte Gas- und Staubregionen im Universum verhindern die Abstrahlung von sichtbarem Licht, dagegen geben Millimeter- und Submillimeterbereich den Blick auf ihr Inneres frei. Diese langwellige Strahlung, die aus diesem Grund einen tieferen Einblick in das immer noch rätselhafte kalte Universum ermöglicht, wird jedoch in der Erdatmosphäre durch Wasserdampf stark absorbiert. Deshalb ist das

Abb. 14.3 Im ALMA-Experiment werden 66 Teleskope eingesetzt, von denen 25 Anlagen in Deutschland hergestellt wurden. Foto von 2011 mit Wissenschaftlern aus Garching und Chile. (© ALMA ESO)

Chajnantor-Hochplateau wegen seiner sehr dünnen und sehr trockenen Luft besonders gut für die Beobachtungen mit Strahlung dieses Wellenlängenbereichs geeignet[1].

14.2 Ein erster Blick ins Universum

Bei einem ersten Blick in das Universum wurden neue und bisher nicht sichtbare Details in der Struktur der Radioquelle Sarg* beobachtet. Diese Radioquelle wird mit dem Schwarzen Loch im Zentrum der Milchstraße identifiziert. Damit machen die Forscher einen weiteren Schritt in Richtung der direkten Kartierung des Schattens um das Schwarze Loch im Zentrum der Milchstraße [2].

Im Sommer 2014 wurde für das Riesenteleskop ALMA, welches aus 66 Teleskopen besteht, das letzte Teleskop aufgestellt und der Betrieb aufgenommen, nachdem schon 2011 die ersten wissenschaftlichen Beobachtungen mit einem Teil der Anlage begonnen worden waren (Abb. 14.3).

Dieses Riesenteleskop (Abb. 14.3) ist ein Gemeinschaftsprojekt zwischen Europa, Nordamerika, Ostasien und Chile, mit dem die Wissenschaftler Strahlung im Grenzbereich zwischen Infrarot- und Radiostrahlung auffangen können. Der

---

[1] Die trockene Luft kommt vom Äquator. Nachdem die am Äquator aufsteigenden Luft alle Feuchtigkeit vorher verloren hat, kommt sie hier am südlichen Wendekreis völlig ausgetrocknet herunter, sodass es nur alle drei Jahre mit einer Niederschlagsmenge kleiner 1 mm pro Jahn regnet. Die Wüste ist 15 Mio. Jahre alt. Die Austrocknung der Wüste begann aber schon vor 23 Mio. Jahren. Das konnte durch die Menge von Helium 3 (^{3}He) festgestellt werden, das durch Wirkung der Höhenstrahlung auf Pyroxen in Steinen der Wüste entsteht.

messbare Wellenlängenbereich beginnt bei 0,3 mm und reicht bis 9,6 mm. Mit diesem Teleskop kann Strahlung von sehr kalten und sehr weit entfernten Galaxien empfangen werden. Dabei befassen sich die Radioastronomen mit großen kühlen Wolken, deren Temperaturen nicht weit über dem absoluten Nullpunkt im interstellaren Raum liegen; und SIE versuchen, mehr über die chemischen und physikalischen Bedingungen innerhalb dieser Objekte zu erfahren.

Das Universum ist in diesem elektromagnetischen Spektralbereich noch relativ wenig erforscht, zumal für die Beobachtung sehr trockene atmosphärische Bedingungen notwendig sind. Erst durch die Aufstellung der Teleskope in der Chajnantor-Hochebene als perfekten Ort, wo es jahrzehntelang nicht regnet, gelingt es, weiter in diese kalten Tiefen des Universums vorzudringen.

Das zuletzt angelieferte Teleskop hat einen Durchmesser von 12 m und stammt wie 24 weitere seiner Art aus Deutschland. 25 Teleskope kommen darüber hinaus aus Nordamerika, 16 wurden in Ostasien hergestellt, alle sind zwischen 7 und 12 m groß.

Völlig überraschend gelang den Teleskopen APEX und ALMA, kaum dass ihr Aufbau abgeschlossen war, ein zweiter, epochaler Blick in das Universum.

Im Verbund mit sechs weiteren Teleskopen wurde eine weitreichende, fundamentale Entdeckung gemacht, mit der Einsteins Relativitätstheorie aufs Neue bestätigt wurde. Durch die Vernetzung von acht starken Radioteleskopen, dem ALMA und dem APEX, dem IRAM 30m Telescope, dem James Clerk Maxwell Telescope, dem Large Millimeter Telescope Alfonso Serrano, dem Submillimeter Array, dem Submillimeter Telescope und dem South Pole Telescope entstand das Event Horizon Telescope (ETH), ein weltumspannendes Teleskop, das sich über die Vulkane in Hawaii und Mexico, die Berge von Arizona und der Spanischen Sierra Nevada, die chilenische Atacama-Wüste und die Antarktis verteilte.

Den Astrophysikern gelang mit gekühlten Detektoren, wie sie in Kap. 13 beschrieben wurden, die Aufnahme des ersten Schwarzen Loches, eine geistige und experimentelle Meisterleistung, die auf zwei Ebenen erfolgte: mit den Experimenten des teleskopischen Signalempfangs und der Verknüpfung und Bearbeitung der Signale.

Am 9. April 2019, in der Endphase der Arbeit an diesem Buch, wurde auf sechs Pressekonferenzen gleichzeitig – in Brüssel, Washington, Taipeh, Tokio, Shanghai, Santiago de Chile – die Aufnahme des ersten fotografierten Schwarzen Loches in einem orangeroten Lichtring vorgestellt. Die Aufnahme zeigt den Schatten des unsichtbaren Schwarzen Loches im Zentrum der 55 Mio. Lichtjahre entfernten Galaxie Messier 87 mit einer Masse von 6,5 Mrd. Sonnenmassen in seiner flammend orangeroten Umgebung, die von der am Ereignishorizont des Loches verglühenden Materie gebildet wird.

Das Event Horizon Telescope nutzt die Technologie der Very Long Baseline Interferometry (VLBI), mit der die acht Teleskope synchronisiert wurden. Dieses riesige Teleskop arbeitet auf der Wellenlänge von 1,3 mm mit einer Winkelauflösung von 20 Mikrobogensekunden. Das ist eine Auflösung, mit der man eine Zeitung, die sich in Paris befindet, von New York aus lesen könnte. Diese Auflösung ist natürlich nur möglich durch den Einsatz des weltumspannenden

14.2 Ein erster Blick ins Universum

Teleskopnetzwerkes. Genauso wichtig ist aber auch, dass das so aufgelöste Bild durch die Bolometermatrizen, die die Netzhäute der Augen der Teleskope bilden, mit hoher Genauigkeit empfangen werden könnend, denn durch die Sprungtemperatur der supraleitenden Sensoren werden diese scharf auf die Wellenlänge der Strahlung im Millimeterbereich eingestellt, die sowohl den kosmischen als auch den irdischen Raum durchdringt. Die tiefen Temperaturen von 250 mK, bei denen sich die Bolometer befinden, unterdrücken jegliches Rauschen, sodass auch extrem schwache Signale erfasst werden.

Seit 2017 sammelten die acht Teleskope des ETH eine riesige Datenmenge, mit der das Bild des massereichen Schwarzen Loches im Zentrum der 55 Mio. Lichtjahre entfernten Galaxie Messier 87 rekonstruiert werden konnte. Petabytes von Daten von den Teleskopen wurden mit hochspezialisierten Supercomputern vom Max-Planck-Institut für Radioastronomie in Bonn und dem MIT Haystack Observatory kombiniert, und das Bild des Schwarzen Loches wurde daraus berechnet (Abb. 14.4).

So wie es Galilei formuliert hatte, wurde mit diesem bahnbrechenden Experiment die von Albert Einstein schon vor 100 Jahren berechnete Massenkonzentration, die alles, was ihr nahekommt, anzieht und verschluckt, physikalisch nachgewiesen und Einsteins allgemeine Relativitätstheorie damit aufs Neue bestätigt.

Schwarzes Löcher sind eigentlich unsichtbar. Durch ihre extreme Masse lassen Schwarze Löcher noch nicht einmal das Licht entkommen, das auf sie fällt, wodurch sie praktisch unsichtbar sind, denn die Anziehungskraft von Schwarzen Löchern ist unvorstellbar groß.

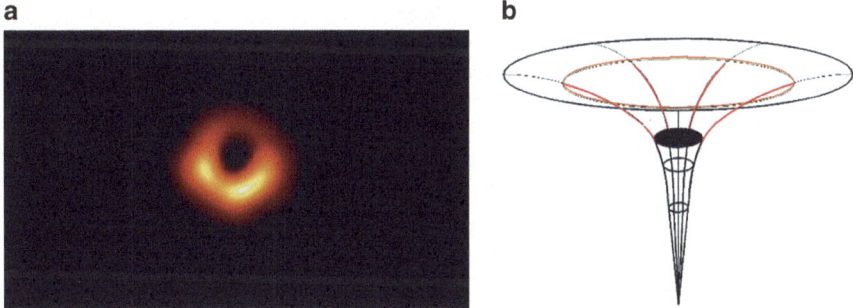

Abb. 14.4 a Rot-gelbe Umrandung des unsichtbaren Schwarzen Loches im Zentrum der 55 Mio. Lichtjahre entfernten Galaxie Messier 87 mit einer Masse von 6,5 Mrd. Sonnenmassen. Der Leuchtring zeigt das am 9. April 2019 aus Beobachtungen konstruierte Bild des Loches. **b** Schematische Darstellung seines Gravitationspotenzials. Der Raum wird durch den Ereignishorizont, dargestellt durch die schwarze Scheibe (in **a** im Zentrum), getrennt. Darunter im Loch der Bereich, der selbst das auffallende Licht aufsaugt. Oberhalb des Horizonts, rot angedeutet, der Rand, der durch die in das Schwarze Loch fallende, verglühende Materie gebildet wird. (© **a**: Event Horizon Telescope collaboration et al.)

Jedoch wird die Materie, bevor sie im Schwarzen Loch verschwindet, vor dem Ereignishorizont extrem stark aufgeheizt, wodurch sie sehr intensiv strahlt. Dieses charakteristische Leuchten rahmt das unsichtbare Schwarze Loch wie eine Halo ein.

14.3 Das Bose-Einstein-Kondensat in einer magnetooptischen Falle

1997, als Frank Pobell [3] in Bayreuth mit der Kernentmagnetisierung eine Kühltemperatur von 1,5 μK erreichte, bekamen die Physiker Steven Chu, Claude Cohen und William D. Phillips für eine völlig neue Kühlmethode, der Laserkühlung und das Einfangen von Atomen in einer magnetooptischen Falle (MOT) den Nobelpreis [4, 5].

Die Laserkühlung bremst die Bewegung der Atome einer kleinen Atomwolke, die durch ein inhomogenes Magnetfeld zusammengehalten wird, mit sechs Lasern, von denen jeweils zwei Laserstrahlen aufeinander gerichtet sind, derart stark ab, dass die Wolke Temperaturen von Mikrokelvin erreicht. Die Anordnung der Laser und der Magnetspulen, die die Falle erzeugen, sind in Abb. 14.6 dargestellt. Durch die Kombination von abbremsenden Laserstrahlen und dem Magnetfeld, das die Wolke zusammenhält, entsteht ein kaltes Gas, das durch Verdampfungskühlung weiter abgekühlt wird.

Mit dieser Kühlmethode gelang es Eric A. Cornell mit Karl E. Wiemann [6] am National Institute of Standards and Technology in Boulder und Wolfgang Ketterle mit seiner Gruppe am Massachusetts Institute of Technology [7] die Bose-Einstein-Kondensation, die Fritz London 1936 als Grund für das Helium II vermutet hatte, an einem nicht wechselwirkenden Atomgas zu realisieren. Für diese Entdeckung erhielten sie 2001 den Nobelpreis.

Die Kondensation gelang bisher nicht mit einem Gas von Wasserstoffatomen, sondern der Gruppe um Cornell und Wiemann mit einem Gas aus 20.000 Rubidiumatomen und Ketterle und seiner Gruppe mit 500.000 Natriumatomen. Das liegt daran, dass diese Atome größer und schwerer sind und die Thermalisierung des Gases durch Stöße schneller erfolgt als mit den Wasserstoffatomen.

Mit diesem Kondensat fand die Gasentartung, die Nernst keine Ruhe gelassen hatte, ihre Aufklärung. Nernst sprach schon 1919 davon, dass die Gasentartung irgendwann an einatomigem Wasserstoffgas nachgewiesen werden könnte, und bemerkte auf den Einwand, dass die Atome sich zusammenlagern werden und einen Festkörper bilden, stets: „Das können Sie doch gar nicht wissen" [8]. Doch die Überlegungen von Nernst waren der Ausgangspunkt für die Arbeiten zur Bose-Einstein-Kondensation. Am Massachusetts Institute of Technology wurde, bevor diese Kondensation mit Na-Atomen gelang, nach dem Vorschlag von Nernst mit Wasserstoffatomen experimentiert. Dabei entstanden die Kühlmethoden, mit denen die notwendigen tiefen Temperaturen erreicht werden konnten [9].

Wie in Kap. 3 schon erläutert, werden die Elementarteilchen in Abhängigkeit von ihrem magnetischen Moment, dem Spin, in Fermionen und Bosonen

14.3 Das Bose-Einstein-Kondensat in einer magnetooptischen Falle

eingeteilt. Teilchen mit halbzahligem Spin, wie die Elektronen, sind Fermionen. Teilchen mit ganzzahligem Spin, wie die Photonen, sind Bosonen.

Die Bosonen mit ganzzahligem Spin können in Abhängigkeit von der Energie die Energiezustände mehrfach besetzen. Bei sehr niedrigen Energien befinden sich alle Bosonen in den untersten Energieniveaus. Wird die thermische Energie der Bosonen unter die kritische Energie bis zu einer kritischen Temperatur T_c gesenkt, dann kondensieren die Bosonen im Grundzustand und bilden ein Quantenkondensat.

Ein solches Kondensat, aus Alkalimetallen, Natrium oder Rubidium mit ganzzahligem Spin, bildet neben der Gasphase, der flüssigen Phase, der festen Phase und dem Plasma einen neuen Aggregatzustand. Es ist ein kohärentes System ununterscheidbarer Quantenteilchen, die aufgrund ihrer großen De-Broglie-Wellenlänge delokalisiert sind und eine makroskopische Materiewelle bilden.

In Abb. 14.5 ist der Übergang von einem Gas klassischer Teilchen zu einem De-Broglie-Wellenpaket in Abhängigkeit von der Temperatur dargestellt.

Wie von Elektronen oder Photonen bekannt, hat jedes Teilchen sowohl Korpuskel als auch Welleneigenschaften. Nach der De-Broglie-Beziehung ist die Wellenlänge

$$\lambda_{dB} = \frac{h}{p}. \tag{14.1}$$

Bei normalen Temperaturen treten die Teilchen eines Gases aber als Korpuskeln auf, die mit der klassischen Mechanik und der Boltzmann-Statistik beschrieben werden (Abb. 14.5a). Die mittlere kinetische Energie eines Teilchens ist

$$\frac{1}{2}m\langle v\rangle^2 = \langle E_{kin}\rangle = \frac{3}{2}k_B T. \tag{14.2}$$

Daraus folgt für die mittlere Geschwindigkeit $\langle v\rangle = \sqrt{\frac{3k_B T}{m}}$ Mit dem Impuls $\langle p\rangle = m\langle v\rangle = \sqrt{3mk_B T}$. ergibt sich die De-Broglie-Wellenlänge zu

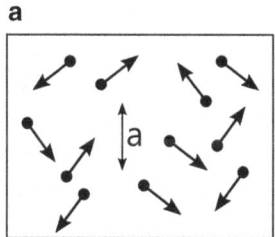 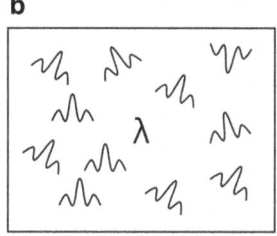 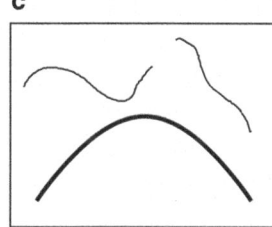

Abb. 14.5 **a** Klassische Teilchen werden bei hohen Temperaturen in einem Ofen verdampft, wobei sie eine hohe thermische Geschwindigkeit von 100–300 m/s erreichen. **b** Nach Abkühlung unter Zimmertemperatur gehen sie bei einer Wellenlänge λ, die den Abstand a der Teilchen erreicht, in Wellenpakete über. **c** Bei einer kritischen Temperatur T_c überlappen sie zu einer delokalisierten, kohärenten Materiewelle mit starker Besetzung des Bosonengrundzustands (**c**)

$$\lambda_{dB} = \frac{h}{\sqrt{2mk_B T}}. \quad (14.3)$$

Sie ist der Wurzel der Temperatur umgekehrt proportional. Wird die Temperatur erniedrigt, so werden damit Energie und Impuls der Gasteilchen kleiner, und die Wellennatur tritt in den Vordergrund. Bei weiterer Abkühlung wird, mit immer kleiner werdender Energie und kleinerem Impuls, die De-Broglie-Wellenlänge immer größer. Sie erreicht schließlich den mittleren Abstand der Gasteilchen, wodurch die Wellenpakete beginnen, sich zu überlappen und aufgrund ihrer Ununterscheidbarkeit ein zusammenhängendes Wellenpaket zu bilden. Dieses Wellenpaket ist ein kohärenter Quantenzustand. Alle Atome haben die gleiche Phase und den gleichen Ort. Damit verbunden ist eine immer stärkere Besetzung des Grundzustands. Der Abstand a von zwei Teilchen beträgt, wenn der Wellencharakter in einem Gas unter Standardbedingungen eintritt, 10 nm. Die dafür notwendige Temperatur ergibt sich mit $\lambda_{dB} = a = 10$ nm aus Gl. (10.3) zu $<0{,}002$ K. Die Wellen der einzelnen Teilchen verlieren ihre Eigenständigkeit und bilden eine einzige Materiewelle (Abb. 14.5c).

Die Teilchen, die ein Bose-Einstein-Kondensat bilden können, sind Teilchen mit einem magnetischen Dipolmoment und mit einem ganzzahligen Spin. Obwohl die Atomhülle der Alkalimetalle einen halbzahligen Spin hat und nur einen wesentlich kleineren Kernspin besitzt, erzeugt die Hyperfeinwechselwirkung in diesen Atomen bei sehr tiefen Temperaturen einen ganzzahligen Spin.

Die Realisierung eines Kondensats erfolgt in mehreren Schritten. Zu Beginn werden die Alkaliatome in einem Ofen als heißes Gas hergestellt. Die Atome verlassen den Ofen mit einer Geschwindigkeit um 1500 m/s. Das Gas strömt durch einen Magnetfeldgradienten, in dem es auf 20 m/s abgebremst wird, und gelangt in einen Ultrahochvakuumbehälter mit einem Druck von $p = 10^{-11}$ mbar in die oben beschriebene magnetooptischen Falle (MOT), in der es eine Atomwolke bildet. Das Ultrahochvakuum verhindert Stöße im Restgas.

In der magnetooptischen Falle wird die Atomwolke durch das inhomogene Magnetfeld von zwei Spulen in einer Anti-Helmholtz-Konfiguration in einem harmonisches Potenzial, das im Zentrum der Falle sein Minimum hat, konzentriert und zusammengehalten (s. Abb. 14.6).

Mit den sechs Lasern, von denen, wie schon gesagt, jeweils zwei Laserstrahlen aufeinander gerichtet sind, erfolgt die weitere Abkühlung durch Photonen, die auf die Atomwolke treffen. Die Laserstrahlen werden so polarisiert, dass nur die Photonen absorbiert werden, die mit einem gerichteten Stoß die Bewegung der ihnen entgegenfliegenden Atome abbremsen. Die dabei übertragene Energie wird danach richtungslos emittiert, sodass die Abbremsung erhalten bleibt.

Da die Photonen und die Atome aufeinander zufliegen, tritt Dopplereffekt auf. Um für die den Photonen entgegenfliegenden Atome Resonanzabsorption zu realisieren, muss das einfallende Laserlicht etwas in den roten Spektralbereich verschoben werden. Deshalb wird dieser Vorgang auch als Dopplerkühlung bezeichnet. Diese optische Kühlung bremst die Atome bis auf eine Geschwindigkeit von 0,1 m/s ab, was einer Temperatur von 200 µK entspricht.

14.3 Das Bose-Einstein-Kondensat in einer magnetooptischen Falle

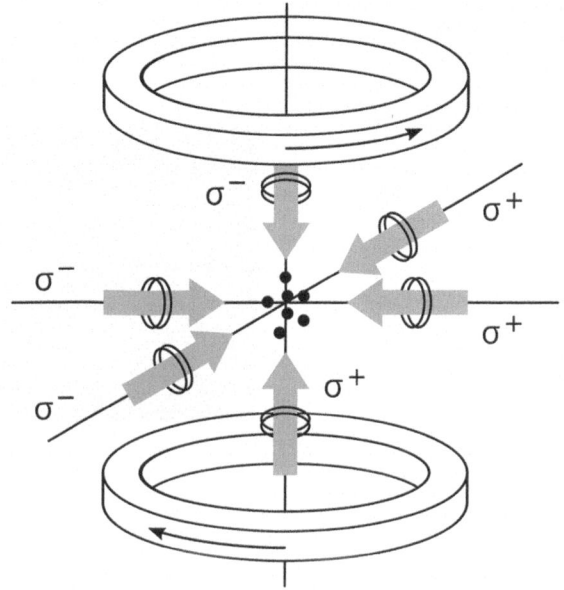

Abb. 14.6 Magnetooptische Falle mit einer Anti-Helmholtz-Spule und sechs paarweise aufeinander gerichtete Laserstrahlen. σ steht für die Polarisation, und die Pfeile geben die Richtung des Stromes in den Spulen an

Die Dopplerkühlung ist jedoch durch thermische Fluktuationen der Atome begrenzt. Diese Begrenzung liegt für Natrium bei 240 µK, für Rb bei 163 µK. In diesem Stadium besteht die kalte Atomwolke noch aus rund 10^9 Teilchen und hat in der Falle ein Volumen von wenigen Kubikmillimetern.

Die Temperatur, die mit der optischen Kühlung für die in der MOT gefangene Atomwolke erreicht wird, ist aber immer noch um das 1000-Fache für eine Bose-Einstein-Kondensation zu groß. Um zu tieferen Temperaturen zu kommen, muss eine Kühlung eingesetzt werden, die die Begrenzung der Dopplerkühlung umgehen kann. Das erfolgt mit einer neuen Form der Verdampfungskühlung. Die kalte Atomwolke wird in eine weitere Magnetfalle geschoben, mit der eine völlige thermische Isolierung erreicht wird. Diese Falle wird von einer Kombination von Magnetspulen gebildet, die durch Überlagerung beider Felder einen zigarrenförmigen Käfig für die kalten Atome ergibt.

Die Verdampfungskühlung entspricht der Sorptionskühlung, wie sie bei der Abkühlung von flüssigem Helium durch Verdampfung beschrieben wurde. Doch muss für das Entfernen der energiereichen Atome in der Magnetfalle ein selektiver Weg gegangen werden. Ein „Maxwell'scher Dämon" muss die Atome mit höherer Energie, die sich an der Oberfläche der Atomwolke befinden, aussortieren.

Dieser Dämon senkt die Potenzialschwelle, die die Atome in der Falle hält, dadurch ab, dass er eine Verdampfung nutzt, die durch Resonanz mit einer Radiofrequenz induziert wird. Das magnetische Resonanzfeld wird so eingestellt, dass die an der Oberfläche der Wolke gefangenen, energiereichen Atome durch die Radiowellen in Resonanz aus gebundenen Zuständen in magnetisch nichtgebundene Zustände gebracht werden und dadurch aus der Falle herausfallen.

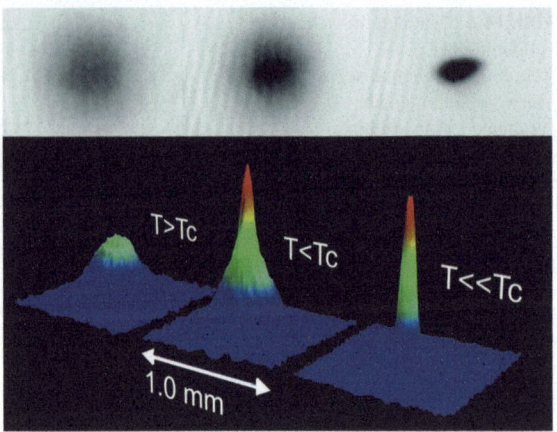

Abb. 14.7 Bose-Einstein-Kondensat [10]. Oben: Schattenbilder der Atomwolke eines Bose-Einstein-Kondensats für eine Temperatur über der Kondensationstemperatur T_c und für $T < T_c$ sowie $T \ll T_c$ nach der Kondensation. Je dunkler der Schatten ist, desto dichter ist das Kondensat. Unten: Die Dichte als Höhenkoordinate ist in Farbe dargestellt. (© Cold Atom Laboratory, NASA)

Nur die kälteren Atome im Zentrum werden zurückgelassen. Auf diese Weise werden noch 99,9 % der Atome von den ganz kalten Atomen abgetrennt, was zu einer unwahrscheinlichen Abkühlung um drei Größenordnungen der Temperatur führt. Neben der Kühlung wird in der Falle die Dichte des Gases erhöht, wobei jedoch die Bildung eines Festkörpers vermieden werden muss. Wenn durch die Verdampfungskühlung unter 100 Nanokelvin (nK) die kritische Temperatur T_c der Kondensation erreicht ist, kommt es zur Bose-Einstein-Kondensation.

Im Experiment wird die Kondensation bei T_c durch ein Schattenbild der Atomwolke sichtbar gemacht, und die Veränderungen des Kondensats bei der Abkühlung unter T_c werden im Schattenbild verfolgt. Die Wolke zieht sich zusammen. Die Schwärzung des Zentrums im Schattenbild wird sehr intensiv, was von einer starken Zunahme der Dichte des Kondensats zeugt (Abb. 14.7).

Wie tief auch die Temperatur sein mag, die Atome haben immer noch eine thermische Energie, die versucht, die Atome gegen das Magnetfeld auseinanderzutreiben. Wird das Magnetfeld ausgeschaltet, dann streben die Atome mit einer Geschwindigkeit auseinander, die der thermischen Energie entspricht. Die Vergrößerung der Atomwolke in der Zeit ist also ein Maß für die Geschwindigkeit und entsprechend für die Temperatur. Für Natriumatome werden bei einer Teilchengeschwindigkeit von 3 mm/s Temperaturen bis zu wenigen Nanokelvin erreicht.

Das Bose-Einstein-Kondensat bestätigt beeindruckend die Theorie über das Verhalten der Teilchen mit ganzzahligem Spin von Bose und Einstein. Die Wärmekapazität einer solchen Atomwolke aus 10^6 Atomen ist jedoch zurzeit noch so gering, dass eine Kühlung anderer Körper auf diese tiefen Temperaturen erst mit größeren Atomwolken realisierbar wird.

Mit der Herstellung des Kondensats der Bosonen wurde ein neuer Zustand der Materie erhalten: ein makroskopischer Quantenzustand einer delokalisierten, kohärenten Materiewelle sehr nahe am absoluten Nullpunkt. Diese Entwicklung scheint vermutlich zu einer neuen Physik bei tiefen Temperaturen zu führen.

Dafür spricht auch, dass sich für das Kondensat schon erste Anwendungen abzeichnen. So wurde im Januar 2017 mit dem Experiment MAIUS (Materiewellen-Interferometrie unter Schwerelosigkeit) [10] auf einer Rakete, die vom Raumfahrtzentrum Esrange bei Kiruna in Schweden startete, in der Schwerelosigkeit eine große Zahl von Experimenten unter der Leitung der Leibniz-Universität Hannover mit dem Bose-Einstein-Kondensat durchgeführt[2]. Die interferometrischen Untersuchungen mit dem Kondensat waren erstaunlich genau und geben Anlass zur Vermutung, dass mit dem Kondensat sehr präzise Messungen der Gravitation erfolgen könnten.

Wenn auf der Erde das Kondensat nur in Bruchteilen von Sekunden existiert, bevor es durch die Gravitation zerfließt, wird es auf der Rakete so lange aufrechterhalten, wie die Schwerelosigkeit herrscht. Und es besteht die begründete Hoffnung, dass auf einer Raumstation wie der International Space Station (ISS) wesentlich günstigere Bedingungen für die Experimente zu erwarten sind.

Mit einem ersten Versuch wurde 2018 in einer Kältekammer auf der ISS in 400 km Höhe von der amerikanischen Weltraumbehörde NASA ein Bose-Einstein-Kondensat erzeugt [11].

14.4 Die Zukunft der Physik tiefer Temperaturen

Die heutige Tieftemperaturphysik befasst sich mit der Kühlung von Experimenten, um von thermischen Störungen unabhängig unterschiedlichste Forschungsarbeiten durchführen zu können, und mit der Kühlung von Sensoren, um mit diesen immer tiefer in die Geheimnisse der materiellen Welt einzudringen und neue, genauere Messdaten zu erhalten. Diese Gebiete werden sich intensivieren und immer empfindlichere Methoden entwickeln. Abgesehen davon sind auch Entdeckungen von neuem Quanteneffekt zu erwarten.

Wie berichtet, sind am Ende des 20. Jahrhunderts zwei neue Gebiete der Tieftemperaturphysik in Erscheinung getreten: Die von der klassischen Tieftemperaturphysik entwickelte Detektortechnik ermöglicht es, weit entfernte und sehr kalte Gebiete des Weltraumes zu erforschen. Die Realisierung der Bose-Einstein-Kondensate als makroskopischer Quantenzustand bei unerwartet tiefen Temperaturen von Nanokelvin, d. h. milliardstel Kelvin (10^{-9} K), brachte einen völlig neuen Zustand der Materie hervor und wird wahrscheinlich zu einer neuen Tieftemperaturphysik sehr nahe am absoluten Nullpunkt führen.

Mit den makroskopischen Quantenzuständen, der Supraleitung und der Suprafluidität, die die klassische Tieftemperaturphysik hervorgebracht hat, eröffnet sich nach der Realisierung der Bose-Einstein-Kondensation eine Welt der makroskopischen Quantenphänomene.

---

[2]An der Entwicklung der Apparatur und an den Experimenten waren 11 Universitäten u. a. Bremen, Hamburg, Berlin, die DLR, und das Ferdinand Braun Institut in Berlin beteiligt.

Auf der Tagung „Tieftemperatur – quo vadis?" der Physikalisch-Technischen-Bundesanstalt am 5. und 6. Juni 2007 in Berlin hatte Frank Pobell einesteils Recht mit dem Ende der Tieftemperaturphysik, wie in der Einleitung festgestellt. Die neuen Entwicklungen zeichneten sich damals noch nicht klar ab. Heute kann diese Tieftemperaturphysik, die das Buch beschreibt, vermutlich als klassisch bezeichnet werden, denn es zeigt sich, dass mit jedem Schritt näher an den absoluten Nullpunkt die Quantenphänomene erstaunlicher und vielfältiger werden.

Mit den Experimenten APEX und dem Riesenteleskop ALMA wird es möglich, Materie bei tiefen Temperaturen im kosmischen Raum genauer und umfangreicher zu untersuchen. Auch hier sind mit den hochempfindlichen, bei sehr tiefen Temperaturen arbeitenden Instrumenten neue Informationen über das Verhalten der Materie zu erwarten. Dabei könnten auch neue Erscheinungsformen der Materie und neue Quantenphänomene beobachtbar werden.

Literatur

1. http://www.apex-telescope.org/mirror/observations/instruments/laboca/index.html U. C. Berkeley, Chicago SZ Cosmology Workshop 18 Sept 2003. "The Astrophysical Journal" Vol. 859 (1) https://doi.org/10.3847/1538-4357(2018).
2. https://www.ingenieur.de/technik/.../riesen-teleskop-alma-in-chiles-wueste-fertig.
3. Pobell, F.: "Matter and Methods at Low Temperatures", (Springer 1996), Scinexx.de 24.09.2015.
4. https://www.nobelprize.org/prizes/physics/1997; Chu, S.: Rev. Mod. Phys. 70 685 (1998) Phillips, W.D., Nobel Lecture (1998)
5. Raab, E. L. et al.: Phys. Rev.Lett.59 (23) 2631 (1987) Phillips, W. D.: Nobel Lecture 1998.
6. Wieman, C.: American Journal of Physics 64 (7), 847 (1996).
7. Ketterle, W.: Nobel lecture, Rev. of Mod. Phys. 74 (2002) 1132.
8. Günther, P.: Zum 10. Todestag von Walther Nernst (Karlsruhe). Physikalische Blätter 7 (12) (1951) 556–558.
9. Cornell, E.A., Wieman, C.E.: Spektrum der Wissenschaft (5 1998)
10. Becker, D. et al.: Space-born Bose-Einstein Condensation for Precision Interferometry, Nature 562 391–395 (2018).
11. Lingner, M. Finsterbusch, F.: Frankfurter Allgemeine, aktualisiert am 17.08.2018–16:4.

Schlussbemerkungen 15

15.1 Anliegen dieses Buches

Das Anliegen des Buches ist es, die Entwicklung der Tieftemperaturphysik sowie der Festkörperphysik bei tiefen Temperaturen an der Berliner Universität und der Physikalisch-Technischen Reichsanstalt im 20. Jahrhundert erlebbar zu machen, mit einem Rückblick auf die Geschichte dieser beeindruckenden Wissenschaftsgebiete und einem Ausblick in die Zukunft im Rahmen der Quantenphysik.

Im ersten Teil des Buches ist die großartige durch das Kaiserreich geförderte Entwicklung der physikalischen und chemischen Forschung in Berlin in der ersten Hälfte des Jahrhunderts, in der die Tieftemperaturphysik und die Thermodynamik mit eingebunden waren, dargestellt. Es wird gezeigt, dass die von Max Planck, Walther Nernst u. a. gelegten Grundlagen noch heute das feste Fundament der Tieftemperaturphysik bilden.

Der zweite Teil des Buches enthält einen kurzen Überblick über die Arbeiten zur Tieftemperatur-Festkörperphysik an der Humboldt-Universität in der zweiten Hälfte des 20. Jahrhunderts. Diese Arbeiten erforderten Großgeräte wie Heliumverflüssiger und Anlagen wie Mikrowellengeneratoren und Submillimeterstrahlungsquellen, die in der damaligen politischen Situation, entweder illegal, durch die Umgehung von Embargo, beschafft werden mussten oder selbst entwickelt wurden. Die Weiterentwicklung der Präparations- und Messtechnik mit der Molekularstrahlepitaxie und der winkelaufgelösten Photoelektronenspektroskopie, wie sie in den westlichen Staaten erfolgte, stieß dann an der Humboldt-Universität an prinzipielle, vor allem materielle Grenzen.

Aufgrund der durch die politischen Umstände stark eingeschränkten wissenschaftlichen Kontakte zu Kollegen in den westlichen Ländern bildeten die Einrichtungen, die sich mit der Physik tiefer Temperaturen befassten, eine Gemeinschaft, die sich an der Technischen Universität in Dresden, der Friedrich-Schiller-Universität in Jena und an der Humboldt-Universität zu Berlin regelmäßig trafen,

Abb. 15.1 Gemeinschaft der Tieftemperaturphysiker der DDR 1987 zum Symposium auf Schloss Gaußig im Vogtland, das damals zur Technischen Universität Dresden gehörte. Von links nach rechts: Prof. Ernst Hegenbart (Technische Universität Dresden), Prof. Rudolf Herrmann, Prof. Karin Herrmann (Humboldt-Universität, Berlin), Prof. Rudolf Knöner (Rektor der Technischen Universität Dresden) und Prof. Karl-Heinz Bertel (Friedrich-Schiller-Universität, Jena)

um über ihre Forschungsarbeiten zu diskutieren. An diesen meist als „Winterschulen" durchgeführten Veranstaltungen nahmen aber auch Wissenschaftler aus dem Gasverflüssigungsbereich der Industrie und anderen Wissenschaftsgebieten, insbesondere aus der Medizin, teil. Durch diese Einschränkung blieb auch eine ganze Reihe von Fragen offen. Einige dieser Probleme wurden am Ende des Buches noch einmal aus heutiger Sicht aufgeworfen (Abb. 15.1).

Im dritten Teil des Buches wird auf die topologischen Isolatoren eingegangen, eine völlig neue Klasse von Festkörpern, die zu Beginn des 21. Jahrhunderts bei dem Versuch, den physikalischen Hintergrund des Quanten-Hall-Effekts theoretisch zu klären, gefunden wurde. Diese neben bekannten Festkörpern, wie den Metallen, den Halbleitern und den Isolatoren, völlig neuen Materialien, die beides sind, nämlich gleichzeitig Isolator und Metall, deren Eigenschaften durch die Topologie der Elektronenstruktur der Festkörper bestimmt werden, konnten 2007 an Schichtsystemen aus CdTe/HgTe/CdTe und Bismut-Antimon-Legierungen experimentell nachgewiesen werden.

Die Geschichte der topologischen Materialien beginnt jedoch schon in der zweiten Hälfte des 19. Jahrhunderts mit der Entdeckung des Hall-Effekts und des Nernst-Effekts. Der Amerikaner Edwin Hall machte, durch James Clerk Maxwell motiviert, seine Entdeckung 1879 mit dem im Rahmen der klassischen Physik erklärbaren Auftreten einer elektrischen Querspannung beim Durchströmen eines elektrischen Stromes durch ein Metall in einem Magnetfeld, die durch die Lorentz-Kraft erzeugt wird. Nernst machte diese Entdeckung zusammen mit von Ettingshausen 1887, wie in Kap. 2 und 10 dargestellt, an einer polykristallinen Wismutplatte, die von einem Wärmestrom durchflossen wird. Mit der Quantenmechanik führte diese Erscheinung in der zweiten Hälfte des 20. Jahrhunderts mit metallischen und halbleitenden Einkristallen zur Zyklotronresonanz, zum

Radio-Frequenz-Größeneffekt bis hin zum Quanten-Hall-Effekt in Inversionsschichten an Halbleiteroberflächen und zu ersten Effekten, die sich heute auf die Wirkung der Topologie zurückführen lassen.

In der Thermodynamik ging es Nernst um die Klärung des Verhaltens von Energie und Entropie bei Annäherung an den absoluten Nullpunkt und Walther Meißner um die mit ungeheurem Aufwand betriebene Erzeugung von tiefen Temperaturen, um den Geheimnissen der Supraleitung auf die Spur zu kommen. Den Abschluss der Tieftemperaturphysik bilden die Methoden, mit denen immer tiefere Temperaturen erreicht wurden und mit denen es gelang, die Nernst'sche Gasentartung als Physik von Quantenphänomenen zu realisieren und so ein neues Kapitel der Tieftemperatur aufzuschlagen.

Zur Entwicklung der Tieftemperaurphysik der Berliner Universität in der zweiten Hälfte des vorigen Jahrhunderts hat der Autor dieses Buches persönlich beigetragen. Er gehörte zu den Wissenschaftlern, die sich nach dem Zweiten Weltkrieg bemühten, die großen Berliner Traditionen der Tieftemperaturphysik in einem völlig neuen Gesellschaftssystem fortzuführen, und die versucht haben, an die Entwicklung vor dem Zweiten Weltkrieg anzuknüpfen. Das Gesellschaftssystem der damaligen DDR war zeitlich fest umrissen und ist heute abgeschlossen. Was die Wissenschaftler in diesem neuen System und insbesondere der Autor mit seinen Kollegen in 38 Jahren, vom Beginn des Studiums an und in 22 Jahren als Universitätsprofessor in der Gemeinschaft der Tieftemperaturphysiker der DDR, erlebt und gelebt haben, ist vielleicht in seiner Geschichte von einigem Interesse, aber auf jeden Fall einmalig. Vieles stand unter Kritik, manches zu Recht, anderes zu Unrecht. Aber es gab auch Momente und Entwicklungen in dieser Gesellschaft, auf die spätere Gesellschaften möglicherweise zurückkommen werden.

Die heutigen Beschreibungen des Lebens in der Deutschen Demokratischen Republik entfernen sich immer weiter von der damaligen Wirklichkeit. Sie kommen auch meist von denen, die diese Zeit nicht persönlich erlebt haben.

Es werden in diesem Buch neben der Gesamtentwicklung des Wissenschaftsgebietes Tieftemperaturphysik vor allem das in Berlin besonders bearbeitete Verhalten von Elektronensystemen in Festkörpern und die Bedeutung von Magnetfeldern für die Quantenphysik bei tiefen Temperaturen dargestellt.

15.2 Was wurde aus dem Matrikel 1954 der Humboldt-Universität in der Wendezeit?

So bleibt noch kurz darauf zu schauen, was aus dem Matrikel 1954 der Humboldt-Universität nach der Wendezeit wurde. Im Jahr 1989 sind vom Matrikel 1954 noch Manfred Becker, Rolf Enderlein, Karin Herrmann, Karl Lubitz, Hans Menninger, Ehrenfried Rhode, Lutz Rothkirch, Stefan Schwabe und der Autor der Humboldt-Universität oder ihrem Umfeld an der Akademie der Wissenschaften und in der Berliner Elektronikindustrie treu geblieben.

Rolf Enderlein, der den Lehrstuhl Theoretische Festköperphysik an der Humboldt-Universität leitete, wurde nach der Wende Professor an der

Universidade Federal de São Paulo. Peter Fulde ist während des Studiums nach Hamburg gegangen. Er promovierte an der University of Maryland auf dem Gebiet schwerer Fermionen und sagte zusammen mit Richard Ferrel den Fulde-Ferrel-Effekt voraus. Nach der Wende war er Gründungsdirektor des Max-Planck-Instituts für Physik komplexer Systeme in Dresden und war auch als Mitglied des Kuratoriums der Physikalisch-Technischen Bundesanstalt an der im Vorwort erwähnten Konferenz der PTB „Tieftemperatur – quo vadis?" beteiligt, auf der Frank Pobell feststellte, dass die Tieftemperaturphysik als Forschungsgebiet abgeschlossen ist. Lutz Rothkirch hatte sich bis dahin mit der paramagnetischen Resonanz, der Zyklotronresonanz mit der Fermi-Fläche und den elektronischen Eigenschaften des Supraleiters Niobium beschäftigt und mit voller Hingabe im Fortgeschrittenen-Praktikum engagiert. Er blieb an der Universität. Hans Menninger und Manfred Becker blieben in den Instituten der Akademie, die in neue Institute umgewandelt wurden. Manfred Becker konnte man noch im neuen Jahrhundert auf dem Fahrrad in Adlershof begegnen. Ehrenfried Rhode blieb in der Industrie in Oberschöneweide. Karl Lubitz war bis zuletzt im Halbleiter-Institut in Stahnsdorf beschäftigt. Karin Herrmann analysierte bereits in den 1980er-Jahren mit ihren Mitarbeitern direkt aus ihrem Labor heraus die Luftverschmutzung über der Straßenkreuzung Invalidenstraße/Chausseestraße in Berlin und damit in der Innenstadt unabhängig und sehr realistisch. Diese Ergebnisse wurden mit Messungen über dem Stechlin See, einem der reinsten Seen nördlich von Berlin in Brandenburg, verglichen. Das waren, im Lichte der heutigen Anforderungen gesehen, Pionierarbeiten. Nach der Wende setzte sie ihre Untersuchungen zur Umweltverschmutzung bei HORIBA Ltd. in Japan mit einem Projekt des Research Institute of Innovative Technology for the Earth (RITE) in Kyoto fort. RITE ist das Japanische Exzellenzzentrum für die Entwicklung von Umwelttechnologien, das auf dem Regenerationsplan der japanischen Regierung „The New Earth 21" basiert. In ihrem Teilprojekt „New Trends in Measuring Effective Greenhouse Gases using High Performance TDLAS" analysierte sie die besondere Eignung bzw. die High Performance der Tunable Diod Laser für die Umweltforschung[1].

15.3 Zum Lehrkörper der Sektion Physik

Vor 1989 hatte die Sektion „Physik" der Humboldt-Universität mehr als 24 Professoren. Die älteren Kollegen Fritz Bernhard, Paul Täubert und Frank Kaschlun starben schon in der Umbruchzeit. Sechs Kollegen schafften es, sich erst einmal an der Universität zu halten. Einer der international bekannteste Physiker der Humboldt-Universität, der langjährige Dekan der Mathematisch-Naturwissenschaftlichen Fakultät, Prof. Werner Ebeling, erhielt von seiner ehemaligen Universität eine Gastprofessur, die er immer wieder neu beantragen musste.

---

[1] Absorptionsspektroskopie mit durchstimmbaren Diodenlasern.

15.3 Zum Lehrkörper der Sektion Physik

Der Autor wurde nach einem einjährigen Studienaufenthalt als Gastprofessor an der Universität 7 „Pierre et Marie Curie" in Paris im Rahmen eines EU-Projekts, das die Aufgabe hatte, ein Tieftemperatur-Tunnelmikroskop zur Untersuchung von Abrikossow-Wirbelgittern in Supraleitern zu bauen, von der Humboldt-Universität nach Japan an die Ritsumeikan-Universität in Kyoto entsandt.

An der Ritsumeikan-Universität ging es mit Vorlesungen über Tieftemperaturphysik, Supraleitung und Supraflüssigkeiten sowie Festkörperphysik um den Aufbau einer Tieftemperaturforschung. Nach mehreren Jahren in Japan, in denen ich auch einige Zeit im Konzern HORIBA, erst als Berater und später als Mitarbeiter im wissenschaftlichen Gerätebau, tätig war, konnte ich mich in Berlin-Adlershof wieder konkret mit der Tieftemperaturphysik befassen.

Anhang 1: Dekane und Sektionsdirektoren, Institute und Bereiche der Physik der Berliner Universität

Die Physik der Berliner Universität von 1810 bis 1990
Die Berliner Universität wurde 1810 als Friedrich-Wilhelms-Universität gegründet. Der erste Ordinarius für Physik war bis 1870 Gustav Magnus. (1810–1870?)

Ab 1870	Heinrich Dove
1871–1888	Hermann von Helmholtz
1888–1894	August Kundt
1894–1895	Max Planck
1895–1905	Emil Warburg
1805–1806	Paul Drude
1906–1922	Heinrich Rubens
1924–1933	Walter Nernst
1933–1939	Arthur Wehnelt
1939–1948	Christian Gerthsen

1949 erhielt die Universität den Namen „Humboldt-Universität". Die bis dahin geschaffenen Physikinstitute – Institut für Theoretische Physik, sowie das I., das II. und das III. Physikalische Institut – wurden in der Fachrichtung Physik zusammengefasst. Fachrichtungsleiter waren

1949–1965	Rudolf Ritschel
1965–1968	Frank Kaschlun

1968 erfolgte im Rahmen der Hochschulreform die Umbenennung der Fachrichtung Physik in Sektion Physik, mit zehn Forschungsbereichen. Die Sektionsdirektoren waren

1965–1970	Joachim Auth
1970–1973	Karl-Heinz Krebs
1973–1976	Rudolf Herrmann
1976–1986	Rolf Enderlein
1986–1990	Robert Keiper

1990 erfolgte eine Neustrukturierung der Physik unter dem Schirm eines Physikinstituts. Der Aufbau des Physikinstituts der Humboldt-Universität ist vermutlich mit der heute etablierten Struktur erst einmal abgeschlossen.

Die Physikalischen Institute der Humboldt-Universität nach dem Zweiten Weltkrieg
Nach dem Zweiten Weltkrieg wurden vier Physikinstitute eingerichtet:

Das Institut für Theoretische Physik unter der Leitung von

1948–1957	Friedrich Möglich
1959–1965	Wolfram Brauer
1965–1968	Frank Kaschlun

1968 wurde das Institut in die Bereiche 01 und 02 aufgeteilt.
Frank Kaschlun wurde Bereichsleiter des Bereichs 01 und Rolf Enderlein des Bereichs 02.

I. Physikalisches Institut unter der Leitung von

1948–1949	Hans Larsen (?)
1949–1960	Rudolf Ritschel
1960–1961	Alexander Deubner
1962–1968	Fritz Bernhard

1968 wurde das Institut Bereich 06, Bereichsleiter wurde Fritz Bernhard.

II. Physikalisches Institut unter der Leitung von

1946–1968	Robert Rompe

1968 wurde Joachim Auth Bereichsleiter des Bereichs 03.

III. Physikalisches Institut unter der Leitung von

1955–1960	Franz Xavier Eder
1960–1967	Paul Täubert
1967–1968	Oskar Hauser

1968 wurde das Institut Bereich 08, Bereichsleiter wurde Rudolf Herrmann.

IV. Physikalisches Institut unter der Leitung von

1959–1968	Karl Wolfgang Boer

1968–1990 wurde das Institut Bereich 05, Bereichsleiter wurde Egon Gutsche.

Neugründungen

1980	Bereich 04 Werner Ebeling
1980	Bereich 09 Karl-Heinz Bernhardt
1980	Bereich 10 Wolfgang Degner
1980	Bereich 11 Hans-Joachim Bautsch
1980	Bereich 12 Kurt Haspas

Die Bereiche der Sektion Physik

(nach W. Ebeling, in *Die Humboldt-Universität unter den Linden 1945 bis 1990*, Leipziger Universitätsverlag 2010, mit Ergänzungen)

Bereich 01	Theoretische Elementarteilchenphysik	Prof. Frank Kachlun Prof. Dieter Bebel Doz. Dietmar Ebert Doz. Klaus Levin
Bereich 02	Theoretische Festkörperphysik	Prof. Rolf Enderlein Prof. Robert Keiper Doz. Kurt Peuker
Bereich 03	Experimentelle Halbleiterphysik	Prof. Klaus Herrmann Prof. Karin Herrmann
Bereich 04	Statistische Physik und Thermodynamik	Prof. Werner Ebeling Doz. Reiner Feistel
Bereich 05	Experimentelle Halbleiteroptik	Prof. Egon Gutsche Doz. Otfried Goede Doz. Joachim Voigt
Bereich 06	Atomstoßprozesse der Festkörperphysik	Prof. Fritz Bernhard, gefolgt von Prof. Heinz Klose Doz. Heinz Düsterhöft Prof. Ullrich Müller-Jahreis Doz. Stephan Schwabe
Bereich 07	Angewandte Massenspektroskopie und Festkörperphysik	Prof. Reiner Link (in Nachfolge von Prof. Karl-Heinz Krebs und Prof. Gerhard Oelgart)
Bereich 08	Tieftemperatur-Festkörperphysik	Prof. Rudolf Herrmann Doz. Horst Krüger
Bereich 09	Meteorologie	Prof. Karl-Heinz Bernhardt Prof. Friedrich Kortüm Prof. Peter Hupfer

Bereich 10	Angewandte Radiologie	Prof. Wolfgang Degner Prof. Beate Röder
Bereich 11	Kristallographie	Prof. Hans-Joachim Bautsch Doz. Lars Ickert
Bereich 12	Methodik des Physikunterrichts	Prof. Hansjoachim Lechner (in Nach- folge von Prof. Kurt Haspas) Doz. Wolfgang Manthei

Anhang 2: Kristallzüchtung im Weltraum – das Projekt Berolina

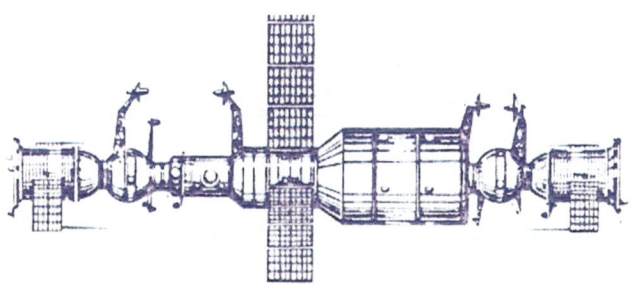

Abb. A.1 Gemeinsamer Kosmosflug der UdSSR und DDR

Vom Bereich Tieftemperatur-Festkörperphysik der Sektion Physik der Humboldt-Universität wurden für den Kosmosflug des ersten deutschen Kosmonauten Siegmund Jähn und seinem russischen Kollegen Waleri Bykowski Kristallzüchtungsexperimente vorbereitet.

Der Weltraumflug erfolgte am 27. September 1978 mit der Saljut-6-Sojuz-31-Mission. Die Experimente wurden in dem Projekt Berolina zusammengefasst.

Es wurden vier Experimente entwickelt: In zwei Experimenten wurde die Bridgman-Methode eingesetzt. Das waren die Experimente „Formzüchtung" einer Wismut-Antimon-Legierung mit 0,5 at.-% Antimon im Wismut und das Experiment „Gerichtete Erstarrung" einer Wismut-Antimon-Legierung mit 1 at.-% Antimon. In zwei weiteren Experimenten wurden unter dem Namen „Sublimation" Bleitellurid-Halbleiterkristalle mit dem Gasphasentransport gezüchtet.

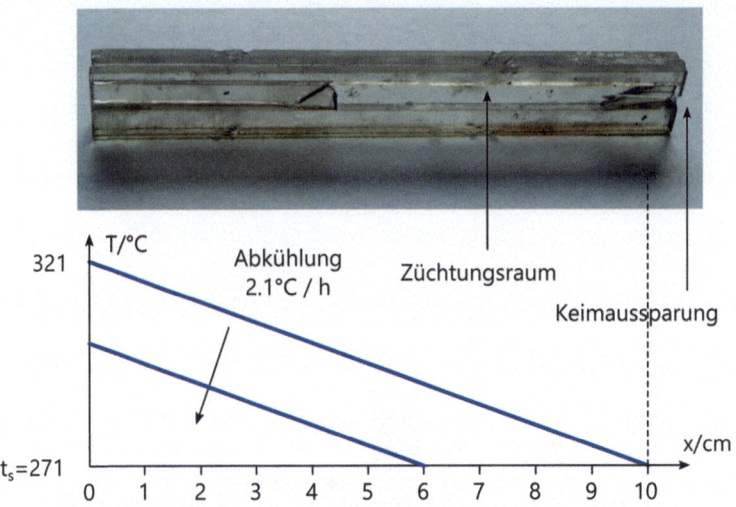

Abb. A.2 Quarzform für die Experimente unter Mikrogravitation. Rechts oben ist die Aussparung für den kristallographisch orientierten Keim zu sehen. Beim Beginn der Züchtung ist das Material in der trapezförmigen Öffnung zwischen der Aussparung und dem Dreieck in der Mitte vollständig mit der Schmelze ausgefüllt

Formzüchtung

Laborexperimente unter normaler Gravitation ($g_0 = 9{,}81$ m/s^2)

Die Formzüchtung ist ein modifiziertes Bridgman-Verfahren, bei dem Kristalle in Quarz- oder Graphitformen in einem Temperaturgradienten wachsen [1]. In den Graphitformen wurden von uns Tellurkristalle gezüchtet, da die Oberflächen der Quarzformen vom flüssigen Tellur aufgelöst werden.

Die Quarzform, die für die Züchtung der Kristalle im Orbit benutzt wurde, ist in Abb. A.2 dargestellt. Zwischen zwei Grundplatten befinden sich zwei dünne Platten mit Aussparungen für das Einfüllen der Schmelze und für den Kristall, der im Züchtungsraum gezüchtet wird. Der für die kristallographische Orientierung notwendige Kristallkeim wird mit Röntgenstahlen orientiert und in ein Quarzrohr von der Seite in die Quarzform eingepasst, sodass die Ebene der Form parallel zur entsprechenden kristallographischen Ebene orientiert ist. Die Form wird in einem Gradientenofen erhitzt, bis der obere Teil des Keims aufgeschmolzen und die ganze Form mit flüssigem Ausgangsmaterial gefüllt ist. Danach wird die Temperatur vom Keim her langsam verringert, wodurch der Kristall, wie in Abb. A.2 dargestellt, orientiert wächst.

Vorbereitung der Züchtung in der Schwerelosigkeit ($\approx 10^{-4}$ m/s^2)

Beim Transport der Kristallzüchtungsanlagen zur Raumstation sind diese mehrfachen Erdbeschleunigungen ausgesetzt. Sie müssen deshalb sehr stabil fixiert werden, um die geometrische Anordnung der einzelnen Komponenten zu erhalten. Die Quarzform wurde deshalb von zwei Edelstahlkappen zusammengehalten, die mit zwei Stäben stabil befestigt wurden. Abb. A.3 zeigt die fixierte Züchtungsform.

Anhang 2: Kristallzüchtung im Weltraum – das Projekt Berolina

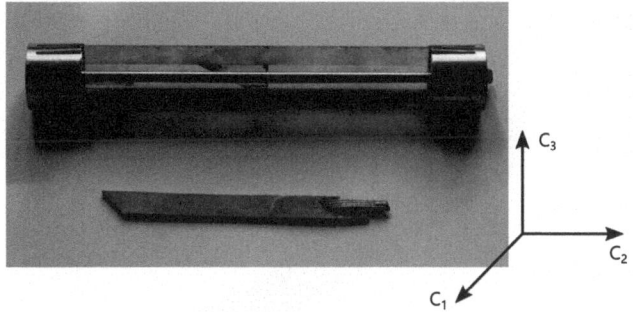

Abb. A.3 Oben: Form aus Quarz mit zwei Edelstahlkappen, die mit zwei Stäben zusammengehalten werden. Unten: Ein im Labor gezüchteter Einkristall mit typischen scharfen Kanten. Die Pfeile geben die Orientierung des Kristalls mit den kristallographischen Achsen (C_1, C_2, C_3) an

Als Kristallmaterial wurde für die Formzüchtung eine Wismut-Antimon-Legierung mit 0,05 at.-% Antimon ($Bi_{(1-0,05)}Sb_{(0,05)}$) eingesetzt. Diese Legierung ist ein Halbmetall. Bei 4 at.-% Antimon ändert sich der Charakter der Legierung. Für 4 at.-% Antimon und höhere Antimonkonzentrationen sind die Legierungen Halbleiter.

Ergebnisse des Experiments in der Schwerelosigkeit ($\approx 10^{-4}$ m/s^2)

Zu Beginn der Kristallisation ist das Kristallmaterial bis zum Keim vollständig aufgeschmolzen. Im Laborexperiment bei $g_0 = 9,81$ m/s^2 wird die Schmelze durch die Gravitation in die Form gedrückt. Dadurch bilden sich bei der Kristallisation scharfe Kanten am Kristall aus. Da genügend Raum in der Ampulle der Formzüchtung vorhanden ist, benetzt die Schmelze unter Mikrogravitation $\approx 10^{-4}$ m/s^2 die Wände der Quarzform nur schwach. Die flüssige Schmelze wird vor allem von ihrer Oberflächenspannung zusammengehalten, die für ihre Oberfläche ein Minimum anstrebte, was zur Folge hatte, dass die Kanten des Kristalls wie die der schwebenden Flüssigkeit nach der Erstarrung abgerundet blieben. Das ist in Abb. A.4 gut zu sehen. Dieser typische Effekt der Mikrogravitation bildet auch heute noch einen Schwerpunkt der Kristallzüchtung in der Schwerelosigkeit.

Die unter Mikrogravitation gezüchteten Kristalle wurden mit der Zyklotronresonanz bei Heliumtemperaturen zwischen 1,5 und 4 K in starken Magnetfeldern untersucht.

Experiment zur gerichteten Erstarrung von BiSb bei Mikrogravitation ($\approx 10^{-4}$ m/s^2)

Die Vorbereitung des Experiments erfolgte, wie bei den anderen Experimenten, im Labor unter normaler Gravitation $g_0 = 9,81$ m/s^2.

Beim Experiment „Gerichtete Erstarrung" mit dem Bridgman-Verfahren verlief die Kristallisation einer Wismut-Antimo-Legierung mit 0,5 at.-% ($Bi_{99,5}Sb_{0,05}$) in einer Ampulle, deren Innenraum mit Graphit bedeckt wurde. Nach Einfüllen der

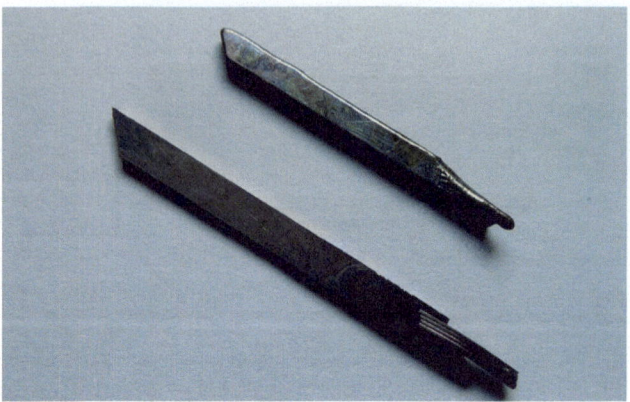

Abb. A.4 Der untere Kristall wurde im Labor unter normaler Gravitation gezüchtet. Er wird beim Erstarren fest in die Form gedrückt, wodurch er sehr scharfe Kanten bekommt. Der obere Kristall wurde unter Mikrogravitation gezüchtet und hat durch die minimierende Wirkung der Oberflächenspannung abgerundete Kanten

Legierung in die Ampulle wurde diese mit einem verschiebbaren Graphitstempel verschlossen und in einem Quarzrohr eingeschmolzen. Zur Züchtung wurde die Ampulle noch in einem Stahlcontainer sicher untergebracht.

So konnten auf der Raumstation im Schmelzofen Crystall zwei Kristalle mit dem Bridgman-Verfahren gezüchtet werden. Die Ampulle war an einer Seite zur Spitze ausgezogen, um dort beim Beginn der Kristallisation eine Keimbildung zu ermöglichen. Nach dem Aufschmelzen des Ausgangsmaterials begann die Abkühlung an der Spitze der Ampulle mit einer Geschwindigkeit von 11 mm/h, um die Orientierung des Keimes über den ganzen Kristall fortzusetzen. Da die Wismut-Antimon-Legierung fest in der Quarzampulle eingeschlossen war, konnte sich der Kristall, der sich bei der Erstarrung gegenüber der Flüssigkeit um 3 % ausdehnt, nur in dem Raum ausbilden, den er auch vor dem Aufschmelzen gehabt hatte. Dadurch wurde die Kristallisationsfront beim Fortschreiten teilweise gegen die Wand der Ampullen gedrückt. So entstand gegenüber den Kristallen, die mit der Formzüchtung im Ofen Splav hergestellt wurden, eine etwas zerklüftete Oberfläche.

Bei diesem Züchtungsprozess entstanden neben den glatten Oberflächen des Kristalls Hohlräume, in denen sich in der Schwerelosigkeit einzelne Kristallite ausbilden konnten (Abb. A.5).

Im Bereich von 7–18 mm war die Verteilung des Antimons im gezüchteten Kristall homogen. In diesem Bereich wuchs der Kristall unter stabilen Bedingungen. Im letzten Abschnitt von 18–28 mm wurde das Wachstum durch den anwachsenden thermischen Gradienten des Schmelzofens bestimmt [2].

Experiment „Sublimation"
Gasphasentransport des HalbleitersBleitelluridin der Schwerelosigkeit ($\approx 10^{-4}$ m/s^2) [3, 4].

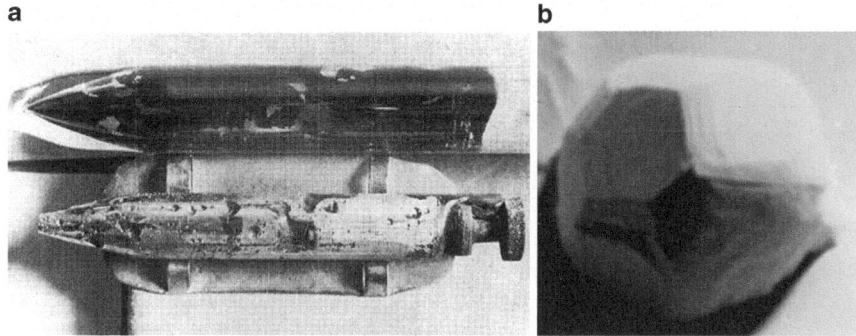

Abb. A.5 a Unten: Der bei $g=10^{-4}$ m/s² gezüchtete Wismut-Antimon($Bi_{99}Sb_1$)-Kristall MS1 (MS, Monokristall-Spacegrown). Die Oberfläche enthält eine Reihe von Vertiefungen, in denen sich kleine Kristallite gebildet haben. Oben: Quarzampulle nach der Züchtung. **b** Kristallit mit einem Durchmesser von ≈ 10 μm

Zum Gasphasentransport von Bleitellurid wurden zwei Züchtungsexperimente in der Schwerelosigkeit durchgeführt. Ein Experiment bei der Sublimationstemperatur von 850 °C, d. h. 74 K unter der Schmelztemperatur von 924 °C, und ein Experiment bei 750 °C, 174 K unter der Schmelztemperatur.

Bei diesem Experiment standen sich in einer Ampulle eine PbTe-Oberfläche als Substrat und ein PbTe-Kristall als Sublimationsquelle gegenüber. Die Quelle wurde auf 850 °C erhitzt. Das verdampfte Material setzte sich auf dem Substrat nieder.

Es entstand ein Kristall aus Blöcken mit idealer Kristallstruktur, die von Versetzungen von 40×40 μm² begrenzt wurden. Die elektrischen Eigenschaften des Kristalls waren unerwartet gut.

Bei der Sublimationstemperatur 174 °C unter der Schmelztemperatur wurde Whiskerwachstum nach dem Vapor-Liquid-Solid-Mechanismus beobachtet (Abb. A.6). Beim Sublimieren auf dem Substrat, einem Bleitellurideinkristall, bilden sich Mikrotröpfchen ausschließlich aus Blei, die eine Schmelztemperatur unter 700 °C haben. In diesen Bleitröpfchen wurde sublimierendes Bleitellurid gelöst und unter die Tröpfchen transportiert und als Träger der Bleitröpfchen abgesetzt.

Die Whisker wachsen bei der Mikrogravitation von $\approx 10^{-4}$ m/s², bei der die normale Konvektion im Gravitationsfeld unterdrückt ist, durch die Marangoni-Konvektion. Diese Konvektion tritt auf Flüssigkeitsoberflächen als Kraft auf, wenn Bereiche unterschiedlicher Oberflächenspannung vorhanden sind. Die Zugkraft der Bereiche höherer Oberflächenspannung ist dann größer als Bereiche geringerer Oberflächenspannung.

Ein typisches Beispiel für die Marangoni-Konvektion ist ein Streichholz auf einer Wasseroberfläche, an dessen Ende ein kleines Stück Seife eingeklemmt ist. Die Seife verringert die Oberflächenspannung des Wassers, und das Streichholz, vom Gradienten der Oberflächenspannung angetrieben, bewegt sich.

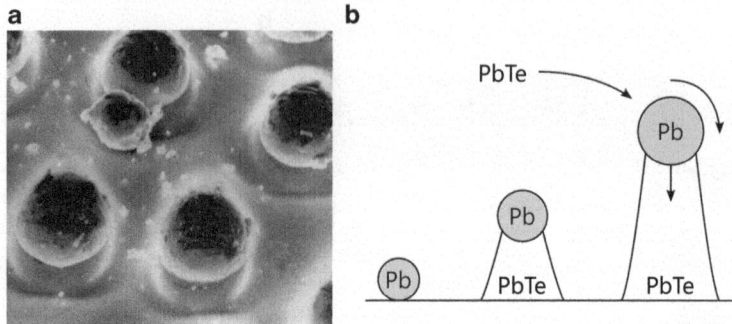

Abb. A.6 Bei 750 °C, 174 °C unter der Schmelztemperatur, wurde zum ersten Mal Vapor-Liquid-Solid-Whiskerwachstum unter Mikrogravitation beobachtet. Pilzförmig gewachsene Whisker auf einem Bleitellurideinkristall. Die Köpfe bestehen aus Blei, die Stiele aus Bleitellurid

Die Bleitröpfchen sind auf der der Sublimationsquelle zugewandten Seite wärmer als auf der Unterseite auf dem Substrat. Entsprechend ist die Oberflächenspannung auf der Oberseite kleiner als auf der Unterseite. Das in der Bleioberfläche gelöste Bleitellurid strömt zur Unterseite des Bleitröpfchens, wo es erstarrt und den Stiel der Whisker bildet. So haben sich die pilzförmigen Whisker auf dem Substrat gebildet.

Zusammenfassung [5]
Bei der Vorstellung dieser einmaligen Experimente bei Mikrogravitation, die von der Humboldt-Universität vorbereitet wurden, war immer die erste Kritik „Ein Experiment ist kein Experiment", der auch die Kollegen, die die Experimente vorbereitet hatten, voll zustimmten.

Die Effekte, die jedoch mit einer gewissen Wahrscheinlichkeit durch das Fehlen der Kraft der Erdanziehung verursacht wurden, wie die Vorherrschaft der Oberflächenspannung beim Experiment „Formzüchtung" oder die bestimmende Wirkung der Marangoni-Konvektion beim Whiskerwachstum des Bleitellurids, wie sie bei diesen Experimenten zum ersten Mal beobachtet wurden, haben die Zeit überdauert. Diese Effekte sind auch heute noch Gegenstand der Kristallzüchtung unter Mikrogravitation und zeigen den Erfolg der sorgfältig durchgeführten Kristallzüchtungsexperimente von Sigmund Jähn und Waleri Bykowski (Abb. A.7).

Anhang 2: Kristallzüchtung im Weltraum – das Projekt Berolina

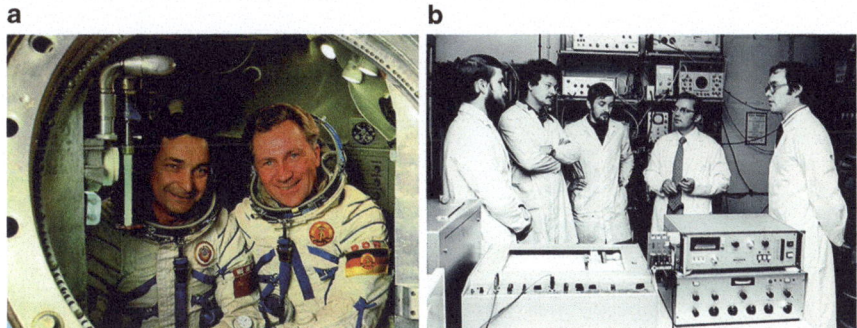

Abb. A.7 **a** Sigmund Jähn und Waleri Bykowski – die beiden Kosmosexperimentatoren. **b** Die an der Vorbereitung der Experimente beteiligten Wissenschaftler der Humboldt-Universität. Von links nach rechts: Dr. G. Schneider, Prof. Dr. P. Rudolph, Dr. R. Röstel, der Autor, Prof. Dr. H. Krüger (außerdem war Dr. Reiner Kuhl an der Vorbereitung beteiligt)

Literatur

1. Herrmann, R., Vogel, J., Häfner, H.: Preparation of Homogeneous Bismuth-Antimony Single Crystals with Given Shape and Orientation, phys. stat. sol. (a) 24, 131–138 (1974)
2. Schneider, G., Herrmann, R., Krüger, H., Rudolph, P., Kuhl, R., Röstel, R.: Results of Crystal Growth of Bismuth-Antimony Alloys ($Bi_{100-x}Sb_x$) in a Microgravity Environment, Crystal Res. & Technol. 18, 1213–1224 (1983)
3. Herrmann, R. et al.: First Results of the Growing of Pb-Te Single Crystals under Microgravity Conditions, Advances in Space Research 1, 163–166 (1981)
4. Herrmann, R. et al.: Growing of PbTe Single Crystals from the Vapor Phase under Micro-Gravity Conditions, phys. stat. sol. (a) 59, 51–56 (1980)
5. Die Zusammenarbeit der Humboldt-Universität mit der SU auf dem Gebiet der Kosmosforschung, Wiss. Zeitschr. der HUB, Math.-Nat. R. XXIX (1980) 3

Stichwortverzeichnis

A
Abpumpstutzen, 11
Abrikossow, A. A., 76, 185
Abrikossow-Gitter, 76, 129, 185
Affinität, 27, 95
   chemische, 26
Alfvén-Welle, 148, 152
Alkalimetall, 290
Allgemeine Relativitätstheorie, 287
Ammoniak, 5
Amontons, G., 6
Andrejew, A., 77, 136
Andrejew-Reflexion, 200
Anti-Helmholtz-Konfiguration, 290
Antimon, 22, 239
ARPES, 234
Asbel-Kaner-Zyklotronresonanz, 76, 123, 210
Atacama Large Millimeter/submillimeter
   Array, 283
Atacama Pathfinder Experiment, 283
Atomwolke, 292
Austauschwechselwirkung, 106

B
Bacon, F., 6
Bandinversion, 218
Bardeen-Cooper-Schrieffer-Theorie, 181, 185
Barthel, H., 111
Benario, R., 94
Berry-Phase, 224
Berthelot, M., 96
Bethe, H., 119
Bikristall
   Züchtung, 167
Bitter, F., 19

Bitter-Spule, 19
Bleitellurid, 310
Bloch, F., 106
Bloch'sches $T^{3/2}$-Gesetz, 106
Böer, K. W., 88
Bohr'scher Atomradius, 165
Bolometerkamera, 284
Boltzmann, L., 22
Born, M., 93
Bose-Einstein-Kondensat, 73, 74, 182
Bose-Einstein-Kondensation, 7, 288
Bose-Einstein-Statistik, 31, 74, 96
Boson, 74, 288
Boyle, R., 4, 6
Boyle-Mariotte'sches Gesetz, 5
Bridgman-Methode, 307
Brillouin-Zone, 121
Brown, R., 6
Brown'sche Bewegung, 6
Burger, R., 12
Bykowski, W, 312

C
Cailletet, L. P., 8
Caratheodory, C., 96
Carnot-Maschine, 266
Carnot-Prozess, 10
Celsius, A., 5
Celsius-Skala, 5
Chadwick, J., 54
Chaikin, M. S., 73, 108, 129
Chajnantor-Hochplateau, 285
Chern-Zahl, 217, 222
Chlorgas, 7
Churchill, W., 30

© Der/die Herausgeber bzw. der/die Autor(en), exklusiv lizenziert an Springer-
Verlag GmbH, DE, ein Teil von Springer Nature 2025
R. Herrmann, *Die Tieftemperaturphysik an der Humboldt-Universität zu Berlin*,
https://doi.org/10.1007/978-3-662-69993-5

Clusius, K., 68
Cooper-Paar, 186, 281
 Tunneln, 191
Cornell, E. A., 75
Cullen, W., 5
Curie-Temperatur, 106
Czochralski-Methode, 167

D
Dangling bonds, 168
Dauerstrom, 181
dc-SQUID, 194
De-Broglie-Wellenlänge, 289
Debye, P., 97
De-Haas-van-Alphen-Effek, 123
Detander, 65
Detektormatrix, 283
Dewar, J., 6, 9
Dewar-Gefäß, 10
Diamagnetismus, 46, 181
 idealer, 45, 49, 180
Dielektrizitätsfunktion, 151
Dirac-Fermion, 251
Dirac-Halbmetall, 231, 233
Dirac-Isolator, 253
Dirac-Punkt, 138, 140, 231
Dispersion, quadratische, 120
Dopplereffekt, 290
Dopplerkühlung, 290
Drebbel, C., 3
Druck, hydrostatischer, 157, 170
Dulong, P. L., 32
Dulong-Petit'sches Gesetz, 37
Durchbruch, magnetischer, 129

E
Ebeling, W., 98
Ebert, F., 94
Eder, F. X., 88, 102
Eder, F. X., 85
Effektive Masse, 251
Effekt
 photoelektrischer, 29
 thermoelektrischer, 110
 thermomagnetischer, 23
Einkristall, 248, 260
Einstein, A., 6, 31, 85, 93, 96, 287
Elektronengas, 159
 zweidimensionales, 159, 161
Elektronen-Jack, 125
Elektronenradius, klassischer, 165

Elektron-Extremalbahn, 127
Elektron-Phonon-Wechselwirkung, 127
Elementarteilchen, 74
Energie, innere, 26
Energielücke, 143, 186
Entmagnetisierung, 57
Entropie, 27, 96
Ettingshausen, A. von, 22
Ettingshausen-Effekt, 22
Euler'sche Charakteristik, 222
Euler'sche Polyederformel, 222
Event Horizon Telescope, 286
Expander, 12
Expansionsverflüssiger, 54

F
Fahrenheit, D. G., 5
Falkenhagen, H., 98
Faraday, M., 5
Faraday-Konfiguration, 148
Faraday-Konstante, 24
Feinstrukturkonstante, 165
Feldeffekttransistor, 157
Fermi-Dirac-Statistik, 74
Fermi-Energie, 74, 121, 212
Fermi-Fläche, 125
Fermi-Impuls, 135
Fermion, 288
Ferromagnet, 106, 107
Festkörperplasma, 136, 144, 147
Flussfaden, 184, 185
Flussquant, elementares, 188
Flussquantelung, 189
Fluxoid, 188
Formzüchtung, 308

G
Galilei, G., 4, 6
Galilei-Thermometer, 4
Galilei-Thermoskop, 4
Gantmacher, W. F., 136
Gantmacher-Effekt, 134, 254
Gasentartung, 28
Gaskältemaschine, 275
Gaskonstante, 24
Gaskühlung, 10
Gasplasma, 145, 147
Gasthermometer, 6
Gasverflüssigung, 8
Gasverflüssigungsanlage, 88
Gate-Spannung, 215

Gay-Lussac, J. L., 6
Gegenströmer, 12
Gerthsen, C., 85
Giauque, W. F., 54, 58
Gifford-McMahon-Kühler, 267
Ginsburg-Landau-Gleichung, 183
Ginsburg-Landau-Theorie, 183
Girlandenbahn, 109
GLAG-Theorie, 184
Gleichgewicht, chemisches, 26
Gold-Erbium-Detektor, 280
Guericke, O. von, 4

H

Haberditzel, W., 84
Hahn, O., 93, 102
Halbleiter, stark entarteter, 138
Halbleiterdetektor, 277, 278
Halbmetall, 111, 136, 138
Hall, E., 23
Hall-Effekt, 22
Hall-Leitfähigkeit, 224
Hall-Plateau, 160, 171, 217
 Einbruch, 172
Hall-Spannung, 163
Hampson, W., 11
Harmonische, 125
Heisenberg, W., 94, 106
Heisenberg´sche Austauschwechselwirkung, 106
Helikonwelle, 141, 148, 150
Helium, 14, 38
 festes, 56
 flüssiges, 67
 I, 68
 II, 68
 suprafluides, 67
Heliumverflüssiger, 37, 40, 55, 65, 103
Helmholtz, H. von, 25, 38
Helmholtz'sche freie Energie, 26, 95
Hertz, G., 94
Heterodynmessanlage, 124
Hintergrundstrahlung, 14
Hochdrucktechnik, 170
Hochtemperatursupraleiter, 196, 197
Hochtemperatursupraleitung, 49
Höhnow, A., 33
Hot Spot, 281
Hybridresonanz, 148
Hyperfeinwechselwirkung, 290
Hysterese, 172

I

Impulsraum, 121
Infrarotdetektor, 266
Institut für Physik und Technologie, 77
integraler, 159
Inversion der Ladungsträger, 169
Inversionsschicht, 157, 218
Irreversibilitätslinie, 200
Isolator,, topologischer
 dreidimensionaler, 239
Isolator, topologischer, 120, 133, 140, 218, 221, 236
 zweidimensionaler, 237

J

Jähn, S, 312
Joffe, A. F., 62, 77
Josephson-Gleichstrom-Effekt, 192
Josephson-Wechselstrom-Effekt, 193
Joule-Thomson-Effekt, 12
Joule-Thomson-Ventil, 13

K

Kaiser-Wilhelm-Gesellschaft, 29
Kaiser-Wilhelm-Institut, 29
Kaiser-Wilhelm-Institut für Physik, 31
Kalorimeter, 34, 281
Kälte, künstliche, 5
Kälte, künstliche Herstellung, 5
Kamerlingh Onnes, H., 6, 10, 13, 33, 67
Kane-Mele-Modell, 227
Kaner, E., 136
Kantenbolometer
 magnetischer, 277
Kapitza, P. L., 6, 104
Kapitza, P. L. , 62
Kapitza-Seminar, 75
Kaskadenmethode, 8
Kaskadenprinzip, 55
Kaskadenverflüssiger, 15
Keesom, W. H., 68
Keramik, supraleitendes, 198
Kernentmagnetisierung, 60
Ketterle, W., 75
Klitzing, K. von, 31, 159
Kohärenzlänge, 187, 200
Kohlendioxid, 5
Korngrenze, 157, 160
 elektronische Struktur, 168
 Quanten-Hall-Effekt, 166

k-Raum, 121
Kristall, Reinheit, 112
Kristallelektron, 121
Kristallgitter, 29
Kristallzüchtung, 307
Kryodetektor, 278
Kühlbad, 12
Kühlung, magnetische, 12, 58
Kühlverfahren, 3, 12, 266
Kupfer, 60
Kurfürst Friedrich III., 6
Kürti, N., 58

L
Ladungsinversion, 161
Ladungsneutralitätspunkt s. Dirac-Punkt
Ladungsträger, 211
Ladungsträgerkonzentration, 145, 157, 171
Ladungsträgerschicht, 166
λ-Linie, 68
λ-Punkt, 68
Landau, L. D., 74
Landau-Niveau, 122, 159, 211, 258
Landau-Quantelung, 119
Landau-Seminar, 76
Landau-Theorie, 74
Large Bolometer Camera, 284
Laser, 137
Laserkühlung, 288
Laserphysik, 97
Laue, M. von, 44, 85
Lavoisier, A. L., 7
Leibniz, G. W., 6
Leitungsband, 218
Licht, 91
  des Lichts, 91
Lifschitz, I. M., 105, 212
Lifschitz, J. M., 75
Linde, C. P. G. von, 11, 13
Linde, C. von, 38
Linde-Hampson-Verfahren, 10
Lindemann, F. A., 30
Löcher-Extremalbahn, 127
London, F., 73
London-Gleichung
  erste, 182
  zweite, 182
London-Theorie, 181
London'sche Endringtiefe, 183, 187
Lord Kelvin, 6
Lorentz, H A., 29
Lorentz-Kraft, 23, 63, 109, 110, 147

Lösungstension, 24
Luft, flüssige, 12
Luftverflüssigung, 72
Luftverflüssigungsanlage, 13

M
Magnet, supraleitender, 61
Magnetfeld, 22, 63, 249
  inneres, 258
magnetischer, 279
Magnetisierung, 106
Magnetooptische Falle, 288, 290
Magnetoplasma, 147
Magnon, 107
Magnus-Haus, 94
MAIUS, 293
Manhattan-Projekt, 60
Marangoni-Konvektion, 311
Martinius, M. van, 5
Massenkonzentration, 287
Materiewellen-Interferometrie unter Schwerelosigkeit, 293
Matrikel 1954, 84
Matrikel 54, 93
McLennan, J. C., 38, 41
Meißner, W., 38, 102
Meißner-Ochsenfeld-Effekt, 45, 182, 184
Meißner-Phase, 129, 184
Meister, H., 103
Meitner, L., 93, 102
Metall, 43
  Austrittsarbeit, 29
  hochschmelzendes, 127
  paramagnetisches, 279
Metalloxid-Halbleiter-Feldeffekttransistor, 158
Mikrogravitation, 308
Mikrowelle, 149
Millikan, R. A., 32
Mischkühlung, 274
Mischung, superfluide, 273
Möbiusband, 224
Molekularstrahlepitaxie, 234, 249
Molybdän, 111, 125
Monde-Laboratorium, 64
MOSFET, 158
Motorgenerator, 64

N
Nanodraht-Einzelphotonendetektor, 281
Nernst, W., 21, 85, 95, 102, 288
  Wärmesatz, 21, 26

Nernst-Effekt, 22, 24, 153
  an Korngrenzen, 175
  Messanordnung, 23
Nernst-Gleichung, 24
Nernst-Stift, 25
Nernst'sches Wärmetheorem, 54
Neumann, J. von, 97
Niobium, 43, 111, 127
Normalleitende Spule, 17
Normalpotenzial, absolutes, 24
Nullpunkt, absoluter, 6, 7, 28, 294
Nullpunktschwingung, 68

O
Oberflächenzustand, 120, 132, 212, 257
  magnetischer, 76, 108, 110
Olszewski, K. S., 8

P
Peschkow, W. M., 185
Petit, A. T., 32
Phasenübergang, 68, 135, 137, 147
  zweiter Art, 68
Philips-Heliumverflüssiger, 113
Philips-Prozess, 103
Phonon, 29, 74, 107
Photoelektronenspektroskopie, winkelaufgelöste, 234
Photon, 29, 107, 290
Photonenenergie, 278
Physikalisch-Technische-Reichsanstalt, 38
Pictet, R.-P., 8
Planck, M., 27, 29, 85, 91
Plasma, 144
Plasmafrequenz, 146
Plasmawelle, 148, 150
Pobell, F., 61
Prigogine, I., 98
Pulsrohrkühler, 267
  Abkühlkurve, 275

Q
Quantelung, 119
  der Gitterschwingungen, 32
  der Strahlungsenergie, 29
Quantengrenzfall, 160
Quanten-Hall-Effekt, 213
  Fermi-Energie, 121
  in Feldeffekttransistoren, 157
  Instabilität, 172

integraler, 166, 169
  Plateaubildung, 164
Quanten-Hall-Struktur, 215
Quantenhypothese, 30
Quantenkondensat, 289
Quantenphänomen, makroskopisches, 62
Quantenphysik, 29
Quanten-Spin-Hall-Effek, 229
Quanten-Spin-Hall-Effekt, 227, 228
Quanten-Spin-Nernst-Effekt, 230
Quantentheorie, 32
Quantenwelt, 19
Quantenzustand
  kohärenter, 69, 180, 290
  makroskopischer, 72, 188, 292
Quecksilber, 15
Quecksilberfaden, 15
Quecksilberthermometer, 5

R
Radiofrequenz, 291
Radiofrequenz-Größeneffekt, 120, 134, 254
Radioteleskop, 283, 284
Ramsay, W., 11, 14
Randkanal, 164
Randzustand, 218
Rashba-Effekt, 221
Rashba-Koeffizient, 221
Rathenau, W., 25
Reaktionswärme, 26
Resonanz, diamagnetische, 141
Restwiderstand, 112
Restwiderstandsmessung, 15, 37
Restwiderstandsverhältnis, 123
Rompe, R., 84
Röntgendetektor, 277
Röntgenstrahlung, weiche, 279
Roton, 74
Rutherford, E., 63

S
Salz, paramagnetisches, 58
Satz von Gauß-Bonnet, 217, 222
Satz von Gauß-Bonnet, 224
Sauerstoff, 8, 32
Schall, zweiter, 69, 72
Schattenbild, 292
Schottky, W., 96
Schrödinger, E., 85, 98
Schrödinger-Gleichung, 192
Schubnikow, A. W., 105

Schwarzes Loch, 285
Shubnikow-de-Haas-Effekt, 123, 160, 166
Shubnikow-Phase, 129, 184
Siemens, W. von, 12, 38
Silizium, lithiumdotiertes, 277
Simon, F., 17, 53, 58
Simon-Verflüssiger, 55, 103
Skimming-Bahn, 257
Skin-Effekt, 133
Skin-Schicht, 123
Skipping-Bahn, 212
Solvay, E., 29
Solvay-Konferenz, 29
Sommerfeld, A., 119
Sommerfeld'sche Feinstrukturkonstante, 159, 165
Sorptionskühlung, 270
Spin, 12, 74, 106, 288
Spin-Bahn-Kopplung, 219
Spin-Hall-Effekt, 229
Spinpolarisation, 220
Spinstrom, 229
Spintronik, 230
Spinwelle, 107
Sprungtemperatur, 42
Spule, 17
SQUID, 180, 193, 278
Stickstoff, 8, 32
Stirling-Kühlprozess, 266
Stirling-Prozess, 113
Stirling-Pulsrohrkühler, 267
Strahlungsgesetz, 29, 91
Strukturbildung von Atomen, 28
Subband, elektrisches, 162
Suprafluidität, 62
Supraleitende Spule, 17
Supraleiter, 43, 181
   erster Art, 185
   erster und zweiter Art, 184
   zweiter Art, 183
Supraleiter
   Kontakteigenschaften, 44
   zweiter Art, 49
Supraleitfähigkeit, 47
Supraleitung, 15, 19, 42, 89, 179, 196
Szilard, L., 97

T
Täubert, P., 103
Tellur, 113, 120, 130, 220, 249, 251, 260
Telluren, 238, 251
Tellurid, 228

Tellurkristall, 308
Temperatur, kritische, 7
Terahertzdetektor, 274
Terahertzstrahlung, 282
Thermodynamik, 36, 95
   biologische, 97
   der Selbstorganisation, 98
   dritter Hauptsatz, 26, 32, 96
   quantenstatistische, 97
Thermometer, 5
Thilorier, A.-J.-P., 5
Thomson, W., 6
Tieftemperaturkalorimeter, 33
Topologie, 222
Torricelli, E., 4
Tunneleffekt, 191
Tunnelexperiment, 200
Tunnelkontakt, 190
Tunneln von Cooper-Paaren, 191
Turbine, 65

U
Universum, 285
Urknall, 14

V
Valenzband, 218
Verdampfungskühlung, 291
Verdünnungskühlung, 60
Verflüssigungsanlage, 14
Verflüssigungsleistung, 12
Verflüssigungsstufe, 14
Verflüssigungsverfahren, 11
Viskositätsmessung, 70
Voigt-Konfiguration, 148
Volumenzustand, 257
vom p-Typ, 142
Von-Klitzing-Konstante, 159
Von-Neumann-Gleichung, 97

W
Warburg, O., 97
Wärme, spezifische, 108
Wärmekapazität, 27, 28
   spezifische, 32, 33
Wärmeleitfähigkeit, 68, 69
Wärmesatz, 21, 26
Wärmeschalter, 55
Wärmesenke, 278
Wärmetauscher, 12, 33

Wärmetheorem, 27
Wasserstoff, 9
Wasserstoffverflüssiger, 33, 34, 38, 39, 103
Wasserstoffverflüssigung, 10
Wasserstoffverflüssigungsapparat, 35
Weißkopf, V., 94
Wellenpaket, 289, 290
Weyl, H., 233
Weyl-Halbmetall, 233
Whisker, 200
Whiskerwachstum, 311
Wieman, C. E., 75
Winkelaufgelöste Photoelektronenspektroskopie, 234
Wirbelfaden, magnetischer, 129
Wismut, 22, 24, 108, 110, 111, 125, 133, 138, 153, 213, 239, 248, 254, 258

Wismut-Antimon-Legierung, 111, 133, 135, 138, 143, 228, 239, 248
  effektive Massen, 253
  vom n-Typ, 141
Wolfram, 111, 120, 123
Wood, R., 146
Wróblewski, Z. F. von, 8

Z

Zeitumkehrsymmetrie, 219
Zentrum der Milchstraße, 285
Zero field cooling, 199
Zyklotronmasse, 127
Zyklotronresonanz, 24, 109, 120, 130, 141, 209
  magnetische, 212
Zyklotronwelle, 148, 152

The manufacturer's authorised representative in the EU is Springer Nature Customer Service Centre GmbH, Europaplatz 3, 69115 Heidelberg, Germany. If you have any concerns regarding our products, please contact ProductSafety@springernature.com

Printed and bound by CPI Group (UK) Ltd, Croydon, CR0 4YY

26/03/2026

02078943-0012